天然气井油管柱
疲劳寿命预测

黄　桢　李鹭光　胡桂川　编著

重庆大学出版社

内 容 提 要

全书共分为9章,系统论述与介绍了天然气井管柱系统疲劳寿命预测这一领域的各个方面。本书介绍了油管柱在井筒内腐蚀研究,基于最大蚀坑深度的管柱腐蚀损伤研究,砂粒在井筒内举升运动研究,冲蚀磨损的影响因素和机理研究,油管柱刚、强度分析,天然气诱发油管柱振动的机理,油管柱固有特性分析,油管柱动力学响应分析。内容囊括了作者及同事多年的研究成果,也涵盖了国内外相关研究的最新进展。

本书可作为石油工程、油气井工程领域的工程技术人员、研究人员、本科生的参考书。

图书在版编目(CIP)数据

天然气井油管柱疲劳寿命预测/黄桢,李鹭光,胡桂川编著.—重庆:重庆大学出版社,2012.7(2022.8重印)

ISBN 978-7-5624-6783-0

Ⅰ.①天… Ⅱ.①黄… ②李… ③胡… Ⅲ.①气井—油管柱—寿命—预测 Ⅳ.①TE931

中国版本图书馆CIP数据核字(2012)第124044号

天然气井油管柱疲劳寿命预测

黄 桢 李鹭光 胡桂川 编著

策划主编:曾显跃

责任编辑:李定群 刘 真 版式设计:曾显跃

责任校对:邹 忌 责任印制:张 策

*

重庆大学出版社出版发行

出版人:饶帮华

社址:重庆市沙坪坝区大学城西路21号

邮编:401331

电话:(023) 88617190 88617185(中小学)

传真:(023) 88617186 88617166

网址:http://www.cqup.com.cn

邮箱:fxk@cqup.com.cn(营销中心)

全国新华书店经销

POD:重庆新生代彩印技术有限公司

*

开本:787mm×1092mm 1/16 印张:15.75 字数:393千

2012年7月第1版 2022年8月第2次印刷

ISBN 978-7-5624-6783-0 定价:62.00元

前言

井下管柱在油气井和油气田勘探开发中的作用，不论是在功能上还是在费用上都占据着举足轻重的地位。特别是随着油气井进入中后期开发阶段，井下管柱功能逐年降低，而井下工况越来越复杂，从而导致管柱损坏日益增多，管柱损坏机理更加复杂。油气(水)井井下管柱的大量损坏，大大削弱了油气田稳产的基础，已经给我国乃至世界油气生产带来了十分严重的损失，从而成为制约包括我国在内世界上多个油气田持续稳定发展的一大重要因素。

在天然气开采过程中，由于流体在管柱系统内流动非常复杂，流体在管柱各段的组成、压力、温度都不相同。因此，油管柱在各个区域的破坏是什么因素占主导因素，值得进行深入研究。通过对修井过程中管柱系统形貌进行分析，发现诱发油管柱破坏的主要因素主要有以下共同之处：

①腐蚀性介质对井下管柱的腐蚀破坏；

②流体在管柱系统内流动过程中，对管柱系统的冲蚀破坏；

③流体在管柱系统内流动过程中诱发管柱的振动；

④管柱自身的重量，对管柱的应力；

⑤以上几项的综合作用。

为了对井下管柱的剩余疲劳寿命进行精确预测，必须对诱发管柱的损伤机理进行全面的理论研究、实验研究，结合生产现场气井管柱系统的破坏与流体成分、地层压力、温度、产量等因素。本书从以下 6 个方面对天然气井管柱的破坏机理进行了研究：

(1)流体对管柱的腐蚀破坏机理研究

通过开展理论、实验研究，获取流体中的 CO_2、H_2S、O_2、Cl^-等对管柱系统的腐蚀机理，建立了酸性气体对管柱的腐蚀模型。

(2)提出基于最大蚀坑深度的管柱腐蚀损伤模型

根据管柱腐蚀形貌的统计特征，提出基于最大蚀坑深度的管柱腐蚀损伤模型。建立了不同形貌参数下腐蚀总体积和最大蚀坑深度的数据库，通过数值分析获得腐蚀总体积和最大蚀坑深度之间的相互关系。利用有限元分析方法，对管柱系统应力集中系数进行预测，可以对管道内腐蚀状态做出更精确的评估，为管柱系统安全评估提供更为详尽的依据。

(3)天然气井筒内气砂两相流研究

全面总结固体颗粒在流体中沉降以及气固两相流动理论的基础之上，针对天然气井筒中高压、高温气流携带固体颗粒举升进行力学分析，建立了井筒气流携砂的力学模型，可针对气井不同的压力、温度、偏差因子等条件，确定气井携砂生产的最小临界流量。

(4)流体在管柱系统内多相湍流流动及对管柱系统冲蚀破坏研究

通过开展流体自地层进入管柱系统到进入井口装置整个过程中的多相湍流流动研究，利用理论、数值模拟研究流体对管柱系统的作用力沿管柱的变化规律，流体在各个不同区域的压力场、速度场、温度场的分布，定量、定性地探索流体中颗粒的流动、流体对管柱系统的冲蚀，流体在通过两根油管间的接箍“J”环区存在涡流对管柱破坏的影响。

(5)油管柱刚、强度数值模拟

利用管柱系统的结构特点，利用有限元分析理论，采样接触分析的方法，研究流体在管柱系统流动过程中非线性载荷的作用下油管柱系统任意区域、任意位置的应力、变形及其分布规律，探索在腐蚀环境下管柱系统的刚、强度变化规律及其破坏机理。

(6)油管柱的动力学响应研究

流体在管柱内流动是一个非线性的瞬态流动，将会诱发管柱振动。利用流体对管柱流动压力的变化开展管柱的动力学响应研究，分析管柱任意位置的响应速度、加速度、应力的变化规律，探索瞬态流动对管柱疲劳寿命的影响规律。

长期以来，作者及其研究团队潜心于天然气井井下管柱的剩余疲劳寿命预测研究，一直高度关注天然气井管柱的破坏情况。通过对生产现场管柱的破坏情况进行总结分析并开展破坏机理的理论研究，深入探索天然气井管柱的疲劳寿命预测，较早或同步地与国内外同行进行着同样的理论和工程科学与技术问题的研究，积累了很多相关的研究成果，并运用于工程实践。本书较系统地介绍了井下管柱破坏的机理、破坏规律、数值模拟等方面，望能对油气井井下管柱疲劳寿命预测及相关领域研究人员具有一定参考价值。由于作者水平有限，书中的一些观点难免有错误和不妥之处，欢迎读者批评指出，在此表示感谢！

2012 年 5 月

目录

第 1 章
油管柱系统剩余寿命预测

管柱系统在油气井和油气田开发中扮演着非常重要的角色，不论是在功能上还是在建井费用上都占据着举足轻重的地位。随着国内外多数油田已进入中后期开发阶段，管柱系统的性能逐年降低，而井下工况越来越复杂，从而导致管柱系统损坏日益增多，管柱系统损坏性质越发严重。油（水）气井管柱系统的大量损坏，大大削弱了油气田稳产的基础，已经给我国乃至世界油气生产带来了十分严重的损失，从而成为制约包括我国在内世界上多个油气田持续稳步发展的一大重要因素。近年来，我国油（水）气井管柱系统损坏呈现两大特点：一是损坏数量日益增多，二是管柱系统寿命日趋缩短。尤为重要的是，随着石油、天然气勘探开发难度的不断增大以及我国在石油、天然气勘探开发力度上的不断加大，钻采工况条件日益复杂。其中，深井、超深井、水平井、大位移水平井、多台阶水平井等是具有代表性的典型复杂井况，如这些井下的高温、高压、地质构造复杂、井身结构复杂等。上述因素又必然造成钻井和采油采气、开发作业程序的复杂化、措施的多样化，并由此引起一系列深层次的问题，如复杂的钻井程序对井下管柱系统、固井作业质量的影响，油田开发的深入及大量开发措施的采用（如高压注水、压裂、大型酸化、热采等），对管柱系统柱及周围地层的影响（如管柱系统热应力、腐蚀、异常内外高压，地层岩石膨胀、蠕变和滑移形成的异常地应力及非均匀性，油层出砂空洞造成的管柱系统柱轴向失稳等）。

因此，复杂工况井的日益增多与井下工况的日益复杂化，将成为导致国内油气田目前乃至今后管柱系统损坏数量增多、管柱系统寿命缩短的主要原因。复杂井况下管柱系统的安全与可靠性直接影响油气田的稳定与可持续发展，已经成为关系到油气田稳定、高效生产的关键问题之一。

由于复杂井况下管柱系统所承受的载荷极其复杂，影响管柱系统安全与可靠性的因素繁多。如何全面考虑上述复杂井况，系统地研究复杂井况对管柱系统性能的影响，在设计时尽可能充分地考虑各种复杂情况，为合理设计、选择管柱系统提供依据，这对于预防或减少管柱系统在服役期内发生损坏具有重要意义。

另外，由于传统管柱系统设计的基本理论和方法对井下复杂工况考虑不足，且多以各种因素的名义值（如管柱系统壁厚）或最大值（如轴向力）等固定值作为计算管柱系统承载性能和安全性的主要依据，而对井下复杂工况的多因素随机性欠缺考虑甚至未予以考虑。这些随机性主要体现在如下几方面：其一，主要通过试验手段获得的管柱系统属性参数（如几何尺寸、管材力学性能等)存在着诸多的不确定因素,在很大程度上是一个随机值;其二,管柱系统承受的各种载荷存在随机性,如各种内外压力、轴向力、地震载荷等在数值上往往表现为非恒定值,而且具有很大的随机性;其三,管柱系统承受的各种载荷不仅仅为非恒定值,而且诱发管柱系统各种载荷的因素同样具有相当的随机性,这种随机性导致了管柱系统设计时对管柱系统各种载荷确定的困难。如地震载荷,在管柱系统服役期内是否发生地震存在一定的随机性,再如油田后期生产的各种作业措施诱发的管柱系统载荷(高压注水、压裂等将引起管柱系统承受很高的内压,酸化将引起管柱系统腐蚀,热采将引起管柱系统承受温度载荷等),在油田开发后期,需不需要采取作业措施,采取何种措施,尽管在建井时有所考虑,但最终的结果如何,则具有一定的随机性。上述各种因素的随机性将导致管柱系统承载性能的不确定性,并最终影响管柱系统的安全与可靠性。科学地分析管柱系统强度和载荷的分布规律,建立、完善管柱系统的可靠性计算分析模型是评价管柱系统安全性、提高管柱系统可靠性的重要途径。

再者,随着 HSE 管理体系在国内外石油天然气工业中得到普遍的认可和推广,安全与健康、环境已经成为国内外各大石油公司强制实施的行业标准。鉴于管柱系统在油气井和油气田开发中的重要作用,以及影响管柱系统安全与可靠的各种因素不确定性的现实,并考虑到国内针对管柱系统损坏研究主要停留在“以修为主、预防为辅”的阶段,而在管柱系统安全性能评价、寿命预测与损坏预防方面未形成一套有效的理论、方法和技术的实际情况下,系统地开展管柱系统的风险评估和寿命预测工作,同时加强在役管柱系统的状态监测,对于在役管柱系统的安全与可靠性分析评估工作具有十分重要和必要的意义。

针对管柱系统工作条件的复杂性和系统载荷的随机性,为了提高油(气)井的安全稳定运行,国内外研究人员对影响管柱系统的安全、稳定运行开展了大量的研究工作,主要研究领域包括从实验、数值分析、现场统计资料分析等进行了分析、研究,获得了一些具有指导性的成果。下面对其进行阐述。

1.1 复杂井况下管柱系统承载性能研究

目前,国内外针对复杂井况下管柱系统承载性能方面的研究工作已经开展得比较广泛,且已经取得了一定的成果,其中主要包括管柱系统损坏原因分析及防治措施和管柱系统设计方法研究等。

在管柱系统损坏机理和防治技术研究方面,国外已作了大量的研究工作,揭示了造成管柱系统损坏的地质因素和工程因素,提出了一些行之有效的防治方法,如苏联学者曾针对管柱系统柱的变形原因、非均匀载荷对管柱系统变形的影响等进行了较为系统的研究。在热采井套损研究方面,美国、德国和日本等进行了大量的理论和试验研究,并成功研制了满足相应要求的管柱系统。

我国一些开发较早的油田(如大庆、吉林、玉门、华北、辽河等)都曾结合各自油田的自身特点,开展了管柱系统损坏机理和防治技术研究,取得了一些相应的研究成果。如自 20 世纪 80 年代中期开始,大庆油田针对油田高压注水阶段和大压差转抽降压阶段油水井管柱系统非正常成片损坏的状况,开展了管柱系统损坏机理和防治技术研究,揭示了高压注水油田在高压注水阶段和大压差转抽降压阶段管柱系统连片损坏的内在规律,得出了关于“非油层注水,形成水体以及水体扩大蔓延是管柱系统损坏并加剧的主要原因”的结论，首次提出了“侵水域”“位移性载荷”、管柱系统承受“多载荷组合”等一系列新概念，并根据对管柱系统损害机理的认识，提出了高压注水油田防治管柱系统非正常损坏的8项措施。近年来，辽河油田针对稠油热采井管柱系统损坏投入使用的耐高温厚壁管柱系统完井技术，有效地遏制了热采井管柱系统损坏的速度，取得了明显的成效。

目前，针对管柱系统损坏原因的探讨，国内外有关学者的认识也趋于一致，归纳起来主要包括如下因素：地质因素、工程技术因素和腐蚀因素等。其中，地质因素主要包括泥岩膨胀、盐岩蠕变、地震、断层、地层滑移、地层出砂、永冻层解冻和再冻结等，构成的管柱系统载荷主要有（非）均匀外挤压力、轴向力、横向错断力等；工程技术因素包括管柱系统设计强度设计是否合理、井眼质量、固井质量（管柱系统居中程度、水泥返高、水泥胶结效果等）、管柱系统质量（丝扣密封性能、裂纹、磨损）和生产因素（射孔对管柱系统的损伤、高压注水、压裂、热采、酸化等）等，腐蚀因素主要包括电化学腐蚀、化学腐蚀、细菌腐蚀和氢脆等。同时，上述有关的研究人员也针对其中的一种或多种因素对管柱系统的影响机理和规律进行了探讨。尽管人们对管柱系统损坏原因有了比较全面的认识，国内外在有关管柱系统损坏的机理研究方面也取得了一定的进展，但是将各种复杂因素全面考虑，系统、深入地研究管柱系统在复杂井况下承载性能的理论尚不多见。在管柱系统设计方法研究方面，世界上通用的管柱系统设计标准有美国的API和苏联的ГОСТ标准，而国内普遍沿用API 5C3设计管柱系统。上述管柱系统设计的基本理论和方法主要以钻、完井施工条件为主要工况，并初步考虑了塑性岩石地层对管柱系统施加载荷的因素。20世纪90年代初期，随着管柱系统损坏机理研究的深入和计算机技术的飞速发展，特别是有限元等数值算法和交互式图形技术的快速发展，一些学者把影响管柱系统损坏的其他复杂因素考虑在内，并结合岩石力学、弹塑性力学建立起各自的管柱系统损坏数学模型，再将这些模型通过一定的关系组合起来，利用计算机技术，形成了专门的管柱系统设计方法，建立了管柱系统设计和破坏的计算机仿真模型。上述模型均认识到了管柱系统承受载荷的复杂性以及传统设计方法的不足，大多在一定意义上采用了多轴应力设计和校核方法。但这些模型一般是针对某一类问题（如热采、注水、水平井弯曲等）提出的，在某方面具有一定的应用价值，但同样没有将各种复杂因素全面考虑，建立起较为系统的复杂井况下管柱系统设计方法。

1.2　管柱系统的可靠性研究

管柱系统可靠性研究是在可靠性理论在其他行业得到广泛应用，管柱系统的安全性能研究方法亟须改进的情况下提出来的。自20世纪20年代起，国际上就已经开展了结构可靠性基本理论的研究，并逐步扩展到结构分析和设计的各个方面，包括我国在内，研究成果已应用于结构设计规范，促进了结构设计基本理论的发展。尤其是随着产品的复杂性和工作条件的严酷性日益增大，人们对产品的可靠性要求日益提高，可靠性工程技术和管理已经逐步推广应用到许多工业部门。但是开展可靠性工作的困难所在是数据少，取得数据的周期长、费用高。美国、英国、苏联等国家在管柱系统可靠性评估预测上做了一些工作。国内外在石油装备（如井口装置、各种泵类、防喷器、钻头等）的可靠性分析上有许多较为成功的应用实例。美国等发达国家已经将可靠性设计(或概率设计)的方法引入了管柱系统设计中。尽管无法代替常规设计,但在越来越多的场合(特别是重要性、安全性要求较高的场合)开展了管柱系统的可靠性设计研究。由于目前我国现场技术人员对可靠性数据收集不全等原因,对在实际使用中的管柱系统可靠性还未进行较为系统的分析研究。张效羽等曾在文献“油水井管柱系统变形损坏的模糊评价”中采用模糊数学理论建立起了管柱系统变形损坏原因与变形结果之间的模糊联系,可以说是国内探讨管柱系统可靠性研究较早的论述。王国荣曾对管柱系统的随机可靠性设计进行过探讨,并采用故障树建立了管柱系统失效模型,但由于计算复杂,工作量大,仅进行了管柱系统失效的定性分析。

1.3　管柱系统的风险评估研究

目前,国内外在管柱系统风险评估与寿命预测方面所开展的研究工作均相对缺乏,在相关刊物发表的有关管柱系统风险评估与寿命预测的文章或报告也很少。但仅就风险评估的理论和应用本身来说,国内外均开展得比较广泛。风险评估是一门具有较强应用价值的新兴学科,它通过对风险的辨识和估计,对工程系统风险做出综合评估,从而找出减少工程风险的资金投入和改善管理的方案。狭义的风险评估区别于风险分析,仅指对系统风险做出评价,而风险分析则指对风险进行辨识和估计。目前,除了进行概念理解时对二者加以区分之外,一般不再区分。同样的术语包括风险评价、安全评价、安全分析、安全评估等,均是指通过对风险的辨识和估计,对工程系统风险做出综合评估。风险分析与评价最初起源于20世纪30年代的美国保险业,随着工业过程日趋大型化和复杂化,尤其是化学工业的发展,生产中的火灾、爆炸和毒气泄漏等重大事故不断发生,事故预防和安全风险分析日益受到重视。全面的风险评估研究始于20世纪60年代,1964年美国的道化学公司首先开创了化工生产危险度安全评价方法,提出火灾爆炸指数法后,世界各地都竞相研制,进一步推动了这项技术的发展,并在此基础上又提出了一些不同的风险分析与评价方法;英国帝国化学公司在吸收了道化学公司评价方法的优点后,于1976年提出了蒙德评价法;日本劳动省也提出了“六阶段评价法”;苏联提出了化工过程危险评价法等。这些方法均为指数法,至今仍在发展之中。20世纪60年代后期,随着航空、航天、核工业等高技术领域的发展,以概率风险评估为代表的系统安全分析评价技术得到了迅速的发展;英国在20世纪60年代中期就建立了故障数据库和可靠性服务中心来开展概率风险研究工作;1975年美国正式发表了商用核电站轻水反应的风险分析报告。此后,这类风险分析技术在许多工业发达国家的许多项目得到了广泛的应用,并推出了一系列以概率论为基础的其他安全评估方法。随后,风险评估技术在发达工业国家中诸如化学工业、环境保护、航天工程、医疗卫生、交通运输、经济等众多的领域得以推广和应用。到1980年,美国风险分析协会(The Society for Risk Analysis,SRA)的成立成为风险评估历史上的一个里程碑。尤其是在1986年苏联切尔诺贝利核电站发生爆炸事故以后,安全风险分析与评价技术更是得到了各国的普遍重视,从而推动了这项技术的进一步发展。目前,风险评估技术已经应用于政治、经济、社会、文化教育、交通、能源、军事、医疗卫生等各个领域,其理论方法也在不断发展和完善,从简单的安全检查表,到事故树、事件树,再到道化学公司指数法,一直到目前的模糊综合评价分析法等。

我国于20世纪80年代初期开始安全风险与评价研究工作。化工、冶金、机电、航空、交通等行业陆续开始在企业中实施安全风险分析与评价工作。1988年，原机械电子工业部颁布《机械工厂安全评价标准》，该标准在机械行业100多家工厂进行了应用，取得良好的效果；1990年，贵州省冶金防护研究所联合完成了《工业企业安全性评价——全面安全管理的事故隐患评价法》；1992年，化工部制订了《工厂危险程度分级方法》；1995年，劳动部、北京理工大学完成《易燃、易爆、有重大危险源的安全评价技术》。与此同时，我国另一些科研院校、企业也相继开展了安全风险分析研究工作。北方交通大学、东北大学、武汉环科院、鞍山钢铁公司等提出了一些有价值的安全风险评价理论及方法，如指数法、模糊综合评判法、概率法、安全检查表等；计算机数据库、安全控制论等也得到了应用。目前，我国对安全风险分析的研究方兴未艾，科研院所及有关企业都在进行深层次的探讨研究，以便更准确地对本领域的系统进行定性、定量安全风险分析与评价。尽管风险评估已经在石油天然气工业中得到了一定程度的应用，尤其是在海洋平台、海底管线、输油管线等方面。随着HSE管理体系在国内外石油天然气工业中得到普遍的认可和推广，各大石油公司也已经建立了基于HSE的钻井作业风险管理体系，并对固井质量提出了具体要求，其中对管柱系统的要求为“在长期的生产过程中不断，不裂，不变形，丝扣处不渗不漏”，但对管柱系统安全性能的风险评估，尤其是定量评估仍处于探索阶段。

1.4　管柱系统的寿命预测与在役管柱系统监测技术

准确预测、有效延长设备和产品可靠性寿命的技术在诸如压力容器、海洋平台、动力机械等行业已经形成了成熟的技术规范，并且得到了成功的应用。而石油管柱系统在按照传统的理论方法设计完井后，按照目前的技术，一般都无法准确预测在后续开发过程中管柱系统的可靠性寿命，因而导致不同油田的套损井平均寿命存在较大差异。在中石油公司“九五”导向项目中，西南石油学院与华北石油管理局合作完成了“套管寿命预测”的研究报告。在该报告中，选用外推法，提出了构造内油、水井管柱系统寿命的预测方法。报告中提到，该管柱系统寿命预测中的关键是地应力对管柱系统的影响，即主要考虑了地应力，对其他因素考虑较少。研究人员在寿命预测方法的基础上，采用故障树割集和概率理论，建立了管柱系统可靠性寿命预测方法。尽管其量化计算较为繁琐，但毕竟开辟了对存在不确定因素的井下管柱系统进行判断或预测的新途径。此外，张效羽等曾采用模糊数学理论建立起了管柱系统变形损坏原因与变形结果之间的联系，可以利用生产现场的已知条件对管柱系统变形情况进行判断，也为管柱系统寿命预测提供了一条途径。作为有效掌握在役管柱系统安全状况的有效手段，在役管柱系统监测技术是随着各种测井技术的发展而发展起来的，该技术对于油田各种管柱系统保护措施的采用、在役管柱系统寿命的延长具有重要作用。目前，包括大庆油田、胜利油田、中原油田、江汉油田和江苏油田等在内的国内各大油田以及相关的研究单位均开展了在役管柱系统的监测技术研究，通过多种技术手段（如声发射、超声波成像、鹰眼电视、各种井径测量仪、磁重量法，以及各种传感器等）用于监测在役管柱系统的腐蚀、径向变形、裂纹、孔洞等损坏情况。目前，各种监测技术和仪器已经在在役管柱系统监测中发挥作用。

1.5 油管柱疲劳寿命预测研究方法研究

油管在油气井和油气田开发中扮演十分重要的角色,不论是在功能上还是在建井费用上都占据着举足轻重的地位。随着国内外多数油气田已进入中后期开发阶段,油管性能逐年降低,而井下工况越来越复杂,从而导致油管损坏日益增多,管损性质愈发严重。油(水)气井油管的大量损坏,大大削弱了油气田稳产的基础,已经给我国乃至世界油气生产带来了十分严重的损失,从而成为制约包括我国在内世界上多个油气田持续稳定发展的一大重要因素。

油管柱的失效分析就是研究油管柱潜在的或显在的失效机理、失效的发生概率以及相应的影响因素,即是对油管柱的失效模式、失效机理和原因的分析。目前国内外尚无一套完善的理论和方法来对其进行分析,这是因为油管柱在工作过程中,在腐蚀性介质中工作,天然气通过油管柱时诱发油管柱振动,油管柱的塑性变形,在变载荷作用下的变应力等综合因素使油管柱发生腐蚀疲劳破坏。因此,进行油管柱失效分析技术研究的难度非常大。

影响油管柱失效的主要因素包括:内外腐蚀、运行管理、塑性变形、振动、管道缺陷等因素。长期以来国内外对腐蚀引起的管道失效作了大量的研究工作,提出了以介质含水量、含盐量、pH 值、电阻率等单项或多项指标评价介质的腐蚀性。对于管道内腐蚀而言,国内外都是通过实验对一些主要的因素进行模拟实验,寻求内腐蚀因素对管道内腐蚀的影响。同时由于腐蚀原因而导致管道应力腐蚀裂纹,国外通过物理模型和数学模型的建立对管道失效的产生因素进行分析。由于管道失效并非单一因素造成,近年来,加拿大运用金相分析的方法研究出由于管材、焊接质量等造成管道失效,从而使引起管道失效的因素逐步细化。

目前,各国对含缺陷管道失效的评定方法主要有:

①数值计算法。采用有限元法分析计算,常用于科学研究,应用于工程上还有一定的局限性。

②基于断裂力学理论的评定方法。这类评定方法主要是根据弹性断裂力学或弹性断裂力学的分析方法,对含缺陷管道的裂纹起裂和塑性破坏失效进行定量的分析描述,方法有多种,如 GE/EPRI 法、PARIS/TADA 法、LBBNRC 法,该方法比数值计算简单。

③工程评定法。它是从简单的材料力学和塑性力学出发,在大量实验的基础上总结出工程上计算管道极限承载能力的简便公式。这种评定方法考虑了脆性断裂失效、塑性失稳失效,还考虑了弹塑性裂纹。

西方国家特别重视在役管道的腐蚀及剩余强度方面的研究。20 世纪 60 年代末 70 年代初,美国德克萨斯州东部运输公司和 AGA 的管道管理委员会提出了一项被称为 B31G 的准则,用于评价腐蚀管道的剩余强度。该准则只能处理单一腐蚀缺陷并评价结果比较保守,针对这种情况,ARCO 阿拉斯加股份公司研究了一种评价腐蚀管道的方法,该方法对 B31G 进行了改进和扩充,可用于大面积金属损失、焊缝腐蚀、不连续点蚀群的剩余强度评价。

国外对管道的腐蚀寿命研究十分重视,开发了预测管道寿命的模型,主要从疲劳寿命模型和管材性能衰减寿命模型两个方面进行研究。国内在管道剩余强度评价、剩余寿命评估方面的研究尚处于起步阶段。国内学者对腐蚀管线的剩余寿命进行分析时,主要通过先确定裂纹尖端的应力强度因子,然后采用 Paris 公式计算裂纹的疲劳扩展寿命;有的通过试验对 SSAW、

ERW、UOE 3 种焊管的疲劳裂纹内扩展特性进行了研究，确定了 3 种焊管各区的疲劳裂纹扩展速率的 Paris 方程表达式 ΔK 的变化范围，试验结果表明 SSAW 焊管表现出较低的疲劳裂纹扩展速率$\frac{da}{dN}$。

高温、高压及高产气井管柱系统的强度问题是安全生产迫切期望解决的关键问题之一。仅仅通过传统单一模式的管柱强度评价模式或腐蚀实验分析，难以弄清管柱系统的腐蚀现象及其破坏规律、科学分析其所损坏失效的机理、找到避免再次失效的根源、预防事故的有效方法和技术。作者领导的课题组多年来在现场测试数据和物理试验的基础上，将高温、高压及高产作为管柱系统力学行为的外载情况，并与地层流体腐蚀因素耦合，研究在复杂外载作用下，在腐蚀环境中服役的管柱系统强度失效的原因和机理及其影响因素和相互作用关系，将物理模拟和理论模型研究有机地结合，拟采用固体力学、流体力学、空气动力学、化学腐蚀、材料腐蚀分析的原理和方法，采用冲刷腐蚀的流体力学数值模拟计算、管柱系统的流体动力学内部流场特征模拟、管柱系统管材腐蚀的模拟实验及微观腐蚀机理分析等研究方法、手段和技术，开展对天然气井油管柱系统的腐蚀疲劳寿命预测研究。

充分利用现场实际的腐蚀现象、腐蚀产物，进行系统的收集、整理，进行腐蚀产物或腐蚀碎片进行拼凑和历史分析，分析总结其腐蚀特征，得到有用的数据和信息，研究其腐蚀规律；将现场真实的腐蚀产物数据与室内模拟实验相结合，对比分析和研究，并分析腐蚀产物的原子结构，寻找腐蚀机理及防腐控制依据。

以部分物理试验和现场实际测试结果、现场资料为基础，结合计算机模拟技术，提出并建立“三高”腐蚀性气井安全因素分析模型，仿真模拟气井管柱系统的强度特征及变化规律也是本研究领域的发展方向。

用非线性有限元方法模型模拟管柱系统腐蚀后的强度特征及剩余强度分布规律，并将这种理论计算分析的结果与室内材料强度实验的结果进行对照，相互补充和完善。图 1.1 为作者领导的项目组开展油管柱疲劳寿命预测研究的技术路线图。

开展油管柱疲劳寿命预测研究的关键是寻找油管柱疲劳破坏的机理和影响油管柱疲劳破坏的关键因素。本书从管柱系统的腐蚀、流体在管柱系统内流动诱发管柱系统振动、流体在管柱系统内流动对管柱系统的冲蚀、管柱系统动力学响应等方面对管柱系统的疲劳破坏进行全面分析。

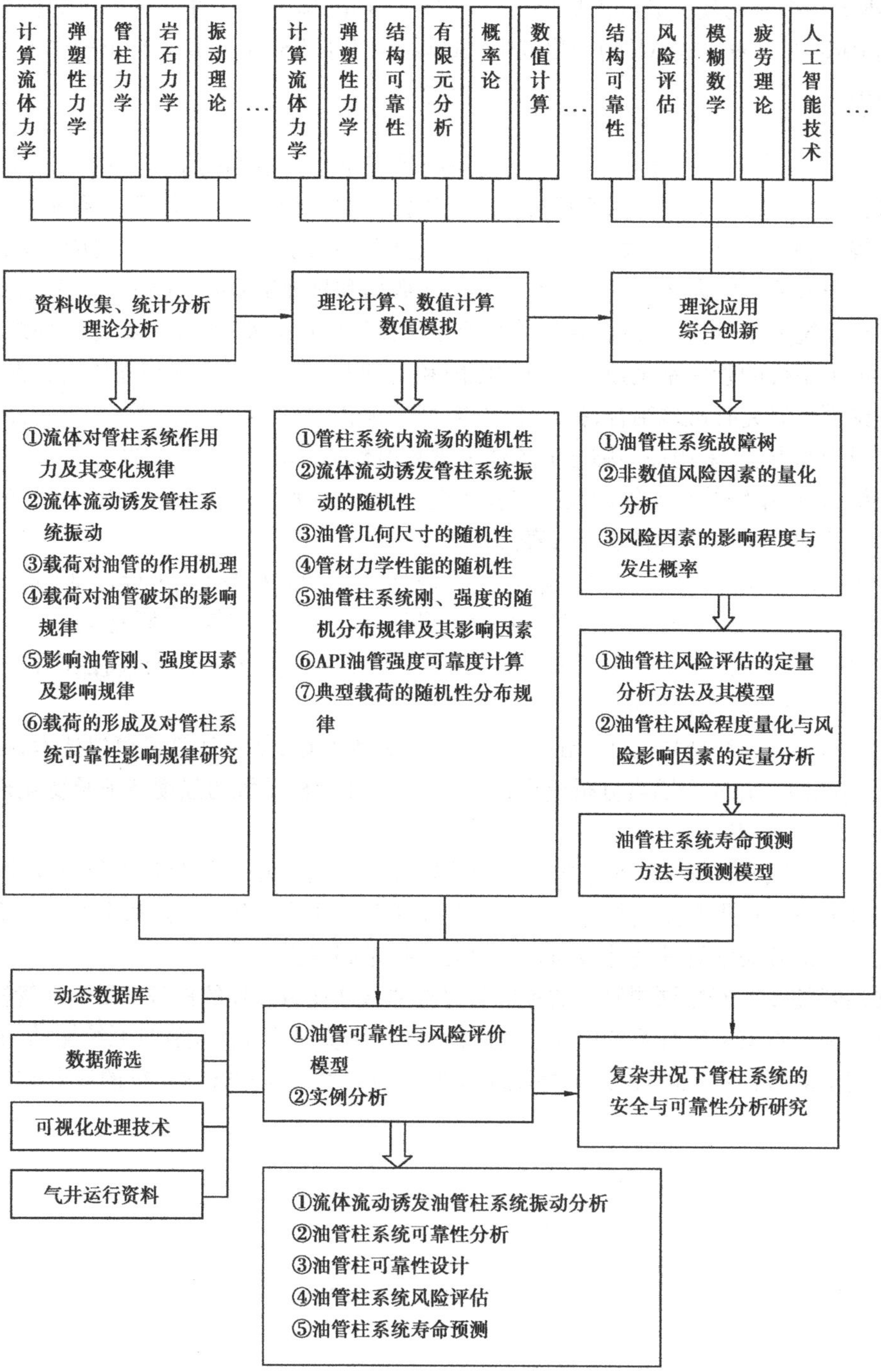

图 1.1　油管柱寿命预测技术路线

第2章 油管柱在井筒内腐蚀研究

金属材料在现代工农业生产中占有极其重要的地位。不仅在机械制造、交通运输、国防等各个部门都需要大量金属材料，而且在人们日常生活用品中也离不开金属材料。金属材料不仅具有优良的使用性能（包括材料的物理、化学和力学性能），而且还具有良好的工艺性能（包括铸造性能、压力加工性能、焊接性能、热处理性能、切削加工性能）。由此可见，金属材料是最重要的工程材料。但随着使用时间的推移，金属材料制品都有一个可使用寿命，在使用过程中，金属将受到程度不同的直接和间接的损坏。通常将常见金属损坏的形式归纳为腐蚀、断裂和磨损。

人们已经认识到，金属材料很少是由于单纯机械因素（如拉、压、冲击、疲劳、断裂和磨损等）或其他物理因素（如热能、光能等）引起破坏的，绝大多数金属材料的破坏都与其周围环境的腐蚀因素有关。因此，金属的腐蚀问题已成为当今工程领域不可忽略的课题。

2.1 金属腐蚀的基本原理

通常把金属腐蚀定义为金属与周围环境介质之间发生化学和电化学作用而引起的变质和破坏。碳钢在大气中生锈、在海水中钢质船壳的锈蚀，在土壤中地下输油钢质管线的穿孔，热力发电站中锅炉的损坏以及轧钢过程中氧化铁皮的生成，金属机械和装置与强腐蚀性介质（酸、碱和盐）接触而导致损坏等等都是最常见的腐蚀现象。显而易见，金属要发生腐蚀需要外部环境，在金属表面或界面，发生化学或电化学多相反应，使金属转化为氧化（离子）状态。

从热力学的观点出发，除了极少数贵金属外，一般金属发生腐蚀都是一个自发过程。因为金属矿石中的金属元素处于热力学稳定的氧化状态，在冶金过程中，人工提供的大量的能量使氧化状态的金属元素被还原为金属材料。在大气、海水、土壤等自然环境或者石油以及其他一些液态酸性化工产品环境等腐蚀性环境的作用下，金属材料表面上自然发生的氧化反应使处于热力学不稳定状态的金属元素重新回复到热力学状态稳定的氧化状态。所以，由于金属材料中金属元素的热力学不稳定性，金属材料在腐蚀性环境的作用下，伴随着能量的释放，使金属腐蚀成为一个自然而且是必然发生的过程。

2.2 金属腐蚀的基本形态

金属在腐蚀性电解质溶液中的腐蚀是最为常见的腐蚀现象,在海水、淡水、土壤、化工生产介质中使用的金属设备或构筑物无不受到腐蚀的侵袭。

在水溶液中发生的腐蚀反应有下列特征:

①金属和电解质溶液之间存在荷电界面(金属表面可能无膜,也可能部分或全部被膜或腐蚀产物覆盖)。

②正电荷由金属向溶液转移,与此同时,金属被氧化至较高的价态。

③正电荷由金属向溶液转移时,溶液中的氧化性物质被还原至较低的价态。

④电荷通过溶液和受腐蚀的金属完成转移过程。

由此可见,腐蚀是一种电化学反应。在反应过程中,金属本身就是反应物,被氧化至较高的价态(失去电子),而存在于溶液中的其他反应物,即电子的受体,被还原至较低的价态(获得电子),这就是腐蚀电化学原理的概括。

根据电化学腐蚀理论,可以把腐蚀过程看作是由下列3个环节组成的:

①阳极过程:在阳极区,金属离子进入电解质中同时将相应的电子残留在金属材料与电解质环境的界面上。

$$M \rightarrow M^{n+} + ne$$

②残留电子从阳极区经过电子导体迁移至阴极区。

③阴极过程:电解质环境中的去极化剂(D)获得从阳极区迁移而至的电子。

$$D + e \rightarrow [D \cdot e]$$

这3个环节是相互联系,缺一不可的。如果其中任何一个环节停止进行,则整个腐蚀过程也就停止。电化学腐蚀过程如图2.1所示。

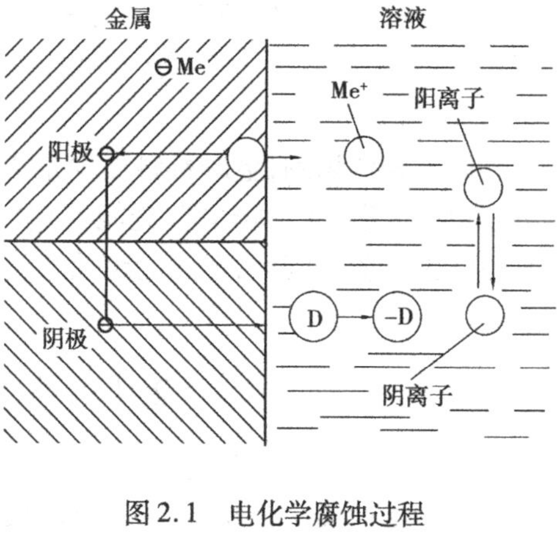

图2.1 电化学腐蚀过程

2.3 影响金属腐蚀的因素

影响金属腐蚀的因素大体上可以分为内在因素和外在因素两方面:内在因素是金属材料本身的问题;外在因素是指金属所处的环境介质对腐蚀的影响。金属的腐蚀速度虽然由腐蚀电池的电极过程所决定,但是各种内在的和外界的因素又直接地或间接地影响电极过程的进行。归纳起来,有以下一些主要影响因素:

(1)合金成分的影响

单相合金的腐蚀速度与合金的含量之间有一种特殊的规律。如果一种金属的化学稳定性很低,另一种稳定性很高的金属与它形成固熔体时,其耐蚀性能能够提高,但是耐蚀性并不随合金成分的逐步增加而连续地提高，而是合金含量增加到一定比例时，耐蚀性能才突然提高。

两相或多相合金，由于各相具有不同的电位，合金表面形成腐蚀电池，所以一般说来，它比单相合金容易腐蚀。它的腐蚀速度与各组分的电位，阴、阳极的分布和阴、阳极的面积比例有关。各组分之间的电位差越大，腐蚀的可能性越大；合金中阳极相的面积比较小（例如以夹杂物的形式存在）时，则腐蚀过程在一开始时剧烈地进行，阳极首先溶解。当阳极溶解之后，由于合金表面成为单相，腐蚀速度就降低到一定的数值；如果合金中阳极相分布在合金晶粒的边缘，腐蚀就有可能沿着晶界蔓延到金属深处，造成晶间腐蚀，当阴极面积小，以夹杂物的形式存在时，合金的基底是阳极，合金将遭到源源不断的破坏。

(2) 变形及应力的影响

在制造设备的过程中，由于金属受到冷、热加工（如拉伸、冲压、焊接）而变形，产生很大的内应力时，腐蚀过程不仅加速，而且在许多场合下还能产生应力腐蚀破裂，对应力腐蚀破裂有影响的主要是拉应力。金属设备在交变应力和腐蚀介质共同作用下还会发生腐蚀疲劳。

(3) 金属表面状态的影响

粗糙的金属表面比光滑的表面容易腐蚀（特别是在弱酸性介质中，如在大气中），这是因为：

①粗糙的金属表面，氧的到达深洼部分比到达表面部分困难，结果深洼地方与表面部分成形成氧浓差电池腐蚀。

②粗糙的金属表面的保护膜比光滑表面的保护膜的致密性差，所以容易腐蚀。

③粗糙的金属表面的实际表面积比光滑的表面积大，因此极化性能小。

(4) 介质 pH 值的影响

pH 值是金属腐蚀的很重要的影响因素，但是 pH 值的影响是比较复杂的。不同的介质、不同的材料，pH 值的影响都不一样。一般来讲，铁在非氧化性的酸中，pH 值降低能促使阴极的氢去极化过程的进行，同时金属表面膜的溶解度也增加，所以加速金属的腐蚀。但在氧化性酸中，酸的浓度提高又会使金属钝化而降低腐蚀速度。

(5) 溶解盐及盐浓度的影响

溶于水中的盐对金属腐蚀过程的影响往往是较复杂的。一般情况下，随溶解盐浓度增加，溶液电导率增加，氧的溶解度减小。溶液导电性增加，使金属的保护膜遭到破坏，保护性变差，因而腐蚀速度增大。另外，某些盐类水解后，使溶液的 pH 值发生变化，进而对腐蚀过程产生影响；某些盐类的阴、阳离子对腐蚀过程有特别作用，能与金属结合生成可溶性化合物，直接影响金属的阳极溶解反应。

(6) 温度的影响

一般说来，温度升高使电化学腐蚀加速，因为温度升高增加了反应速度，加速溶液对流，使浓度极化降低，但溶解氧在 80 ℃以上溶解度降低，对于开口设备会减少腐蚀。

(7) 压力的影响

压力增加常常使金属的腐蚀速度增大，这是由于参与电化学过程的气体的溶解度随着压力增加而增大的缘故。特别是在氧去极化过程的情况下，压力对金属腐蚀的影响尤为突出，在高压锅炉内，系统中只要有很少一点氧，就会引起剧烈的腐蚀。

(8) 溶液运动速度的影响

一般来说，溶液运动速度的增加，会引起腐蚀速度的增大，因为溶液的流动速度增加，加强了物质的扩散与对流(例如加强了溶解氧向阴极区的扩散),同时也加强了腐蚀产物的去除,或者冲坏保护膜。当流速很高时,就会产生流体对固体表面的冲蚀。

2.4 天然气井腐蚀介质分析

在气井的采输中,多相流腐蚀主要发生在以油套管柱为主的井下部分。多相流腐蚀主要是指溶有 CO_2、H_2S、O_2 等气体的地层水对管柱壁的腐蚀。前两种气体为酸性腐蚀物质,它们通过电化学腐蚀方式对管柱壁产生腐蚀,其过程为通过氢离子作用在电极上产生氧化还原反应,同时,由于金属表面对酸性物质的吸附作用,还会产生催化还原反应。溶于水中的氧本身并不具有腐蚀作用,而是对 CO_2 的腐蚀产生催化。正是由于产生腐蚀作用的液体为液相形态,因而井下管柱的腐蚀也是多腐蚀介质共同作用的结果。通常影响 H_2S 腐蚀的主要因素为 H_2S 浓度、pH 值、温度、压力、CO_2 含量、氯离子浓度、腐蚀产物膜等,如图 2.2 所示。CO_2 腐蚀的主要因素有铁离子的含量、金属的微观结构及金属的预处理等。O_2 催化腐蚀性主要影响因素为温度、O_2 含量等。不同的液体腐蚀除了受到共同外界条件影响外,流体间也会产生相互影响。流体流动时还会产生力学作用结果。由于流体的冲刷会促使金属表面起阻蚀作用的腐蚀产物膜剥离,导致液体腐蚀介质对新露金属表面产生进一步腐蚀作用,该腐蚀作用受到流体流态、流速及流体冲刷角度的影响。

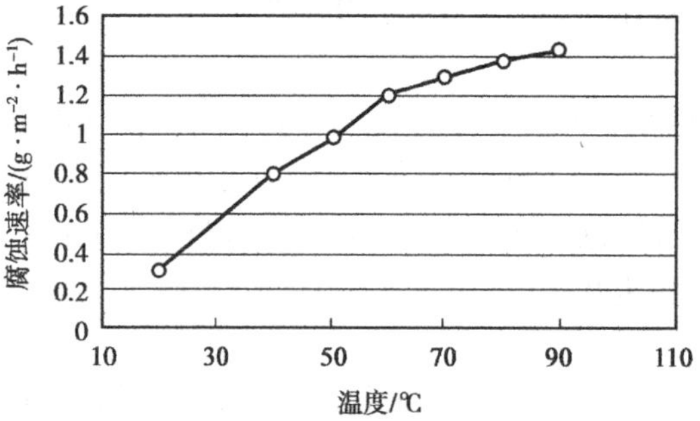

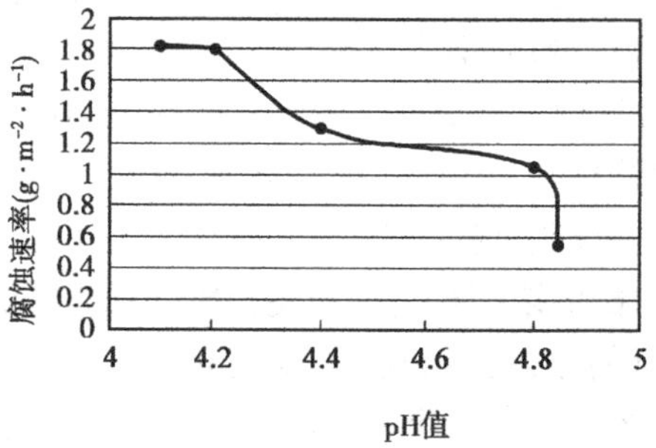

图 2.2 H_2S 水溶液中钢的腐蚀速率随温度、pH 值变化情况

固相腐蚀介质主要是指剥离的腐蚀产物膜、钻井后残留铁屑、地层颗粒以及气井增产过程中支撑剂等固相颗粒对管柱表面的腐蚀。该类腐蚀主要表现为力学腐蚀,即冲刷腐蚀,其原理相当于微型颗粒对金属材料表面进行微型切削。这种切削作用导致金属表面不断的磨损脱落,并产生深浅不一的表面刻蚀沟槽,从而造成金属表面应力分布不均匀,产生非正常应力集中现象,加速降低管材的使用寿命,其危害比纯液体所产生的冲刷大得多。

气相腐蚀主要是指以产出气为主的气体。产出气除了在井底某些高温高压井段处,一些氧化性强的气体(如 H_2S)会直接和套管壁发生氧化还原腐蚀反应外,其本身不直接对管柱产生腐蚀作用。气相腐蚀更多以间接腐蚀作用于管柱壁,如产出气中的 H_2S、CO_2 等,它们溶于水后使地层水成为酸性液体,对管柱进行腐蚀。应该更多地考虑气体的力学作用,即一定流量、压力的气体对金属表面的高强度冲刷。其冲刷原理类似液体,只不过它主要作用于管柱表面残余物(如固体颗粒、反应残余液)上,通过冲走旧的反应物,又带来新的腐蚀物对原处再次进行腐蚀，反复对金属表面施加冲刷腐蚀作用。

某气井关井压力约为 66 MPa，而实际生产井口压力均超过 60 MPa，根据 CO_2 含量可知，井口承受的 CO_2 分压应为

$$p_{CO_2}=\frac{(66\sim60)\times1.25}{100}\text{MPa}\approx0.8\ \text{MPa}$$

目前在油气工业中，根据 CO_2 分压判断 CO_2 腐蚀性的经验规律见表 2.1 。

表 2.1　CO_2 分压与腐蚀性关系

p_{CO_2}/MPa	腐蚀严重程度
<0.021	不产生
0.021 ~0.21	中等
>0.21	严重

由此可见，该气井中的 CO_2 对井口装置等存在严重的腐蚀性。

根据前述基本情况和气样分析结果可知，该井属于含 CO_2 和微量 H_2S 气体的酸性油气井。现有研究资料认为，在含有 CO_2 和 H_2S 体系中，如果 CO_2 和 H_2S 的分压之比小于 500∶1 时，腐蚀过程受 H_2S 控制，H_2S 仍将是腐蚀产物膜的主要成分。而该井天然气的 CO_2 与 H_2S 的分压之比为(3 000 ~6 000)∶1，远远大于 500∶1，此时 CO_2 对腐蚀应起明显的主导作用。

该井的生产腐蚀环境属于“高温、高压、高产，且具有强腐蚀的酸性恶劣工况”，根据现场的分析，产生腐蚀的因素应该有以下 5 个方面：

①由于 CO_2 和少量水的存在，对用 35CrMo 钢制造的井口装置产生了强烈的 CO_2 腐蚀。

②在高温高压条件下，CO_2 和 H_2S 与水的共同作用往往可能比单一的 CO_2 和 H_2S 水溶性腐蚀要严重得多，腐蚀速度要高几十倍，甚至几百倍。

③对于高产量的生产气井，采气通道几何尺寸的变径不连续，产生气流湍流现象，冲刷腐蚀更明显。

④基材的纯净度和加工工艺对产品的耐腐蚀性有很大的影响。

⑤气、液、砂共同冲刷，腐蚀很快。

2.5　CO_2 腐蚀机理研究

气井管柱腐蚀是从产凝析水就开始的，随着产水量的增加腐蚀更加明显。根据该气井的生产情况，每 10^6 m^3 天然气产量中含水量约 1 m^3，从表 2.2 可知，水在井筒内仍以液态方式存在。实验分析结果说明，在有水雾的 CO_2 气氛中将产生阀门体的电化学腐蚀。

表 2.2　水在不同温度下的蒸气压值

温度/℃	0	50	100	150	205	275	315	374	374.15
蒸气压/MPa	6.1×10^{-4}	0.012 1	0.1	0.416	1.724	5.950	10.56	22.08	22.12

由于气井在正常生产情况下，井口温度为 80 ~85 ℃，而高温又促使腐蚀的进一步加剧。

2.5.1 CO_2 腐蚀机理

CO_2 腐蚀是油田管材腐蚀的最普遍的方式，CO_2 主要来源于地层中的有机物进行生物氧化时的分解产物，或是由于地球的地质化学过程产生的。干燥 CO_2 气体本身不具备腐蚀性，但它极易溶解于水或盐中。当其溶解在水中形成碳酸，由于水中氢离子的量增多，水呈酸性，就会使管材产生氢去极化腐蚀。

研究表明，在常温无氧的 CO_2 溶液中，钢的腐蚀速度是受氢动力学所控制。CO_2 在水中的溶解度很高，一旦溶于水便形成碳酸，释放出氢离子。氢离子是强去极化剂，极易夺取电子还原，促进阳极铁溶解而导致腐蚀。这个电化学腐蚀过程可用下式表示：

阳极反应：　$Fe - 2e \longrightarrow Fe^{2+}$

阴极反应：　$H_2O + CO_2 \longrightarrow H_2CO_3 \rightleftharpoons H^+ + HCO_3^-$

$2H^+ + 2e \longrightarrow H_2$

腐蚀产物：　$Fe + H_2CO_3 \longrightarrow FeCO_3 + H_2$

其中，反应控制步骤为

$$H_2CO_3 + e \longrightarrow H^+ + HCO_3^-$$

$$H + H \longrightarrow H_2$$

$$HCO_3^- + H^+ \longrightarrow H_2CO_3$$

由以上反应式可以看出，没有水则 CO_2 不能与 Fe 产生反应，水的存在是生产管柱腐蚀的主要原因。

在含有二氧化碳的环境中发生腐蚀时的总的化学反应式为

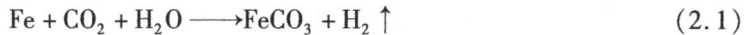

$$Fe + CO_2 + H_2O \longrightarrow FeCO_3 + H_2\uparrow \tag{2.1}$$

$FeCO_3$ 是作为腐蚀生成物生成在其表面。在含 CO_2 的气井环境中，钢铁表面在腐蚀初期可视为裸露表面，随后将被碳酸盐腐蚀产物所覆盖。因此，CO_2 水溶解对钢铁的腐蚀，除了受阴极去极化反应速度的控制，还与腐蚀产物是否在钢的表面成膜，膜的结构和稳定性对腐蚀存在重要的影响。

由于碳酸具有相对较高的 pH 值，增大了铁的腐蚀速度，另一方面，H_2CO_3 吸附在金属表面之后，未离解的 H_2CO_3 分子可直接被还原，随后氢原子以很快的速度结合成氢分子。随着氢原子从电介质溶液扩散到金属表面，有助于与 HCO_3^- 再化合形成 H_2CO_3。由此表明，CO_2 溶于水生成的碳酸比能完全电离的酸(相同值)有更高的腐蚀性。CO_2 的腐蚀过程如图 2.13 所示。

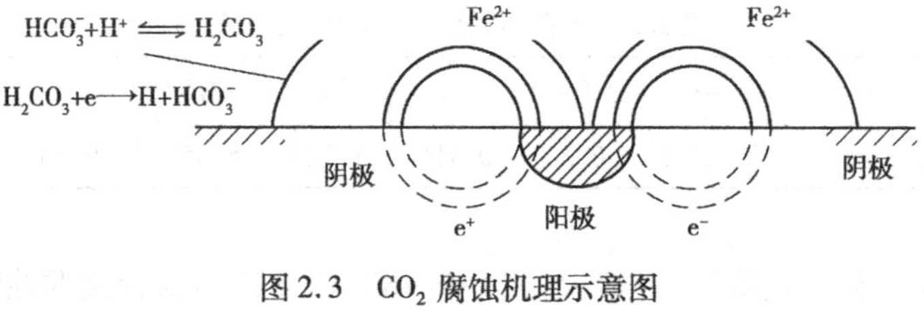

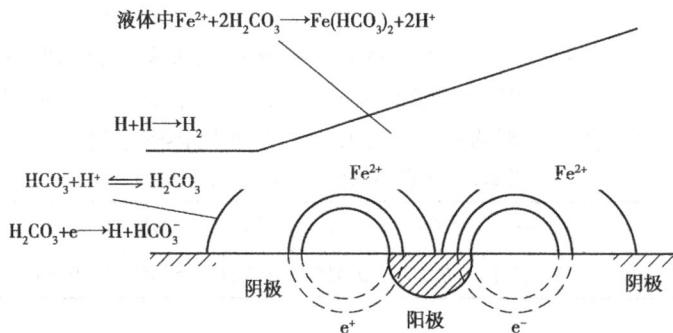

图 2.3　CO_2 腐蚀机理示意图

2.5.2 CO_2 腐蚀特征

CO_2 对碳钢的腐蚀属于管道内腐蚀，主要包括3类腐蚀过程：均匀腐蚀，抗蚀和冲刷腐蚀，其腐蚀产物通常为 $FeCO_3$ 和 Fe_3O_4。

(1)均匀腐蚀

在一定条件下，天然气中的水蒸气凝结在管面形成水膜，CO_2 溶解并极易附着在管面，使金属发生氢去极化腐蚀，即

$$CO_2 + H_2O \longrightarrow HCO_3^- \qquad H^+ + e \longrightarrow H$$

(2)冲刷腐蚀

管柱受到高速气流的冲刷腐蚀通常也比较严重。由于腐蚀产物被冲击气流带走，使金属表面不断暴露，腐蚀加速。气流中的粉砂产生的机械作用会加速冲刷腐蚀。

(3)坑点腐蚀

管柱在气相、液相、固相多相流环境都可能发生坑蚀。CO_2 腐蚀最典型的特征是呈现局部的坑蚀，轮廓状腐蚀和台肩状腐蚀。其中台肩状腐蚀是腐蚀过程中最严重的一种情况。这种腐蚀的穿透率很高，通常可达数 mm/a。CO_2 坑蚀常为半球形深坑，且边缘呈陡角。产生台面状腐蚀的原因为：在腐蚀反应进行的同时，也存在着腐蚀产物 $FeCO_3$、Fe_3O_4 等金属表面形成保护膜的过程。因膜生成的不均匀或破坏，则常常出现局部的(无膜)台肩状腐蚀。

(4)腐蚀以管柱内壁坑蚀为主

从油田腐蚀的统计资料发现，腐蚀以内壁为主，管柱外壁仅有腐蚀脱皮现象，无明显腐蚀坑，内壁腐蚀多集中于管柱的一定部位呈片状密集分布，蚀洞断面呈内大外小的喇叭口状，反映腐蚀从管柱内壁开始逐渐向深部发展而穿孔。还有部分蚀洞，沿管柱垂向轴线条状分布，呈沟槽形成串珠状。另外管柱接箍也是严重腐蚀的部位，这是因为管柱接箍是引起流体湍流的一个变径点。

局部腐蚀是气井产生 CO_2 腐蚀的一个重要方面。现场发现，即使流体流动不是高速流动，也会发现局部腐蚀。这种情况对高压气井或存在流速限制的井都会存在。这种腐蚀与气井本身产生储存水和产生凝析水的性质有关。

对于气井，管壁通常只被一薄层液膜覆盖，液膜与被气体携带的液雾之间除在湍流区和管道连接处外，物质和动量交换很少。在管道连接处，水的不断更新使得该处腐蚀介质实际上与当地所产的水的组分相近；在直管段，表面液膜只能高度富集或成饱和硫酸亚铁。与底部的水相同，这部分液膜酸度很低，有很强的缓冲作用。此外，对富亚铁的介质，腐蚀沉淀物将是高保护性的。因此，直管段始终处于均匀腐蚀作用之下，即使对于高度腐蚀井，直管段的实际腐蚀速率也很低；另一方面，在管道连接处，由于水的组成的迅速变化，导致发生局部电流耦合。液滴相的 pH 值越低，就越危险。

2.5.3 影响 CO_2 腐蚀的因素分析

(1) CO_2 分压对腐蚀的影响

按照有关文献划分，CO_2 分压小于0.05 MPa 无腐蚀，分压在0.05～0.2 MPa 可能出现腐蚀，分压大于0.21 MPa 表现为明显腐蚀，分压小于0.02 MPa，则没有腐蚀。在管内，若有 CO_2

和水的存在，CO_2 的腐蚀程度主要按 CO_2 的分压来评价，CO_2 的分压等于系统内压力乘以 CO_2 气体的百分含量。不同 CO_2 分压下的腐蚀情况见表 2.3。国外一般认为不超过 127 μm/a 在工程上可以接受。

表 2.3 不同 CO_2 分压下的腐蚀情况

CO_2 分压/MPa	0.09	0.05	0.03	0.02
计算腐蚀速率/($mm \cdot a^{-1}$)	0.66	0.43	0.35	0.24
实测腐蚀速率/($mm \cdot a^{-1}$)	0.70	0.40	0.30	0.20

p_{CO_2}增大，pH 值降低，碳酸的还原反应加速，从而增大反应速度。p_{CO_2}与 pH 值的关系为

$$\mathrm{pH}(水,CO_2\ 体系) = 3.71 + 0.0047t - \ln(f_{CO_2})$$

式中 t——温度，℃；

f_{CO_2}——CO_2 逸度，MPa；

$f_{CO_2} = a \times p_{CO_2}$，$a$ 为逸度系数。

(2)温度对二氧化碳腐蚀的影响

温度对二氧化碳腐蚀的影响较为复杂。在一定温度范围内，碳钢在二氧化碳溶液中的溶解速度随着温度升高而增大，但温度较高时，当钢表面生成致密的腐蚀产物膜($FeCO_3$)后，钢的溶解速度随温度升高而降低。前者加剧腐蚀，后者则有利于保护膜的形成造成了错综复杂的关系。

图 2.4 为温度、二氧化碳分压与腐蚀速度的关系，从中可看出，在较低温度段，腐蚀速度随温度升高而加大，在 100 ℃左右时腐蚀速度最大，超过 100 ℃时，腐蚀速度下降很快。

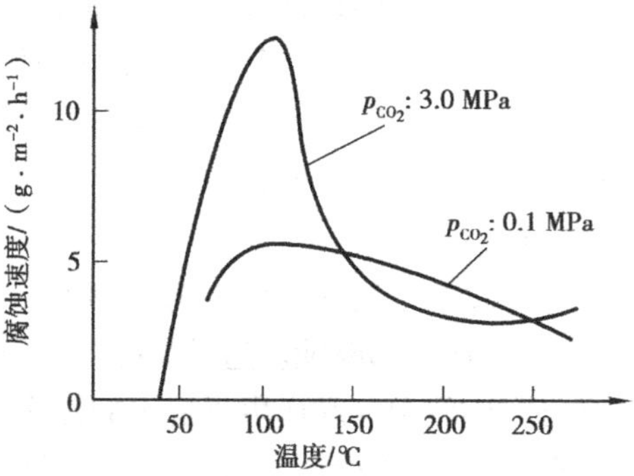

图 2.4 温度、CO_2 分压与腐蚀速率关系

国外一些专家对不同温度下的 CO_2 腐蚀选择了 3 种典型的情况进行了研究：

①在较低温度下，腐蚀产物 $FeCO_3$ 难以在钢表面形成有效的保护膜；

②在 100 ℃左右，此时 $FeCO_3$ 伪保护膜上出现粗大的结晶并继续增大和剥离产生坑蚀等局部腐蚀；

③在 150 ℃左右，Fe^{2+} 初始的溶蚀速度加快，在钢的表面的浓度增大，而 $FeCO_3$ 的溶解速度降低，很快形成薄而致密的保护膜。这种保护膜在钢铁接触到腐蚀介质的最初 20 h 左右形成，此后就具有保护作用。

Ikeda、Veda 和 Mukai 等人认为温度对碳酸铁膜的形成有很大影响。(如图 2.4 所示)当温度低于 60 ℃时，碳酸铁膜不易形成或即使暂时形成也会被逐渐溶解，钢表面主要发生均匀腐蚀；当温度在 100 ℃附近时，尽管具备碳酸铁膜的形成条件，但是因钢表面上碳酸铁核的数目较少以及核周围结晶生长慢且不均匀，故基材上生成一层粗糙的、多孔的、厚的碳酸铁膜，钢表面主要发生孔蚀。在温度高于 150 ℃情况下，大量的碳酸铁结晶核均匀地在金属表面上出现，结晶迅速生成一层致密的黏性好的、均质的碳酸铁膜，钢表面基本不受腐蚀。

表 2.4　碳钢在不同温度下的腐蚀机理

第 1 种情况	第 1 种情况	第 1 种情况
低温(40 ℃)	中温(100 ℃)	高温(150 ℃)
一般腐蚀	深坑腐蚀	抗腐蚀
$FeCO_3$ 疏松沉积 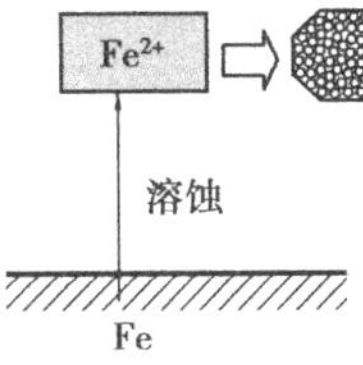	$FeCO_3$ 疏松沉积碳酸铁膜生长和剥离 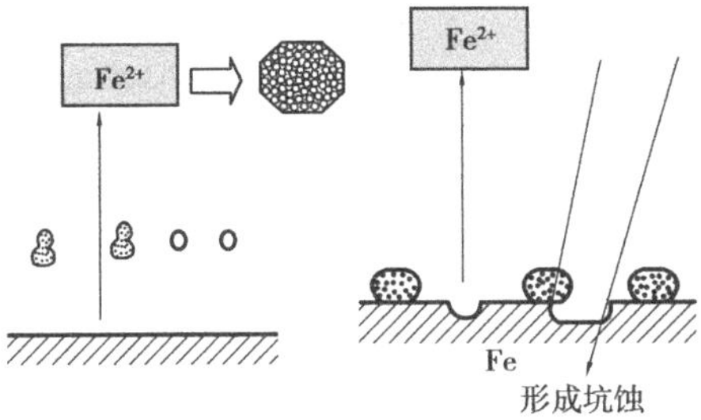	由于增大了初始的 Fe^{2+} 溶蚀率形成薄而致密的 $FeCO_3$ 保护膜 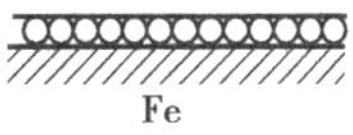

(3) H_2S 含量的影响

H_2S 对 CO_2 腐蚀的影响很复杂,既可以通过阴极反应加速 CO_2 腐蚀,也可以通过 FeS 沉淀而减缓腐蚀,其间的变化与温度直接相关。根据有关研究报道,在 30 ℃下少量(3.3×10^{-6}) H_2S 将使 CO_2 腐蚀成倍加速,而当 H_2S 含量增加到 330×10^{-6},腐蚀速度不但未随 H_2S 含量增加而增加,反而有所下降。温度升高又出现令人感兴趣的情况,如果 H_2S 含量大于 33×10^{-6} 腐蚀速度反比纯 CO_2 时更低,同时由于 FeS 的沉淀也不再出现坑蚀等局部腐蚀。当温度继续升高超过 150 ℃,则不论 H_2S 含量高低,$FeCO_3$ 保护膜都将能够很好地形成,腐蚀速度也不受 H_2S 含量变化的影响。不同 H_2S 含量在各种温度下对 CO_2 腐蚀速度的影响见图 2.5。对于抗 CO_2 腐蚀的含 Cr 不锈钢来说,少量 H_2S 存在也将对 CO_2 腐蚀产生不利的影响。

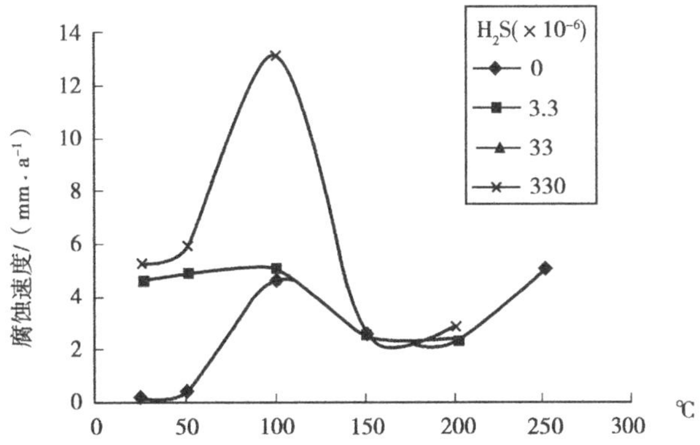

图 2.5　在不同温度下少量 H_2S 对腐蚀速度的影响

(4) Cl^- 的影响

当 Cl^- 离子浓度在 $10 \times 10^{-6} \sim 10^5 \times 10^{-6}$ 时,对中等温度情况下出现的坑蚀等局部腐蚀的速度和形态没有影响。但是在存在保护膜的高温情况下,Cl^- 离子浓度大于 $3 \times 10^4 \times 10^{-6}$ 时尤为显著。这种情况可能由于金属表面吸附 Cl^- 离子延缓了 $FeCO_3$ 保护膜的完成。

(5) 流速的影响

国外一些专家用循环流动腐蚀试验得出附属介质:流速在 0.32 m/s 以下时,腐蚀速度随流速增加而加速,此后在 10 m/s 范围内腐蚀速度基本不随流速的变化而变化,如图 2.6 所示。这与流速对腐蚀介质传质效果之间的关系有关。由于高流速增大了腐蚀介质达到金属表面的传质速度,且高流速会阻碍或破坏保护膜,因而流速增大,腐蚀速率也相应增加。但是在某些情况下,高流速会降低腐蚀速度,因为高流速除去了金属表面的膜。

根据实验证明,在 CO_2 分压为 0.1 MPa 和 60 ℃下,随着流速的增加,腐蚀速度出现急剧增大,在 60 ℃时,流速对腐蚀有很大影响。腐蚀速度在低流速时,部分受扩散控制,在超过一定流速的范围内,腐蚀速度完全是由反应或电荷传递所控制。扩散过程和电荷传递决定反应速度的流速转折点为 0.32 m/s,因此,温度和流速对腐蚀速度的影响是紧密相关的。

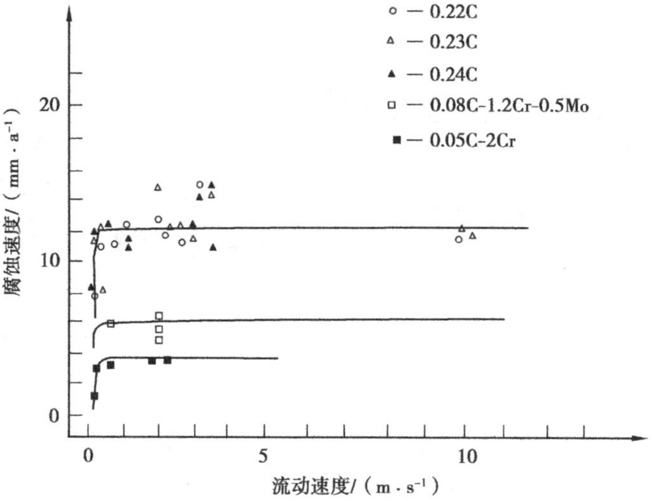

图 2.6　流速对 CO_2 腐蚀的影响

(6) pH 值对腐蚀的影响

增大 pH 值将降低 $FeCO_3$ 的溶解度,有利于生成 $FeCO_3$ 保护膜。pH 值的增大也使得 H^+ 含量减少,H 的还原反应速度降低,因此可减少腐蚀速度。

pH 值对金属腐蚀速度的影响,往往取决于金属氧化物在水中的溶解度对 pH 值的依赖关系。当钢材处在含有溶解盐类的水中时,在没有保护措施的情况下,碳钢在碱性水中的腐蚀速度仍低于在酸性水中的腐蚀速度,但 pH 值在 4 ~ 10 内时存在着对腐蚀速度的影响,并以 pH = 7 的腐蚀速度为分界线,pH > 7 时,腐蚀速度减低,pH < 7 时,腐蚀速度明显加快。

2.5.4　CO_2 腐蚀预测模型

多相流环境腐蚀和磨损是当今腐蚀领域热门的研究课题,它密切关系油气安全生产。例如:油气井下流体和管道内流体,很多属于气(H_2S、CO_2、O_2 等腐蚀成分)、液(烃类液体和含盐的水)、固(砂和其他微粒)多相混合流动的复杂状态,其腐蚀性极强。油气生产者迫切需要对多相流环境中钢的腐蚀和磨损做出基本判断或估计。近 30 年来,根据大量实验研究数据和现场经验,发展了各种预测模型。但多数模型存在适应范围小、精度不够等缺点。

多相流的流型多相流的复杂流动形态用流型描述。以气、液两相流为例,根据其各自表观流动速度,可将其分为许多基本流型。例如:垂直管流动的戈威尔流型和水平流动的曼得汉流型(见图 2.7)。表观流动速度定义为单位时间内通过单位管道截面的物质体积,即

$$V = \frac{Q}{S} = \frac{4Q}{\pi D^2} \tag{2.2}$$

式中　Q——单位时间内该相物质微粒体积的流量,m^3/s;

D——管道直径,m。

段塞流动状态如戈威尔流型中的团状流和曼得汉流型中的块状流及塞状流(见图2.7)，对管线有较大的振动和冲击，易造成腐蚀和磨损及疲劳腐蚀等损伤，而波状、层状流动相对比较平稳。

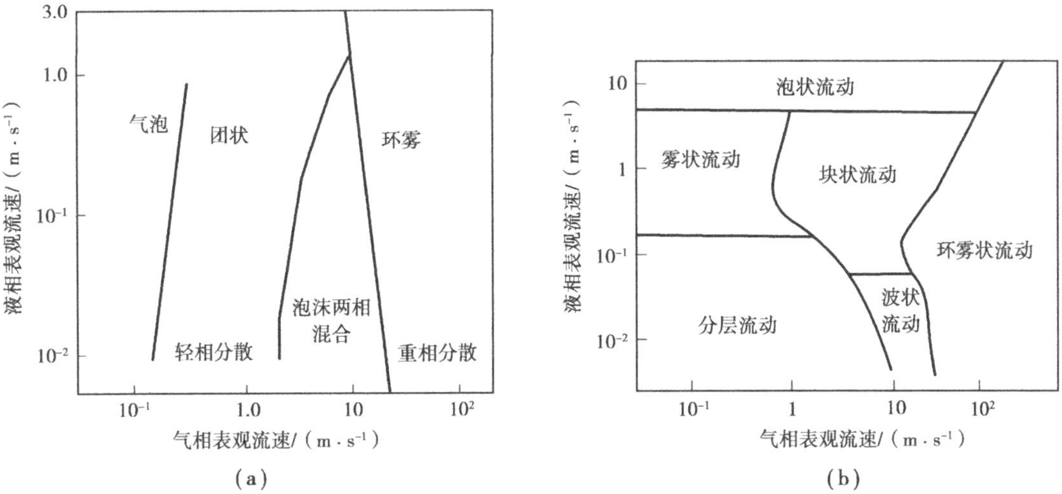

图2.7　气、液两相流的基本流型

(a)垂直管流　(b)水平管流

除流型之外，多相流腐蚀和磨损的影响因素还包括：环境条件、材料冶金因素和腐蚀机理等。主要研究以下几类问题：

①多相流介质腐蚀问题，包括：H_2S、CO_2、O_2 的腐蚀机理，特别要了解钢铁表面腐蚀产物的膜特征(成核、取向和稳定性)以及温度、pH值、压力等变量对腐蚀的影响。

②烃类本身的腐蚀与缓蚀作用，需了解在金属表面建立油湿和水湿膜的条件。

③钢材冶金结构和化学成分对其耐腐蚀性能的影响。

④有砂粒、高流速等条件下，必须考虑磨损程度及其对腐蚀模型的影响。

目前多相流腐蚀研究主要依靠大量数据，通过分析、归纳和各类数据处理来寻找规律，机理和理论研究只起辅助作用。可靠的数据来源是研究的关键，一类数据来自精心设计的模拟试验，往往局限于一两个因素的影响；另一类数据来自实际生产，利用常规方法可得到的操作条件来预测对钢材腐蚀的严重程度。计算机数值预测技术十分有用，但对数据条件要求较苛刻，采用经验试探法对分析现场或经验数据是有力的补充。

建立模型是一项技术和技巧性较强的工作，其成功与否与选择关键参数密切相关。例如S. SriniVaSasan等人提出的多相流介质腐蚀预测模型流程图就包括许多关键参数(见图2.8)。图2.8中的某些过程可通过理论分析得到，如 H_2S、CO_2、O_2、HCO_3^- 温度对介质pH值的影响。但对更多过程中的参数须进行探索，如用 CO_2/H_2S 值评价腐蚀类型，用油汽值、含水量参数评价钢表面湿润膜的特性等，许多因素之间存在着复杂的相互影响。

对于多相流介质的腐蚀性，最基本的是二氧化碳腐蚀模型。为了预测 CO_2 的腐蚀速率以便采取相应的防护措施，各石油公司提出了不同的预测模型，主要有Shell公司的De. Waard模型，ELF公司的CORMED模型，TOTAL公司的LIFUCOR模型，IFE公司的IFE-CORR模型，但应用最多的是De. Waard模型。

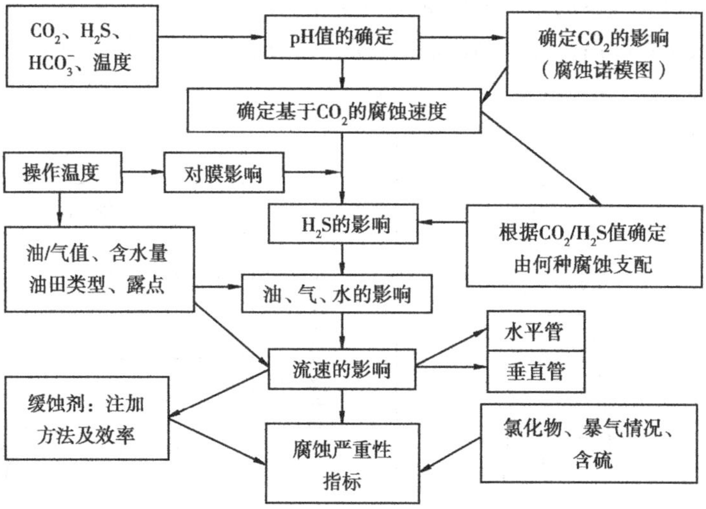

图 2.8　多相流介质腐蚀预测模型流程

早期的 De. Waard 模型

该模型于 1975 年提出，并据此得出了预测 CO_2 腐蚀的诺模图，由 CO_2 分压和温度即可预测 CO_2 的腐蚀速度，其数学表达式为

$$\log V = 7.96 - \frac{2\,320}{t + 237.15} - 0.005\,55t + 0.67 \log p_{CO_2} \tag{2.3}$$

式中　V——腐蚀速率；

p_{CO_2}——CO_2 分压，MPa；

t——温度，℃。

从式(2.3)可见，钢的腐蚀速率是随 CO_2 分压增加而增加。当 CO_2 的水溶液处于层流状态，其 CO_2分压低于0.21 MPa 时，温度低于 60 ℃，测量结果与上式的预测结果一致。在较高的 CO_2 分压和温度下，测到的腐蚀速率一般低于该公式的计算值，这可能与腐蚀产物膜有关。

此模型用来预测流体对裸钢表面的最大腐蚀速度。目前对海上油气井二氧化碳腐蚀的预测仍采用此方法，但对深井、热井、二氧化碳含量高的井，其预测值往往偏高。

考虑到结垢和 pH 值对 CO_2 腐蚀速率的影响，De. Waard 在 1991 年提出了修正的预测模型和诺模图，见图 2.9。计算出的 V_{nomo}和结垢因子的乘积等于腐蚀速率。

修正后的 De. Waard 模型为

$$\log V_{nomo} = 5.8 - \frac{1\,710}{T} + 0.67 \log p_{CO_2} \tag{2.4}$$

式中　V_{nomo}——腐蚀速率，mm/a；

T——温度，K；

p_{CO_2}——CO_2 分压，MPa。

改进 DWM 模型增加了系统总压、腐蚀产物、pH 值、油相、流速等关键参数，其中准确测定 pH 值十分重要，因为它和钢表面膜性质密切有关。

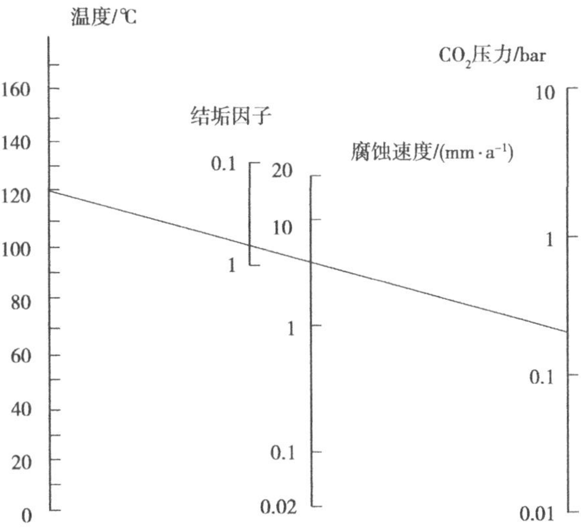

图 2.9　改进的诺模图

华中理工大学的吕战鹏等研究了碳钢在 CO_2 饱和的 3% 氯化钠溶液中分压、温度对碳钢腐蚀的影响。结果表明在较低温度(70 ℃)，$0.2\ \mathrm{MPa} < p_{CO_2} < 2\ \mathrm{MPa}$ 时，碳钢的腐蚀速率对数与 CO_2 分压成对数关系，其表达式为 $\lg V = 0.6p_{CO_2} + C$，与 De. Waard 的研究结果相符。华中理工大学的黄先球的研究结果表明，在 55 ± 2 ℃，CO_2 分压从 0.3 到 1 MPa，$\lg V - \lg p_{CO_2}$ 也为一直线。腐蚀速率与 CO_2 分压的关系式为

$$\lg V = 0.561\ 428\ \lg p_{CO_2}$$

与 De. Waard 和吕战鹏的研究结果基本相符。

CO_2 在水中的溶解度与系统的压力、温度、水的组成有关。CO_2 溶解度随压力增高而增高，又随温度上升而下降，所以 CO_2 的腐蚀也受到温度、压力、流速等多种因素的影响。钢表面腐蚀产物膜的组成、结构、形态受到介质的组成、CO_2 分压、温度、流速等因素的影响。当钢表面的腐蚀产物膜不完整或被损坏、脱落时，会诱发局部点蚀而导致严重穿孔破坏。当钢表面生成的是完整、致密、附着力强的稳定性腐蚀产物时，可减缓平均腐蚀速率。

2.6　H_2S 腐蚀对管柱强度的影响

对于完井管柱来说，H_2S 的存在会产生硫化物腐蚀，降低管柱的强度。由于 CO_2 的存在，加速了硫化物腐蚀的发生。H_2S 能加剧钢的渗氢作用，从而导致金属氢脆和管材的腐蚀破裂。当金属与地层水中的 H_2S 接触时，发生氢的还原反应，产生活泼氢原子吸附在金属表面，提高了金属表面的氢原子浓度，致使氢原子向金属内部渗透扩散，造成氢脆。当有张应力时，渗入钢中的氢原子在张应力的作用下，向应力区集中，使钢的塑性降低。当张应力和氢的浓度达到某一临界值时，使钢产生裂纹，最终导致破坏。

金属中的氢只需极少量(0.000 1% 的重量)即可导致金属变脆。氢脆是在应力和过量的氢共同作用下使金属材料塑性、韧性下降的一种现象。引起氢脆的应力可以是外加应力，也可是残余应力，金属中的氢则可能是本来就存在于其内部的，也可能是由表面吸附而进入其

中的。

H_2S 对管柱系统强度的影响主要包括氢脆和腐蚀(H_2S 的置换反应而致金属材料丢失),并由此降低管柱系统的强度。H_2S 能加剧钢的渗氢作用,从而导致金属氢脆和管材的腐蚀破裂。当金属与地层水中的 H_2S 接触时,发生氢的还原反应,产生活泼氢原子吸附在金属表面,提高了金属表面的氢原子浓度,致使氢原子向金属内部渗透扩散,造成氢脆。当有张应力时,渗入钢中的氢原子在张应力的作用下,向应力区集中,使钢的塑性降低。当张应力和氢的浓度达到某一临界值时,钢产生裂纹,并最终导致破坏。

含硫气环境中金属的腐蚀是一个电化学过程。它由阳极和阴极组成。金属的腐蚀可以分成两种基本反应:氧化反应和还原反应。氧化反应代表了发生在阳极的金属腐蚀,还原反应是出现在阴极的金属反应。在油气田的酸性溶液中,常见的反应为

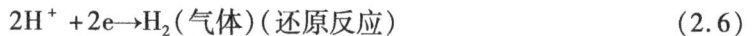

$$Fe \rightarrow Fe^{2+} + 2e\text{(氧化反应)} \tag{2.5}$$

$$2H^+ + 2e \rightarrow H_2\text{(气体)(还原反应)} \tag{2.6}$$

氧化反应和还原反应相互依赖。影响了一个反应的因素也会影响另一个反应。这就是说,如果还原反应加速了,氧化反应(腐蚀)也会加速。

对于水中含有 H_2S 的情况,待定硫的类型和浓度是 pH 值的函数,见图 2.10。H_2S 是二元酸,在水溶液中按下列步骤进行电离,即

$$H_2S \rightarrow H^+ + HS^- \tag{2.7}$$

$$HS^- \rightarrow H^+ + HS^- \tag{2.8}$$

H_2S 在水中电离后,其溶液中存在 H^+、HS^-,S^{2-} 和 H_2S 分子呈电离平衡,H_2S 对钢材的腐蚀是氢极化过程,其阴阳极反应及总的反应为

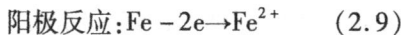

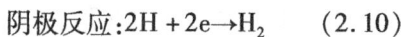

$$\text{阳极反应:}Fe - 2e \rightarrow Fe^{2+} \tag{2.9}$$

$$\text{阴极反应:}2H + 2e \rightarrow H_2 \tag{2.10}$$

$$\text{总的反应:}xFe + yH_2S \rightarrow Fe_xS_y + yH_2 \tag{2.11}$$

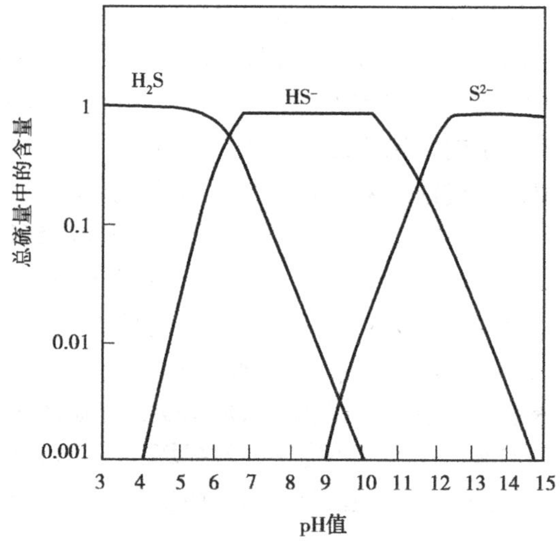

图 2.10　pH 值与硫类型的关系

不管溶液中硫化物的类型是什么,最终的腐蚀产物是硫化铁,事实上,不同的硫化铁腐蚀产物,可能形成不同的晶格类型,见图 2.11。

上述反应的发生,加速了 H^+ 放氢,并加速 H^+ 吸附在金属表面继而进入金属晶格内,进入金属的氢趋向于金属内裂纹的顶端聚集,导致原子结合力下降,促使裂纹顶端局部材料脆化,最后使套管在远低于其屈服强度时发生脆断破坏。

金属在 H_2S 中的腐蚀取决于溶液中 H_2S 的浓度。形成弱酸的酸气在水中的溶解度,取决于天然气的分压和溶液中的 pH 值。图 2.12 表示在不同温度下,H_2S 在 3% 的 NaCl 溶液中的相互关系。

图 2.13 表示了室温下碳钢在含 H_2S 溶液中的腐蚀速度。很明显,当 pH 值增加超过 8 时,腐蚀速度就会降低。钢在 H_2S 中的腐蚀速度是全部环境因素的函数,包括其他气体和水溶液的化学物。如果 H_2S 是唯一的成分,就会形成能够减少腐蚀的保护性硫化铁膜。当存在 CO_2 时,腐蚀过程变得相当复杂。

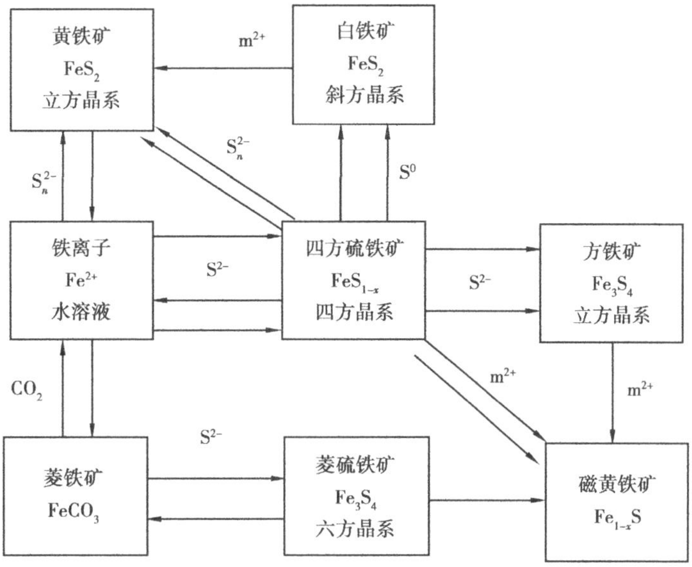

图2.11　钢在 H_2S 中腐蚀过程中形成硫化铁的常见形式

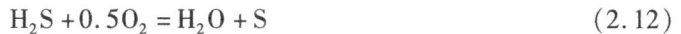

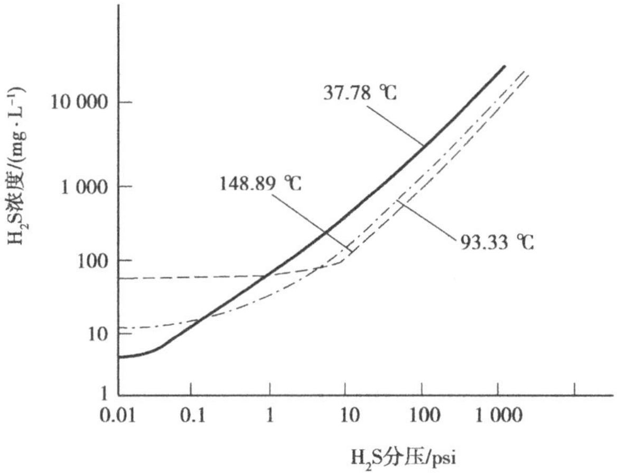

图2.12　H_2S 的分压与水中 H_2S 浓度的关系

另一种加剧 H_2S 腐蚀的因素是氧元素。氧和 H_2S 结合引起的腐蚀，比每种气体单独腐蚀的累加影响还要严重。除了在腐蚀方面的共同作用，H_2S 和氧还要发生反应，生成水和硫元素，即

$$H_2S + 0.5O_2 = H_2O + S \tag{2.12}$$

这个反应在室温下相对较慢，但它可以被溶液中的铁、锰等阳离子催化，钢在潮湿环境下，被硫元素腐蚀的速度相当高，为2.54 cm/a。

单质硫不但会因 H_2S 的氧化而形成，而且可由含硫气产生。元素硫通常来自高 H_2S 浓度且是高温的井。元素硫可作为物理的悬浮颗粒的悬浮体，或以化学方式溶于 H_2S 或凝析液中。在腐蚀过程中，可能发生以下的反应，即

$$\begin{gathered} SO_4^{2-} + CH_4 = S + H_2O + CO_2 \\ H_2S \rightarrow H_2 + S(\text{当 } FeS_2 \text{ 存在时}) \end{gathered} \tag{2.13}$$

后一个反应反映了黄铁矿(FeS_2)在使H_2S分解中可能起到的催化作用。当然，如果不考虑这些反应的机理，元素硫的沉淀会引起井筒堵塞和严重的腐蚀。图2.14和图2.15表明气体中硫的溶解是压力、温度以及H_2S含量的函数关系。

H_2S引起的套管腐蚀破坏有以下特征：

①低强度管柱系统应力腐蚀。低强度管柱系统在H_2S介质中，由于原子氢渗透，管柱系统内部夹杂物或缺陷处形成氢分子，产生很大内压力，在管柱系统的夹杂物或缺陷部位鼓泡产生氢诱发裂纹或阶梯式的微裂纹。当此种裂纹与管体的轧制方向平行，则低强度管材的塑性变形比高强度管材大。因此，相对而言，低强度套管不易发生氢脆。

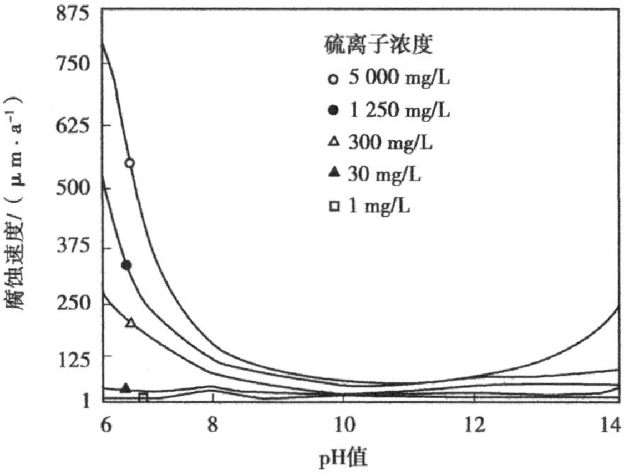

图2.13　硫离子浓度和pH值对钢腐蚀的影响

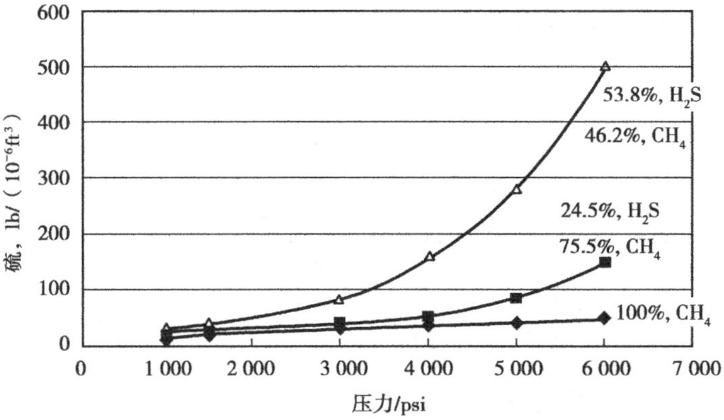

图2.14　硫的溶解度与压力和H_2S含量的关系

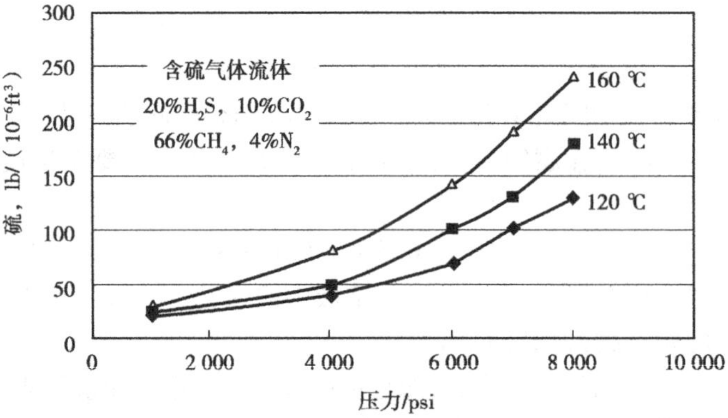

图2.15　硫的溶解度与压力和温度的关系

②高强度套管硫化物应力腐蚀。高强度套管产生硫化物应力腐蚀开裂，其特点是断面裂纹为脆断，裂纹扩展部位的塑性变形很小。管体硫化物破裂部位大都发生在管体的应力集中

部位，如机械伤痕、裂缝及热影响区或金属材料内部夹杂物区域等。硫化物应力腐蚀开裂的时间很难预料，破坏的时间长短不一，几小时至几个月，甚至有长达数年才发生硫化物应力腐蚀。

③H_2S 浓度对腐蚀的影响。影响硫化氢腐蚀的因素有很多，如浓度、温度、pH 值等，其中 H_2S 的浓度（或分压）影响比较大。硫化氢浓度对钢材腐蚀的影响是非单调性的，H_2S 对钢材的失重腐蚀和硫化物应力腐蚀开裂的影响是不相同的。例如：软钢在温度为 26.7℃时，当硫化氢浓度由 2×10^{-6}增加到 150×10^{-6}，金属腐蚀速度迅速增加；H_2S 浓度增加到 4×10^{-4}时，腐蚀速度达到高峰；在 H_2S 浓度继续增加直到 1.6×10^{-3}的过程中，金属腐蚀速率反而下降；当浓度在$(1.6\sim2.4)\times10^{-3}$时，金属腐蚀速率基本保持不变。

第3章 基于最大蚀坑深度的管柱腐蚀损伤研究

3.1 概 述

实际工程中，管道通常承受外部载荷和内部压力的共同作用，由于腐蚀产生的缺陷给管道安全运行带来极大隐患。管道外部可以实施牺牲阳极或者外加电流等阴极保护手段，并且外部腐蚀监、检测技术已经日趋成熟，因此，安全评估时更多关注的是管道内壁的腐蚀缺陷。

管柱系统采用铁碳合金材料，其内表面比较粗糙，不易形成连续而完整的钝化膜，在膜的缺陷处容易产生点腐蚀。另外，若钢铁组织中含有杂质或表面局部有沉积物时，在杂质部位或沉积物下面也容易发生点蚀。安全评估时通常采用以下两种方法考虑腐蚀缺陷：①基于现场检测和监测积累的数据进行预测；②在实验室内模拟管道服役环境进行缺陷增长规律试验，通过模拟试验获得缺陷的动力学发展规律。

点蚀集中在某些点上，阳极面积很小，腐蚀速度较快，而且存在极大不确定性，因此，现场检测和实验室模拟都很难确定其实际情况。美国石油协会颁布的 API RP 579 规范中专门给出了点腐蚀损伤的评定方法，但其评定过程，尤其是缺陷的定量化过程太复杂，工程上难以操作和应用。管道安全评估必须先对管线的腐蚀情况进行周密的检查，根据管道内部腐蚀缺陷的几何尺寸校核管道的最大工作压力以及剩余强度和剩余寿命。

目前，腐蚀监测技术通常把管道内壁腐蚀状况按照均匀腐蚀考虑，通过管道的平均腐蚀速率或者平均腐蚀厚度对管道内壁腐蚀程度进行评估，无法确切地描述管道内壁点蚀状况，监测评估结果也无法用于管道剩余强度的校核。本章根据点蚀的形貌特征建立了点蚀统计模型，通过数值计算建立腐蚀总体积和最大蚀坑深度数据库，经数值分析得到了腐蚀总体积和最大蚀坑深度之间的相关关系。管道内壁腐蚀监测系统监测得到的管道内壁的腐蚀总体积基于此数学模型可以估算管道最大蚀坑深度，为管道剩余强度评价、剩余寿命预测提供更为精确可靠的依据，对经济有效地维护管道的安全运行具有非常重要的实际意义。

3.2　现有腐蚀模型

现有腐蚀模型大致可分为两大类:物理模型和经验模型。前者是依据腐蚀过程中所涉及的物理学原理推导得出,模型中的变量有明确的物理意义;而后者则是根据以往的观测数据,采用统计学的方法得出的近似曲线,变量无具体的物理意义。

3.2.1　均匀腐蚀

均匀腐蚀(Uniform corrosion)或全面腐蚀(General corrosion)的特点是暴露于腐蚀环境的金属整个表面以大体相同的速率进行腐蚀。腐蚀程度可用单位面积的失重或平均腐蚀厚度表示。

当前,对腐蚀影响的考虑大多还是集中在均匀腐蚀假定。在传统考虑腐蚀影响的结构中,出于简化问题起见,大多将腐蚀速率作为一个具有常均值变量,即假定结构的厚度是随着时间线性减少的。然而腐蚀试验数据证明,单一的线性腐蚀率模型并不能很好地描述实际上极为复杂的钢材腐蚀行为,采用非线性腐蚀率模型更为合理。

(1)物理模型

Evans 和 Tomashev 于 20 世纪 60 年代提出海洋腐蚀物理模型,认为腐蚀过程取决于由铁离子穿透金属表面锈层的速度;Chernov 和 Ponomareko 所提出的模型还认为腐蚀进程受到腐蚀产物表面氧气扩散程度的控制,同时提出了若干半经验性参数对海水温度、流速和盐度的影响进行修正。

近年来,Melchers 提出了一个更为精炼的概念性腐蚀模型,如图 3.1 所示,称为“概率现象学模型”(Probabilistic phenomenological model)。“概率现象学模型”符合基本腐蚀规律,明晰、精炼地描述了全浸带钢材整个腐蚀进程;且对模型各阶段腐蚀曲线形式、参数与大量实地观测数据进行了对比验证,可信度较高。

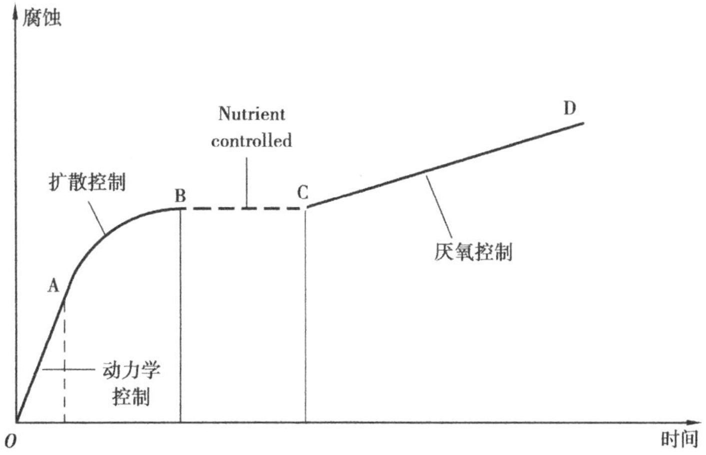

图 3.1　Melchers 海洋腐蚀概率现象学模型

(2)经验模型

Southwell 等人观测到腐蚀产物在暴露 2 ~5 年内,其厚度的增加与时间成非线性关系,随后腐蚀产物的厚度近似线性增加,从而提出了线性和双线性模型。Melchers 将该模型参数表示成统计意义上的关系,从而将这两个模型发展成“拓展 Southwell 模型”。

3.2.2 局部腐蚀模型

目前,关于局部腐蚀(Localized corrosion)问题的研究还处于起步阶段,且存在很大争议,现有文献的研究对象主要集中在点腐蚀方面。点蚀是一种由小阳极大阴极腐蚀电池引起的阳极区高度集中的局部腐蚀形式,导致金属表面产生坑点。这类腐蚀外观隐蔽且破坏性大,虽然因点蚀损失的金属重量很小,但若连续发展则能够在很短的时间内导致腐蚀穿孔。通常认为,蚀坑的形状既与环境溶液的成分和温度有关,也与金属自身的成分、金相组织结构有关。评定点蚀引起的破坏应考虑:①单位面积的蚀坑数;②蚀坑的直径;③蚀坑的深度等。

Melchers 按传统观念,将点蚀最大坑深处理成极值分布(一般为 Gumbel 分布),在“概率现象学模型”的基础上,提出了低碳钢在全浸带点腐蚀最大坑深概率模型,依据实测低碳钢腐蚀数据,认为对较大坑深的点蚀其最大坑深应服从正态分布,并采用双概率密度模型来描述。

目前,关于局部腐蚀模型仍处于研究阶段,还没有比较有说服力、得到多数人认可的局部腐蚀模型。

3.3 考虑点蚀的管道内壁腐蚀模型

流体以一定速度流经管道,与管道内壁充分接触后,其内部腐蚀性物质成分与管壁发生腐蚀反应,形成腐蚀坑,构成管道内壁腐蚀环境。简化模型为如图 3.2 所示从管道中取一段长为 L 的分段,沿纵向展开成长为 L、宽为 $\pi \cdot D$ 的板结构,流质以流速 v 流经此板,与板的上表面充分接触,腐蚀后在板表面生成一系列点蚀坑。

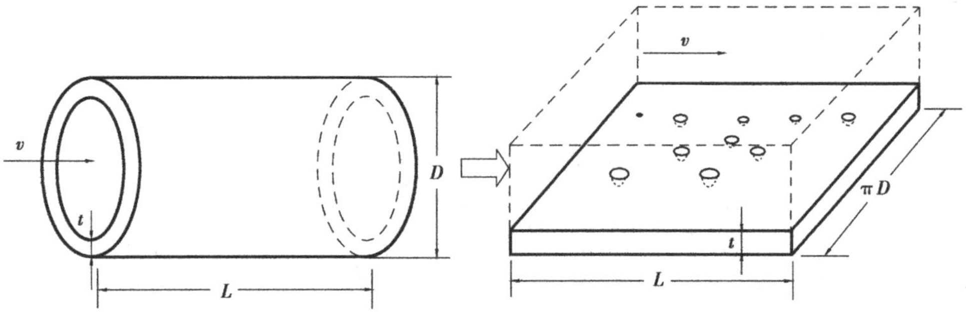

图 3.2 考虑点蚀的管道内壁腐蚀模型

3.3.1 腐蚀模型参数的定义

点蚀的几何形状受环境成分、金属的组织结构、极化条件、钝化膜组成和温度等多种因素影响,形貌表现为多种形状,如图 3.3 所示。

参考 ASME B31G 规范,本文腐蚀模型将蚀坑简化为半椭球体。几何参数定义如图 3.4 所示,W 表示点蚀坑直径,d 表示点蚀坑深度,t 为管壁厚。

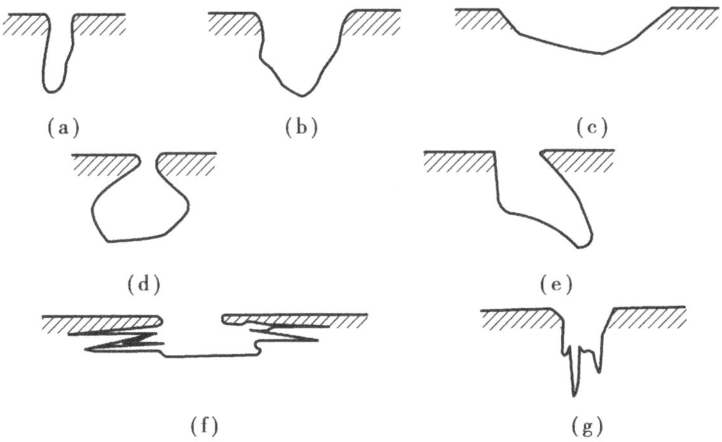

图 3.3　蚀坑的腐蚀形态

(a)窄深形　(b)椭圆形　(c)宽浅形　(d)表面下　(e)底切形　(f)水平形　(g)垂直形

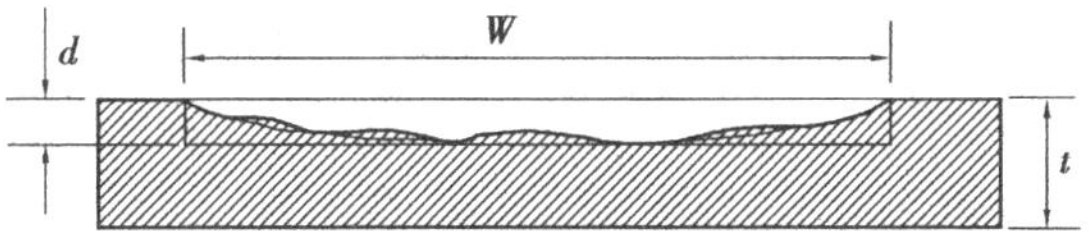

图 3.4　蚀坑横截面

腐蚀模型仍需考虑以下参数：

(1)点蚀数目

腐蚀试验中，经过一定时间的腐蚀后，试样表面出现锈点，这些锈点是金属表面保护覆盖层最薄弱、最敏感的点，称为腐蚀活性点。这些腐蚀活性点经统计分析后可以得到腐蚀活性点的平均密度。对于管道而言，腐蚀活性点的平均密度可以根据管壁材料和管内流质的腐蚀性通过试验或者现场采样统计分析后确定。模型中 L 没有被赋予实际意义，仅表示整体管道模型中的一个典型分段，其腐蚀活性点的平均密度与整体模型一致。模型中通过设定点蚀数目的大致范围对应不同管道材料和不同流质构成的实际管道结构。

(2)形状系数

模型中定义形状系数为点蚀蚀坑体积与直径为蚀坑直径、高度为蚀坑深度的圆柱体体积的比值，即

$$c = \frac{V_{\text{pit}}}{V_{\text{cylinder}}} \tag{3.1}$$

(3)蚀坑深度

一般认为点蚀蚀坑的发展可看成一个马尔可夫(Markov)过程，它下一步的状态只取决于当时所处的状态，而与它以往的历程无关。

马尔可夫过程的概率演化方程为

$$\frac{\partial f(a,t)}{\partial t} = -\frac{\partial}{\partial t}[a_1(a)f(a,t)] + \frac{1}{2}\frac{\partial^2}{\partial a^2}[a_2(a)f(a,t)] \tag{3.2}$$

式中　$f(a,t)$——t 时刻随机变量。

a(例如点蚀蚀坑深度)的概率密度函数。

$$\begin{aligned} a_1 &= \int \zeta W(a,\zeta)\,\mathrm{d}\zeta \quad \text{一级跃变矩} \\ a_2 &= \int \zeta^2 W(a,\zeta)\,\mathrm{d}\zeta \quad \text{二级跃变矩} \end{aligned} \tag{3.3}$$

一般认为转移概率 $W(Y^1;Y)$ 随 $|Y-Y^1|$ 的增大而迅速下降过程。由于点蚀坑的增长速度很少有剧烈变化的，若在 t 时刻点蚀蚀坑深度为 a，$t+\Delta t$ 时刻的蚀坑深度为 $a+\Delta a_0$，则可以假定为

$$W(a;\zeta) = \begin{cases} k & a < \zeta < a + \Delta a_0 \\ 0 & \zeta \leqslant a, \text{or } \zeta \geqslant a + \Delta a_0 \end{cases} \tag{3.4}$$

式中，k 是小区间 $a+\Delta a$ 内的转移概率密度。将式(3.4)代入式(3.3)，则

$$\begin{aligned} a_1 &= (k\Delta a_0)a \\ a_2 &= (k\Delta a_0)a^2 \end{aligned} \tag{3.5}$$

令 $a_1=\beta_0 a, a_2=2\beta_1 a^2$，代入式 (3.2)，则马尔可夫过程的概率演化方程为

$$\frac{\partial f(a,t)}{\partial t} = -\beta_0 \frac{\partial[af(a,t)]}{\partial a} + \beta_1 \frac{\partial^2}{\partial a^2}[a^2 f(a,t)] \tag{3.6}$$

其解为

$$f(a,t) = \frac{1}{\sqrt{2\pi}\beta_1 a}\exp\left\{-\frac{[\ln a-(\beta_0-\beta_1)t]^2}{2\beta_1^2}\right\} \tag{3.7}$$

即 $f(a,t)$ 是对数正态分布函数，其位置参数随时间线性增加，范围参数基本不变。因此，模型假设蚀坑深度近似服从对数正态分布，其概率密度函数为

$$f(x) = \frac{1}{\sqrt{2\pi}x}\exp[-(\ln x-\mu)/2\sigma^2], 0 \leqslant x < \infty \tag{3.8}$$

(4)径深比

日本专家松下久雄、山本等经过多年的实验和现场采样观察发现：点蚀构件蚀坑深度与点蚀直径间存在一定的相关性，如图 3.5 所示，其比值(径深比)大致处于一相对稳定的区域。周向阳等通过实验分析指出低合金钢的点蚀蚀坑的径深比通常大于2，并且同种材料试件处于同一腐蚀环境下时，径深比基本保持在一个稳定状态。因此，根据蚀坑深度与蚀坑直径的相关性，腐蚀模型假设蚀坑直径也服从对数正态分布。

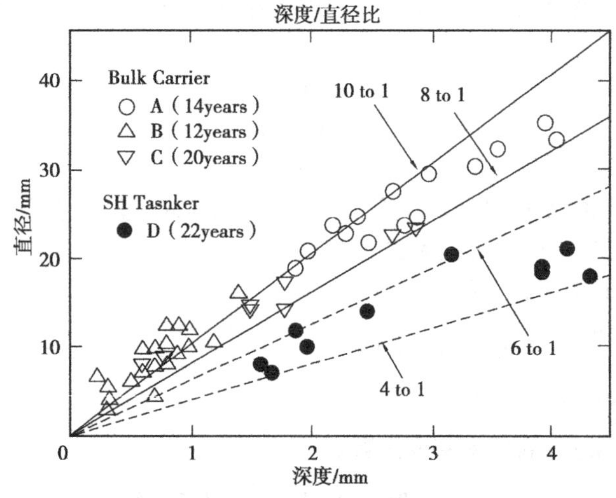

图 3.5 船体点蚀构件蚀坑深度与点蚀直径的关系

3.3.2　点蚀体积的估计

根据点蚀的形貌特征，假设蚀坑深度 d 和蚀坑直径 W 服从对数正态分布，设定初始的 (μ,σ) 可以生成 N 组样本点 $\{(d_1,W_1),(d_2,W_2),\cdots,(d_N,W_N)\}$，其中 (d_i,W_i) 代表第 i 个样本点的蚀坑的深度和直径（宽度），则腐蚀总体积 (V) 可以表示为

$$V=\sum_{i=1}^{N}c_i a_i d_i \tag{3.9}$$

式中　c——圆柱体系数；

a——点蚀坑坑口面积；

d——点蚀坑深度。

平均蚀坑深度 $\overline{d}$ 与平均点蚀直径 $\overline{W}$ 分别为两个对数正态分布样本的均值，根据随机生成的样本点数据分别计算的蚀孔深度 d 与蚀孔直径 W 的方差 σ_d 和 σ_W，采用极值理论，通过迭代计算得到满足精度要求的点蚀蚀坑样本点（这里以 σ_d 的计算为例进行说明，σ_W 的计算流程类似）。样本生成流程如图 3.6 所示。

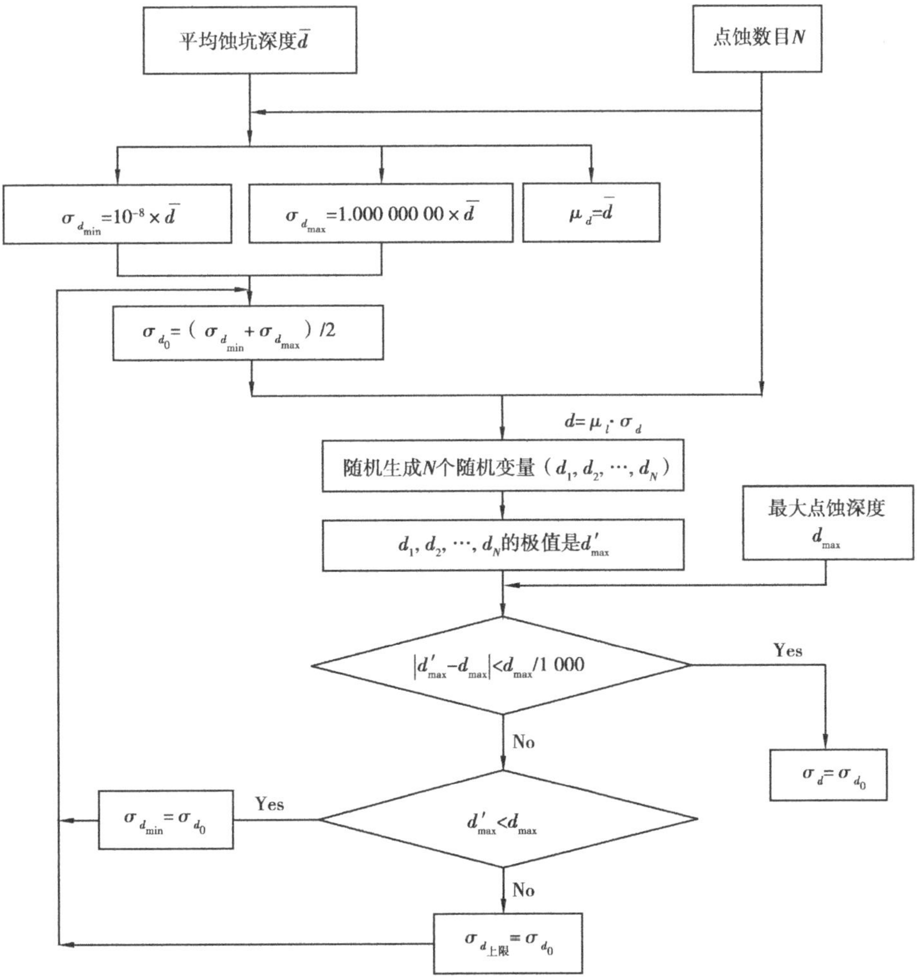

图 3.6　蚀坑深度随机样本生成流程

①由输入的蚀坑平均深度 $\bar{d}$ 设定 σ_d 的上下限分别为 $\sigma_{d_{\min}}=10^{-5}\times\bar{d}$ 和 $\sigma_{d_{\max}}=1.000\ 00\times\bar{d}$，并且设定蚀坑深度的均值 $\mu_d=\bar{d}$；

②设定 σ_d 计算的初始值 $\sigma_d=(\sigma_{d_{\min}}+\sigma_{d_{\max}})/2$（由二分法设定初始方差）；

③假设蚀坑深度服从对数正态分布，根据（μ_d,σ_{d0}）随机生成 N 个蚀坑深度样本 $d_1,d_2,\cdots,d_N$；

④求得 $d_1,d_2,\cdots,d_N$ 的最大值 $d'_{\max}$；

⑤输入目标最大蚀坑深度 $d_{\max}$，比较 $d'_{\max}$ 与 $d_{\max}$，判断条件为：$|d'_{\max}-d_{\max}|<d_{\max}/1\ 000$（程序的误差限暂时设定为 $d_{\max}/1\ 000$，可根据实际需要进行调整）；

⑥若第⑤步中判别条件满足，则 $\sigma_d=\sigma_{d_0}$，计算 σ_d 程序结束，否则继续计算；

⑦判断关系式 $d'_{\max}<d_{\max}$（通过判断计算的极值与测得的极值的大小，来进一步改变初始设定的方差，使计算加速收敛）；

⑧若第⑦步中判别条件满足，则设定 $\sigma_{d_{\min}}=\sigma_{d_0}$，（若计算极值小于设定极值，则需增大方差下限）返回到第②步，否则继续计算；

⑨设定 $\sigma_{d_{\max}}=\sigma_{d_0}$（若计算极值大于设定极值，则需减小方差上限）返回到第②步；

⑩根据最终确定的(μ_d,σ_d)生成样本。

蚀坑深度和直径的分布函数确定后就可随机生成若干组蚀坑的深度与直径构成 N 个蚀坑样本点，按照公式(3.9)计算腐蚀体积。但是，由于蚀坑深度和直径是随机生成的，则由两者计算得到腐蚀体积也是随机变量，存在不确定性，因此，程序设定取多组样本计算体积平均值($\bar{V}$)，迭代计算中，若第 j 次计算的总体积 $\bar{V}_j$ 与第 $j-1$ 次计算的总体积 $\bar{V}_{j-1}$ 之间的差值满足计算精度，则认为 $\bar{V}_j$ 为所求总体积。计算流程如图 3.7 所示。

①设定初始平均体积值 $\bar{V}_0=0.0$；

②根据 σ_d 和 μ_d 调用样本生成程序，随机生成 N 组蚀坑深度样本 $d_i(i=1,2,\cdots,N)$；根据 σ_W 及 μ_W 调用样本生成程序，随机生成 N 组蚀坑直径 $W_i(i=1,2,\cdots,N)$（过程参照样本生成流程）；

③设定形状系数 c，并调用随机生成样本组合(d_i,W_i)，根据公式(3.3)计算出此时蚀坑的总体积 V_i；

④重复第①至第③步 N 次，分别计算得到 N 个样本蚀坑的体积 $V_1,V_2,\cdots,V_N$；

⑤计算 N 个蚀坑的总体积 $\sum\limits_{i=1}^{N}V_i$；

⑥计算前 j 次体积的平均值 $\bar{V}_j=(V_1+V_2+\cdots+V_j)/j$；

⑦判断关系式 $|\bar{V}_j-\bar{V}_{j-1}|<\bar{V}_j/10\ 000$（程序的误差限暂时设定为 $\bar{V}/10\ 000$，可根据需要进行调整）；

⑧若第⑦步中判别条件满足，则腐蚀体积 $V=\bar{V}_j$，计算结束，否则返回到第②步。

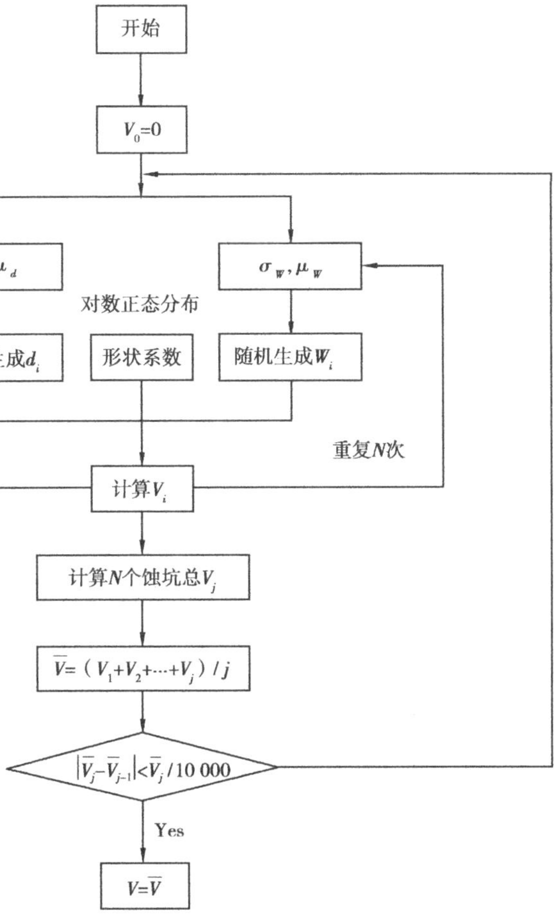

图3.7 腐蚀体积计算流程

3.4 模型计算数据库及数据分析

3.4.1 建立蚀坑信息数据库

通过对现有的腐蚀数据的分析,在程序计算中,暂定以下参数范围:点蚀数目范围选取15~50个;径深比选取6~20;最大蚀坑深度选取为1~13 mm;形状系数选取0.333~0.8。另外,为了简化腐蚀模型,定义了蚀坑深度系数,其物理意义为平均蚀坑深度与最大蚀坑深度的比值。

根据取值范围,确定点蚀数目、蚀坑径深比、形状系数和蚀坑深度系数4组腐蚀形态参数取值见表3.1,程序计算中,分别取各个参数组合后的不同腐蚀状态计算腐蚀总体积。

各个组合点蚀形貌特征参数组合后得到不同的腐蚀状态,经程序计算,可以得到各个腐蚀状况下的腐蚀总体积,并建立点蚀形貌参数与腐蚀总体积的数据库。

表 3.1 腐蚀形态参数选取

参 数	取 值
点蚀数目	15,20,25,30,50
径深比(W/d)	6,8,12,16,20
形状系数	0.333,0.5,0.667,0.8
蚀坑深度系数	0.382,0.5,0.7

3.4.2 数据分析

在计算程序中,腐蚀总体积由蚀坑样本的最大蚀坑深度和其他腐蚀形貌参数计算得到,最大蚀坑深度与腐蚀总体积之间存在一定相关关系,根据程序计算数据绘制最大蚀坑深度(d)与腐蚀总体积(V)的关系曲线,如图 3.8 所示,图 3.8(a)为径深比和形状系数确定情况下,不同蚀坑深度系数时最大蚀坑深度随腐蚀总体积的变化曲线;图 3.8(b)为径深比和蚀坑深度系数确定情况下,不同形状系数时最大蚀坑深度随腐蚀总体积的变化曲线;图 3.8(c)为蚀坑深度系数和形状系数确定情况下,不同径深比时最大蚀坑深度随腐蚀总体积的变化曲线。

根据腐蚀总体积、蚀坑径深比、形状系数、平均蚀坑深度与最大蚀坑深度之间的非线性曲线特征,选取二次多项式函数建立数学模型,其数学形式为

$$y = f(x,\theta) = f(x_1,x_2,x_3,x_4,x_5,\theta_1,\theta_2,\cdots,\theta_m) \tag{3.10}$$

式中 y——最大点蚀深度,mm;

x_1——$x_1 = \lg V$,V 为腐蚀总体积;

x_2——径深比,W/d;

x_3——$x_3 = 10 \times$ 蚀坑深度系数;

x_4——形状系数;

x_5——点蚀数目;

$\theta,\theta_1,\theta_2,\cdots,\theta_m$ 为待定系数,对于本问题 $m = 21$,包括 10 个二次项系数、10 个一次项系数和一个常数项。

定义函数 Q_i,可表示为

$$Q(\theta) = \sum_{k=1}^{n} (y_k - f(x_h;\theta))^2 \tag{3.11}$$

式中,x_h 为 x_1,x_2,x_3,x_4,x_5 的向量;θ 为 $\theta_1,\theta_2,\cdots,\theta_m$ 的向量。求解过程即为求 θ,使 $Q(\theta) = Q_{\min}$。

对于此类多元非线性回归问题应用最小二乘法求解,经迭代求解得到待定系数向量 θ。

应用拟合函数计算得到最大蚀坑深度与目标最大蚀坑深度相对误差如图 3.9 所示,整体平均相对误差为 2.24%,满足要求。最大蚀坑深度在 1 ~ 1.5 mm 区段内相对误差偏大,最大相对误差达到 18.10%,此区段为腐蚀初期,实际操作中可以对此段忽略不计;最大蚀坑坑深在 3 ~ 13 mm 区段内最大相对误差为 7.84%,平均相对误差为 1.64%,满足精度要求。

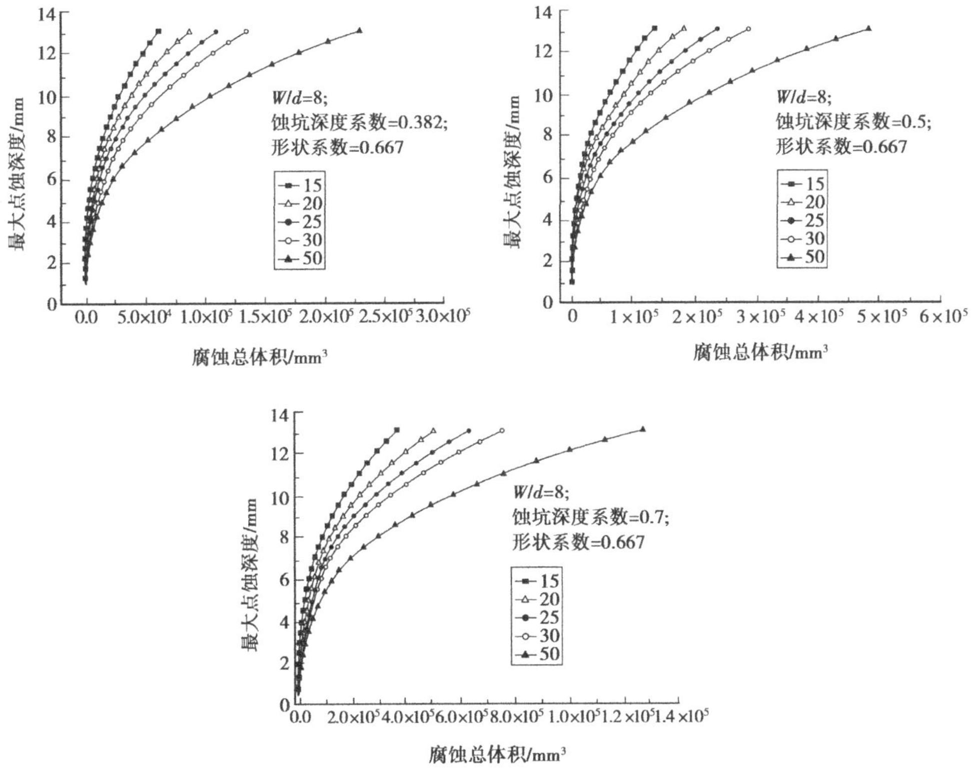
最大点蚀深度/mm
腐蚀总体积/mm³
W/d=8;
蚀坑深度系数=0.382;
形状系数=0.667
W/d=8;
蚀坑深度系数=0.5;
形状系数=0.667
W/d=8;
蚀坑深度系数=0.7;
形状系数=0.667
15
20
25
30
50

(a)

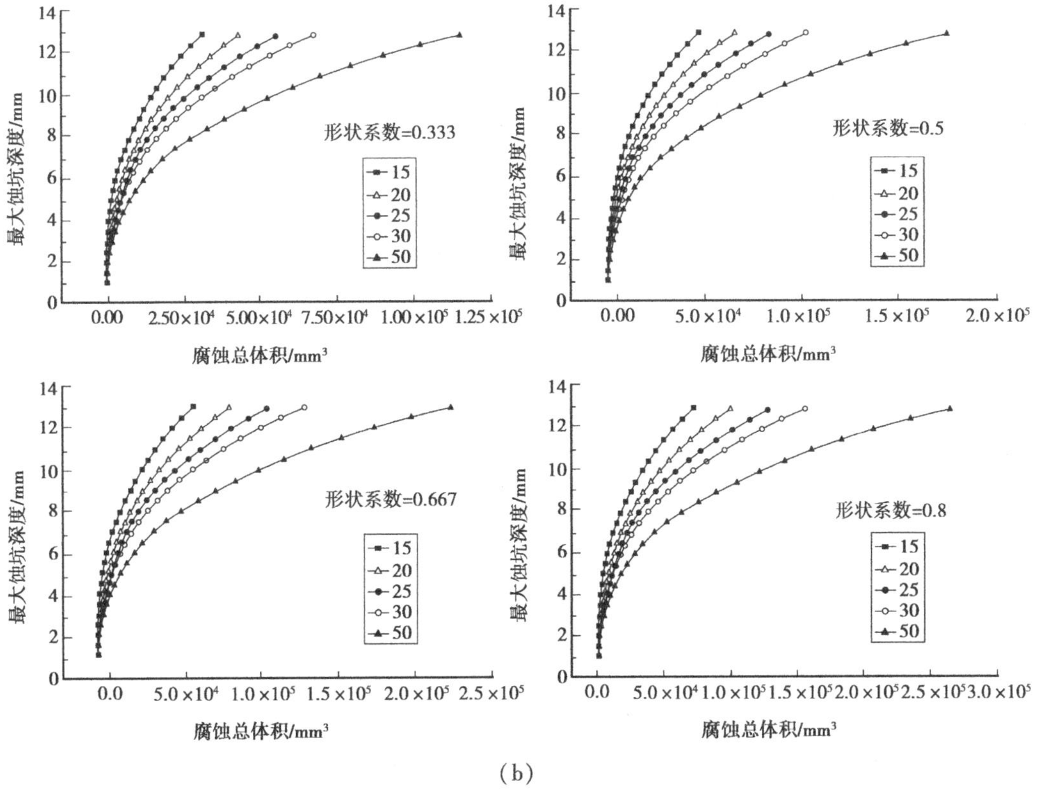
最大蚀坑深度/mm
腐蚀总体积/mm³
形状系数=0.333
形状系数=0.5
形状系数=0.667
形状系数=0.8
15
20
25
30
50

(b)

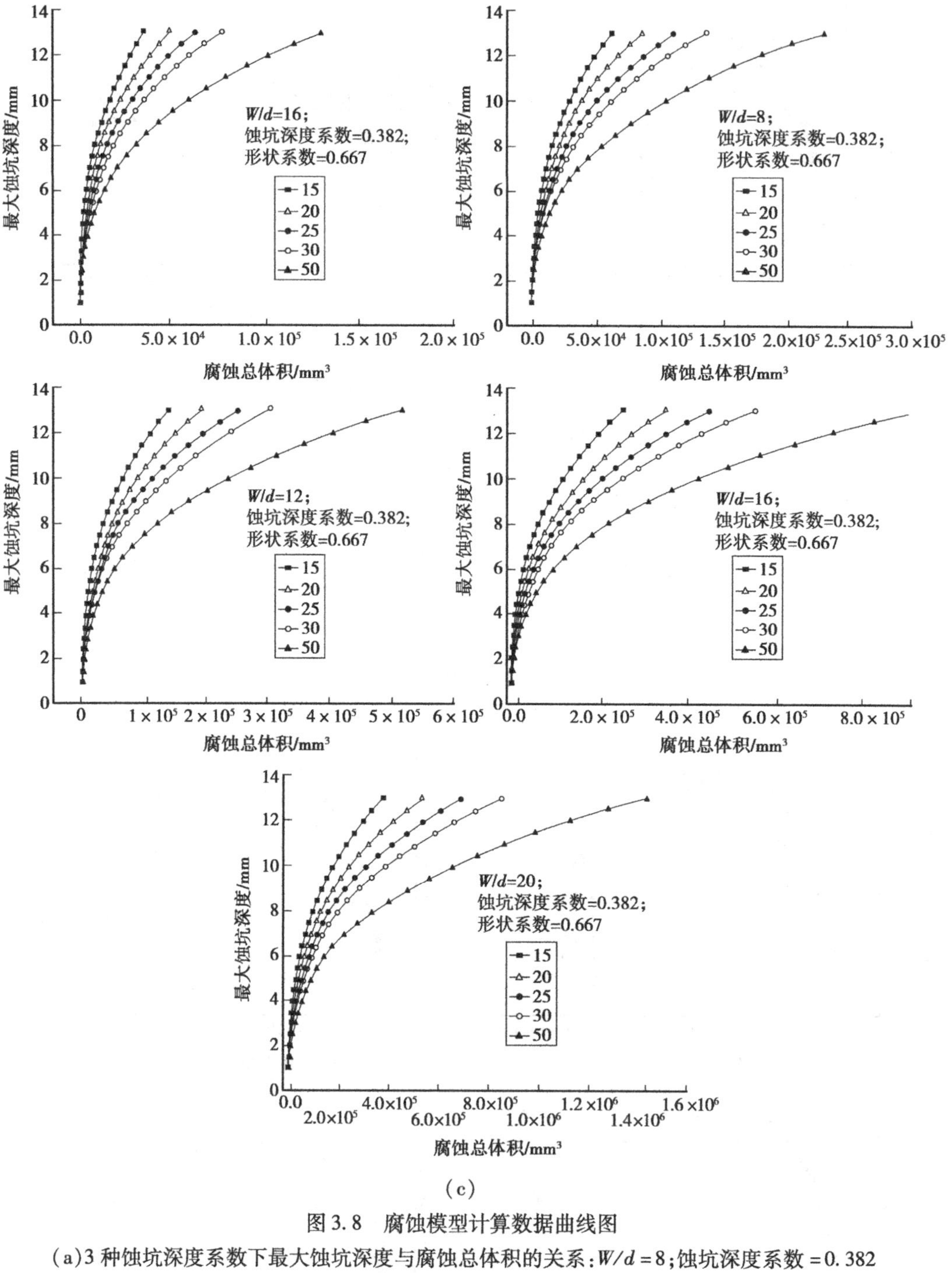

(c)

图 3.8　腐蚀模型计算数据曲线图

(a)3 种蚀坑深度系数下最大蚀坑深度与腐蚀总体积的关系:$W/d=8$;蚀坑深度系数 = 0.382

(b)4 种形状系数下最大蚀坑深度与腐蚀总体积的关系

(c)5 种径深比下最大蚀坑深度与腐蚀总体积的关系

应用腐蚀模型生成验证数据(见表 3.2),前 5 列为点蚀蚀坑参数,计算最大蚀坑深度为应用拟合函数计算结果,最大相对误差为 9.87%,精度满足要求。验证结果说明,可以通过腐蚀总体积、点蚀数目、平均蚀坑深度/最大蚀坑深度、蚀坑径深比计算得到最大蚀坑深度,而且,当点蚀数目超过计算范围时,程序计算结果仍保持足够精度。

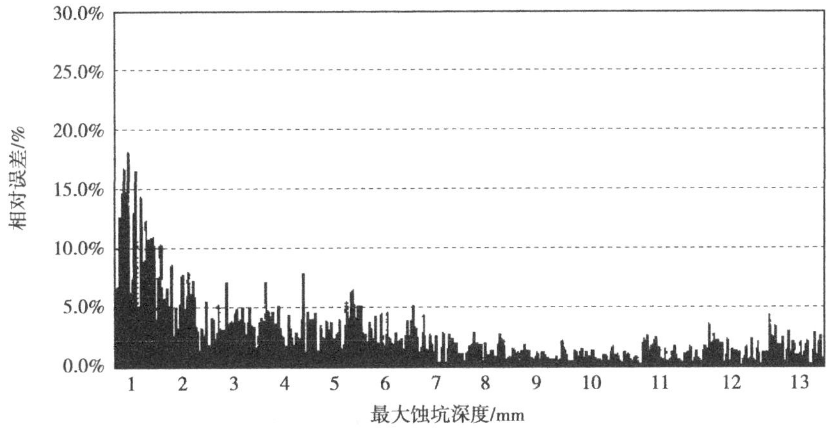

图3.9 相对误差柱状图($d=1\sim13$ mm)

表3.2 验证数据

腐蚀总体积/mm^3	点蚀数目	蚀坑深度系数	径深比(W/d)	最大蚀坑深度/mm	计算最大蚀坑深度/mm	相对误差/%
10 557.68	36	0.382	8.5	5.0	4.957	0.86
14 840.17	36	0.382	8.5	5.6	5.621	0.37
20 127.92	36	0.382	8.5	6.2	6.301	1.62
30 073.48	36	0.382	8.5	7.1	7.320	3.10
37 021.27	36	0.382	8.5	7.6	7.903	3.98
43 390.44	36	0.382	8.5	8.0	8.373	4.67
48 241.67	36	0.382	8.5	8.3	8.700	4.82
55 591.99	36	0.382	8.5	8.7	9.152	5.19
65 707.48	36	0.382	8.5	9.2	9.707	5.51
74 731.32	36	0.382	8.5	9.0	10.151	5.74
84 409.42	36	0.382	8.5	10.0	10.585	5.85
231 726.47	36	0.382	8.5	14.0	14.678	4.85
20 942.17	55	0.382	9.6	5.0	5.129	2.57
26 195.42	55	0.382	9.6	5.4	5.520	2.22
37 866.18	55	0.382	9.6	6.1	6.259	2.60
65 192.36	55	0.382	9.6	7.3	7.565	3.62
82 621.60	55	0.382	9.6	7.9	8.214	3.98
91 803.72	55	0.382	9.6	8.2	8.519	3.89
102 956.24	55	0.382	9.6	8.5	8.862	4.26
118 077.97	55	0.382	9.6	8.9	9.287	4.34
134 060.46	55	0.382	9.6	9.3	9.695	4.24
156 888.59	55	0.382	9.6	9.8	10.219	4.28
167 486.93	55	0.382	9.6	10.0	10.444	4.44
284 307.82	55	0.382	9.6	14.0	14.698	4.99

3.5 管道腐蚀损伤等级评价方法

管道腐蚀损伤的等级评价是根据管道腐蚀缺陷对管道运行安全的影响严重程度的大小给出定量评价的方法(见表3.3和表3.4)。部分标准中曾经给出标准管道腐蚀的等级方法,在实际操作中,也有根据管体腐蚀检测结果,按照金属损失大小,对腐蚀程度进行分级。根据腐蚀缺陷深度的评价方法操作方便,但从管道运行安全角度看,这种分级评价方法不能满足管道安全评估的要求,因为这种建立在几何参数上的分级评价结果不能准确地反映管道的承压能力。

表3.3 管壁或储罐腐蚀程度评价

级 别	轻	中	重	严重	穿孔
最大腐蚀深度/mm	<1	1~2	壁厚为2%~50%	壁厚大于50%	壁厚大于80%

注:来自SY/T 0087—1995《埋地钢质管道及储罐腐蚀与防护调查方法》。

表3.4 管壁腐蚀程度评价

级 别	轻微	轻	中	重
腐蚀深度	壁厚小于10%	壁厚为10%~25%	壁厚为25%~50%	壁厚大于50%

与上述评价方法不同的是国外的ASME/ANSI B31G标准直接从计算带缺陷管道承压能力着手,通过简化、理论分析和复杂的计算,提出了一套计算带缺陷管道最大承压能力的计算方法。国内SY/T 6151—1996《钢质管道腐蚀损伤等级评定方法》中,根据管道腐蚀损伤程度,提出了与管道维护措施相一致的管体腐蚀损伤评定准则。

3.5.1 评价指标的选取和损伤等级划分

对于给定的管道材料和焊接工艺,带腐蚀缺陷管道的承压能力完全由缺陷的大小、形状所决定。在ASME/ANSI B31G中计算带腐蚀缺陷管道的承压能力时,将腐蚀缺陷用两个指标描述,即最大缺陷深度和沿管道轴向最大缺陷长度,经过这种简化处理的腐蚀缺陷形状为沿管道轴向分布的矩形,如图3.10所示(图中虚线表示一般腐蚀缺陷的纵剖面)。标准腐蚀缺陷与实际缺陷的形状有一定差距,并使计算和评价结果较实际偏于保守,但是这样处理可以大幅度简化计算过程,使评价程序的可操作性提高。

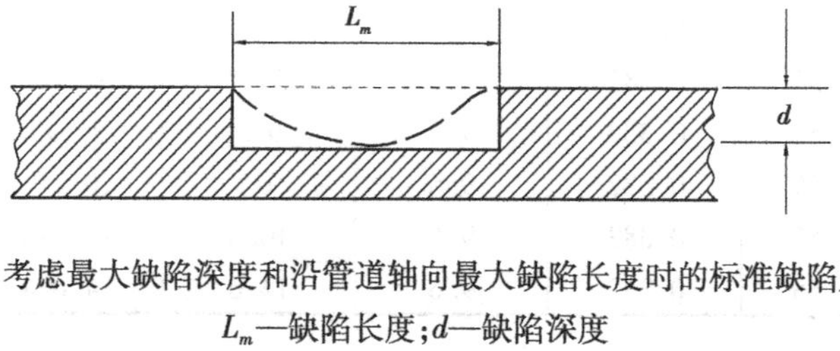

图3.10 考虑最大缺陷深度和沿管道轴向最大缺陷长度时的标准缺陷几何形状

L_m—缺陷长度;d—缺陷深度

在计算带腐蚀缺陷的管道承压能力时，除了考虑缺陷的最大缺陷深度和沿管道轴向最大缺陷长度外，还要考虑缺陷沿管道环向分布特征，即环向最大腐蚀缺陷长度，此时腐蚀缺陷形状简化为一长方体，如图3.11所示（C为缺陷宽度）。在缺陷环向分布特征较为明显的情况下，考虑环向腐蚀缺陷对管道承压能力的影响，可以使评价结果更接近实际情况。

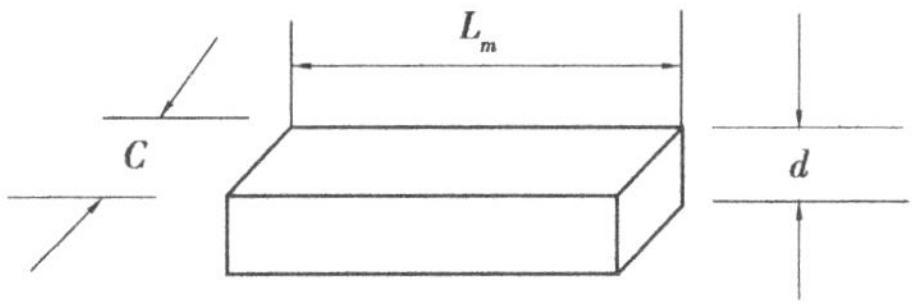

图3.11　考虑缺陷深度和缺陷沿管道轴向、环向分布时的标准缺陷几何形状

将腐蚀缺陷几何尺寸评定方法与管道承压能力评定方法相结合，提出油田油气管道腐蚀损伤评价的方法。该方法利用管道相对腐蚀深度、最大轴向腐蚀长度、环向腐蚀长度、管道最大承压能力等指标，对管道腐蚀损伤等级进行评定，其中管道腐蚀损伤等级分类参照SY/T 6151管体腐蚀损伤评定类别划分方法，见表3.5。

表3.5　管体腐蚀损伤评定类别划分

类　别	评定与结论	处理意见
第一类	腐蚀程度轻，完全可以继续使用	留用
第二类	腐蚀程度不严重，能维持正常运行	修理
第三类	腐蚀程度较重，需降压运行或予以修理	修理
第四类	腐蚀程度严重，尽快降压和修理	修理
第五类	腐蚀程度很严重，应尽快更换	更换

3.5.2　评价程序

根据现场取得的管体腐蚀缺陷测量数据，按最大腐蚀的深度、最大腐蚀纵向长度、最大安全运行压力，分3个层次进行腐蚀损伤等级评价，评价程序如图3.12所示。

(1)按照腐蚀深度评定

在腐蚀缺陷最大深度很小或很大的情况下，可以直接利用最大腐蚀深度进行损伤等级评定。这里评定指标采用腐蚀坑相对深度A，腐蚀坑相对深度的计算公式为

$$A = d/t \tag{3.12}$$

式中　A——腐蚀坑相对深度；

d——腐蚀坑深度，mm；

t——管道公称壁厚，mm。

根据腐蚀坑相对深度A，按表3.4评定管道腐蚀损伤类型。当相对深度小于等于10%时，腐蚀等级属于一类；当相对深度大于等于80%时，腐蚀等级属于五类；相对深度为10%～80%时，则需要进入下一级评价——按最大允许纵向腐蚀长度评定。评定方法见表3.6。

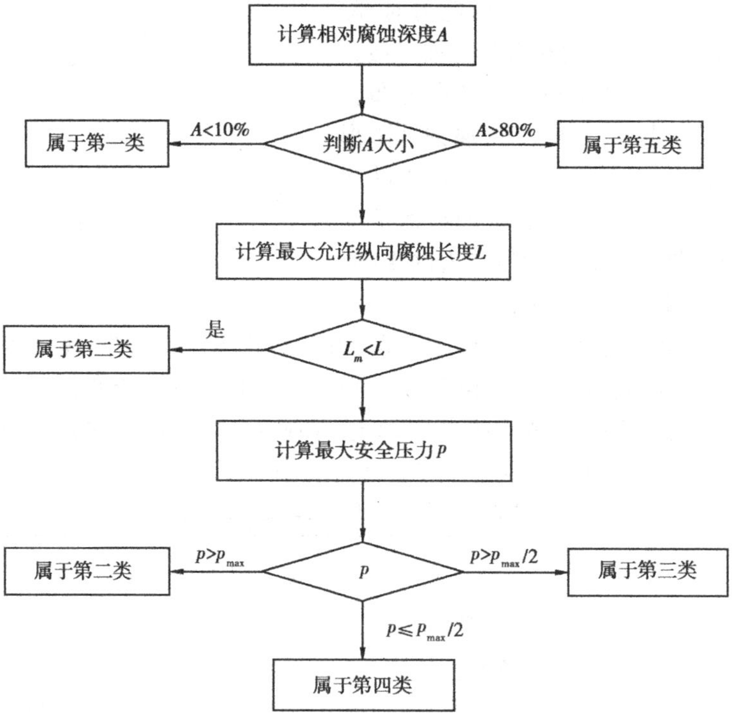

图 3.12　管道腐蚀损伤等级评价程序示意图

A—相对腐蚀深度;L—最大允许纵向腐蚀长度;p—计算压力;p_{max}—设计压力

表 3.6　腐蚀深度评定

评定依据	腐蚀坑相对深度 A		
	$A\leq10\%$	$10\%<A<80\%$	$A\geq80\%$
评定等级	第一类	进入下一级评价	第五类

需要指出的是,采用10%,80%作为界定一类(无害缺陷)和五类(极度严重)损伤等级的意义在于,对于油气管道运行安全性而言,10%的腐蚀缺陷一般没有超过管道腐蚀裕量,这样的缺陷对管道安全没有影响。而对于80%的腐蚀缺陷,管道剩余壁厚小于原壁厚20%,这一厚度接近甚至低于管道腐蚀裕量,管道在以后的运行中将会处于穿孔状态,这也是标准SY/T 0087—1995中将超过管壁厚度80%的腐蚀缺陷定为穿孔级的原因。

(2)按最大允许纵向腐蚀长度评定

当腐蚀坑相对深度在10%~80%时,需要计算腐蚀后管道承压能力(即管道安全运行压力),然后将计算的管道安全运行压力与原设计管道安全运行压力p_{max}进行比较,根据对比结果评价腐蚀损伤程度。

由于管道设计一般留有安全系数,当腐蚀区域较小时,或者说小于某一极限尺寸时,腐蚀缺陷不会对管道承压能力产生明显的影响,这一极限尺寸就是管道最大允许纵向腐蚀长度。

管道最大允许纵向腐蚀长度与管道规格、腐蚀坑相对深度、腐蚀区环向长度等有关,ASME/ANSI B31G中给出了相关计算过程。

首先定义参数A'和腐蚀系数B，即

$$A' = \frac{A}{1.1A - 0.15} \tag{3.13}$$

腐蚀系数B按表3.7计算。

表3.7　腐蚀系数B值的计算公式

A'值	B值
$A' \leqslant 17.5\%$	4
$A' > 17.5\%$	$\sqrt{A^2 - 1}$

按下列公式计算最大允许纵向腐蚀长度L，即

$$L = 1.12B\sqrt{Dt} \tag{3.14}$$

评价过程中将实际测量的纵向腐蚀长度L_m与最大允许纵向腐蚀长度L进行比较，如果$L_m < L$，则缺陷应当是可接受的，损伤等级属于第二类；否则，腐蚀缺陷对管道的承压能力将产生较大的影响，有可能影响管道的安全性，此时将进行下一步（第三个层次）评价。

在利用最大允许纵向腐蚀长度进行评价时，不仅要考虑腐蚀缺陷沿管道的纵向分布，还要考虑腐蚀缺陷沿环向分布。对于诸如发生在管道接头焊缝、螺旋焊缝的腐蚀缺陷，腐蚀区域沿管道环向分布特征明显，评价过程除了要考虑腐蚀区纵向长度对评价结果的影响外，同时还要考虑环向腐蚀长度的影响。SY/T 6151标准中，根据相对腐蚀深度和环向腐蚀长度，将腐蚀缺陷分为两类，见表3.8。

表3.8　考虑环向腐蚀的条件分类

条　件		A值			
		$A \leqslant 20\%$	$A \leqslant 50\%$	$A \leqslant 60\%$	$A \leqslant 80\%$
C值	$> \pi D/3$				
	$> \pi D/6$	第Ⅰ类		第Ⅱ类	
	$> \pi D/12$				

表3.8中，腐蚀相对深度较大或环向腐蚀分布较长的缺陷属于第Ⅱ类，评价中将计算环向腐蚀长度对安全评估的影响，而腐蚀相对深度较小和环向腐蚀分布较短的缺陷属于第Ⅰ类，评价中将不考虑环向腐蚀长度对安全评估的影响。

表3.9综合了第一、二层次的评价过程。在第二层次中，通过计算最大允许纵向腐蚀长度L值、环向腐蚀长度C值，确定评价过程是否需要考虑环向腐蚀。对于不考虑环向腐蚀的情况，直接比较实际测量的纵向腐蚀长度L_m与最大允许纵向腐蚀长度，如果$L_m < L$，则缺陷应当是可接受的，损伤等级属于第二类；否则，腐蚀缺陷对管道的承压能力将产生较大的影响，有可能影响管道的安全性，此时将进行下一步（第三个层次）评价。

对于考虑环向腐蚀的情况，直接比较实际测量的环向腐蚀长度C与最大允许纵向腐蚀长度，如果$C < L$，则缺陷应当是可接受的，损伤等级属于第二类；否则，腐蚀缺陷对管道的承压能力将产生较大的影响，进行下一步（第三个层次）评价。

由于第二类腐蚀缺陷对管道的安全运行压力没有影响，因此可以认为这一类型的缺陷属于安全性缺陷。利用最大允许纵向腐蚀长度，进行管道腐蚀损伤评价的优点是，在无需复杂的力学计算的情况下，比较方便地确定哪些腐蚀缺陷是安全的，哪些腐蚀缺陷将影响管道安全运行。

表 3.9　最大允许纵向长度评定

<table>
<tr><td rowspan="6">评定依据</td><td colspan="6">相对腐蚀深度 A 值</td></tr>
<tr><td rowspan="5">A≤10%</td><td colspan="4">10% <A<80%</td><td rowspan="5">A≥80%</td></tr>
<tr><td colspan="4">最大允许纵向腐蚀长度 L 值</td></tr>
<tr><td colspan="4">环向腐蚀长度 C 值</td></tr>
<tr><td colspan="2">第Ⅰ类</td><td colspan="2">第Ⅱ类</td></tr>
<tr><td>L_m<L</td><td>L_m>L</td><td>C<L</td><td>C≥L</td></tr>
<tr><td>评定等级</td><td>第一类</td><td>第二类</td><td>进下一级</td><td>第二类</td><td>进下一级</td><td>第五类</td></tr>
</table>

(3)根据最大安全运行压力评定

当腐蚀缺陷尺寸严重影响到管道承压能力，并有可能对管道的安全运行产生影响时，就需要计算腐蚀后管道的安全运行压力。含腐蚀缺陷管道最大安全运行压力计算方法如下：

1)根据屈服强度理论计算最大安全工作压力 p_s

首先，按下式计算未腐蚀管道理论上所能承受的最大压力 p_t，即

$$p_t = \frac{2S_y Ft}{D} \tag{3.15}$$

式中　p_t——未腐蚀管道所能承受的最大压力，MPa；

S_y——材料屈服强度，MPa；

F——设计系数；

t——管道壁厚，mm；

D——管道外径，mm。

然后，计算管道所能承受的最大压力 p，p 取 p_t 与管道最大设计安全运行压力 p_{max} 的最大值，即 $p = \max(p_{max}, p_t)$。

最后，按下式计算带腐蚀缺陷的管道最大安全工作压力 p_s，即

$$p_s = \frac{1.1p\left(1 - \frac{2}{3}A\right)}{1 - \frac{2A}{3\sqrt{B^2 + 1}}} \tag{3.16}$$

其中，B 为管道腐蚀系数，按式(3.17)确定，即

$$B = 0.893\frac{L_m}{\sqrt{Dt}} \tag{3.17}$$

式中　L_m——腐蚀缺陷纵向长度，mm。

2)采用断裂力学理论计算的最大安全工作压力 p_c

首先，计算腐蚀坑截面积 S：

定义因子 Q 为

$$Q = \sqrt{Dt} \tag{3.18}$$

腐蚀坑截面积 S 根据腐蚀长度 X(纵向 L_m 或环向 C)按表3.10中的公式计算：

表3.10　腐蚀坑截面积计算公式

$X<1.2Q$	$X<7.07Q$	$X>7.07Q$
$S(X)=\frac{2}{3}\mathrm{d}X$	$S(X)=0.5\mathrm{d}Q+0.25\mathrm{d}X$	$S(X)=1.384\mathrm{d}Q+0.125\mathrm{d}X$

其次，计算腐蚀区域当量半裂纹长度 a 为

$$a(X) = \frac{S(X)}{2t} \tag{3.19}$$

再次，计算管道的鼓胀系数 M 为

定义因子 G 为

$$G(X) = \frac{a(X) \times a(X)}{Dt} \tag{3.20}$$

根据表3.11计算管道的鼓胀系数。

表3.11　管道的鼓胀系数计算公式

纵向裂纹		环向裂纹
$L_m>D$	$L_m \leqslant D$	
$M=\sqrt{1+3.22G}$	$M=\sqrt{1+2.51G-0.054G^2}$	$M=\sqrt{1+0.64G}$

然后，计算最大安全工作压力 p_c。

定义因子 H、K 为

$$H = \frac{tS_y}{\pi DM} \qquad K = \frac{\pi E\delta_c}{8S_y a} \tag{3.21}$$

表3.12　管道最大安全工作压力 p_c 计算公式

裂纹方向	纵向裂纹	环向裂纹
压力 p_c	$p_{1c}=\frac{4H}{1.39 \cdot \cos e^{-K}}$	$p_{2c}=\frac{8H}{\cos e^{-K}}$

再后，根据腐蚀深度计算腐蚀管道所能承受的最小压力 p_d 为

$$p_d = 1.1P(1-A) \tag{3.22}$$

最后，根据腐蚀长度计算腐蚀管道所能承受的最大压力(p_1,p_2)为

$$p_1 = \max(p_{1c}, p_d) \tag{3.23}$$

$$p_2 = \max(p_{2c}, p_d) \tag{3.24}$$

3)综合屈服强度理论、断裂力学理论计算腐蚀管道所能承受的最大压力 p'

可按表3.13计算腐蚀管道所承受的最大压力 p'为

表 3.13　p'的计算公式

环向腐蚀分类	第Ⅰ类	第Ⅱ类
p'计算公式	$p' = \min(p_s, p_1)$	$p' = \min(p_s, p_1, p_2)$

将计算带腐蚀缺陷管道的最大安全工作压力p'与原设计安全运行压力p_{max}对比，如果$p' \geqslant p_{max}$，则腐蚀缺陷对管道安全运行没有影响；如果$p' < p_{max}$，腐蚀缺陷对管道安全运行有影响，可以考虑p与p_{max}的相对大小评价其影响程度。SY/T 6151 中将$p_{max}/2$作为判断影响是否严重的临界点，分成一般性影响和严重影响两种：当计算的安全运行压力低于原设计安全压力的一半时，认为是严重影响管道安全运行的缺陷，否则属于一般性影响。表 3.14 是按管道的最大安全工作压力评价方法。

表 3.14　根据p'及p_{max}评定管道腐蚀类别

$p' > p_{max}$	$p' \leqslant p_{max}$	$p' \leqslant \frac{1}{2}p_{max}$
第二类	第三类	第四类

3.6　腐蚀缺陷管道剩余强度评价方法

利用管柱系统腐蚀损伤等级评价方法可以对油道的腐蚀损伤等级进行评价，可以确定腐蚀缺陷对油管的安全运行是否构成危害以及危害的严重程度。这样的结果对油管维护、维修意义重大，但对另外的一类情况下，这样评价还无法满足生产的要求。在气井管柱运行过程中，有时候需要比较精确地知道腐蚀后的油管承压能力，或者说带腐蚀缺陷的油管剩余强度。

①由于气井产量、温度等因素的变动，采气过程中管柱的运行压力通常在一定范围内波动，从安全角度考虑，管柱运行压力上限不应当超过油管的最大安全运行压力。

②为了增大输送量或抵抗管道摩阻，通常的做法是提高管道运行压力，同样为了安全起见，提高管道运行压力也应当在管道的最大安全运行压力的允许范围内进行调整。

③当管道腐蚀造成管道壁厚减薄，使管道的剩余强度无法满足原管道设计的安全运行要求，为了继续使用含缺陷的管道，生产中也常采用降压方式，但是如何降压同样需要知道腐蚀后的管道的最大安全运行压力。

在上述情况下，都需要对腐蚀后的管道最大安全运行压力进行重新评估。管道腐蚀损伤等级评价虽然提供了管道最大安全运行压力的评估程序，但由于评估过程中的过多的简化处理导致评价结果与实际相差较大。因此，为了精确评估腐蚀缺陷管道的最大安全运行压力，必须另外建立一套评估程序。

腐蚀缺陷管道剩余强度评价就是对含腐蚀缺陷管道最大安全运行压力进行精确、定量评价的方法，通过剩余强度评价可以确定管道是否适合目前的工作条件，是否需要建立适当的检测程序以维持管道在目前工作条件下继续安全运行；或者管道在不适合目前工作条件下如何降级使用。

腐蚀后管道的剩余强度或最大承压能力的计算涉及非常复杂的计算过程，如果不能建立一套合适的评价程序，就无法进行有效的评价。在这里评价程序包括合理的测试方法、缺陷描述、模型简化和理论计算。本书在确定腐蚀后管道的剩余强度过程中，参照了 API 579 Fitness for service 中有关全面腐蚀评价和局部腐蚀评价的方法以及 SY/T 6477《含缺陷油气输送管道剩余强度评价方法第1部分：体积型缺陷》。

3.6.1 基本方法

管道腐蚀可分为全面腐蚀和局部腐蚀，全面腐蚀意味着在较大的区域内，管道表面发生大面积的腐蚀，这种情况主要出现在大面积防腐层失效或未进行防腐处理的管段腐蚀。局部腐蚀主要有两种情况坑状腐蚀和沟槽状腐蚀，它们都是从腐蚀点发展而来的，前者是向纵深、周围全面发展，后者是有选择性地向某一方向发展。油气管道焊缝腐蚀是最常见的局部腐蚀。

针对两类腐蚀缺陷，分别选用了两种相应的评价方法：均匀腐蚀缺陷评价方法和局部腐蚀缺陷评价方法。

均匀腐蚀缺陷评价方法和局部腐蚀缺陷评价方法的差别在于腐蚀区域的测量方法及评价过程中的关键指标的选取。

(1)腐蚀缺陷的测量和描述方法

精确评价腐蚀后管道的剩余强度（或最大安全运行压力）是建立在对腐蚀缺陷的精细描述上。在管道腐蚀损伤等级评定中将腐蚀缺陷用最大腐蚀深度、腐蚀区纵向长度、腐蚀区环向长度3个指标进行描述，由于简化较多，只能得到半定量的评价结果，对于计算管道剩余强度显得较为粗糙。

腐蚀缺陷管道剩余强度评价方法中有两种最基本的腐蚀测量方法：点测厚度法和厚度截面法：

1)点测厚度法

一般对均匀腐蚀采用点测厚度法对金属腐蚀区域进行测量。测试点的数目根据金属腐蚀区域面积定，推荐在面积为 $L \times L$ 的腐蚀区域内至少选取15个厚度测试点，L 为均厚长度。

2)厚度截面法

厚度截面法是精确描述腐蚀缺陷的方法，如图3.13所示。首先，在确定的腐蚀区域，找出金属腐蚀区域，确定检测截面的方向和长度。如果内压产生的环向应力起主导作用，检测截面定为轴向；如果内压和附加载荷产生的轴向应力起主导作用，检测截面为环向。在腐蚀区域建立测量网格，在测量网格的交叉点，测量管道剩余厚度，如图3.13(a)所示，沿每一个检测截面间隔测量剩余壁厚，并确定每一个检测截面的最小测量壁厚；然后依序找出各列最小测量壁厚和各行最小测量壁厚，分别得到轴向 CTP 剖面（图3.13(b)）和环向 CTP 剖面（图3.13(c)）。

在进行厚度截面测量时，测量的长度应足以表征金属腐蚀区域。测量过程中测量点间距应根据缺陷的具体情况随时调整，以保证获得准确的剩余厚度截面，推荐的截面间距 $L_S = \max[0.18 \times SQRT(D_i \times t_{\min}), 12.7\ \text{mm}]$。每个截面至少测量5个点的厚度。利用截面测量厚度数据向轴向和环向水平投影，分别得到轴向 CTP 和环向 CTP 及轴向腐蚀长度 s 和环向腐蚀长度 c。

显然，利用轴向和环向 CTP 剖面描述腐蚀缺陷，比利用最大腐蚀坑深度和纵向腐蚀长度

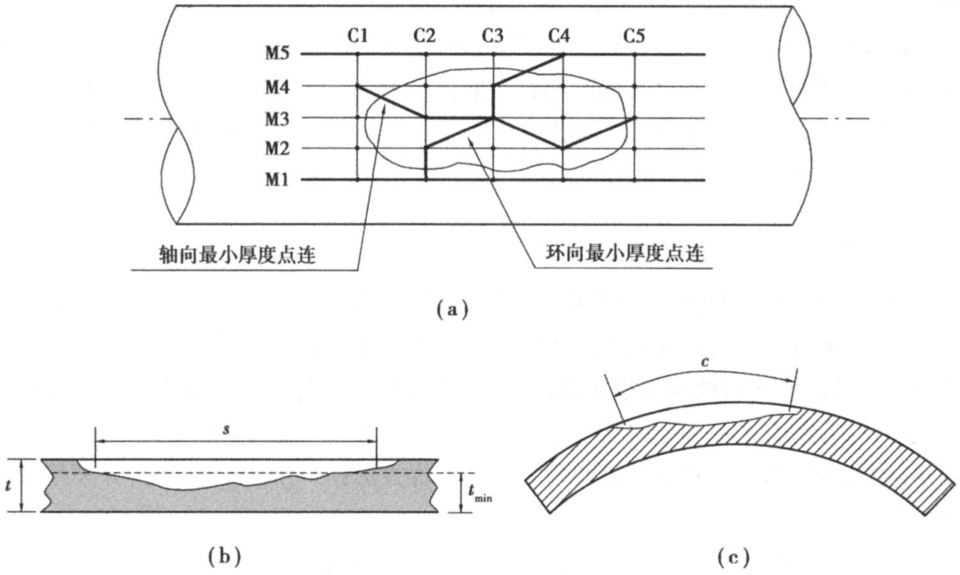

图 3.13　基于风险截面的腐蚀缺陷测量及描述方法

(a)测量网格　(b)轴向 CTP 剖面　(c)环向 CTP 剖面

要精细得多。实际上,在腐蚀缺陷管道剩余强度评价过程中,CTP 描述数据是所有计算和评价的基础。

(2)剩余强度评价判据

以相对剩余强度因子 RSF 为含缺陷管道剩余强度评价判据,RSF 计算为

$$RSF = \frac{L_{DC}}{L_{UC}} \tag{3.25}$$

式中　L_{DC}——含缺陷管道的极限载荷或塑性崩溃载荷,单位为 MPa;

L_{UC}——完整管道的极限载荷或塑性崩溃载荷,单位为 MPa。

若计算 RSF 值大于等于推荐的 RSF 值,则管道可以继续使用,否则,需要降级使用。降级后的最大允许运行压力计算方法为

$$p_{\text{mawr}} = p_{\text{maw}} \times \frac{RSF}{RSF_a} \tag{3.26}$$

式中　p_{mawr}——含缺陷管道降级后的最大允许工作压力,MPa;

p_{maw}——未腐蚀前管道的最大允许工作压力(即管道设计压力),MPa;

RSF——含缺陷管道相对剩余强度因子;

RSF_a——许用剩余强度因子,一般取 0.9。

(3)评价的基本程序

根据所掌握的数据量,将管道剩余强度评价分一级评价和二级评价。一级评价使用数据少,计算简单,但评价结果偏于保守。二级评价考虑附加载荷,评价结果更准确,如图 3.14 所示。

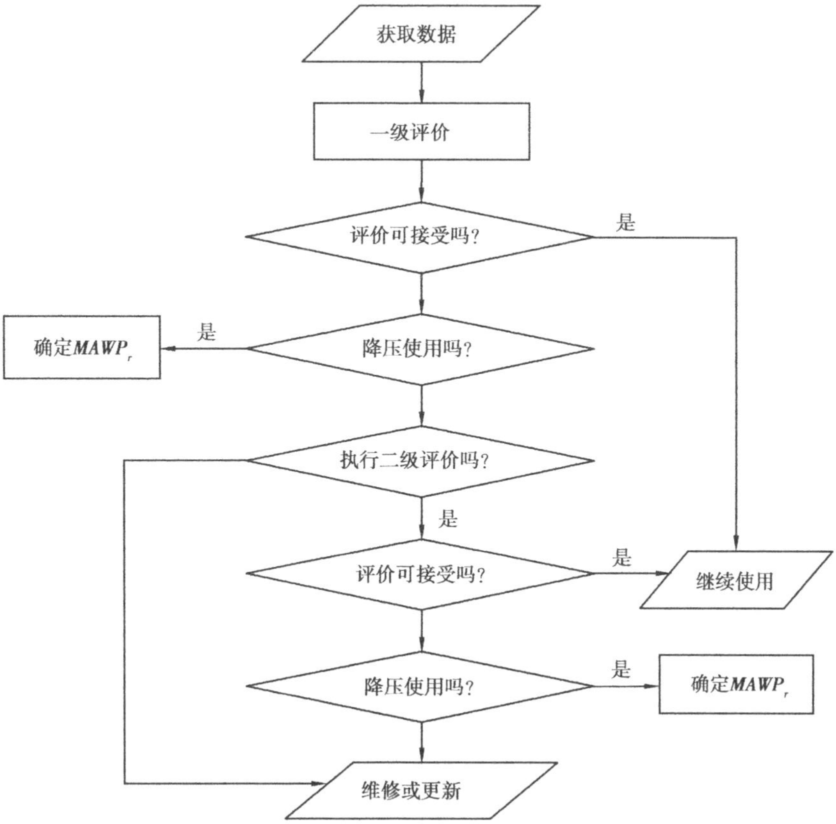

图3.14 含缺陷管道剩余强度评价基本流程

3.6.2 均匀腐蚀缺陷评价方法

当现场测试确认管道腐蚀缺陷类型属于均匀腐蚀时,应采用均匀腐蚀缺陷评价方法。如图3.15所示是均匀腐蚀缺陷评价的基本流程框图。

首先,根据管道设计参数、安全运行压力、受力状况等,计算管道最小要求壁厚;现场测量腐蚀区域,并根据最大腐蚀深度,确定采取剩余壁厚的测量方法。当管道最小剩余壁厚较大时,可采用一般的点测厚度法以降低测试工作量减少计算复杂度,同时不会导致评价结果出现较大误差;如果管道最小剩余壁厚较小,就要使用危险截面厚度法。

如果采用点测厚度法,就可以根据最小要求壁厚、最小测量壁厚、未来腐蚀裕量判定缺陷是否可以接受。对于不可接受的缺陷,应采用厚度截面法进行测量和评价。

如果采用厚度截面法,通过建立CTP测量轴向腐蚀长度和环向腐蚀长度。利用最小要求壁厚、未来腐蚀裕量、剩余壁厚,计算均匀壁厚、均匀壁厚长度(均厚长度)。当轴向腐蚀长度和环向腐蚀长度小于计算的均厚长度时,缺陷可以接受。

当上述检验通不过时,根据均匀壁厚、腐蚀裕量,计算腐蚀后管道的最大安全运行压力,如果该压力大于等于设计最大安全运行压力,则缺陷可以接受。

根据所掌握的数据,是否考虑附加载荷,确定采用一级评价程序或二级评价程序。

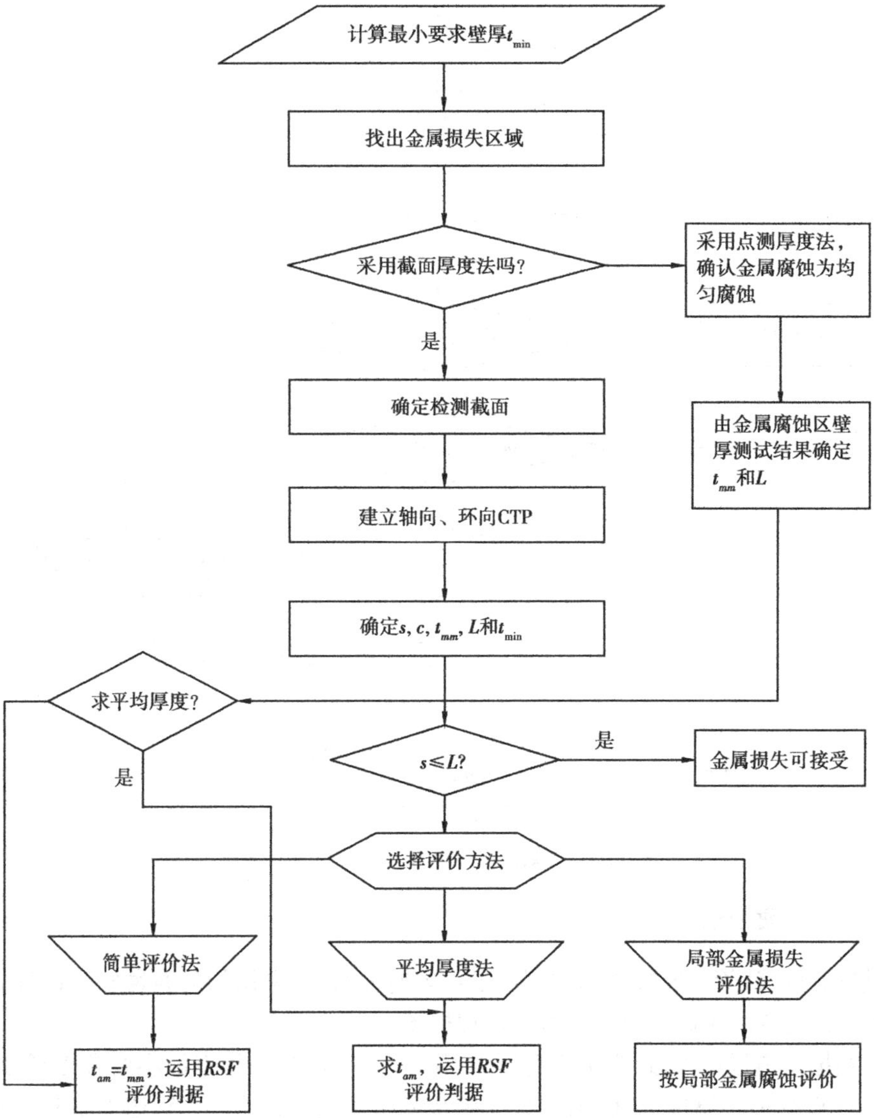

图 3.15　均匀腐蚀缺陷评价的基本流程框图

(1)一级评价程序

①计算最小要求壁厚 t_{min}。

②找出金属腐蚀区域，按点测法或厚度截面法测量金属腐蚀损失量，确定最小测量壁厚 t_{min}。

③计算均厚长度 L。

定义剩余厚度比 R_t 为

$$R_t = \frac{t_{mm} - FCA}{t_{min}}$$

定义 Q 为

$$Q=\begin{cases}1.118\sqrt{\left(\dfrac{1-R_t}{1-\dfrac{R_t}{RSF_a}}\right)^2-1} & R_t<RSF_a\\ 50 & R_t\geqslant RSF_a\end{cases}\tag{3.27}$$

则

$$L=Q\times\sqrt{D_i\times t_{\min}}\tag{3.28}$$

④若采用点测厚度法，计算所有测试厚度的平均值 t_{am}，并令 $t_{am}^c=t_{am}^s=t_{am}$，或 $t_{am}^c=t_{am}^s=t_{am}=t_{\min}$，然后进行步骤⑤；否则，按厚度截面法测量管道腐蚀区剩余壁厚，建立 CTP，并由 CTP 和 $t_{\min}$确定轴向金属腐蚀长度 s 和环向金属腐蚀长度 c。

⑤根据 s、L 评价均匀腐蚀缺陷是否可以接受。

如果 $s\leqslant L$ 金属腐蚀可以接受；

如果 $s>L$，按下列方法之一评价；

A. $t_{am}=t_{mm}$执行⑥，结果偏保守。

B. 计算 CTP 上 L 长度范围内的平均厚度 t_{am}，以轴向、环向 CTP 分别得到 t_{am}^S、t_{am}^C，执行⑦。

C. 进行局部腐蚀评价。

⑥若以下两个判据都满足，则均匀腐蚀缺陷可以接受：

A. t_{am}满足下式，或基于 $t_{am}-FCA$ 和承受附加载荷需要增加的 t_{sl}计算的 p_{mawr}大于或等于设计的 p_{maw}，即

$$t_{am}^s-FCA\geqslant t_{\min}^c\tag{3.29}$$

$$t_{am}^s-FCA\geqslant t_{\min}^L\tag{3.30}$$

B. 最小测试 t_{mm}应满足

$$t_{mm}-FCA\geqslant\max[0.5t_{\min},3\ \mathrm{mm}]\tag{3.31}$$

⑦当未通过一级评价时，可以基于最小测试壁厚，重新计算管道最大允许工作压力 p_{maw}；或更换管段；或执行二级评价。

(2)二级评价程序

①计算最小要求壁厚 $t_{\min}$。

②测量金属腐蚀损失，确定最小测试壁厚 t_{mm}。

③计算参量 L。

④若采用点测厚度法，计算所有测试厚度的平均值 t_{am}，并令 $t_{am}^c=t_{am}^s=t_{am}$或 $t_{am}^c=t_{am}^s=t_{am}=t_{\min}$，然后进行⑤；否则，按一级评价中的③建立 CTP，并由 CTP 和 $t_{\min}$确定轴向金属腐蚀长度 s 和环向金属腐蚀长度 c。

⑤按下列方法之一评价：

A. 令 $t_{am}=t_{mm}$，执行⑥，结果偏保守。

B. 计算 CTP 上 L 长度范围内的平均厚度，L 的中点位于 CTP 上的最小壁厚点。以轴向、环向 CTP 分别得到 t_{am}^S、t_{am}^C，执行⑥。

⑥若以下两个判据都满足，则均匀腐蚀缺陷可以接受：

t_{am}满足下式，或基于 $t_{am}-FCA$ 和承受附加载荷需要增加的 t_{sl}计算的 p_{mawr}大于或等于设计的 p_{maw}。

$$RSF = \frac{t_{am}^{S} - FCA}{t_{\min}^{C}} \geqslant RSF_a \tag{3.32}$$

$$RSF = \frac{t_{am}^{C} - FCA}{t_{\min}^{L}} \geqslant RSF_a \tag{3.33}$$

最小测试厚度 t_{mm} 应满足

$$t_{mm} - FCA \geqslant \max[0.5t_{\min}, 3\text{mm}] \tag{3.34}$$

⑦当未通过二级评价时，或降压使用，基于 RSF，重新计算管道最大允许工作压力 p_{maw}，或更换管段。

3.6.3 局部腐蚀缺陷评价

局部腐蚀主要有局部减薄(LTA)和沟槽状腐蚀两种情况。点状腐蚀、坑状腐蚀等属于局部减薄。发生在防腐层局部破损处的腐蚀、焊缝腐蚀是油气管道最常见的局部腐蚀。

局部腐蚀导致管道局部减薄以及缺陷的分布在管道上具有方向性，在进行此类缺陷测试时，除了必须采用厚度截面法进行腐蚀缺陷测量外，评价过程中还要建立具有局部特征的缺陷描述模型。图 3.16、图 3.17 是局部腐蚀的典型特征及描述参数。

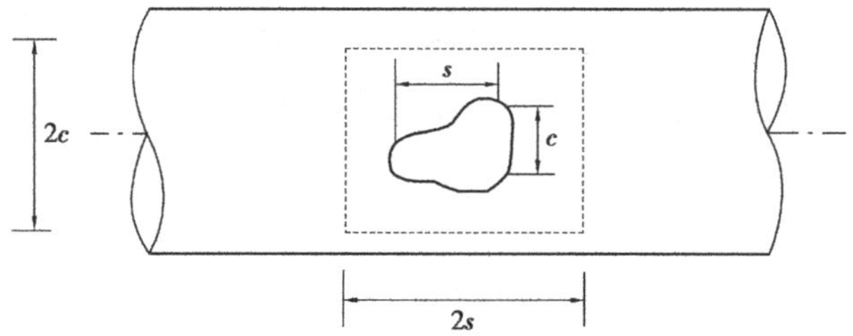

图 3.16 局部减薄腐蚀特征及描述参数

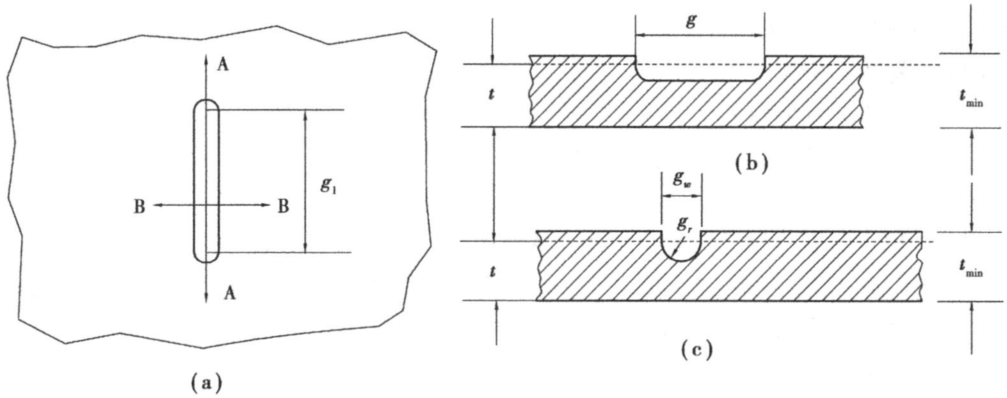

图 3.17 沟槽状腐蚀特征及描述参数

(a)平面 (b)A—A 剖面 (c)B—B 剖面

局部腐蚀必须采用危险厚度截面法确定金属腐蚀区域，在检测区域沿各检测截面测量剩余壁厚，建立危险厚度截面 CTP。

对于局部减薄，在金属腐蚀区域划分网格并测量剩余壁厚，建立轴向、环向 CTP，由 CTP

和 $t_{\min}$ 确定 LTA 轴向和环向尺寸 s 和 c，t_{mm} 由轴向和环向的 CTP 确定。

对于沟槽状腐蚀缺陷，采用沿缺陷长度方向的单一检测截面测量剩余厚度，并建立 CTP。其中，对于轴向和环向沟槽状缺陷，分别用 g_l、g_w 表示缺陷的轴向尺寸和环向尺寸；对于与轴向夹角为 β 的沟槽缺陷，g_l 表示沿 β 方向的尺寸。g_r 表示缺陷根部曲率半径。由 TCP 和 $t_{\min}$ 确定 g_l、g_w，由 TCP 来确定 t_{mm}。

在评价中，沟槽状缺陷评价等效为 LTA，对于环向和轴向沟槽状缺陷，$s = g_l$，$c = g_w$，对于任意方向沟槽状缺陷：$s = g_l \cdot \cos\beta$，$c = g_l \cdot \sin\beta$。当多个缺陷相邻的情况下，建立 CTP 时要考虑相邻缺陷的影响。

根据所掌握的数据，是否考虑附加载荷，确定采用一级评价程序或二级评价程序。

(1)一级评价程序

①确定危险截面 CTP 和沟槽状缺陷根部曲率半径 g_r。

②确定最小要求壁厚 $t_{\min}$。

③确定最小测量壁厚 t_{mm}，计算剩余厚度比 R_l 和壳体参数 λ 为

$$R_t = \frac{t_{mm} - FCA}{t_{\min}} \tag{3.35}$$

$$\lambda = \frac{1.285s}{\sqrt{D_i \cdot t_{\min}}} \tag{3.36}$$

④检查极限尺寸判据，如果以下两个条件满足，则进行下一步；否则，缺陷不能通过一级评价，即

$$R_t \geqslant 20 \tag{3.37}$$

$$t_{mm} - FCA \geqslant 2(\text{mm}) \tag{3.38}$$

⑤对于 LTA 进行下一步⑥；对于沟槽状缺陷，定义沟槽状缺陷的临界根部曲率半径 g_r^c，即

$$g_r^c = \max(0.25t_{\min}, 6.4\ \text{mm}) \tag{3.39}$$

如果沟槽状缺陷根部曲率半径同时满足：$g_r \geqslant (1 - R_t)t_{\min}$，$g_r \geqslant g^c$ 则进行下一步⑥；否则，沟槽状缺陷一级评价不能通过，可以将沟槽状缺陷等效为裂纹型缺陷进行评价。

⑥按下列程序判定缺陷轴向尺寸 s 是否可以接受。

定义 R_t 曲线：

A. 当 $\lambda \leqslant 20$ 时

$$R_t^* = \frac{RSF_a - R}{1 - R} \tag{3.40}$$

其中：

$$R = \frac{RSF}{\sqrt{1 + 0.48\lambda^2}} \tag{3.41}$$

B. 当 $\lambda > 20$ 时

$$R_t^* = 0.9$$

判据如下：

A. 当 $R_t > R_t^*(\lambda)$ 则缺陷轴向尺寸 s 可以接受。

B. 否则，缺陷轴向尺寸 s 不予以接受，并用下式计算 RSF，用式(3.17)重新计算最大允许工作压力 p_{mawr}。

$$RSF = \frac{R_t}{1 - \frac{1 - R_t}{M_t}} \tag{3.42}$$

式中，M_t 为傅里叶因子，即

$$M_t = \sqrt{1 + 0.48\lambda^2} \tag{3.43}$$

⑦按下列程序判定缺陷环向尺寸 c 是否可以接受。

定义 A 曲线：

A. 当 $R_t \leqslant 0.45$

$$p_A = \sqrt{\frac{0.785\,21 - 1.628\,6R_t}{1.0 - 1.393\,2R_t}} \tag{3.44}$$

B. 当 $R_t > 0.45$

$$p_A = 3.141\,59 \tag{3.45}$$

定义 B 曲线：

A. 当 $R_t \leqslant 0.75$

$$p_B = \sqrt{\frac{0.069\,006 + 0.098\,930R_t}{1.0 - 1.393\,2R_t}} \tag{3.46}$$

B. 当 $R_t > 0.75$

$$p_B = 3.141\,59 \tag{3.47}$$

上述曲线 A，B 分别应用于低载荷和高载荷的情况，在载荷高低难于估计的情况下，可以采用 B 曲线，以求保险、安全。

判据如下：

A. 当 $R_t < p_A \times \frac{c}{D_i}$ 或 $R_t < p_B \times \frac{c}{D_i}$ 时则缺陷环向尺寸 c 可以接受。

B. 否则，缺陷环向尺寸 c 不可以接受。

⑧当未通过一级评价时，或降级使用：用下式计算 RSF，用公式(3.17)重新计算最大允许工作压力 p_{mawr}：$RSF = \frac{R_t}{1 - \frac{1 - R_t}{M_t}}$；或更换腐蚀管段；或进行二级评价。

(2)二级评价程序

管道受内压或附加载荷时，评价缺陷环向尺寸是否可以接受的程序：

①附加载荷可能会对管道产生一净截面轴向力和(或)弯矩。由于附加载荷，管道环向截面上承受内压产生的轴向薄膜应力之外，同时还承受轴向力和(或)弯矩产生的轴向一次薄膜应力和(或)弯曲应力。本方法可以将温差或其他二次载荷产生的轴向作用力、弯矩和扭矩及附加载荷产生的轴向力、弯矩和扭矩直接叠加。

②如果金属腐蚀损失的环向截面大体相同，用下列程序计算许用薄膜应力和弯曲应力。

③确定环向危险厚度截面 CTP 和参数 p_{mawr} 和 RSF。

④将金属损失的危险厚度截面近似为一矩形进行评价。

对于内表面腐蚀

$$D_f = D_0 - 2(t_{mm} - FCA) \tag{3.48}$$

对于外表面腐蚀

$$D_f = D_0 + 2(t_{mm} - FCA) \tag{3.49}$$

金属腐蚀区域的环向角度

$$\theta = \frac{c}{D_f} \tag{3.50}$$

⑤确定压力、静截面轴向力 F、净截面弯矩 M 和净截面扭矩 M_t。

⑥确定金属腐蚀截面上的弯矩。

⑦计算金属腐蚀环向中点的最大轴向应力 δ_{1m}。

定义不含腐蚀缺陷的管道截面特性参数,即

$$A_a = \frac{\pi}{4} D_i^2$$

$$A_m = \frac{\pi}{4}(D_0^2 - D_i^2)$$

$$I_x = \frac{\pi}{64}(D_0^4 - D_i^4)$$

定义含腐蚀缺陷的管道截面特性参数:

对于内表面腐蚀

$$A_f = \frac{\theta}{4}(D_f^2 - D_i^2)$$

$$A_w = A_a + A_f$$

$$\hat{y} = \frac{D_f^3 - D_i^3}{12(A_m - A_f)} \sin\theta$$

$$a = \hat{y} + \frac{D_0}{2}$$

$$b = \frac{D_f^3 - D_i^3}{12(A_a + A_f)} \sin\theta$$

$$R = \frac{D_f}{2}$$

$$d = \frac{D_f - D_i}{2}$$

$$A_{1f} = \frac{c}{8}(D_0 + D_f)$$

对于外表面腐蚀

$$A_f = \frac{\theta}{4}(D_0^2 - D_f^2)$$

$$A_w = A_a$$

$$\hat{y} = \frac{D_f^3 - D_i^3}{12(A_m - A_f)} \sin\theta$$

$$a = \hat{y} + \frac{D_0}{2}\cos\theta \qquad D_0 \cos\theta \geqslant D_f$$

$$a = \hat{y} + \frac{D_f}{2} \qquad D_0 \cos\theta < D_f$$

$$b = 0$$

$$R = \frac{D_0}{2}$$

$$d = \frac{D_0 - D_f}{2}$$

$$A_{1f} = \frac{c}{8}(D_i + D_f)$$

$$\hat{y}_{LX} = \frac{2R\sin\theta}{3\theta}\left[1 - \frac{d}{R} + \frac{1}{2 - \frac{d}{R}}\right]$$

$$I_{LX} = R^3 d\left[\frac{1 - \frac{3}{2}d_R + d_R^2 + \frac{d_R^3}{4}}{\theta + \sin\theta\cos\theta - \frac{2\sin 2\theta}{\theta}} + dR^2 \sin 2\theta \frac{1 - d_R + \frac{d_R^2}{6}}{3\theta(2 - d_R)}\right]$$

$$I_{\bar{x}} = I_x + A_m\hat{y}^2 - I_{LX} - AI(\hat{y}_{LX} + \hat{y}^2)$$

$$A_t = \frac{D_i + D_0}{8}[0.5\pi(D_i + D_0) - c]$$

$$\sigma_{lm} = \frac{A_w}{A_m - A_f}p_{\text{mawr}} + \frac{F}{A_m - A_f} + \frac{aA_w}{I_{\bar{x}}}(\bar{y} + b)p_{\text{mawr}} + \frac{a}{I_{\bar{x}}}M$$

⑧检查判据:

A. 轴向拉伸应力和压缩应力应满足下列关系,即

$$\sqrt{\sigma_{cm}^2 - \sigma_{cm}\sigma_{lm} - \sigma_{lm}^2 + 3\tau^2} \leqslant \sigma_{ys}$$

$$\sigma_{cm} = p_{\text{mawr}}\frac{D}{2E \times RSF \times (t - FCA)}$$

$$\tau = \frac{M_t}{2d(A_t + A_{tf})}$$

B. 如果计算得到的最大轴向应力 δ_{lm} 为压缩应力,此应力应小于或等于许用拉伸应力和许用压缩应力两者最小值。

⑨如果⑦中计算得到的最大轴向应力 δ_{lm} 不满足⑧中的判据要求,应降低 p_{maw},然后再执行④~⑦。

⑩如果金属腐蚀损失的环向截面不规则和(或)沿环向长度方向不规则,要用数值方法来计算截面特性参数、薄膜应力和弯曲应力,并用上述⑦中的判据检验。

⑪当未通过二级评价时,或降压使用,利用上面得到的 RSF 计算 p_{mawr},重新确定最大允许工作压力,或更换含缺陷管段。

3.7 管道内壁腐蚀损伤等级评价方法

管道腐蚀损伤的等级评价是根据管道腐蚀缺陷对管道运行安全的影响严重程度的大小给出定量评价的方法。部分标准中曾经给出标准管道腐蚀的等级评价方法,在实际操作中,也可以根据管体腐蚀检测结果,按照金属损失多少,对腐蚀程度进行分级。对于常规管道,可以直接利用最大蚀坑深度进行损伤等级评定。评定指标采用腐蚀蚀坑相对深度(A),计算公式如下:

$$A = \frac{d}{t} \times 100\% \tag{3.51}$$

式中 A——腐蚀蚀坑相对深度,%;

d——腐蚀蚀坑深度,mm;

t——管道公称壁厚,mm。

参照SY/T 6151国家钢制管道腐蚀损伤评估方法制定管道腐蚀损伤评价准则,见表3.15。需要指出的是,采用10%、80%作为界定轻微(无害)缺陷和极度严重损伤等级的意义在于:油气管道运行安全性而言,10%最大相对深度的腐蚀缺陷一般没有超过管道腐蚀裕量,这样的缺陷对管道安全没有影响;而对于最大相对深度大于80%的腐蚀缺陷,这一厚度接近甚至低于管道腐蚀裕量,管道在以后的运行中将会处于穿孔状态。

表3.15　管壁腐蚀程度评价

级别	轻微	轻	中	重	严重
A	<10%	10%~25%	25%~50%	50%~80%	>80%

根据腐蚀缺陷相对深度的评价方法操作较方便,但是从管道运行安全角度看,这种分级评价方法仍不能满足管道安全评估的要求,因为这种建立在几何参数上的分级评价结果不能准确地反映管道的承压能力。

管道安全评估时,需考虑管道运行最大安全压力,等级评定流程如图3.18所示:当最大蚀坑相对深度小于等于10%时,腐蚀等级属于第一类;当最大蚀坑相对深度大于等于80%时,腐蚀等级属于第五类;相对深度为10%~80%时,若考虑管道运行的最大安全压力,则还需要考虑屈服强度,从断裂力学角度进一步评价。

按照腐蚀区域最大安全工作应力p评定时,应分别用屈服强度理论计算出最大安全工作压力p_s,用断裂力学理论计算出腐蚀坑为纵向时所能承受的最大压力,和腐蚀坑为横向时所能承受的最大压力,并按SY-T 6151标准给出的细则确定出管道安全运行压力p',与原设计管道安全运行压力p_{max}比较,根据对比结果评价腐蚀损伤程度。

①采用屈服强度理论计算,即

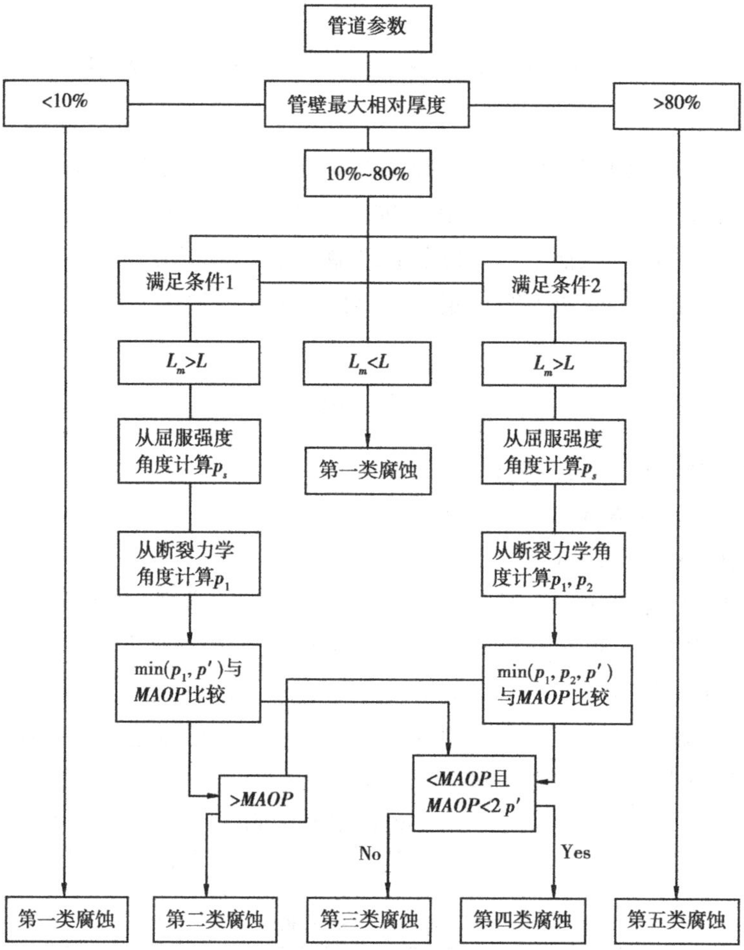

图 3.18　管道内壁腐蚀状态安全评估流程

$$p_s = 1.1p \times \frac{1 - \frac{2}{3} \times \frac{d}{t}}{1 - \frac{2}{3} \times \frac{d}{t\sqrt{B'^2 + 1}}} \tag{3.52}$$

$$p_t = 2S_y tF/D \tag{3.53}$$

$$B' = 0.893L_m / \sqrt{D \times t} \tag{3.54}$$

式中　p_s——采用屈服强度理论计算时的最大安全工作压力，MPa；

p——实际额定的管道最大允许工作压力 $p_{\max}$ 与设计压力 p_1 之中的较大者，MPa；

p_t——在未受到腐蚀情况下管线所能承受的最大压力，MPa；

S_y——材料的最小屈服强度 +68.95，MPa；

F——材料的设计系数；

B'——管线的腐蚀系数；

L_m——最大允许纵向长度，mm。

②采用断裂力学理论计算，即

$$p_1 = \frac{4tS_y}{1.39\pi DM}\arccos\left[\exp\left(-\frac{\pi E\delta_c}{8S_y\alpha}\right)\right] \tag{3.55}$$

$$p_2 = \frac{8tS_y}{\pi DM}\arccos\left[\exp\left(-\frac{\pi E\delta_c}{8S_y\alpha}\right)\right] \tag{3.56}$$

式中　p_1——当腐蚀坑为纵向时计算得出的管线所能承受的最大压力，MPa；

p_2——当腐蚀坑为环向时计算得出的管线所能承受的最大压力，MPa；

S_y——材料的最小屈服强度，MPa（按GB228确定）；

E——材料的弹性模量；

δ_c——材料的COD值（按GB2358确定）；

M——材料的设计系数；

α——腐蚀区域的当量半裂纹长度。

③腐蚀管道所能承受的最小压力 p_d 由式(3.57)计算为

$$p_d = 1.1p(1 - d/t) \tag{3.57}$$

并且，当 $p_1 < p_d$ 时，取 $p_1 = p_d$；当 $p_2 < p_d$ 时，取 $p_1 = p_d$。

④综合屈服强度理论、断裂力学理论计算腐蚀管道所能承受的最大压力 p' 为

$$p' = \begin{cases} \min(p_s, p_1) & \text{满足条件 1} \\ \min(p_s, p_1, p_2) & \text{满足条件 2} \end{cases} \tag{3.58}$$

⑤腐蚀类别评定（见表3.16）。

表3.16　腐蚀类别评定

条　件	评　定
$p'/p_{max} \geq 100\%$	第一类腐蚀
$50\% \leq p'/p_{max} < 100\%$	第二类腐蚀
$p'/p_{max} < 50\%$	第三类腐蚀

管道安全运行压力 p' 与原设计管道安全运行压力 p_{max} 比较，根据对比结果评价腐蚀损伤程度，确定管道的腐蚀类别后，采用相应的处理方法，见表3.17。

表3.17　管体腐蚀损伤评定类别划分

腐蚀类别	评定与结论	处理意见
第一类	腐蚀程度轻	留用
第二类	腐蚀程度不严重	监控
第三类	腐蚀程度重	降压运行或修理
第四类	腐蚀程度严重	修理
第五类	腐蚀程度很严重	立即更换

3.8 小 结

提出基于最大蚀坑深度的管道内壁腐蚀形态评价方法。根据点蚀形貌的统计特征,假设点蚀的蚀坑深度和蚀坑直径服从对数正态分布,建立腐蚀模型。基于此腐蚀模型,建立了不同形貌参数下腐蚀总体积和最大蚀坑深度的数据库,经数值分析得到了腐蚀总体积和最大蚀坑深度之间的相关关系。将上述数学关系应用于本书开发的管道内壁腐蚀监测系统,可以进一步求解得到管道的最大蚀坑深度。基于最大蚀坑深度的管道内壁腐蚀状态评价方法可以对管道内腐蚀状态做出更精确的评估,并且可以为安全评估提供更为详尽的依据。

第4章 砂粒在井筒内举升运动研究

4.1 概　述

据统计，世界上近70%的油气储藏于弱胶结岩层当中，数十年来，弱胶结岩层的出砂问题因其极大地危害着石油、天然气的安全生产而逐渐为各国石油、天然气工业部门所关注。随着当今能源需求的急剧增加，为追求高产量，一些粗放式的开采方式不断被采用，岩层的可容忍极限一再受到挑战，出砂问题也就显得尤为突出。

狭义的出砂通常指由于油气井开采和作业等各种综合因素造成井底附近地层结构破坏，导致部分脱落的地层砂随地层流体一起流入井筒，从而对油气井正常生产造成一系列不利影响的过程或现象。广义的出砂除开采过程中油气层产砂外，还包括石英砂、陶粒等压裂支撑剂返排、泥浆残留物回流等各种可能产生固体颗粒的情况。

一般来说，出砂可分为3类：一为瞬时出砂，一般发生于射孔或酸化之后的排液阶段以及二次采油出水之后，出砂量随时间呈线性降低；二是持续出砂，主要发生于没有安装防砂装置的弱胶结岩层；三是灾难性出砂，一般在储层有过量液体产出或注水之后才有可能发生。

气井出砂是砂岩开采过程中常见的问题之一，其发生具有极大的广泛性。从工艺流程来讲，出砂对天然气工程中井下、井场等油气井生产系统的各环节都有危害；从发生范围讲，世界上70%的油气都存在于易出砂的弱胶结砂岩中，因此国内外各油气田均广泛存在出砂现象，如美国墨西哥湾、加利福尼亚州洛杉矶盆地、加拿大沥青砂地层、印度尼西亚、尼日利亚、特立尼达和委内瑞拉等地的各种沉积岩。从气井生产进程方面讲，它在钻井、完井、测井、生产以及修井作业等各个阶段都有可能发生。

出砂过程主要分为3个阶段，首先是井眼、孔眼周围岩层以及压裂岩层裂缝中砂粒胶结体结构的完整性遭到破坏；其次是固体颗粒从岩层或从压裂裂缝脱离；最后是井筒中固体颗粒被钻井液、压裂液以及天然气流等流体携带至地面的过程。

气井出砂是砂岩气藏开采过程中常见的问题之一，解决气井出砂、维持气井正常生产的办法不外乎气井防砂，然而现有的一些防砂方法并不能达到预期的效果，尤其对于出砂严重的弱胶结岩层，往往采取多种防砂措施后，仍不能完全避免出砂，因而目前众多气井逐渐实现携砂生产。一定粒径的砂粒随地层天然气进入井筒，若流量足够大，则砂粒会被携带出井口，高速含砂气流将对井口地面设备造成剧烈的冲蚀、磨蚀破坏；若流量不够大，砂粒不能被携带举升，就会在井底堆积，引起诸如砂埋油层、砂堵油管、躺井等严重事故。

由于气井中含砂，使开采过程中流体在油管内流动时，砂粒将会对油管产生冲蚀，从而降低管柱系统的实用寿命。本章将对气井出砂进行研究。

4.2 影响气井出砂的因素

影响气井出砂的因素十分复杂，远不仅仅限于地层状况，众多国内外学者如 T. O. 阿伦、万仁溥、B. 布雷德利、王玉纯等都有此方面的研究。表 4.1 为气井出砂影响因素统计。李颖川把影响出砂的因素按照地质因素（内在因素）和开采因素（外在因素）来划分。从宏观上讲出砂与完井方式、井的历史、气井开采的速度，是井筒不稳定和射孔孔眼不稳定造成的；从微观上讲则与地层的岩石强度、胶结状况、变形特征有关。地层强度决定于地层胶结物的胶结力、圈闭内流体的黏着力、所受外力及外力施加过程等因素有关。一般来说，当地层应力超过地层强度时地层颗粒之间的摩擦力以及地层颗粒本身的重力。地层应力包括地层构造应力、上覆岩石压力、流体流动时对地层颗粒施加的拖曳力，还有地层孔隙压力和生产压差形成的作用力，由此可见，气井出砂是由多种因素综合形成的。下面就影响出砂的最重要的几点因素分别进行阐述。

表 4.1 气井出砂影响因素统计

储层岩石	气　藏	完　井	开　采
岩性（矿物组成） 孔隙及胶结类型 岩石力学强度 垂直和水平地应力 （衰竭期改变） 埋深（影响强度、 应力及压力）	远场孔隙压力 （衰竭期间改变） 渗透率（受完井及 开采原理影响） 流体组分 泄油半径 泄油厚度 非均质性	井筒方位 井筒直径 完井类型（裸眼、射孔） 射孔策率（高度、尺寸、 密度、相位、负压/正压） 防砂（筛管、砾石充填、 化学固砂） 钻井及完井液类型 管材尺寸	流量 生产压差 流速 损害（表皮因子） 开关井策略 人工举升技术 衰竭 水锥进 累积出砂量

4.2.1 岩石胶结状况对出砂的影响

岩石胶结状况是影响储层出砂的主要地质因素。岩石的胶结强度主要取决于胶结物的种类、数量和胶结方式。通常砂岩的胶结物主要为黏土、碳酸盐和硅质三种，以硅质胶结的强度为最大，碳酸盐胶结次之，黏土胶结最差。对于同一类型的胶结物，其数量愈多，则胶结强度愈大；胶结方式不同，岩石的胶结强度也不同。砂岩的胶结方式一般可分为基底胶结、接触胶结和孔隙胶结。其中，基底式胶结作用最强，孔隙式胶结作用次之，而接触式胶结作用最弱，易出砂的地层岩石以接触胶结方式为主。根据矿场资料分析，在断层多、裂缝发育和地层倾角大的地区,由于砂岩结构受到破坏,岩石强度降低,岩石原始应力状态被复杂化,地层也容易出砂。

4.2.2　地应力及孔隙压力对出砂的影响

地应力是决定岩石原始应力状态及其变形破坏的内在因素。通常,在钻井以前,岩石在垂向和侧向地应力作用下处于应力平衡状态。垂向地应力大小取决于岩层埋藏深度和岩石平均比重。侧向地应力除与气藏埋藏深度有关外,还与岩石的力学性质,如弹形、塑性等及岩石中液体、气体的压力等有关。钻井后,靠近井壁的岩石其原有应力平衡状态首先遭到破坏,在整个采气过程中井壁岩石都将保持最大的应力值。所以,井壁岩石在一定条件下将首先发生变形和破坏。现有的研究已经表明,气田产出砂主要来自两个部分:一是地层孔隙充填砂,二是地层的骨架砂。充填砂的产出取决于天然气的黏度和天然气的流动速度,当天然气流动速度相同时,黏度高的天然气将对充填砂表现出更高的拖曳力。近年来,石油界普遍认为地层孔隙充填砂的产出有利于疏通地层孔隙喉道和提高气井产量,防砂真正要防的是地层骨架砂。因为,地层一旦产出骨架砂,就有可能导致地层坍塌,使气井报废。按照岩石力学的观点,地层产出骨架砂是由于地层岩石结构被破坏引起的。当开采过程中不恰当的井底压力使井壁或孔壁及其附近地层岩石所受应力超过岩石强度时,井壁及其周围地层将破坏,导致储层在开发过程中产出骨架砂。因此,气井出砂的关键就是针对特定地层,判别井壁或孔壁及其周围地层中的应力分布状态。

气藏总是存在于一定的地应力环境中和具有一定的孔隙压力状态,因此,钻井以后,井眼周围地层中的应力分布必然地与气藏的原地应力状态和孔隙压力状态密切相关。因此,气藏的原地应力状态及孔隙压力状态也是制约出砂的重要客观因素。

4.2.3　温度扰动对出砂的影响

温度扰动贯穿气藏开发的各个不同时期。在热采的过程中,温度扰动的作用主要体现在两个方面:一方面温度扰动将在地层内产生温度扰动应力,使气藏地层的结构受到影响;另一方面地层温度升高,可以使流体黏度降低,提高天然气的流动能力,使天然气流动对地层的拖曳力减小。此外,在酸化、压裂以及注水等过程中有较稳定的、大量的流体被注入储集层内,这些注入流体将引起较大范围内地层的温度受到扰动,产生温度应力。各种井筒作业过程中,所产生的温度应力迭加到井眼周围由于载荷不平衡而产生的应力分布上,将有可能加剧或削弱井眼周围的应力集中程度,如果热应力叠加的结果是使井眼周围应力集中程度加剧,将可能导致井眼及其周围地层结构破坏而出砂。弱胶结砂岩气藏胶结弱,强度较低,对应力变化敏感,因此,温度扰动对弱胶结砂岩气藏井眼及其周围地层中应力分布、地层结构稳定性和出砂趋势会产生重要的影响。

4.2.4　采气参数对气井出砂的影响

气井出砂与合理地选择采气参数有密切的关系,特别是弱胶结岩层,当降低井底生产压力(即增大生产压差)以及提高采气速度时,就会增大气井的出砂量,使井下情况变得复杂,甚至造成井眼坍塌、气井报废。首先弱胶结砂在气流的黏滞拖曳力、重力、惯性力的综合作用下进入井中,当岩石所受的应力达到或超过它的强度时,岩石结构发生破坏,骨架砂(胶结砂)转为弱胶结砂被气流带走,造成气井大量出砂。岩石所受的力有地应力、油层压力、井底流压等。

在这些因素中，认为可控制的只有井底流压，它与气井的产量以及工作制度有关，因此井壁岩石稳定与气井出砂、气井正常生产有着密切的联系。李宾元等的研究表明，气井出砂量是气井产量的增函数；在气井产能和气层渗透率相同的情况下，储层孔道半径越小，气井出砂越严重；气井出砂量随气层的砂粒中值减小而增加，并与砂粒的分选度有关；气井出砂量与天然气黏度呈拟线性关系。

4.2.5 地层产液对出砂的影响

地层中的液体对出砂也有较大的影响。对于流砂地层而言，由于地层自身基本上没有胶结，所以，地层产出液的含砂量将相对比较稳定，不随开采时间变化。对于部分胶结地层来讲，由于其自身有一定的胶结强度，故其产出液的含砂量随开采时间波动，通常情况下，总的趋势是开采时间越长，随着气藏压力衰竭和气藏水浸，含砂量逐渐变大，开采后期经过注水等一系列增产措施后，出砂量会更大。对中等胶结强度的岩石，流体的流动冲刷，也会造成气井出砂，但是这类地层由于其强度相对较大，对外力具有一定的承受能力，所以此类地层出砂的最主要诱因是地层中的应力分布。当地层中所受到的应力超过岩石的强度时，地层结构将屈服，导致出砂。

4.3 固体颗粒在流体中沉降问题的研究

4.3.1 牛顿流体中的自由沉降

长期以来，对于携有固体颗粒的流体流动的研究已经成为科学和工程的重要课题。该项研究，无论是气体、液体携砂举升还是固体颗粒在液体中的沉降，都隶属多相流范畴。早在18世纪末人们就开始了多相流的研究，19世纪Boussinesq研究了明渠中沉积物的输送，20世纪中叶多相流的研究得到迅猛发展。固体颗粒沉降问题的研究大多围绕着描述单个颗粒的绕流流场、应力场以及推导阻力系数方程等来展开。其中阻力系数方程是流—固两相流研究中最重要的封闭方程之一。固体颗粒的绕流研究吸引了众多的研究者，他们对针对牛顿及非牛顿流体等各种情况的绕流进行了大量的研究，迄今为止，作为多相流理论以及泥沙运动力学中的重要研究课题之一，固体颗粒沉降规律在实验室、现场观测方面的研究资料已经颇为详尽。理论方面的研究，虽然有诸如Jennings对竖直管道中固体颗粒运移规律的研究，Michaelides对固体颗粒、气泡以及液滴瞬态运动方程的推导等成果涌现，但仍远不够完善。

在众多的解析解当中，最早且最有影响的是Stokes解，至今仍为广大的理论以及技术工作者所采用。在流体绕球体流动的速度极慢，惯性力可以忽略不计的基本假设条件下，Stokes推导出层流沉降时圆球形固体颗粒的阻力系数（见图4.1）为

$$C_D = \frac{24}{Re} \tag{4.1}$$

则球形颗粒的最终沉降速度为

$$u_t = \frac{(\rho_p - \rho_f)gd_p^2}{18\mu} \tag{4.2}$$

将 Stoke 公式与 Lapple 和 Shepherd 的实验结果比较,发现只有在 $Re<1$ 的条件下,两者才能较好地吻合。因此,Stoke 公式的使用也就仅限于雷诺数小于 1 的情况。

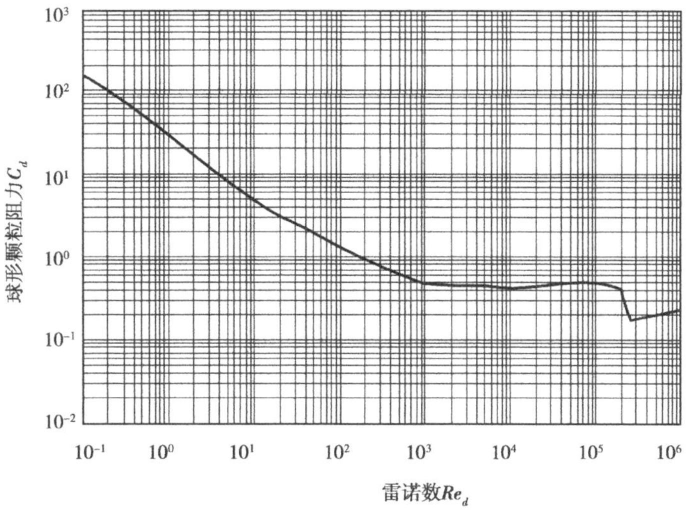

图 4.1　球形颗粒阻力和雷诺数 Re 的关系曲线

此外,Ossen, Goldstein 和冈恰洛夫分别对斯托克斯公式进行了修正,给出了层流沉降时圆球形固体颗粒的阻力公式以及阻力系数公式,得到与实验结果更为接近的公式。Ossen 近似方程所得到的阻力公式为

$$F_R = 3\pi\mu V_\infty d_p\left(1 + \frac{3}{16}Re\right) \tag{4.3}$$

相应阻力系数为

$$C_D = \frac{24}{Re}\left(1 + \frac{3}{16}Re\right) \tag{4.4}$$

由于考虑惯性力的存在,因此该公式比斯托克斯公式更为精确。此外,Goldstein 将阻力系数公式精确到了 Re^5,但也只适用于小雷诺数的层流情况。

Allen 则在对过渡区(即逐渐发展中的紊流中)的固体颗粒研究的基础上,推出了阻力系数表达式,即

$$C_D = 30\left(\frac{d_p u_t \rho}{\mu}\right)^{-0.625} \tag{4.5}$$

南京水科所窦国仁和冈恰洛夫也分别提出了处理过渡紊流沉降状态泥沙沉降末速的计算方法。

对于除边界层外完全发展的紊流中固体颗粒运动的研究,一般采用牛顿公式进行描述,此时的阻力系数一般为常数,如圆球形单个固体颗粒在紊流中沉降的阻力系数接近常数,即

$$C_D \approx 0.45 \tag{4.6}$$

其自由沉降速度公式为

$$u_t = 1.72\left[g\frac{\rho_s - \bar{\rho}_f}{\bar{\rho}_f}\right]^{0.5} d^{0.5} \tag{4.7}$$

随着雷诺数的继续增加,到了另一个临界状态,边界层内的液体流动也由层流变成了紊

流，流体分离点后移，分离区缩小，分离区内压力增大，这就使阻力系数急剧下降，当球体表面光滑时，上述现象出现在雷诺数为 2×10^5 的情况，随着球体表面粗糙度的增加，临界雷诺数相应减小。

李大鸣在对泥沙静水沉降研究，尤其是球体绕流的高阶近似解进行总结的基础上，提出了采用拟序渐进序列解逼近高阶球体绕流解析解的方法，将球体绕流阻力系数公式的范围扩大到雷诺数 4×10^4，提高了单颗粒泥沙自由沉降阻力系数公式的适用范围。

4.3.2 非牛顿流体中的自由沉降

另外，在石油、天然气工业领域，对固体颗粒在非牛顿流体中的运移规律的研究文献不断涌现。Roodhart、Subhash、Acharya、刘永建、McMechczn、岳湘安等对幂律流体、宾汉流体、Herschel-Bul ey's 流体等非牛顿流体中的固体颗粒自由沉降进行了理论分析、实验研究和数值模拟，分析了固体颗粒在几类非牛顿流体中沉降与在牛顿流体中沉降的主要差别，同样得出了非牛顿流体中沉降的阻力系数公式和自由沉降速度表达式。

4.3.3 静止液体中的干扰沉降

单颗粒在流体中自由沉降的研究日趋深入的同时，研究者还对考虑一定颗粒浓度下颗粒之间互相影响以及有固定边界时边界对沉降的干涉沉降进行了探索。如 Batchelor 和 Hawksley 分别针对固体颗粒浓度较低和较高时的干扰沉降进行了研究；Sinclair 则研究了竖直管中考虑固体颗粒间相互作用的气固两相流动；刘中良在研究固体颗粒竖直向上流场中的运动规律时，考虑了管壁对两相流动的影响，认为在管道近壁面处存在一个流态化死区，并且分析了影响流态化死区大小的主要因素。

4.4 气流携带固体颗粒举升运动

如前文所述，固体颗粒在液体中的沉降问题由来已久，相关研究文献较多；同时，固体颗粒在竖直管道中随气流上升的运动在工业生产中应用十分广泛，尤其是在冶金、能源等领域的粉体或粒体的气力输送，因而相关研究也很普遍。如浙江大学岑可法和樊建人对工程气固多相流的系统研究，以及朱康玲、Chen 对垂直管道中稀相颗粒运动规律的探讨。然而，具体到天然气井筒内气体携砂举升问题，研究却远未达到成熟，尤其从机理的角度进行分析的资料难以查找。

井筒内气体举升砂粒与固体颗粒在液体中沉降问题以及竖直管道中粉粒体的气力输送问题看起来都有类似之处，但其中的差别也是明显的。从表观物理性质上讲，固体颗粒在液体中的沉降，颗粒比重与液体介质比重之比很少超过 3:1，而对于竖直管道的粉粒体气力输送气体携砂问题，固体颗粒与气体介质之比范围比较大，大多在 1 000:1的量级，并且颗粒在气体中的轨迹要远比在液体中复杂。天然气井的测试以及生产过程中，无论是气流携带疏松地层产生的岩屑，还是气井水力压裂支撑剂返排，都属于对气体介质携带固体颗粒举升问题的研究。但天然气井筒中的气体处于高压管道中，气体与固体颗粒的密度比值较常压时大得多，为 10:1 ~100:1的范围，另外在较高的压力下天然气也往往表现出类似液体的一些性质。因此，高压管道中气体携砂的问题是介于液体与常压气体之间的情况，该问题的研究具有不同于液体和一般气体的特殊性。

4.4.1　举升动力

加拿大的Govie和Aziz对处于流体中的固体颗粒的启动有如下描述：当流体的速度较低时，固体颗粒是静止不动的，而流体的流动是曲折地通过松散的颗粒床层。这种“通过渗透性介质的流动”的知识对于过滤操作、固定床催化、地下水的流动以及油、气、水在地下石油储层中的流动至关重要。随着流体流量的增加而达到某一速度时，压降即和单位面积上的床层重量相等。达到这一点时，微粒即悬浮在流体之中但并不随之流动，其滑移速度将与流体速度相等。这就是所谓“流态化状态”。当流体流动的速度高于使颗粒完全悬浮的速度时，颗粒得到一个有限的上升速度，这时流体-固体的输送才真正开始。在最低输送速度下，固体的滞留是较高的。对于各种粒径的颗粒混合物来说，较小的颗粒其输送速度较低，而流体速度必须增加到超过较大颗粒的滑移速度时，真正的输送才算开始。

通常，固体颗粒以一个比流动流体更低的轴向速度被引入时，就会使物料在达到稳定速度之前，在相当长的距离上被加速。当流体是气体且压力梯度足够大时，这种情况则不会发生，气体及固体颗粒的流速会平稳增加。固体颗粒的加速度，特别是在管内的上升气流中，会使得浓度分布、滞留和压力梯度均有显著变化，如图4.2所示。

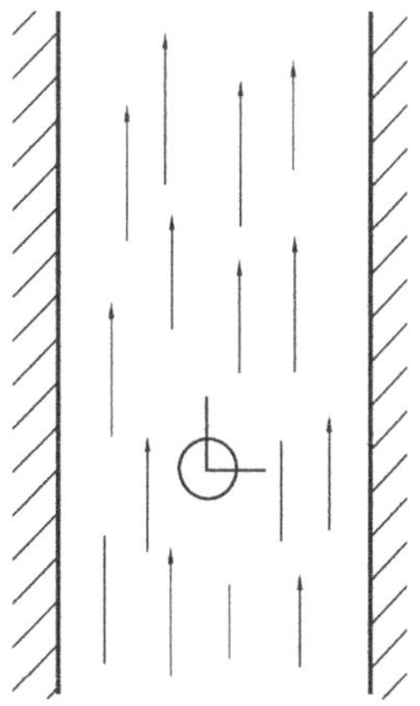

图4.2　垂直管中单颗粒运动示意图

此外，化学工程中流态化现象也普遍认为存在一个分别固体颗粒流态化和非流态化的临界速度，称为最小流化速度。流体流速大于该速度时，固体颗粒能够处于悬浮状态，而小于该临界速度时，固体颗粒就只能在流化床底堆积，也就是非流态化状态。

白晓宁也提到，垂直管道水力提升的条件是液流的平均速度Y大于固体颗粒在液体中沉降的平均速度V_0。

实际上，从机理的角度讲，力学因素，即固体颗粒的受力才是最终决定其处于何种状态的最本质的原因。河流泥沙运动研究当中，White曾设计过两组实验，以证明泥沙启动的直接因素究竟是作用力还是流体流速。两组实验中泥沙埋藏于附面层中，床面分别处于粗糙区和光滑区，利用两种情况的拖曳力关系式设计两个特殊形状的水槽，使边界各点受到的拖曳力保持相等，在逐渐增大流速的全过程中都有泥沙的启动，并不是流速达到一定的临界值以后才启动。实验结果表明直接促使泥沙启动的本质原因是水流的拖曳力，而不是流速。

具体到本书研究内容，气体能否携带固体颗粒上升的判据是沿垂直方向颗粒所受向上的力是否大于或等于向下的力。流体流速之所以经常被误认为是判断颗粒上升的判据，是因为流体的曳力与流速之间存在函数关系，并且从现象上讲，流体流速作为该判据更为直观一些。

4.4.2　运动描述

物体具有保持其运动状态的性质，即惯性。那么要改变物体的运动状态只能是改变施加在物体上的力，而不是速度，或者其他物理量。在流体携固体颗粒垂直举升的情况当中，流体流速总不小于固体颗粒的运动速度。为研究问题方便,需要建立一个随固体颗粒一起运动的移动坐标系。在这个坐标系中,固体颗粒始终是静止的,流体与颗粒之间相对运动的速度即为流体的流速。

当流体流量均匀增大,流速相应均匀增加时,固体颗粒要保持其运动状态不变,那么流体与固体之间的相对速度就增大,在移动坐标系当中就表现为流体流速增大。因此,对于流体来讲,它所受的固体颗粒的阻力增加,相应地,固体颗粒受到流体的曳力就增大。固体颗粒所受作用力达到一定的临界值后,运动状态开始发生改变。那么,在流速增加的方向上,颗粒便具有了一个加速度。在移动坐标系统中,流体表现为一个负的加速度,那么流体流速在此坐标系中是逐渐减小的。相应地,固体颗粒所受的拖曳力也就开始逐渐减小,最终达到新的平衡。在新的平衡中,流体与固体之间相对运动速度没有发生变化,而实际上两者的速度都增加了。

4.5 固体颗粒在气流中的受力

因天然气井筒内的高压,使从地层进入到生产管道及环空中的天然气具有不同于大气压下的性质,同样也不能简单地按照液体的情况加以研究。单颗粒在液体中自由悬浮或匀速沉降时,颗粒受到的向上曳力、浮力与颗粒自身重力达成平衡,而常压下粉粒体在气流管道中的输送中,颗粒所受的气流的曳力、颗粒系统自身的重力和管壁对颗粒系统的摩擦阻力三者达到平衡。下面就针对天然气井筒内气流携砂举升情况进行受力分析。

4.5.1 受力分析

作用在气流中单个颗粒上的力分为3类:

(1)质量力

质量力包括惯性力、重力和浮力。

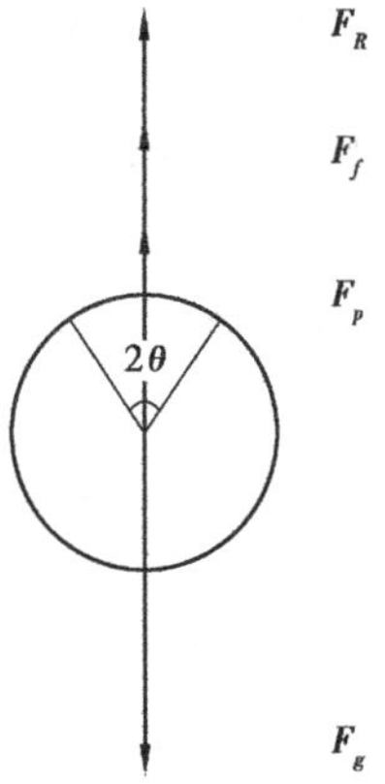

图4.3 颗粒受力分析

惯性力:
$$F_i = -\frac{1}{6}\pi d^3 \rho_p \frac{\mathrm{d}u_p}{\mathrm{d}t} \tag{4.8}$$

重力:
$$F_g = -\frac{1}{6}\pi d_p^3 \rho_p g \tag{4.9}$$

浮力:
$$F_f = -\frac{1}{6}\pi d_p^3 \rho_f g \tag{4.10}$$

惯性力只在固体颗粒具有加速度时才加以考虑,如图4.3所示。

(2)压力梯度引起的压差力 F_p

压力梯度引起的压差力 F_p 为

$$F_p = -\frac{1}{6}\pi d_p^3 \frac{\mathrm{d}p}{\mathrm{d}x} \tag{4.11}$$

此处的压差力是因天然气管道中井底流压与管道地而压强之间存在的压强差所产生的,区别于斯托克斯阻力中的压差阻力,后者是由于颗粒的存在而产生的。斯托克斯阻力中有$\frac{2}{3}$是摩阻,$\frac{1}{3}$是压差阻力。

(3)表面力

表面力即流体作用于固体表面的力,它与气流以及固体颗粒的相对运动有关,此处只考虑气流的曳力,即

$$F_R = \frac{1}{8}\pi d_p^2 \rho_f C_D \mid u_f - u_p \mid (u_f - u_p) \tag{4.12}$$

式中　C_D——曳力系数。

为研究方便,并考虑问题的普遍性,其他的作用力如附加质量力、Basset 力、Magnus 力、Saffman 力、升力等根据天然气生产管道中气流的实际情况而忽略不计。

此外,关于气井出砂量的调研数据来看,出砂量与天然气流量相比体积流量小得多,因此始终属于稀疏气固两相流,或者从流态化工程的角度讲,气固两相密度比很小,固体颗粒的容积浓度可以忽略不计,颗粒系统所受到的管壁的摩擦阻力以及固体颗粒间相互干涉影响也可忽略。

4.5.2　曳力

(1)极慢层流情况表面力的合力

假设流动为极慢层流,即惯性力远小于黏性力,球形固体颗粒所受表面力的解析式可根据不可压缩黏性流体绕球流动的 Nervier-Stoke 方程来推导。

流体一般运动微分方程,即 Nervier-Stokes 方程的矢量表达式为

$$\frac{d\vec{V}}{dt} = \vec{F} + \frac{1}{\rho}\nabla \cdot p' \tag{4.13}$$

其中左边为惯性力全微分项,即

$$\frac{d\vec{V}}{dt} = \frac{\partial \vec{V}}{\partial t} + (\vec{V} \cdot \nabla)\vec{V} \tag{4.14}$$

右边 $\vec{F}$ 为质量力,$\frac{1}{\rho}\nabla \cdot p'$为作用在单位质量流体上的表面力,其中应力 p'为一个对称的二阶张量。由斯托克斯关于应力与变形速率的一般关系的假定,可以推出应力张量与变形速率张量之间的关系式,即广义牛顿黏性应力公式为

$$p' = \left[-p + \left(\mu' - \frac{2}{3}\mu\right)\nabla \cdot \vec{V}\right]\delta + 2\mu E \tag{4.15}$$

其中,δ 为单位二阶张量。

将式(4.15)代入式(4.13),并假定黏性系数与体变形黏性系数均为常数,即 $\mu = const$,$\mu' = const$,N-S 方程可以写为

$$\frac{d\vec{V}}{dt} = \vec{F} + \frac{1}{\rho}\nabla p - \frac{1}{\rho}\left(\mu' + \frac{1}{3}\mu\right)\nabla(\nabla \cdot \bar{V}) + \frac{1}{\rho}\mu\nabla^2\vec{V} \tag{4.16}$$

对于不可压缩流体,$\nabla \cdot \vec{V} = 0$,上式又可简化为

$$\frac{d\vec{V}}{dt} = \vec{F} - \frac{1}{\rho}\nabla p + \frac{1}{\rho}\mu\nabla^2\vec{V} \tag{4.17}$$

即

$$\frac{\partial \vec{V}}{\partial t}+(\vec{V}\cdot\nabla)\vec{V}=\vec{F}-\frac{1}{\rho}\nabla p+\frac{1}{\rho}\mu\nabla^2\vec{V} \tag{4.18}$$

若采用涡量以及流函数来表示的运动微分方程组,有时更为方便。根据流体力学对涡量的定义,在球坐标系中其表达式为

$$\begin{cases}\omega_r=\dfrac{1}{2r^2\sin\theta}\left[\dfrac{\partial}{\partial\theta}(V_\varphi\cdot r\sin\theta)-\dfrac{\partial}{\partial\varphi}(V_\theta\cdot r)\right]\\ \omega_\theta=\dfrac{1}{2r\sin\theta}\left[\dfrac{\partial V_r}{\partial\varphi}-\dfrac{\partial}{\partial r}(V_\varphi r\sin\theta)\right]\\ \omega_\varphi=\dfrac{1}{2r}\left[\dfrac{\partial}{\partial r}(rV_\theta)-\dfrac{\partial V_r}{\partial\theta}\right]\end{cases} \tag{4.19}$$

另有,涡量 $\vec{\Omega}=2\vec{\omega}$,用矢量式表示为

$$\vec{\omega}=\frac{1}{2}rot\,\vec{V};\vec{\Omega}=2rot\,\vec{V} \tag{4.20}$$

流函数在球坐标中表达式为

$$\begin{cases}V_r=\dfrac{1}{r^2\sin\theta}\dfrac{\partial\psi}{\partial\theta}=\dfrac{\partial\varphi}{\partial r}\\ V_\theta=-\dfrac{1}{r\sin\theta}\dfrac{\partial\psi}{\partial r}=\dfrac{1}{r}\dfrac{\partial\varphi}{\partial r}\end{cases} \tag{4.21}$$

式中,ψ 为流函数,φ 为势函数。定义:

$$\vec{V}=\nabla\varphi \tag{4.22}$$

则有

$$rot\,\vec{V}=\vec{\Omega}=-\nabla\psi \tag{4.23}$$

又因为

$$\frac{1}{2}\nabla(\vec{V}^2)=(\vec{V}\cdot\nabla)\vec{V}-\vec{V}\times rot\,\vec{V} \tag{4.24}$$

所以,N-S 方程左边全微分项可变为

$$\frac{\mathrm{d}\vec{V}}{\mathrm{d}t}=\frac{\partial\vec{V}}{\partial t}+(\vec{V}\cdot\nabla)\vec{V}=\frac{\partial\vec{V}}{\partial t}+\nabla\left(\frac{V^2}{2}\right)+\vec{\Omega}\times\vec{V} \tag{4.25}$$

可得到

$$\frac{\partial\vec{V}}{\partial t}+\nabla\left(\frac{V^2}{2}\right)+\vec{\Omega}\times\vec{V}=\vec{F}-\frac{1}{\rho}\nabla p+\frac{1}{\rho}\mu\nabla^2\vec{V} \tag{4.26}$$

由连续性方程

$$div\,\vec{V}=0 \tag{4.27}$$

以及式(4.20)得

$$\nabla^2\vec{V}=\nabla^2(div\,\vec{V})-rot(rot\,\vec{V})=-rot\,\vec{\Omega} \tag{4.28}$$

并设质量力有势,则式(4.26)两边取旋度,并进行矢量运算得

$$rot\,\frac{\partial\vec{V}}{\partial t}+rot(\vec{\Omega}\times\vec{V})=-\frac{\mu}{\rho}rotrot\,\vec{\Omega} \tag{4.29}$$

进一步运用矢量运算法则,可推出涡量表示的运动微分方程式,即

$$\frac{\partial \vec{\Omega}}{\partial t} + rot(\vec{\Omega} \times \vec{V}) = -\frac{\mu}{\rho} rotrot\vec{\Omega} \tag{4.30}$$

设流体流过球形颗粒时的运动为轴对称,即$\frac{\partial}{\partial \varphi}=0$,并且 $V_\varphi=0$,这样由涡量的定义式(4.19)可得

$$\begin{cases} \Omega_r = \Omega_\theta = 0 \\ \Omega_\varphi = 2\omega_\varphi = \frac{1}{r}\left[\frac{\partial}{\partial r}(rV_\theta) - \frac{\partial V_r}{\partial \theta}\right] = \Omega(r,\theta) = \Omega \end{cases} \tag{4.31}$$

引入运算符为

$$D^2 = \frac{\partial^2}{\partial r^2} + \frac{\sin\theta}{r^2}\frac{\partial}{\partial \theta}\left(\frac{1}{\sin\theta}\frac{\partial}{\partial \theta}\right) \tag{4.32}$$

由涡量形式的运动微分方程以及流函数定义式,可以推出涡量和流函数表示的轴对称运动微分方程式为

$$\frac{\partial \Omega}{\partial r} = \frac{\mu}{r\rho\sin\theta}D^2(\Omega r\sin\theta) + \frac{1}{r}\left[\frac{\partial \psi}{\partial r}\frac{\partial}{\partial \theta}\left(\frac{\Omega}{r\sin\theta}\right) - \frac{\partial \psi}{\partial \theta}\frac{\partial}{\partial r}\left(\frac{\Omega}{r\sin\theta}\right)\right] \tag{4.33}$$

再将流函数在球坐标下的表达式(4.21)代入式(4.31),得

$$\Omega = -\frac{1}{r\sin\theta}D^2\psi \tag{4.34}$$

为方便求解,引入无量纲量,取球形颗粒半径 r_p 作为长度定性尺寸,稳定流动时的速度 V_∞ 作为定性速度,对不稳定流动,如脉动绕流运动,取脉动频率的倒数 T 作为定性时间,则

$$\begin{cases} \psi' = \frac{\psi}{V_\infty r_p^2}, \Omega' = \frac{\Omega r_p}{V_\infty}, r' = \frac{r}{r_p} \\ t' = \frac{t}{T}, Re = \frac{2\rho r_p V_\infty}{\mu}, St = \frac{r_p}{V_\infty T} \end{cases} \tag{4.35}$$

其中,St 为表示流场不稳定性的相似准则数斯特罗哈数。将这些无量纲量代入公式(4.33)和式(4.34),得

$$St\frac{\partial \Omega'}{\partial t'} = \frac{2}{Re}\frac{D^2(\Omega' r'\sin\theta)}{r'\sin\theta} + \frac{1}{r'}\left[\frac{\partial \psi'}{\partial r'}\frac{\partial}{\partial \theta}\left(\frac{\Omega'}{r'\sin\theta}\right) - \frac{\partial \psi'}{\partial \theta}\frac{\partial}{\partial r'}\left(\frac{\Omega'}{r'\sin\theta}\right)\right] \tag{4.36}$$

$$D^2\psi' + \Omega' r'\sin\theta = 0 \tag{4.37}$$

稳定流动情况下,$\frac{\partial \Omega'}{\partial t'}=0$,由上面两式可得到

$$\frac{Re}{2}\left[\frac{\partial \psi'}{\partial \theta}\cdot\frac{\partial}{\partial r'}\left(\frac{D^2\psi'}{r'^2\sin^2\theta}\right) - \frac{\partial \psi'}{\partial r'}\cdot\frac{\partial}{\partial \theta}\left(\frac{D^2\psi'}{r'^2\sin^2\theta}\right)\right]\sin\theta = D^4\psi' \tag{4.38}$$

其中,$D^4\psi' = D^2(D^2\psi')$,此即为稳定流球坐标中流函数表示的四阶运动微分方程。

边界条件:在颗粒表面($r'=1$),有

$$\psi'\big|_{r'=1} = 0 \tag{4.39}$$

$$\left.\frac{\partial \psi'}{\partial r'}\right|_{r'=1} = 0 \tag{4.40}$$

在无穷远处($r=\infty$),有

$$\psi' \mid_{r'=\infty} = -\frac{1}{2}r^2\sin^2\theta \tag{4.41}$$

在研究雷诺数很小的蠕变流时，惯性力远小于黏性力，因此运动方程式(4.38)简化为

$$D^4\psi' = 0 \tag{4.42}$$

令其通解为

$$\psi' = f(r')\sin^2\theta \tag{4.43}$$

代入式(4.42)得

$$\left(\frac{d^2}{dr'^2} - \frac{2}{r'}\right)^2 f(r') = 0 \tag{4.44}$$

解之得到$f(r')$的表达式，代入式(4.43)，并由式(4.35)，可最终推出流函数表达式：

$$\psi = V_\infty r_p^2 \sin\theta\left(\frac{1}{2}\frac{r^2}{r_p^2} - \frac{3}{4}\frac{r}{r_p} + \frac{1}{4}\frac{r_p}{r}\right) \tag{4.45}$$

将上式代入式(4.21)，得速度分布为

$$\begin{cases} V_r = V_\infty \cos\theta\left(1 - \dfrac{3}{2}\dfrac{r_p}{r} + \dfrac{1}{2}\dfrac{r_p^3}{r^3}\right) \\ V_\theta = -V_\infty \sin\theta\left(1 - \dfrac{3}{4}\dfrac{r_p}{r} - \dfrac{1}{4}\dfrac{r_p^3}{r^3}\right) \end{cases} \tag{4.46}$$

根据广义牛顿黏性应力公式(4.15)，可求出球形颗粒表面上的压力和剪切应力为

$$p_{rr} \mid_{r=r_p} = \left(-p + 2\mu\frac{\partial V_r}{\partial r}\right)\Bigg|_{r=r_p} = -p_\infty + \frac{3}{2}\frac{\mu V_\infty}{r_p}\cos\theta \tag{4.47}$$

$$p_{r\theta} \mid_{r=r_p} = \mu\left(\frac{1}{r}\frac{\partial V_r}{\partial\theta} + \frac{\partial V_\theta}{\partial r} - \frac{V_\theta}{r}\right)\Bigg|_{r=r_p} = -\frac{3}{2}\frac{\mu V_\infty}{r_p}\sin\theta \tag{4.48}$$

将以上两式分别沿固体颗粒表面积分，可得到颗粒表面的压差阻力和摩擦阻力，两者之和即为作用在球形颗粒表面的总阻力，即表面力的合力为

$$F_R = \int_0^{2\pi}\int_0^{\pi}\left[(p_{rr})_{r=r_p}\cos\theta - (p_{r\theta})_{r=r_p}\sin\theta\right]r_p^2\sin\theta \mathrm{d}\theta\mathrm{d}\varphi \tag{4.49}$$

将式(4.47)和式(4.48)代入上式，积分得

$$F_R = 6\pi\mu V_\infty r_p = 3\pi d_p \mu V_\infty \tag{4.50}$$

式中，$\frac{1}{3}$阻力由压差引起，记作F_n；$\frac{2}{3}$由黏性摩擦阻力引起，记为F_t。

根据阻力系数定义有

$$C_D = \frac{F_R}{\frac{1}{8}\rho V_\infty^2 \pi d_p^2} = \frac{24}{Re_p} \tag{4.51}$$

式中，$Re_p = \dfrac{\rho d_p V_\infty}{\mu}$ 为颗粒雷诺数。

(2)过渡阶段

随着流量的增大，在逆压梯度条件下，球体壁面切应力大，越靠近壁面流动减速越剧烈，于是在颗粒尾部形成分离区，假设分离区在球面上呈轴对称，则可形成如图4.4所示的分离角，在分离角为θ的情况下重新按照球面进行积分，则可得到球面有分离情况下的表面力表达式：

$$F_R = F_n + F_t = \int_0^{2\pi}\int_\theta^{\pi}\left[(p_{rr})_{r=r_p}\cos\theta - (p_{r\theta})_{r=r_p}\sin\theta\right]r_p^2\sin\theta\,\mathrm{d}\theta\,\mathrm{d}\varphi$$

$$= p_\infty \pi r_r^2\sin^2\theta + \pi\mu V_\infty r_p(1+\cos^3\theta) + \pi\mu V_\infty r_p(2+3\cos\theta-\cos^3\theta) \tag{4.52}$$

其中,第一项为产生分离区后,因压差产生的紊动阻力,一般称为形状阻力;第二项为球面上除分离区外的区域的压差阻力;第三项为除分离区外的区域的表面摩擦阻力。前两项可统称压差阻力。此处压差阻力不同于因流场压力梯度产生的压差力。

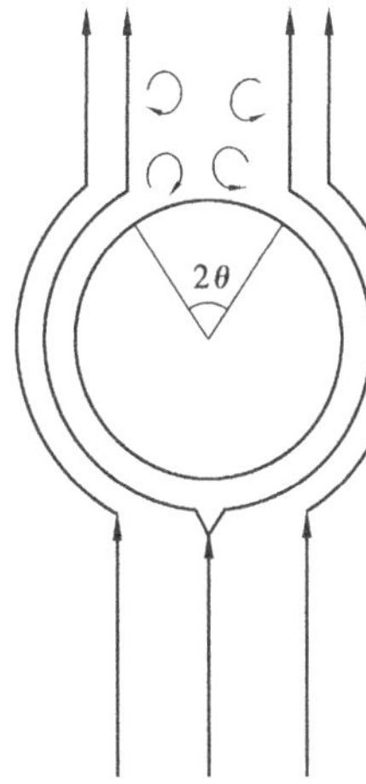

图4.4　分离模型示意图

当 $\theta=0$ 时,$\sin\theta=0$,阻力表达式与蠕变流绕过球形颗粒表面而未产生分离区时的公式相同,此时不存在紊动阻力项;随着 θ 角的不断增大,表面摩擦阻力所占比例不断减小,而压差阻力比例不断增大;当 $\theta\geqslant\frac{\pi}{2}$时,分离区面积不再增大,$\sin\theta=1$。

分离角 θ 与雷诺数存在的关系为

$$\frac{\mathrm{d}\theta}{\mathrm{d}Re_p} = \frac{a_1}{Re_p} \tag{4.53}$$

利用 Lapple 和 Shepherd 实验得出的边界条件为

$$\begin{cases} Re_p = 0.4, \theta = 0 \\ Re_p = 1\,000, \theta = \dfrac{\pi}{2} \end{cases} \tag{4.54}$$

可确定常数 a_I,从而求得分离角表达式为

$$\theta = \frac{\ln(2.5Re_p)}{\ln 2\,500}\cdot\frac{\pi}{2} \tag{4.55}$$

(3)紊流区的沉降规律

当 $\theta=\frac{\pi}{2}$时,表面摩擦阻力不复存在,仅紊动阻力在起作用。此时,阻力表达式为

$$F_R = p_\infty \pi r_p^2 \tag{4.56}$$

由柏努利方程知:$p_\infty=\frac{\rho V_\infty^2}{2}$,再考虑颗粒的曳力系数 C_D,则可得到紊动状态下阻力公式为

$$F_R = C_D\cdot\frac{1}{2}\rho V_\infty^2\cdot\pi r_p^2 \tag{4.57}$$

大量的研究表明,作紊流区域($1\,000<Re<2\times10^5$)沉降或上升的球形固体颗粒的阻力系数 C_D 接近常数0.45,则阻力表达式为

$$F_R = 0.45\frac{\pi d_p^2}{4}\cdot\frac{\rho V_\infty^2}{2} \tag{4.58}$$

(4)形状系数与阻力修正系数

在井筒气流携砂过程中,颗粒形状对于颗粒所受到的气体曳力的影响非常大。lames、Sze-Foo Chien 都曾针对各种不规则形状的钻屑、压裂支撑剂等固体颗粒在钻井液和压裂液中沉降做过一定的研究工作。本章前文提到的公式均针对球形颗粒而言,但是地层产出的岩屑以及返排的压裂支撑剂的形状非常复杂,极少是规则的。为此,可用常用形状系数 Φ 来表征某种颗粒相对于同体积的球体的偏差,其公式为

$$\Phi = \frac{\text{与颗粒等体积的球的表面积}}{\text{不规则形状颗粒的表面积}} \tag{4.59}$$

主要规则形状和不规则形状物体的形状系数值参见表 4.2。

表 4.2 规则形状颗粒形状系数表

颗粒形状	形状系数	颗粒形状	形状系数	砂粒种类	形状系数
球	1.0	圆柱体	0.86 ~ 0.58	页岩屑	0.32 ~ 0.29
六方八面体	0.906	类球	0.91 ~ 0.75	石英砂	0.67 ~ 0.60
正八面体	0.846	多角	0.82 ~ 0.67	海、河砂	0.86
立方体	0.806	长条	0.71 ~ 0.58	煤粉	0.70
正四面体	0.671	扁平	0.58 ~ 0.47	焦炭	0.36
圆盘	0.827 ~ 0.220	棱柱	0.767 ~ 0.725	无烟煤	0.61 ~ 0.40

除查阅图表外，还可用估算不规则形状颗粒的形状系数的表达式进行估算，即

$$\Phi = \sqrt[3]{\left(\frac{b}{a}\right)^2 \frac{c}{b}} \tag{4.60}$$

式中 a——砂粒长轴；

b——砂粒中长轴；

c——砂粒短轴。

此外，郭烈锦还提出在确定非球形固体颗粒在流体中曳力系数或阻力系数时应用阻力修正系数 α，可计算为

$$C_D = \alpha \cdot C_{Dsp} \tag{4.61}$$

式中 C_{Dsp}——球形颗粒曳力系数；

C_D——非球形颗粒的曳力系数。

表 4.3 非球形颗粒阻力修正系数表

颗粒形状	修正系数 α
球形颗粒	1.0
表面粗糙的球形颗粒	2.42
椭球形颗粒	3.08
片状颗粒	4.97
不规则形状颗粒	2.75 ~ 3.5

4.5.3 重力

重力的表达式为：$F_g = -\frac{1}{6}\pi d_p^3 \rho_p g$。其中涉及的参量主要为固体颗粒直径 d_p 以及颗粒密度 ρ_p。本文中粒径的取值同后面实验用的颗粒粒径，主要用美国 Malvern 公司生产的激光测粒仪，较精确地测出了四川部分气田水力压裂用支撑剂的平均粒径为 5×10^{-4} m。

此外还涉及固体颗粒密度的取值。颗粒密度同颗粒粒径一样是颗粒物质的特性之一。因为颗粒与颗粒之间存在空隙,颗粒本身也可能存在内孔。因此,严格来讲,单一用某种物质材料的密度来表征颗粒的密度是不精确的。根据不同的条件,颗粒密度的定义方法也有所不同:

①真密度,又称材料密度,即组成材料本身的密度,可用颗粒的质量除以去掉内孔的颗粒体积求得。

②表观骨架密度,在颗粒存在封闭内孔时,才与真密度体现出区别,即它用颗粒质量除以去掉开放内孔的颗粒体积来求得。

③颗粒密度,又称假密度、视密度或表观密度,指整个颗粒的平均密度,等于颗粒质量除以包含所有内孔在内的颗粒体积。

④松散堆积密度,包括颗粒开放、封闭内孔以及颗粒间空隙的松散颗粒堆积体的平均密度,显然针对颗粒群而言。

⑤振实堆积密度,松散颗粒群经振实后的颗粒堆积体平均密度。

颗粒胶结团模型,在天然气井筒中情况比较特殊,可分为两种情况。

其一,如果井筒当中仅存在气体、固体两相,无任何液体,则可参照 Wassen(2001)提出的气固两相流中考虑颗粒间相互作用的颗粒簇状模型,具体到井筒中即为岩屑自然团聚而其间无任何胶结物质的情况。此时可将该簇状胶结团视为一个大而有内孔的颗粒,并且内孔与井筒内气相存在气体交换,此即松散堆积密度。

其二,对于返排的压裂支撑剂,固体颗粒依靠高黏度的压裂液胶结成团,而后胶结团在井筒内被气流携带举升。两种情况下胶结团的表观密度不尽相同,但都小于固体颗粒的真密度。

因此,计算时选用颗粒的表观密度还是松散堆积密度,或者黏性胶结团密度,都要依据气井现场条件决定。一般可依据颗粒的真密度,以及内孔或者其他黏性液体所占体积百分率来确定计算中所需的密度值。

4.5.4　浮力

颗粒所受气体浮力的大小由气体的密度决定,在常压下经常被忽略。但是在高压气体管道中,密度远大于常压时的气体密度,因此要考虑在内。井筒中气体的密度是天然气相对密度Δ_g、压力p、偏差因子Z、温度T的函数,其表达式为

$$\rho_f = 3\,484.4\frac{\Delta_g p}{ZT} \tag{4.62}$$

4.5.5　压力梯度力

固体颗粒在有压力梯度的流场如天然气井筒中运动时,必然受到由于压力梯度引起的作用力。如图4.5所示,为直径为d_p的球形颗粒在压力梯度为$\frac{\partial p}{\partial y}$的流场中运动。假定压力梯度为常数,原点$O$处压力为$p_0$,则球形颗粒表面压力分布式可表示为

$$p = p_0 + \frac{d_p}{2}(1-\cos\theta)\frac{\partial p}{\partial y} \tag{4.63}$$

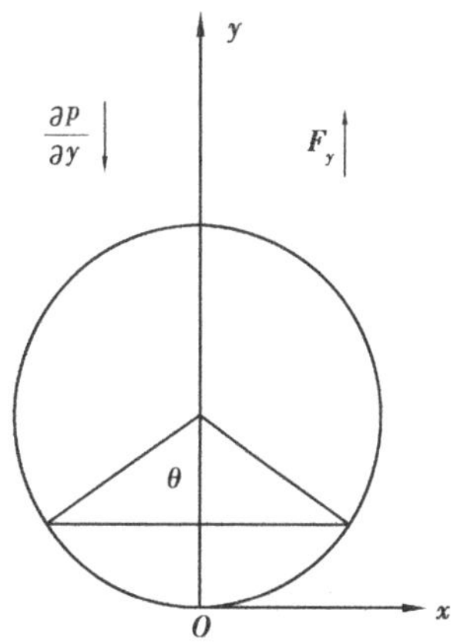

图4.5　压力梯度力示意图

在球形颗粒上取一微元体,其侧面积为

$$dA = 2\pi\left(\frac{d_p}{2}\right)^2 \sin\theta d\theta \tag{4.64}$$

作用于该微元体,其侧面积上的力在 y 方向的分力为

$$dF_p = \left[p_0 + \frac{d_p}{2}(1 - \cos\theta)\frac{\partial p}{\partial y}\right] \cdot 2\pi \cdot \left(\frac{d_p}{2}\right)^2 \sin\theta\cos\theta d\theta \tag{4.65}$$

将 θ 从 0 到 π 积分,可得到作用在球形颗粒上的压差力为

$$\begin{aligned} F_p &= \int_0^\pi \left[p_0 + \frac{d_p}{2}(1 - \cos\theta)\frac{\partial p}{\partial y}\right] \cdot 2\pi\left(\frac{d_p}{2}\right)^2 \sin\theta\cos\theta d\theta \\ &= 2\pi\left(\frac{d_p}{2}\right)^2\left(p_0 + \frac{d_p}{2}\frac{\partial p}{\partial y}\right)\int_0^\pi \sin\theta\cos\theta d\theta - 2\pi\left(\frac{d_p}{2}\right)^3 \frac{\partial p}{\partial y}\int_0^\pi \sin\theta\cos^2\theta d\theta \\ &= -\frac{1}{6}\pi d_p^3 \frac{\partial p}{\partial y} \end{aligned} \tag{4.66}$$

因此,压差力的数值等于球形颗粒的体积与压力梯度的乘积。式中,$\frac{\partial p}{\partial y}$本身为负值,因此压差力方向为 y 轴正向,即竖直向上。

4.6 气井携砂力学模型

4.6.1 固体颗粒受力表达式

综合考虑作用在固体颗粒上的各种力,流体浮力、压差力以及流体对颗粒的曳力竖直向上,颗粒重力竖直向下。当竖直向上的力大于竖直向下的力时,固体颗粒将作向上的加速运动,其阻力相应加大,从而达到新的平衡,并随气流作匀速向上运动。反之,则作减速运动,以致不从井底上升。

建立固体颗粒所受合力的公式如下:

$$F = F_p + F_b + F_R - F_g \tag{4.67}$$

将各力的表达式代入上式,得到:

$$\begin{aligned} F = &-\frac{1}{6}\pi d_p^3\frac{\partial p}{\partial y} + \frac{1}{6}\pi d_p^3(\rho_f g - \rho_p g) + p_\infty \pi r_p^2 \sin^2\theta + \pi\mu V_\infty r_p(1 + \cos^3\theta) + \\ &\pi\mu V_\infty r_p(2 + 3\cos\theta - \cos^3\theta) \end{aligned} \tag{4.68}$$

其中,$\theta = \frac{\ln(2.5 \cdot Re_p)}{\ln 2\,500} \cdot \frac{\pi}{2}$,$Re_p = \frac{\rho d_p V_\infty}{\mu}$。

极慢层流情况($Re_p < 0.4, \theta = 0$)

$$F = -\frac{1}{6}\pi d_p^3\frac{\partial p}{\partial y} + \frac{1}{6}\pi d_p^3(\rho_f g - \rho_p g) + C_D\frac{\pi d_p^2}{4} \cdot \frac{\rho_f V_\infty^2}{2} \tag{4.69}$$

4.6.2 计算方法

携砂力学模型可用来确定气流携砂举升的临界流量,即大于此流量时,天然气能够将砂粒

携带至地面,反之则在井底堆积。具体方法如图4.6所示,可在井口与井底之间设若干节点,假定气体流量不随时间变化,并且在每个节点处可达到力学平衡,从而得到一组临界流量,其中最大的流量值为该井的临界流量。

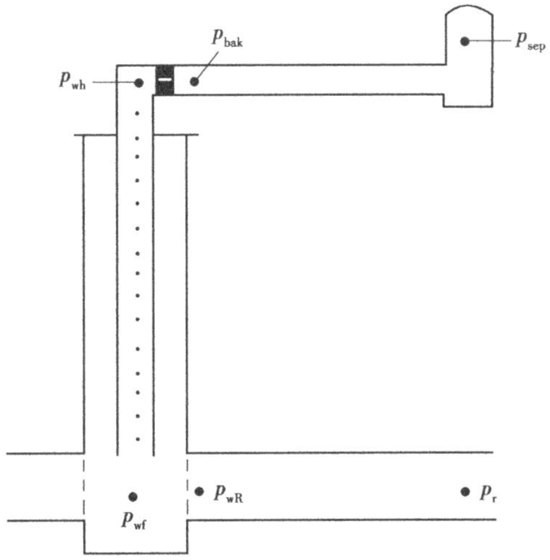

图4.6　井筒内各计算点示意图

由于气井中基本为紊流情况,因此可在代入初始值进行迭代之前,假定流动为完全发展的紊流,流量不随时间变化,则临界流速表达式可表示为:

$$V_{cr} = \sqrt{\frac{4\left[g(\rho_p - \rho_f) - \frac{\partial p}{\partial y}\right]d_p}{3\rho_f C_D}} \tag{4.70}$$

4.7　井筒内气流携液滴举升运动

4.7.1　概述

大多数情况下气井中都存有液体,液体聚积容易形成液柱,造成水堵,从而影响产能。有时在低储层压力的气井中,水堵还会将气井完全压死。因此气流携液能力的研究同携砂的研究一样,对于易发生积液、水堵等安全问题的气井的生产制度的制定具有指导意义,具体表现在:

①确定气井能否连续携液。目前条件下气井是否能连续携液,可通过对比油管中气流速度和临界流量或产气量和临界流量来确定,但它还与气井的举升压力有关,应该综合分析。

②优选油管尺寸。一般来说,油管直径越大,气井产量越高。为了获得最大产量,应安装较大尺寸的油管。但是,这种油管也许不能够连续携液。因此,选择油管尺寸时还应考虑携液问题。油管直径越小,由于会提高天然气的流速,举升液滴的效率也高。一口气井如果不能连续携液,一般可通过更换小油管使其连续携液,这种方法就是后文将要提到的优选管柱排液采气工艺。对于一些低产井,根本不能采用更换油管的方法进行排液采气,需要用其他工艺。

③气井携液临界流量同节点分析方法结合,还可用于确定气井工作制度和计算气藏废弃

压力等。

从发表过的关于这一方面的文章来看,显然现场工作人员都承认处理这一问题的难度。许多讨论都集中在如何排尽聚集在井筒内的液体,诸如打开套管,使环形空间的压力小于大气压,或安装井下泵,定期把液体举升到地面。这些讨论认为,储层本身的流动压力不足以把液体举升到地面。Turner 等(1969)半经验地预测了临界采气速度,并用一个更为通用的形式表达了出来。在气井排液中携带的微液滴。尽管气流和液膜之间的液体在不断的交换,但当时的研究中仍把它当成两种情况来看待,提出了两种物理模型,即液膜沿管壁运移和气流携带液滴,而气流中的微液滴的携带能力被认为是最重要的气井排液控制因素。

Turner 在假设液滴为球形的情况下,推导出用于计算最小天然气流动速度和携液能量的方程式为

$$V_{cr} = 6.6\sqrt[4]{\frac{4(\rho_L - \rho_g)g\sigma_T}{g^2}} \tag{4.71}$$

在中国,有许多气井以低于最小流量方程式计算出的流量进行生产,并且这些气井仍旧处于较好的生产状态。为了获得相对精确的临界产量,工程师们通常通过将产量降低$\frac{2}{3}$来调整气井的临界产量。Steve(1991a,1991b)曾经认为,采用未加调整的液滴模型往往会得到与现场数据相匹配的结果,然而这种模型仍旧不能获得适宜的临界流量,从而解释了采用该模型计算在应该积液的气井中未发生积液现象的原因。

西南石油学院 Min. Li (2002)指出,在气井中被携带的液滴是扁平形状的,进而对 Turner 等人的方程进行修正得到如下模型,即

$$V_{cr} = 2.5\sqrt[4]{\frac{4(\rho_L - \rho_g)g\sigma_T}{g^2}} \tag{4.72}$$

河南石油勘探局的邓志安等(1999)探讨了传统的液滴沉降速度模型的局限性,探索了分散相液滴碰撞聚合后,其铅垂运动速度和分离时间及液滴粒径的关系,推导出具有碰撞聚结现象的液滴沉降模型。

4.7.2 气流携液滴举升模型

液滴在气流中运动的研究属于两相流研究范畴,因其流动特性复杂,至今,推导出一个近于完整的解析描述仍是非常困难的。本文在前面气流携砂举升模型的基础上,尽量全面考虑井筒中气流携带液滴的影响因素,建立一个较新的物理模型,以便能够对天然气的生产作业提供更为科学的指导。

气流携液滴物理模型受力分析与携砂模型相同,即公式(4.67)和式(4.68)同样根据气井现场数据,一般能够携液滴生产的天然气都处于紊流状态,故迭代计算前可先假定为紊流,则液滴的受力公式为

$$F = F_p + v_d(\rho_f g - \rho_d g) + C_D \cdot A_d \cdot \frac{\rho_f V_\infty^2}{2} \tag{4.73}$$

式中 v_d——液滴体积;

A_d——液滴的迎风面积;

C_D——曳力系数。

曳力系数的选取直接影响曳力计算的准确度，如果液滴的形状不是球形，那么曳力系数就应取实际液滴形状的系数值。对于大的液滴，在下落或举升过程中趋于扁平，液滴的阻力将增大，而液滴的终端速度将减小。理论上，可以通过液滴表面压力分布和重力以及液滴表面张力等参数来计算终端速度下落的液滴形状。此处的精度要求并不需要对颗粒形状进行解析描述，扁平饼状较为适合实际情况，如图 4.7 所示。可采用阻力修正系数的方法对球形颗粒的曳力系数加以修正，此处饼状颗粒的曳力系数应在球形颗粒的曳力系数基础上乘以修正系数 $\alpha = 3.1$。

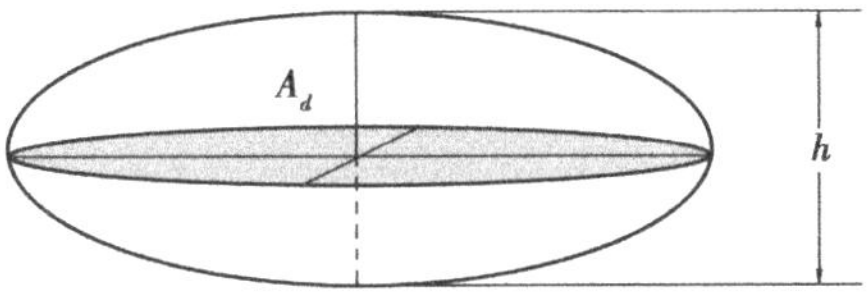

图 4.7　饼状液滴示意图

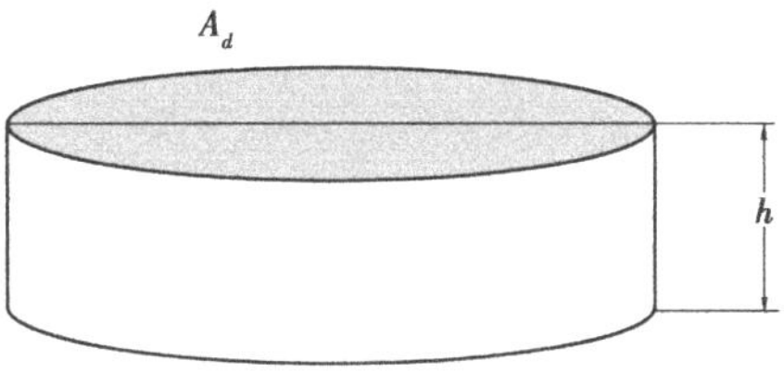

图 4.8　近似圆盘模型

此外，迎风面积的确定也十分关键。液滴的形状为饼状，具体计算迎风面积时可用近似圆盘模型来代替，如图 4.8 所示。一个稳定平衡的液滴表面张力与外部所受压差力达到平衡，即

$$\Delta p \cdot A_d \cdot \mathrm{d}h = \sigma_T \cdot \mathrm{d}A_d \tag{4.74}$$

式中　Δp——压差力；

A_d——迎风面积；

σ_T——表面张力。

又由圆盘的迎风面积计算公式为

$$A_d = \frac{v_d}{h} \tag{4.75}$$

两边对 h 取微分，则有

$$\frac{\mathrm{d}A_d}{\mathrm{d}h} = -\frac{v_d}{h^2} \tag{4.76}$$

所以，由公式(4.74)和式(4.76)得到

$$h = -\frac{\sigma_T}{\Delta p} \tag{4.77}$$

因此，由式(4.75)和式(4.77)可得迎风面积表达式为

$$A_d = -\frac{v_d \cdot \Delta p}{\sigma_T} \tag{4.78}$$

式中，Δp 仍由柏努利方程确定为

$$\Delta p = \frac{1}{2}\rho_f V_\infty^2 \tag{4.79}$$

由公式(4.73)、式(4.78)以及式(4.79)，可得

$$V_\infty = \sqrt[4]{\frac{4\left[(\rho_g - \rho_f)g - \frac{\partial p}{\partial y}\right] \cdot \sigma_T}{C_D \cdot \rho_f^2}} \tag{4.80}$$

因此，将曳力系数数值带入上式，即可确定井筒中气流携液滴举升临界流速：

$$V_{cr} = 1.31\sqrt[4]{\frac{4\left[(\rho_g - \rho_f)g - \frac{\partial p}{\partial y}\right]\cdot \sigma_T}{\rho_f^2}} \tag{4.81}$$

另外,液滴直径的大小由气流的惯性力和液体的表面张力来确定,气流的惯性力试图使液滴破碎,而表面张力试图使液滴聚合,韦伯数就是综合反应惯性力与表面张力关系的无因次数,处于临界状态的液滴的直径,可通过韦伯数确定。当韦伯数超过20~30的临界值时,液滴将破碎,最大液滴直径可由下式确定,即

$$We = \frac{\rho_f V_{cr} d_{\max}}{\sigma_T} = 30 \tag{4.82}$$

4.7.3 计算实例

参照气井携砂举升的计算方法,编制相关计算程序在计算机上求解,实例基本数据:

①井深:2 307 m;

②井口压力:15.4 MPa;

③井口温度:293 K;

④排水量:0.35 m^3/d;

⑤油管内径:62 mm;

⑥生产流量:34 394 m^3/d。

将以上参数代入自编程序进行迭代计算,取30个计算节点,可以确定个计算节点的压力、流量、流速、气体密度以及偏差因子等,计算结果可绘制成如图4.9—图4.14所示的分布图。

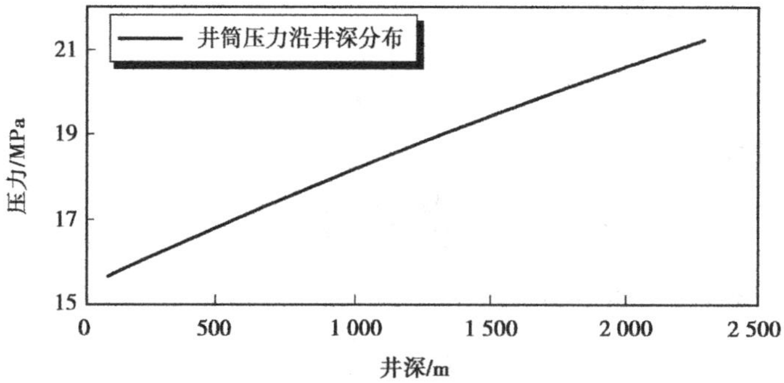

图4.9 井筒压力沿井深分布图

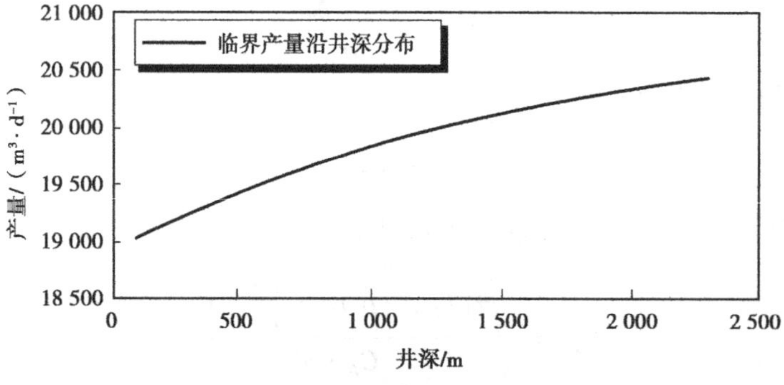

图4.10 临界流量沿井深分布图

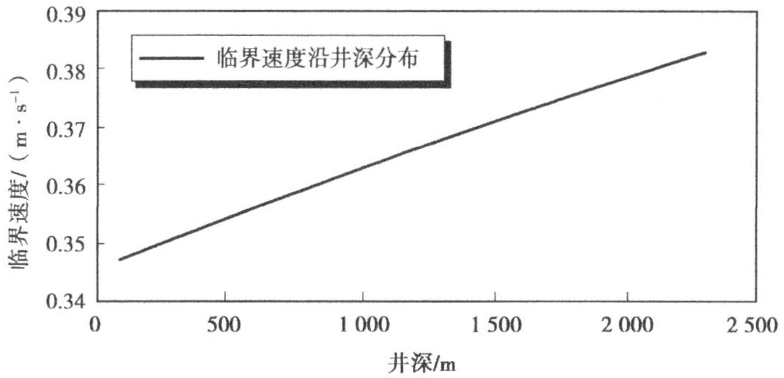

图4.11　临界流速沿井深分布图

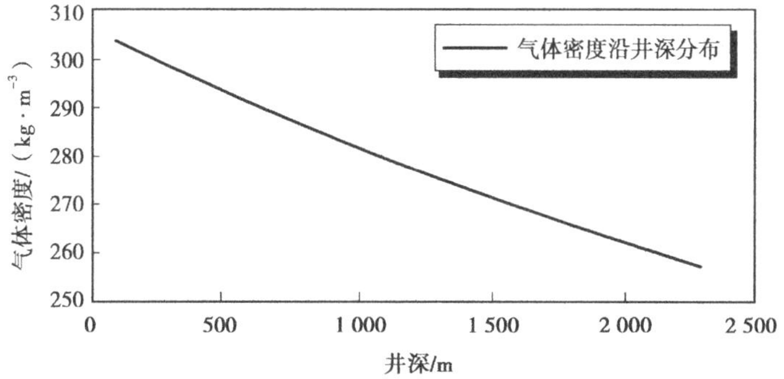

图4.12　气体密度沿井深分布图

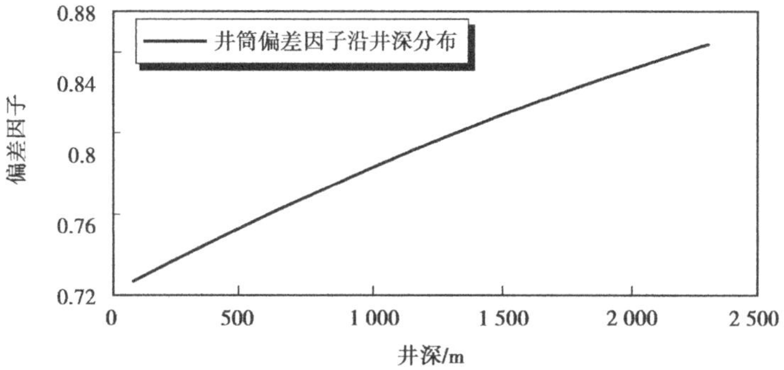

图4.13　偏差因子沿井深分布图

此外,还选取排液、积液和接近积液的多口井对临界流量公式进行验证,得到如下结果(见表4.4)。

表4.4　部分气井临界流量与实际流量对照表

井深/m	计算临界流量/($m^3 \cdot d^{-1}$)	实际生产流量/($m^3 \cdot d^{-1}$)	积液情况
1 034	15 079.06	23 621	未积液
1 256	10 602.78	14 809	接近积液
2 010	18 561.45	29 178	未积液
2 307	20 422.84	34 394	未积液
2 340	21 663.2	9 030	积液
2 675	17 073.96	21 815	接近积液

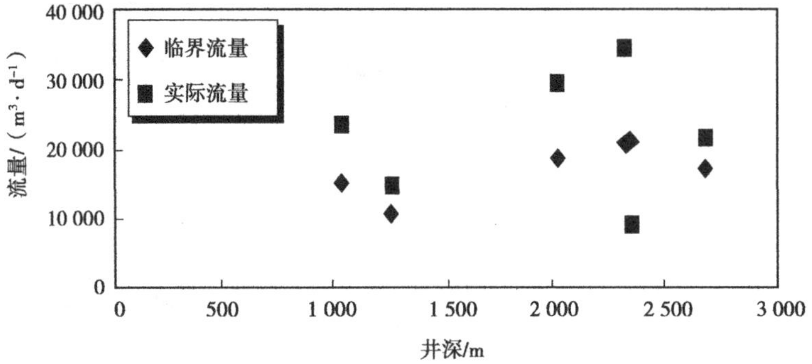

图 4.14　计算临界流量与实际气井积液情况对照

由图 4.10 可知，随井深增加，气流携液滴临界流量逐渐增大，至井底即 2 307 m 处达到最大 20 422.84 m^3，此即该井的携液滴临界流量。

由图 4.9—图 4.12 可以看出随井深增加，气体压力逐渐增大，气体密度逐渐减小。

此外，可以通过图 4.14 和表 4.4 对本文的积液临界流量加以验证。如图 4.14 所示，每一个井深对应一组正方形和菱形，正方形表示现场实际流量数据，菱形表示计算临界流量，当实际流量大于临界流量时，即正方形处于菱形上方时，该井不发生积液；反之，则发生气井积液；当正方形与菱形接近时，表示接近积液。将此结果与实际现场采集的数据资料即表 4.4 对照，可以看出计算的积液状况与现场状况吻合。

4.8　小　结

本章在全面总结固体颗粒在流体中沉降以及气固两相流动理论的基础之上，针对天然气井筒中高压、高温气流携带固体颗粒举升进行了力学分析；建立携砂受力模型；确定井筒中天然气各物性参数；用自编程序进行计算，得到了某气井携砂的临界流量；同时将携砂模型应用于气井携液滴的情况，同样得出了新的气井携液滴模型，并用现场数据进行了验证。

第5章 冲蚀磨损的影响因素和机理研究

流体系统中粒子高速冲击表面造成的材料损失称为冲蚀,冲蚀磨损是工业生产中材料的一种主要失效行为。经统计,冲蚀磨损占工业生产中经常出现的磨损破坏总数的 80%,是磨损造成材料失效的主要行为之一。在实际工程中,气流输运物料管路中弯头的冲蚀可能大于直管段 50 倍,即使输送木屑一类的软物质,钢制弯头的寿命也只有 3 ~4 个月;火力发电厂粉煤锅炉尾气对换热器管路冲蚀而造成破坏大致占管路破坏的$\frac{1}{3}$,其最低寿命只有 16 000 h;压缩机叶片的导缘只要有极少量材料冲蚀出现,0. 05 mm 的缝隙便能引起局部失效;煤的气化、液化、输送及燃烧中均有大量材料冲蚀问题。

冲蚀磨损的研究一般分为试验研究和数值模拟两种方法:通过特定冲蚀物颗粒对试验材料的冲蚀,得出一定的经验公式,并建立相应的冲蚀模型;或者通过有限元等数值模拟方法,对冲蚀行为的过程进行动力学分析,得到所需的冲蚀参数。

5.1 引 言

材料冲蚀磨损行为受冲蚀条件(如冲蚀速度、冲蚀角和温度)、磨料性能(如硬度、形状和尺寸)、材料特性(如硬度、断裂韧性及显微组织结构)等诸多因素的影响,因而其冲蚀规律相当复杂,但这些影响因素的作用规律也存在着系统性。Stachowiak 和 Batcholor 在 Engineering Tribology 一书内,给出了一些因素对冲蚀磨损的影响以及相应的磨损机理,如图 5. 1 所示。

本章将依据实验数据,从影响冲蚀磨损行为的因素入手,对材料的冲蚀磨损规律进行了深入的研究。着重讨论了冲蚀角、冲蚀物速度、冲蚀物颗粒尺寸对冲蚀行为的影响,并从冲蚀磨损的韧性模式和脆性模式角度详细探讨了材料的磨损机理。

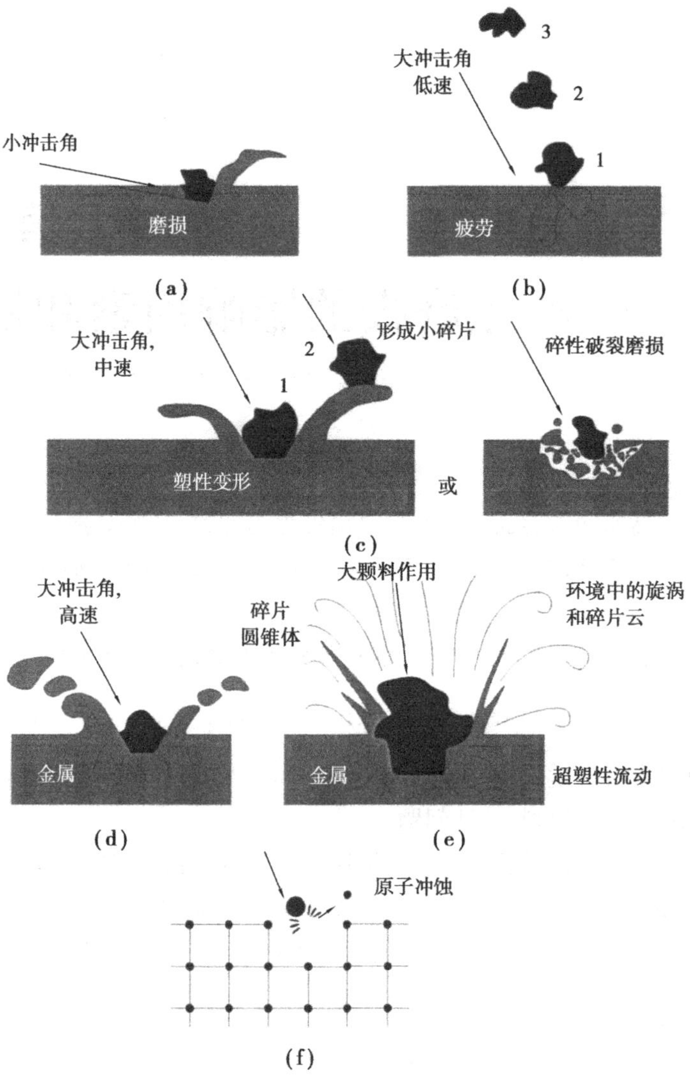

图 5.1　冲蚀磨损机理

(a)小角度磨粒磨损　(b)低速、高冲蚀角冲击时的表面疲劳　(c)中速、高冲蚀角冲击下的脆性断裂或多重塑性变形　(d)高速冲击下的表面熔融　(e)宏观冲蚀　(f) 原子冲蚀

5.2　冲蚀角对试样的影响

冲蚀角:冲蚀物颗粒入射轨迹与靶材被冲蚀表面的夹角,如图 5.2 所示。冲蚀角通常在 0°~90°变化。

根据大量实验结果可以知道,冲蚀角对材料的受损情况有很大的影响。小角度冲蚀行为与磨粒磨损行为较为相似,如果是硬粒子对较软的表面进行的小角度冲蚀,也能使表面发生较为严重的磨损。对韧性材料来说,冲蚀角在 20°~50°时,材料受损最为严重,而对脆性材料而言,随着冲蚀角从倾斜变为垂直,材料的失重率逐渐增加。第 4 章中关于陶瓷内衬层和拼混树脂层材料的冲蚀试验也给出了类似脆性材料的冲蚀特征，显示在垂直冲蚀作用下，材料的失重率最大。

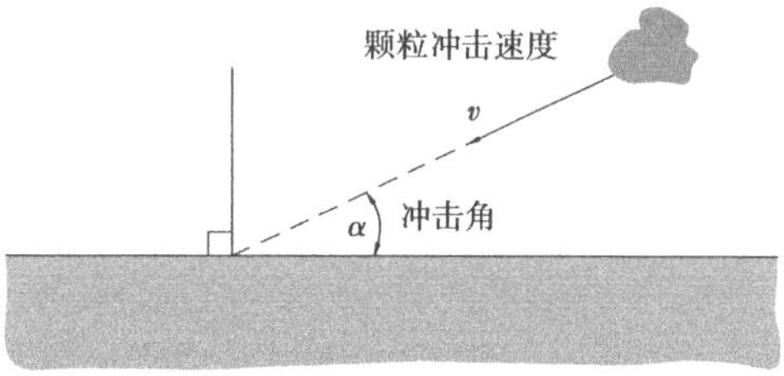

图5.2　冲蚀角和冲蚀物速度

Finnie 和 Sheldon 等在研究中指出了冲蚀角对冲蚀率的影响可用如图5.3所示的示意图来表示，Neilson 和 GilChrist 的试验也给出了相似的结果。多年来，这些试验作为权威的冲蚀试验结果被有关专著和教科书广泛引用。康进兴等指出使用该示意图时应注意到两类材料冲蚀率标尺上的差异，尽管试验结果表明低冲蚀角时脆性材料耐冲蚀，高冲蚀角时韧性材料耐冲蚀。但是仔细研究韧性材料和脆性材料的冲蚀率发现，实际情况是即使在20°~30°冲蚀角时，脆性材料也并不比韧性材料更耐冲蚀，只有在10°冲蚀角以下脆性材料才显示出更好的耐冲蚀性能。

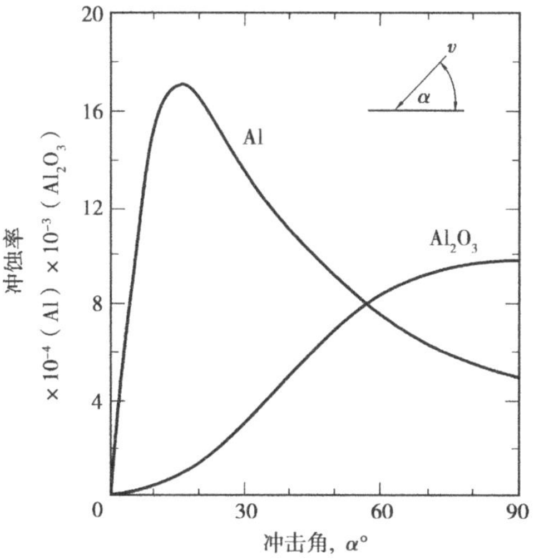

图5.3　冲蚀角对冲蚀率的影响示意图

5.3　冲蚀物速度对试样的影响

冲蚀物的速度对冲蚀率的影响是研究材料冲蚀磨损的一个非常重要的方面。在低速冲蚀中，如果冲蚀物速度较低使得靶材的冲击应力不足够发生塑性变形，则表现为靶材表面疲劳磨损机理；在中速冲击下，如20 m/s时，冲蚀物的冲击导致靶材表面的塑性变形，靶材可能在重复的塑性变形下发生磨损失效，很多工程构件的磨损失效属于此种类型，对于较钝的冲蚀物或球形冲蚀物的冲蚀，靶材表面在中速冲蚀下会出现较大的塑性变形坑，而在尖锐的冲蚀物颗粒作用下则会使靶材表面成屑脱落或产生脆性碎片，对脆性材料来讲会产生浅表面裂纹；对于更高速度冲击的情况，靶材表面可能会出现熔融区域。

从大量材料受不同种类冲蚀物、不同冲蚀角下的冲蚀磨损实验中总结出下面的关系式，即

$$W \propto v^n \tag{5.1}$$

式中 W——冲蚀率；

v——冲蚀物颗粒的冲击速度；

n——速度指数。

对于固体颗粒冲蚀，速度指数通常在2.0~3.0的范围内。

5.4 冲蚀物颗粒尺寸对试样的影响

冲蚀物颗粒尺寸也是一个很重要的影响因素，多数冲蚀磨损的冲蚀尺寸在5~1 000 μm范围内，但文献中也有报道外太空中氧原子或氮原子对卫星的高速冲蚀行为，甚至陨石雨对小行星或月球的相互作用也可以认为是冲蚀磨损。对于一般的中速冲蚀磨损，冲蚀率随着粒径的增加而增加，在某个范围内，冲蚀率的增加并不太明显，并且当粒径大到某一个临界值，材料的冲蚀率的上升趋于平缓，并达到一个固定值，该值称为饱和冲蚀率。冲蚀率与粒度变化关系可综合表达为

$$W = \hat{W}\left[1 - \left(\frac{d_0}{d}\right)^{\frac{3}{2}}\right]^2 \tag{5.2}$$

式中 $\hat{W}$——超过粒子临界尺寸的材料的冲蚀率，即饱和冲蚀率；

d_0——产生冲蚀磨损最小粒子尺寸；

d——实际磨粒尺寸。

除了冲蚀角、冲蚀物速度以及冲蚀物颗粒尺寸之外，冲蚀率还受到冲蚀物颗粒形状、硬度、环境温度及其他因素影响。例如，较为尖锐的冲蚀物颗粒可以使材料在小角度冲蚀下过早的成片切落或在大角度冲蚀下产生锯齿状的冲蚀坑，而一般表面硬度较高的靶材抗磨损性能较好，较高的环境温度可使聚合物材料发生软化等。

5.5 冲蚀磨损的机理研究

冲蚀磨损的材料损失机制随材料的不同而有所不同。对于韧性材料，其冲蚀率随冲蚀角的增加而减少；对脆性材料而言冲蚀率随冲蚀角的增加而变大。可见，韧性材料和脆性材料在冲蚀磨损的作用下表现出不同的行为。所以，对于冲蚀磨损行为的研究，通常会根据材料消耗机制将冲蚀行为做韧性、脆性及弹性材料的区分。

从材料断裂力学的知识可知，韧性材料是指在裂纹扩展直至最后破坏的过程中，其内部出现较大塑性变形的材料，如金属、合金、韧性聚合物等；而脆性材料是指那些在受到足够应力不发生塑性变形或发生很小塑性变形便出现裂纹并很快脆断的材料，常见的有玻璃、陶瓷、石墨、一些金属间化合物、某些塑性很低的金属和合金以及脆性聚合物等。

韧性材料如金属等的冲蚀磨损行为已被广泛的研究和讨论，包括第一章中叙述的多种理论模型。一般认为，韧性材料的损失是由于冲蚀物颗粒对靶材的切削、成屑作用以及累积的塑性变形所导致的，或是在周期循环载荷作用下表现出的疲劳磨损失效。因此，在斜角冲击时，

材料表现为最大的冲蚀率,而当韧性材料被垂直冲击时,冲蚀物颗粒的动能转化成韧性靶材的内能,韧性靶材随即发生较大的塑性变形,而材料的损失相对较少,大部分韧性材料的磨屑是由于斜角冲击时过大的剪切力所引起的,属于剪切失效行为。此外,由于一些韧性材料的耐蚀性较差,许多材料在磨损过程的中常伴随着腐蚀的发生,磨损和腐蚀的交互作用,使得材料失效过程更为复杂。图5.4(a)给出了典型的韧性材料冲蚀磨损的示意图。

脆性材料的冲蚀磨损规律与韧性材料不同,其失效机理示意图如图5.4(b)所示,脆性材料在颗粒冲击下受到应力后,几乎不发生塑性变形。当尖锐的冲蚀物颗粒冲蚀靶材表面存有缺陷的地方,开始形成径向裂纹;冲蚀物颗粒离开表面时,又产生了横向裂纹,并在塑性区内扩展,基本上和靶材表面平行,很快脆断,单个冲蚀物颗粒冲蚀脆性材料产生的横向裂纹和径向裂纹示意图如图5.5所示。此种特点通常被认为是固体粒子与靶材表面进行能量交换,动能转化为材料形变并引起材料表面或内部裂纹的萌生、扩展和交结而导致材料的脱落,引起材料损失。因此,发展脆性材料冲蚀模型的关键在于建立裂纹萌生及扩展与颗粒入射速度、靶材性能之间的关系。一般来讲,脆性的陶瓷材料的硬度和磨损后的承载能力均优于金属,但是由于陶瓷本身成型困难、韧性不足以及加工性差等原因使其应用受到制约。在工程中,耐磨陶瓷材料主要作为金属材料的表面涂层、内衬层等用以提高金属机件的耐磨耐蚀性能。陶瓷材料在烧结或喷涂等过程中,形成的晶粒大小、裂纹等都是影响其耐磨性能的重要因素。

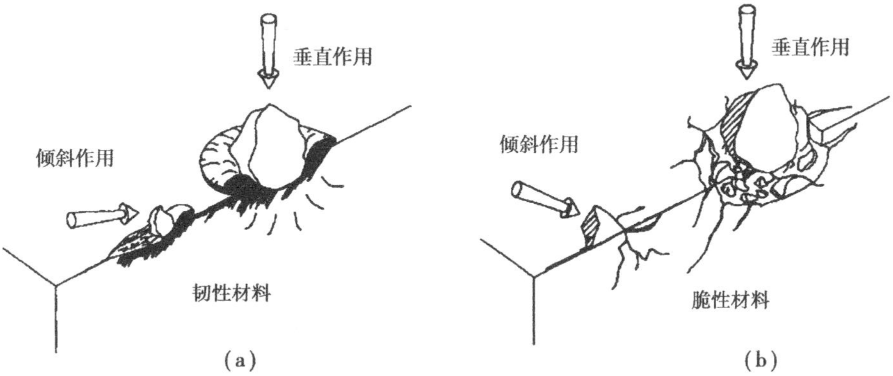

图5.4　材料的冲蚀失效行为
(a)韧性材料　(b)脆性材料

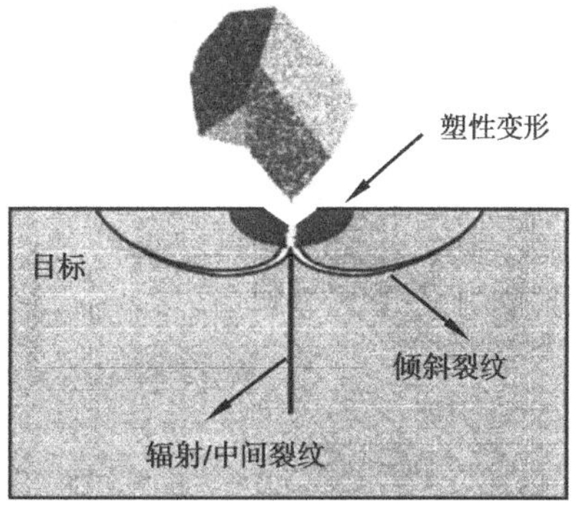

图5.5　单个冲蚀物颗粒冲蚀的裂纹形成机制

对于弹性体和橡胶类材料,当受到垂直冲击时,由于其大分子链的张曲使弹性体能够吸收冲击能量,并产生黏弹性应变,使单一冲蚀难以对弹性体造成材料损失;而在斜角冲击时,弹性体在粒子的微切削作用下表现出垂直于冲蚀方向的刺穿和开裂,并且当材料的泊松比较大时,冲击和摩擦产生的表面拉伸应力会起主导作用,引起微裂纹并在表面生长扩大和脱落造成质量损失。

复合材料的磨损机理较为复杂,目前尚没有理论模型或经验公式可以完整地进行评价。对于纤维增强复合材料来说,增强物的数量、取向和属性及与基体界面性质都是影响材料耐磨性和磨损的重要因素，短纤维的抗冲蚀能力一般比单向长纤维增强材料要高，如图 5.6 所示给出了典型的纤维增强聚合物基复合材料的磨损机理；对于颗粒增强型复合材料，粒子的粒度和分散性对磨损也有重要的影响，增强粒子或晶粒的拔出（见图 5.7）也是磨损失效的一种主要机理；对于很多设计用来作为耐磨材料的层状复合材料和梯度材料而言，其各种材料的耐磨性，异种材料之间的界面力，以及制造加工过程中产生的残余应力等，都是研究其耐磨性和磨损失效机理的重要指标。

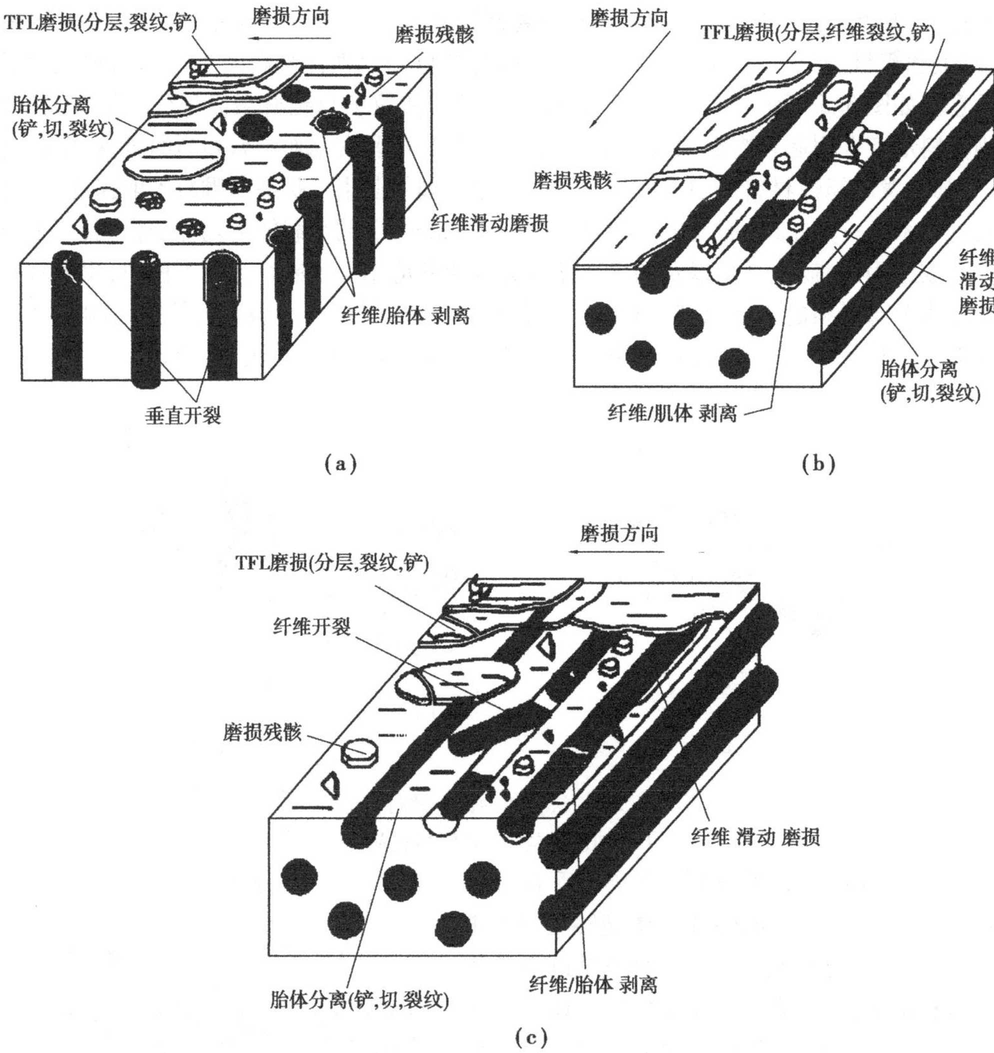

图 5.6　典型纤维增强聚合物复合材料的磨损机理

(a)垂直纤维取向　(b)平行纤维取向　(c)反平行纤维取向

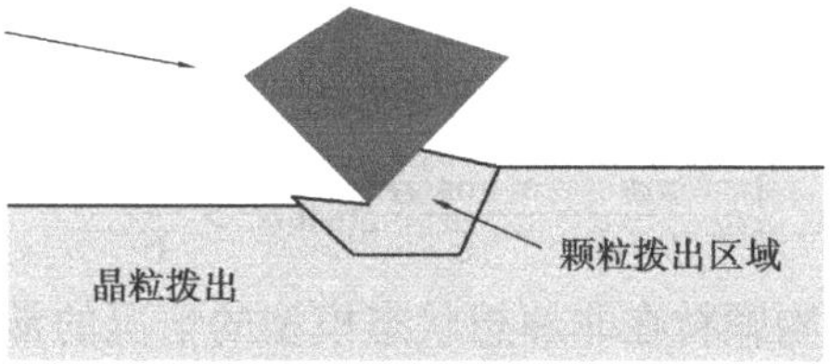

图5.7　复合材料的晶粒拔出失效机制

5.6　冲蚀磨损的理论模型

从1957年Wear杂志创刊以来，很多学者通过试验等方法对各种材料的冲蚀磨损现象作了深入研究，其中包括对金属和合金材料、无机非金属材料聚合物类材料以及复合材料的冲蚀研究。Meng搜索了1957—1977年的Wear杂志和1977—1991年的材料磨损会议（WOM，Wear of Materials）文献，在5 466篇文献(4 726篇在Wear中，740篇在WOM中)找到了300多个磨损方程。其中大量方程都描述了摩擦现象，但剔出了那些没有深入的讨论，或者相关性不高的方程之后，Meng总结了28种典型的冲蚀磨损方程。其中比较重要的理论有Finnie的微切削理论，Hutchings的低冲蚀角单颗粒冲蚀模型，Bitter的变形磨损理论，还有Jahamnir的冲蚀脱层理论，Tilly的第二次冲蚀理论等。这些理论公式讨论到的影响冲蚀磨损的因素主要包括：冲蚀物颗粒的速度、冲蚀角、冲蚀物颗粒的集中度、形状、密度、尺寸、硬度、弹性模量、泊松比、塑性行为、失效准则等。

5.6.1　Finnie的韧性冲蚀磨损模型

Finnie第一个推导出了单颗粒冲蚀磨损的切断模型。这个模型为后续许多单颗粒冲蚀磨损模型提供了主要的概念和假设。这个模型假定一个硬的冲蚀物颗粒以速率 v 和角度 α 冲击材料表面，表面材料假定为硬质塑料。对于由单颗粒冲击引起的从材料表面脱落的体积，最终的表达式和边界条件可由如下Finnie给出的方程(5.3)来表示，即

$$W=\begin{cases}\dfrac{mv^2}{\psi\sigma_f k}\left(\sin 2\alpha-\dfrac{6}{k}\sin^2\alpha\right),\tan\alpha\leqslant\dfrac{k}{6}\\ \dfrac{mv^2}{\psi\sigma_f k}\cdot\dfrac{k\cos^2\alpha}{6},\tan\alpha>\dfrac{k}{6}\end{cases}\tag{5.3}$$

式中　α——冲蚀角；

k——力的垂直分量和水平分量的比率；

ψ——接触深度 l 和切断深度 Y_t 的比率；

v——摩擦粒子速率；

σ_f——被冲蚀磨损材料的流动应力；

V_w——脱落的被冲蚀材料的总体积。

被总质量为 M_p 的多个冲蚀物颗粒冲蚀磨损的总脱落体积可由方程(5.4)求得：

$$W=\begin{cases}c_0\dfrac{M_p v^2}{\psi\sigma_f k}\left(\sin 2\alpha-\dfrac{6}{k}\sin^2\alpha\right),\tan\alpha\leqslant\dfrac{k}{6}\\ c_0\dfrac{mv^2}{\psi\sigma_f k}\cdot\dfrac{k\cos^2\alpha}{6},\tan\alpha>\dfrac{k}{6}\end{cases}\tag{5.4}$$

式中　c_0——用于补偿冲蚀物颗粒在非理想状态模型的情况的常数(一些冲蚀物颗粒互相碰撞或者在冲蚀磨损过程中自身断裂);

M_p——这些磨粒的总质量。

尽管 Finnie 模型对于冲蚀磨损来说相对比较初步且过于简化,但它被作为冲蚀磨损模型的里程碑,并为以后的建模过程提供了基础。它仅用于韧性材料,忽略了材料的任何脆性断裂行为。

Hashish 修改了 Finnie 的冲蚀磨损模型,在自己的模型中涵盖了冲蚀物颗粒形状对磨损率的影响,并修改了由 Finnie 预测的速度指数。他的模型的最终形式更适合于小角度的冲蚀磨损,方程(5.5)中给出了 Hashish 的冲蚀模型,即

$$W=\frac{7}{\pi}\cdot\frac{M_p}{\rho_p}\cdot\left(\frac{v}{C_k}\right)^{2.5}\sin 2\alpha\sqrt{\sin\alpha}\tag{5.5}$$

式中,C_k 可由方程(5.6)计算得到

$$C_k=\sqrt{\frac{3\sigma_f R_f^{\frac{3}{5}}}{\rho_p}}\tag{5.6}$$

式中　R_f——冲蚀物颗粒的球度因子;

ρ_p——冲蚀物颗粒的密度。

这个模型的主要优点是不需要任何实验常数,另外,它是唯一的一个考虑到冲蚀物颗粒形状的模型。然而,Hashish 在该文献中没有进行任何确认或实验研究来证明该模型及其边界条件的精确性。此模型仅基于材料的塑性行为,所以它只适用于韧性材料的小角度冲蚀磨损。

5.6.2　Bitter 的变形磨损理论

Bitter 在其模型中作了如下假设:材料的损失是塑性变形(冲击过程中,材料受到的应力超过了其弹性极限,使材料表面层失效,其碎片脱落)引起的材料损失 W_D 以及由切落(冲蚀物颗粒击打在物体上将一些材料从表面上刮切下来)引起的材料损失的总和。Bitter 运用了一种基于赫兹接触理论的方法和能量平衡方程。在他的分析中,Bitter 假定形变和切落冲蚀磨损同时发生,并且他们的效果可以叠加。Bitter 引入了起始速率的概念,当一个冲蚀物颗粒的速率小于起始速率 v_{el}时,该颗粒无法冲蚀磨损冲蚀试样。

冲蚀物颗粒的速度 v 可以分解为两个分量,一个垂直于靶材表面,另一个正切于靶材表面。颗粒的垂直分量产生穿透作用,而正切分量产生刮切作用。判断在碰撞中粒子的切向速度是否变为零,可以推出在切落作用下脱落材料的体积的两个表达式。

总磨损是脆性磨损和塑性磨损之和。脆性磨损(变形磨损)使用方程(5.7)计算为

$$W_D=\begin{cases}\dfrac{M_p(v\sin\alpha-v_{el})^2}{2\varepsilon_b},v\sin\alpha\geqslant v_{el}\\ 0,\quad v\sin\alpha<v_{el}\end{cases}\tag{5.7}$$

式中　α——冲蚀角;

ε_b——变形磨损因子(实验获得);

v_{el}——起始速率(冲蚀中刚好使靶材表面材料达到冲蚀试样材料弹性极限的速度)。

v_{el}可以由赫兹接触理论方程(5.8)计算为

$$v_{el} = \frac{\pi^2 \sigma_y^{\frac{5}{2}}}{2\sqrt{10\rho_p}}\left(\frac{1-\nu_p^2}{E_p} + \frac{1-\nu_t^2}{E_t}\right)^2 \tag{5.8}$$

式中　σ_y——弹性载荷极限;

ρ_p——冲蚀物密度;

ν_p、ν_t——冲蚀物颗粒和冲蚀试样的泊松比;

E_p、E_t——冲蚀物颗粒和冲蚀试样的弹性模量。

起始速率可从方程(5.9)中的接近速率 v 和回弹速率 v_2 计算为

$$v_2 = \sqrt{2vv_{el} - v_{el}^2} \tag{5.9}$$

对于韧性冲蚀磨损模型(切削磨损模型),Bitter 计算了脱落体积,即

$$W_C = \begin{cases} \dfrac{2M_p C'(v\sin\alpha - v_{el})^2}{\sqrt{v\sin\alpha}} \times \left[v\cos\alpha - \dfrac{C'(v\sin\alpha - v_{el})^2}{\sqrt{v\sin\alpha}}\varphi_C\right], \alpha \leqslant \alpha_0 \\ \dfrac{M_p\left[v^2\cos\alpha - K'(v\sin\alpha - v_{el})^{\frac{3}{2}}\right]}{2\varphi_C}, \alpha > \alpha_0 \end{cases} \tag{5.10}$$

其中,φ_C 是由实验得到的取决于材料的磨损因子,α_0 为冲蚀物颗粒离开材料表面的水平速度恰好为零时的冲蚀角,C'、K'是从方程(5.11)和式(5.12)中得出的常数,即

$$C' = \frac{0.288}{\sigma_y}\sqrt[4]{\frac{\rho_p}{\sigma_y}} \tag{5.11}$$

$$K' = 0.82\sigma_y^2\sqrt[4]{\frac{\sigma_y}{\rho_p}}\left(\frac{1-\nu_p^2}{E_p} + \frac{1-\nu_t^2}{E_t}\right)^2 \tag{5.12}$$

应用 Bitter 模型需要知道两个磨损因子 φ_C 和 ε_b,它们由实验得到。然而,这两个因子取决于其他参数,诸如冲蚀物颗粒的速度和尺寸等,因此对每一种情况,都需要通过实验来得到这些参数和因子。

5.6.3　Hutchings 的低冲蚀角单颗粒冲蚀模型

为仔细研究材料在冲蚀磨损中表面流失问题,Hutchings 等用高速摄影机拍摄 ϕ9.5 mm 钢球及 8 mm立方块在 30°冲蚀角冲蚀软钢的情况,发现立方块除了有确定的冲蚀角外,冲蚀物颗粒冲蚀靶面时,其顶角所在位置也会影响冲蚀磨损。如用前倾角表示这种关系,前倾角不同对材料表面的破坏也会不同。斜射粒子对材料表面造成两类破坏,即球粒的犁削和多角粒子的切削。Hutchings 的实验结果说明切削存在两种类型。

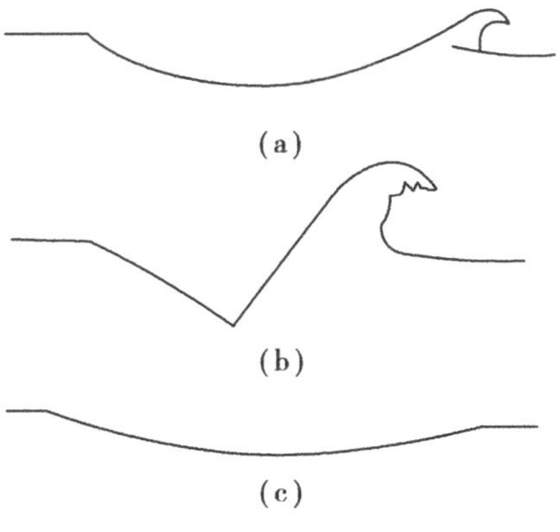

图5.8　几种典型冲蚀坑侧切面示意图
(冲击方向由左至右)
(a)犁削　(b)第一类切削　(c)第二类切削

两种冲蚀物颗粒的入射角分别为 20°及 30°,但前倾角度相同,即立方块和靶材表面接触的尖角与

靶材表面法线的相对位置不同，因而出现两类切削性冲蚀磨损。对应于图5.8(b)及图5.8(c)。当冲蚀角为30°，前倾角为35°，粒子回弹时向前方旋转，形成的凹坑具备三角形特征，如图5.8(b)所示，所有的金属被推向凹坑前方，故出现较大的唇片隆起。这是一部分在随后发生的冲蚀过程中极易脱落的材料。在冲蚀角为30°，前倾角在17°~90°时均可观察到这类冲蚀磨损现象。当前倾角为0°~17°，而冲蚀角仍处于20°~30°时，立方块颗粒冲击靶面后改变其旋转方向，在靶材表面上出现第二类切削式冲蚀磨损。

就两类切削形式统计，第一类切削造成的破坏多于第二类。这是低冲蚀角下出现在金属类材料中的主要冲蚀磨损形式。

5.6.4 Jahamnir 的冲蚀脱层理论

Jahamnir 对固体颗粒冲蚀磨损对亚表面破坏的力学问题作了探讨，他主要讨论颗粒冲击靶材表面对亚表层应力分布及空穴成核的影响。为讨论方便，将冲蚀磨损分为两类：即无切削冲蚀磨损以及切削性冲蚀磨损。实际的工程材料都不是均匀的，它往往包含有第二相硬颗粒如夹杂物等。如果亚表层内存在这类硬颗粒，在这些部位上受到的应力等于或超过它与母体间的结合强度时，便可能因硬颗粒与母体的分离而形成空穴。假设材料的剪切屈服应力为 κ，空穴成核可能在最大径向应力等于 2κ 或大于 2κ 处。

如图5.9所示给出了最大应力 $\sigma_{max} \geqslant 2\kappa$ 时的成核区的最大、最小深度与冲蚀角关系。深度表示法用 a(接触圆半径)加以统一，两条曲线包括的范围说明空穴成核出现的可能区域。例如冲蚀角为20°时成核区的范围在 $(0.3 \sim 1.9)a$ 间的亚表层内。若接触区半径为10 μm时，平均空穴成核区则在3~19 μm表层内。

如果发生切削性冲蚀磨损，表面材料在冲蚀磨损中不断流失。这时可以假设每次冲蚀磨损中切削量为 $0.2a$，计算出5°~40°冲蚀角下表层内剪切应力分布，得到的结果与无切削时相似，只不过随冲蚀角改变时，剪切应力大于 2κ 的面积变化与前者不同。无切削时最大空穴成核区出现在15°~30°冲蚀角内，而有切削时这个最大值出现在5°~15°冲蚀角。综合两种过程可得到最大空穴成核区出现在15°~20°冲蚀角内，实验事实说明带角颗粒冲蚀磨损时，最大冲蚀率往往出现在15°~20°冲蚀角内，而球形颗粒则出现在15°~30°内。

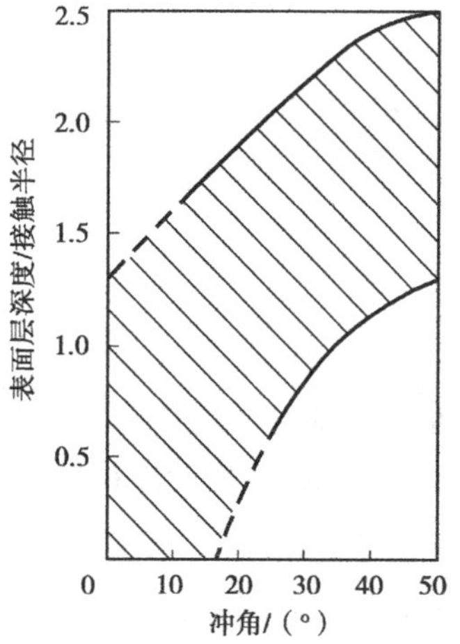

图5.9 冲蚀角与成核区深度的关系

5.6.5 Tilly 的第二次冲蚀理论

Tilly 用高速摄影术、电子显微术以及筛分法研究磨粒断裂对韧性材料冲蚀磨损的影响，提出冲蚀物颗粒的破碎造成第二次冲蚀的理论。他指出冲蚀物颗粒碎裂程度与其粒度、速度及冲蚀角有关。当粒径和速度足够大时，冲击中，冲蚀物颗粒的碎裂将导致第二次冲蚀磨损。造成第二次冲蚀磨损的能力正比于冲蚀物颗粒的动能和破碎程度。如冲蚀物速度为 v。第二次冲蚀磨损率为 q_s，则

$$q_s = f \cdot \frac{v^2}{\psi} \tag{5.13}$$

式中　q_s——单位质量冲蚀物颗粒冲蚀下的材料损失；

ψ——第二次冲蚀磨损因子；

f——冲蚀物颗粒破碎程度，定义为

$$f = \frac{w_0 - w}{w_0} \tag{5.14}$$

式中，w_0 为冲蚀物颗粒在某一粒度范围内冲蚀前的比例数；w 为冲蚀物颗粒在冲蚀后的比例数，如果全部粒子都破碎，$w=0$，因而 $f=1$，这时第二次冲蚀率达最大值，设为 q_{sm}，并有

$$\psi = \frac{v^2}{q_{sm}} \tag{5.15}$$

假定任一冲击速度 v_1，冲蚀物颗粒直径为 d，而破碎程度为 f_1，定义此时的冲蚀率为 q_{s1}，则 q_{s1} 与 q_{sm} 具有下述关系，即

$$q_{s1} = f_1 \cdot q_{sm} \cdot \left(\frac{v_1}{v}\right)^2 \tag{5.16}$$

总冲蚀磨损量应为第一次冲蚀磨损及第二次冲蚀磨损之和，可以通过计算求出总冲蚀磨损量 q 与 q_p 及 q_s 的关系，q_p 为第一次冲蚀磨损量，即

$$q = q_p + q_s = \frac{v_1^2}{G_0} \cdot \left[1 - \left(\frac{d_0}{d}\right)^{\frac{3}{2}} \left(\frac{v_{el}}{v_t}\right)\right]^2 + f_1 q_{sm} \frac{v_1}{v} \tag{5.17}$$

式中　G_0——第一次冲蚀磨损造成单位质量材料流失所耗能量；

d、d_0——粒子直径和发生冲蚀磨损所需的粒径下限；

v_{el}——冲蚀磨损速度门槛值；

v——初始速度。

函数 f_1 在法向入射时有最大值。

5.7　冲蚀磨损的数值计算模型

材料的冲蚀磨损性能一般采用冲蚀磨损试验机来研究，从20世纪60年代开始，世界各国科学家开始针对不同类型的材料进行试验，随着计算机技术的发展，20世纪末开始出现了采用有限元的方法表征材料的冲蚀磨损性能的报道。Adler 在1995年使用显式动力学软件建立了二维液滴冲击模型，计算并未涉及固体颗粒的冲蚀；Shimizu 等基于二维平面应变假设，通过实验和数值模拟方法研究了低碳钢 SS400 和球墨铸铁 FDI 的固体颗粒冲蚀（solid-particle erosion, SPE）行为；Chen 和 Li 采用微观动态仿真模型（micro-scale dynamic model, MSDM）调查了固体颗粒的形状对冲蚀磨损的影响；Li 等采用二维任意的拉格朗日欧拉（arbitrary Lagrange-Euler, ALE）方法模拟了铝金属靶材被铝颗粒冲击后的变形情况。这些二维模拟具有的最大优点是有限单元网格可以划分得非常精细并且计算耗费的计算机中央处理器（central processing unit, CPU）时间较少。然而，这些二维算法必须遵从一定的假设，比如平面应变、平面应力假设或者建立轴对称模型，并且，很难进行冲蚀率的计算及多冲蚀物颗粒冲蚀情形的建模。

Woytowitz 和 Richman 在这些二维算法的基础上，建立了三维多冲蚀物颗粒的冲蚀模型，他们使用球形固体颗粒进行随机多点冲击铜金属靶材，并采用三种失效模型评估靶材的磨损情况，通过对靶材每一“层”有限单元的平均受力情况来估计冲蚀率；Aquaro 和 Fontani 分别采用了欧拉列式和拉格朗日列式来模拟材料的韧性和脆性行为，但是其三维有限元模型仅适用于大冲蚀角（ >70°）的冲蚀磨损行为；Molinari 和 Ortiz 使用四面体有限元网格模拟了单个球形颗粒以较高速度（141 ~2 000 m/s ）冲击平碳钢靶材的情形，然而，对于一般工况下的较低速度的冲蚀磨损，单个颗粒不足以评价材料的耐冲蚀性能，且四面体单元求解较为耗时；在对于涂层或金属表面氧化膜的模拟研究中，Mabrouki 等研究了高速喷射水流冲击带有聚氨酯涂层的铝材的材料表面损失情况和涂层去除机制，Zouari 和 Touratier 采用有限元方法验证了韧性有机涂层的屈曲与分层现象，Bielawski 和 Beres 研究了八种涂层在单颗粒冲击下的耐冲蚀行为。

近 3 年中，对于冲蚀磨损的数值研究方面开始逐渐采用带有失效单元的三维有限元模型，Griffin 等建立了 5-颗粒冲蚀模型对带有脆性氧化铝涂层的 MA956 金属基体的冲蚀磨损情况进行了研究，使用拉伸失效准则模拟氧化涂层的失效行为，当模型中某单元计算得到的压应力等于氧化铝材料的拉伸强度时，该单元被认为失效并从模型中去除，计算结束后可以直观地看到靶材的受损情况并可通过对失效单元的统计来得出冲蚀率；另一个 5-颗粒冲蚀模型被 ElTobgy等所采用，他们使用 Johnson-Cook 本构方程分析了韧性材料 Ti-6Al-4V 的冲蚀情况。

除此之外，Zhang 等的人工神经网络（artificial neural network, ANN）方法也为从数值计算方向研究冲蚀磨损提供了思路。还有一些学者采用有限元等数值模拟方法计算磨损在实际产品及工程应用中的案例。

第6章 油管柱刚、强度分析

6.1 油管柱刚、强度分析理论及研究内容

对油管柱进行刚、强度分析时，油管柱接头部分的变形往往会超出弹性变形范围，因此必须同时考虑弹性变形和塑性变形，弹性区采用 Hook 定律，塑性区采用 Prandtl-Reuss 方程和 Mises 屈服准则。如果虽然发生了弹性变形但变形较小，即在小变形弹塑性变形的情况下，仍可以采用工程应力和工程应变作为应力度量和应变度量，这时弹性力学中的平衡方程和几何方程仍然成立，只是物理方程变为非线形的了，即为材料非线形问题。由于这种方法忽略了微元体的变形，并认为位移与应变呈线形关系，只适合分析油管柱的变形较小的过程。如果塑性变形较大，则必须考虑由于大位移和大转动对单元形状及有限元结果的影响，平衡方程必须相对于变形过的几何位置写出，应力-应变曲线也必须真实应力（柯西应力）-对数应变曲线。由于油管接头一般变形较大，必须同时考虑材料非线形和几何非线形问题。采用弹塑性有限元分析油管接头的力学性能，不仅能够得到接头各部分的应力、应变分布规律，而且可以得到接头失效后的残余变形、残余应力和应变，进行失效分析。

6.1.1 油管柱有限元计算模型及离散化处理

在进行油管柱有限元分析时引入下面假设：

①油管材料为各向同性的；

②在油管柱连接处，采用螺纹连接，不计螺纹升角的影响，接头套管在几何上可看成是轴对称的；

③假定接头中各接触面的摩擦系数为 0.02；

④油管材料为理想弹塑性线性强化模型，材料应力应变曲线由管材的屈服极限和强度极限应力近似得出。

6.1.2 研究内容

基于上面的假设，本文提出了油管柱有限分析的过程，轴对称单元的理论分析，接触问题

的理论分析，接触问题的有限元分析方法，并利用 MSC/MARC 软件完成 2 $\frac{7}{8}$″、3″、4″、2 $\frac{7}{8}$″到 3″过度，长度为 4 000 米的油管柱分别在地层压力为 20 MPa、40 MPa、50 MPa、60 MPa、80 MPa、100 MPa 的气体压力下，油管柱在各种不同工况的刚、强度分析。分析过程中，采用 Marc 软件的前后置处理器 Mentat 进行建模和网格的划分，选用的单元类型为轴对称四结点四边形实体元。

6.2 有限元法分析过程

6.2.1 有限元分析方法的提出

在科学技术领域内，对于许多力学问题和物理问题，人们已经得到了它们应遵循的基本方程（常微分方程或偏微分方程）和相应的定解条件。但能用解析方法求出精确解的只是少数方程性质比较简单，且几何形状相当规则的问题。对于大多数问题，由于方程的某些特征的非线性性质，或由于求解区域的几何形状比较复杂，则不能得到解析的答案。这类问题求解决通常有两种途径。一是引入简化假设，将方程和几何边界简化为能够处理的情况，从而得到问题在简化状态下的解答。但是这种方法只是在有限的情况下是可行的，因为过多的简化可能导致误差很大甚至错误的解答。因此人们多年来寻找和发展了另一种求解途径和方法——数值解法。特别是随着电子计算机的飞速发展和广泛应用，数值分析方法已成为求解科学技术问题的主要工具。

数值分析方法可以分为两大类。一类以有限差分法为代表。其特点是直接求解基本方程和相应定解条件的近似解。有限差分法求解步骤是：首先将求解域划分为网格，然后在网格的结点上用差分方程近似微分方程。当结点数较多，近似解的精度可以得到改进。借助于有限差分法，能够求解某些相当复杂的问题。特别是求解建立于空间坐标系的流体流动问题时，有限差分法有独特的优势。因此在流体力学领域内，它至今仍占支配地位，但用于求解几何形状复杂的问题时，它的精度将降低，甚至发生困难。

另一类数值分析方法是：首先建立和原问题基本方程及相应定解条件相等效的积分方程，然后据之建立近似解法。例如配点法、最小二乘法、Galerkin 法、力矩法等都属于这一类数值方法。如果原问题的方程具有某些特定的性质，则它的等效积分可以归结为某个泛函数的变分。相应的近似解法实际上是求解泛函数的驻值问题。里兹法就属于这一类近似方法。上述不同方法在不同的领域或类型的问题中得到成功的应用。但是也只能限于几何形状规则的问题。其基本原因是：它们都是在整个求解区域上假设近似函数。因此，对于几何形状复杂的问题，不可能建立合乎要求的近似函数。而有限单元法的出现，是数值分析方法研究领域内重大突破性的进展。

有限单元法的基本思想是：将连续的求解区域离散为一组有限个、按一定方式相互联结在一起的单元的组合体。由于单元能按不同的联结方式进行组合，且单元本身又可以有不同形状，因此可以模型化几何形状复杂的求解域。有限单元法作为数值分析方法的另一个重要特点是利用在每一个单元内假设的近似函数来分片地表示全求解域上待求的未知场函数。单元内的近似函数通常由未知场函数或及其导数在单元的各个结点的数值和其插值函数来表达。因此，在对工程问题进行有限元分析过程中，未知场函数或及其导数在各个结点上的数值就成为新的未知量（也即自由度），从而使一个连续的无限自由度问题变成离散的有限自由度问题。一经求解出这些未知量，就可以通过插值函数计算出各个单元内场函数的近似值，从而得到整个求解域上的近似解。随着单元数目的增加，即单元尺寸的缩小，或者随着单元自由度的增加及插值函数精度的提高，解的近似程度将不断改进。如果单元是满足收敛要求的，近似解最后将收敛于精确解。

6.2.2　有限元法分析过程概述

应用有限元法求解弹塑性问题的分析过程，概括起来可以分为以下几步：

(1)结构的离散化

结构的离散化是有限元法分析的第一步，它是有限元法的基础。将结构划分成有限个单元体，并在单元体的指定位置设置节点，把相邻单元在节点处连接起来组成单元集合体，以代替原来的结构。若分析的结构是连续弹塑性体，则为了有效地逼近实际的连续体，就要根据计算精度的要求和使用计算机的容量大小，合理地选择单元的形状，确定单元的数目和较优的网格划分方案。

(2)选择位移函数

为了能用节点位移来表示单元内任意一点的位移、应变和应力，首先假定单元内任意一点的位移是坐标的某种简单函数，称之为位移函数，即

$$\{f\} = [n]\{\delta_e\} \tag{6.1}$$

式中　$\{f\}$——单元内任意一点的位移列矩阵；

$\{\delta_e\}$——单元的节点位移列矩阵；

$[n]$——形状函数矩阵。

(3)分析单元的力学特征

分析单元的力学特征主要包括：

利用弹性力学的几何方程，导出用节点位移表示的单元应变，即

$$\{\varepsilon\} = [B]\{\delta_e\} \tag{6.2}$$

其中，$[B]$为几何矩阵。利用物理方程，导出用节点位移表示的单元应力，则

$$\{\sigma\} = [D][B]\{\delta_e\} = [S]\{\delta_e\} \tag{6.3}$$

式中　$[S]$——单元应力矩阵。

利用虚功方程建立作用于单元上的节点力和节点位移之间的关系式，即单元的刚度方程，从而推导出单元的刚度矩阵，则

$$\{P_e\} = [K_e]\{\delta_e\} \tag{6.4}$$

$$[K_e] = \int_e [B]^T[D][B]\mathrm{d}v \tag{6.5}$$

式中　$[K_e]$——单元刚度矩阵。

(4)计算等效节点载荷

连续弹性体经过离散化以后，假定力是通过节点从一个单元传递到另一个单元。对于连续体，力从单元的公共边界传递到另一个单元。因此，作用在单元上的集中力、体积力以及作

用在单元边界上的表面力，都必须等效地移置到节点上去，形成等效的节点载荷。

(5)整体分析

集合所有单元的刚度方程，建立整个结构的平衡方程，从而形成了总体刚度矩阵，即

$$[K]\{\delta\} = \{P\} \tag{6.6}$$

式中 $[K]$——全结构的总体刚度矩阵；

$\{\delta\}$——全结构节点位移矩阵；

$\{P\}$——全结构的等效节点载荷列矩阵。

(6)应用位移边界条件

应用位移边界条件，消除总体刚度矩阵的奇异性，使式(6.6)可解。

(7)求解结构平衡方程

结构的平衡方程是以总体刚度矩阵为系数的线性代数方程组，解这个方程组可以求得未知的节点位移。

(8)计算单元应力

按式(6.3)由节点位移求出单元的应力。

下面给出线弹性有限元法总体程序框图，如图6.1所示。

对于求解弹塑性结构问题，将按照采用不同的塑性理论和方法分别给出相应的总体程序框图。

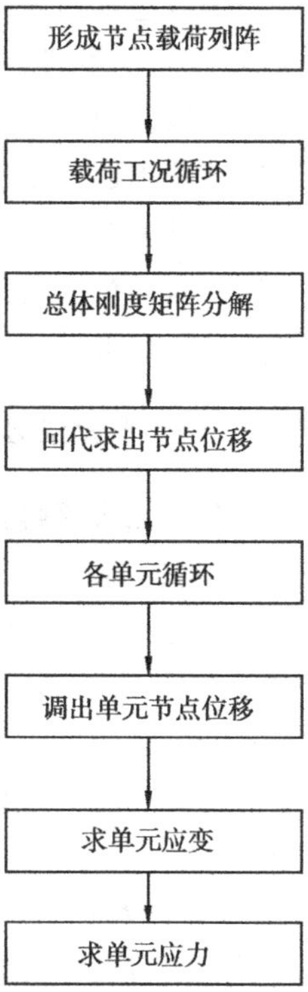

图6.1 线弹性有限元法总体程序框图

6.3 弹、塑性有限元分析

应用弹、塑性理论和有限元法进行结构弹、塑性分析是进行工程结构分析的主要方法。弹塑性有限元分析可以分为两大类，即利用全量理论的全量法和利用增量理论的增量法。本节介绍弹塑性有限元分析方法的基本要点，分别给出各类弹塑性分析的基本公式。

6.3.1 弹塑性有限元方法概述

弹塑性有限元分析是在弹性有限元分析的基础上发展起来的，所以弹性有限元公式仍然适用，只是由于材料屈服以后其应力应变关系进入非线性状态，从而描述应力应变关系的弹性矩阵$[D]$不再是常值矩阵。

6.3.2 材料非线性问题

对于大多数金属结构材料来说，在弹性范围内，应力、应变关系是线性的。$[D]$只与选用的材料有关，一旦材料确定之后$[D]$保持为常数，与所达到的应力(或应变)水平无关。这样，按照上述$[D]$所建立的单元刚度矩阵，以及组装成的总体刚度矩阵，必然不随应力(或应变)的改变而有所改变，结构节点平衡力程式必然是线性的(系数矩阵为常数)。

对于某些非金属材料(如橡胶)，它们的应力应变关系从一开始便不是线性的，即$[D]$始

终与应力(或应变)的水平有关。对于金属材料,当应力水平达到某一限度从而使材料进入塑性状态以后便改变了材料的特性,使应力、应变关系不再是线性关系。也就是说,这时的$[D]$不再是常数,而是应力(或应变)的函数。为了区别,我们以上标e表示原来的弹性矩阵$[D]^e$,而以上标ep表示进入塑性后的非线性的应力应变关系,即

$$\{\sigma\} = [D]^{ep}\{\varepsilon\} \tag{6.7}$$

其中,$[D]^{ep}$为弹塑性矩阵,它不但与材料性质有关,还与所达到的应力(或应变)水平有关。其具体表达式将因采用的塑性理论的不同而有所不同。考虑到应变是由位移所决定的,所以$[D]^{ep}$与位移$\{\delta\}$有关。由于单元刚度矩阵是代表单元的内应力与节点力的平衡关系,一旦根据单元的应力水平将$[D]^{ep}$确定以后,仍可按弹性有限元给出的虚功原理建立起单元刚度矩阵的表达式。我们把这时的单元刚度矩阵称为弹塑性刚度矩阵$[K_e]^{ep}$,且有

$$[K_e]^{ep} = \int_\sigma [B]^{\mathrm{T}}[D]^{ep}[B]\mathrm{d}v \tag{6.8}$$

显然,弹塑性刚度矩阵将与单元的应变水平,或者说与节点位移有关。这样,由各单元的弹性刚度矩阵$[K]$(对于未进入塑性的单元)或弹塑性刚度矩阵$[K_e]^{ep}$(对于已进入塑性的单元)组装而成的结构总体刚度短阵$[K]^{ep}$也必然与节点位移有关,从而使结构节点平衡方程成为非线性的,即

$$[K]^{ep}\{\delta\} = \{P\} \tag{6.9}$$

这类非线性问题便称作“材料非线性”,对这类非线性问题的解算方法便是我们将要研究的主要内容。

6.3.3　基本公式

现在考虑当局部结构材料进入塑性后的有限元分析方法。由于在结构中某些单元材料进入塑性,因此需要按式(6.8)来建立这类单元的弹塑性刚度矩阵。对于一个承力结构,在它的正常工作范围,只会允许有局部区域进入塑性状态,大部分局部处于弹性状态。这就是说弹性单元和塑性单元同时并存。因此,为了能够综合考虑,可以把弹塑性矩阵作如下分解:

$$[D]^{\frac{e}{p}} = [D]^e - [D]^p \tag{6.10}$$

其中,$[D]^{\frac{e}{p}}$称作塑性矩阵。它只对塑性单元有非零值,代表进入塑性后材料的刚度下降的水平;对弹性单元则取为零值矩阵,表示刚度没有变化。这样,就把塑性和弹性矩阵进行了综合,通过式(6.10)取得了统一的形式。于是,计算单元刚度矩阵的式(6.8)便可改写为

$$\begin{aligned}[K_e]^{ep} &= \int_v [B]^p([D]^e - [D]^p)[B]\mathrm{d}v \\ &= [K_e]^e - [K_e]^p\end{aligned} \tag{6.11}$$

其中

$$[K_e]^p = \int [B]^{\mathrm{T}}[D]^p[B]\mathrm{d}v \tag{6.12}$$

式中,$[K_e]^p$称作单元的塑性刚度矩阵,代表当单元进入塑性后其承载能力比弹性状态时下降的水平。当材料还处于弹性状态时$[K_e]^p=0$,进入塑性后它取决于该单元当时所处的性态(即应变水平)。总之,$[K_e]^p$代表了材料的非线性部分,它是进行弹塑性分析所要考虑的关键问题。

考虑了材料的非线性,组装结构总体刚度矩阵的公式便可改写为

$$[K]^{ep} = \sum_{1}^{n}([K_e]^e - [K_e]^p) = [K]^e - \sum_{\text{塑性单元}}[K_e]^p \tag{6.13}$$

也就是说考虑材料非线性,只在塑件单元的范围内进行。由于$[K]^{ep}$与各单元是否进入塑性状态和进入的水平有关,而这些状态又与位移$[\delta]$有关,所以全结构节点平衡方程式(6.12)是非线性的,必须采用某种逐步近似的办法才能求得其最终解。

6.3.4 屈服条件

实验证明,绝大多数金属结构材料比较符合米塞斯屈服条件,而且它不需要事先判定3个主应力的次序,为结构分析带来很大方便。虽然它的表达式比较复杂,但在弹塑性有限元分析过程中,大量运算工作是由计算机来完成的,并且增加的计算量有限,所以在计算中全部采用米塞斯屈服条件。

米塞斯屈服条件可以描述为:某一点的相当应力 σ_s 达到其单向拉伸时的屈服限 σ_s^4时,材料开始进入初始屈服状态。其数学表达式为

$$\sigma_1 = \frac{1}{\sqrt{2}}\sqrt{(\sigma_x - \sigma_y)^2 + (\sigma_y - \sigma_z)^2 + (\sigma_z - \sigma_x)^2 + 6(\tau_{xy}^2 + \tau_{yz}^2 + \tau_{zx}^2)} \geqslant \sigma_s^4 \tag{6.14}$$

在简单加载情况下,满足上式则为塑性状态,否则为弹性状态。当在复杂加载或有卸载情况出现时,则需按照加载准则及继续屈服条件判断,即加载时满足继续屈服条件判断按照塑性计算,不满足则按弹性计算,而卸载时按照弹性进行计算。

考虑到采用有限元法进行结构分析一般采用位移法,即首先求出的是节点位移。当节点位移求出后,按几何关系便可直接确定各单元应变(这一步运算是与材料性态无关)。所以采取以应变状态作为屈服状态的判定公式更有方便性。因此可将式(6.8)改写成采用相当应变 ε_i 的形式,即

$$\varepsilon_i = \frac{\sqrt{2}}{2(1+u)}\sqrt{(\varepsilon_x - \varepsilon_y)^2 + (\varepsilon_y - \varepsilon_z)^2 + \frac{3}{2}(\varepsilon_z - \varepsilon_x)^2 + (\gamma_{xy}^2 + \gamma_{yz}^2 + \gamma_{zx}^2)} \geqslant \varepsilon_s \tag{6.15}$$

式中,ε_s 为单向拉伸时的屈服应变,可用下式求得

$$\varepsilon_s = \frac{\sigma_s}{E} \tag{6.16}$$

在平面状态下 σ_i 和$[e_i]$的表达式可以很容易地由有关的应力(应变)分量为零而推出,得到如下表达式:

平面应力状态下

$$\sigma_i = \sqrt{\sigma_x^2 + \sigma_y^2 - \sigma_x\sigma_y + 3\tau_{xy}^2} \tag{6.17}$$

$$\varepsilon_i = \frac{1}{1+u}\sqrt{\frac{1-u+u^2}{(1-u)^2}(\varepsilon_x + \varepsilon_y)^2 - 3\varepsilon_x\varepsilon_y + \frac{3}{4}\gamma_{xy}^2} \tag{6.18}$$

平面应变状态下

$$\sigma_i = \sqrt{(1-u+u^2)(\sigma_x^2 + \sigma_y^2) - (1+2u-2u^2)\sigma_x\sigma_y + 3\gamma_{xy}^2} \tag{6.19}$$

$$\varepsilon_i = \frac{1}{2(1+u)}\sqrt{4(\varepsilon_x^2 - \varepsilon_x\varepsilon_y + \varepsilon_y^2) + 3\gamma_{xy}^2} \tag{6.20}$$

6.3.5　材料进入塑性状态后泊松比的取值

在计算相当应变 ε_i 和平面应变状态下的相当应力 σ_i 的公式中，都用到了泊松比 ν，下面分析当材料进入塑性后它的取值。

ν 是材料所特有的一种属性，它代表在某一方向上产生单位伸长时而在其余两个垂直方向上的收缩率。它随材料的不同而有不同的取值。对于一般金属结构材料，在弹性范围内，大都在0.3左右。进入塑性状态以后，考虑到材料的不可压缩性，应取塑性泊松比 $\tau\nu^p=0.5$对于一个进入塑件状态的单元，由于它首先是经历了一段弹性变形（注意，在这一段里应取 $\tau\nu^p=0.3$）然后才进入塑性状态，而只是在这后一段塑性状态之内，其塑性泊松比 $\nu^p=0.5$，所以在计算其总的应变历程比终值状态 ε_i（或平面应变状态下的 σ_i）时，其泊松比应取为介于0.3～0.5的某一个中间状态值，称这一中间值为弹塑性泊松比 ν_o^{rp}。显然，ν_o^{rp} 应按其弹件应变 ε^e 与塑性应变 ε^p 在总应变中所占的多少来确定，如图6.2所示，即

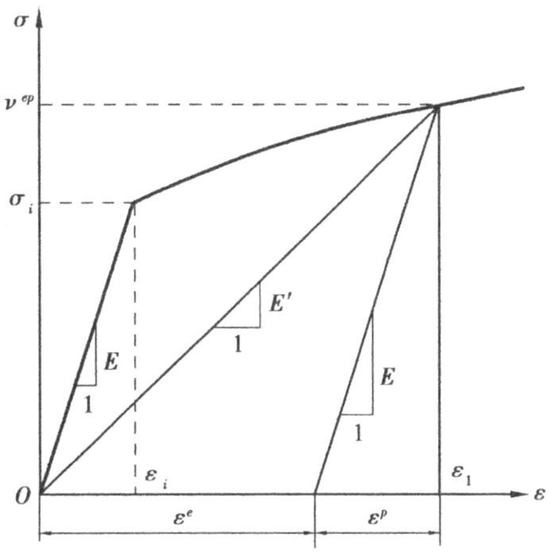

图6.2　弹件应变 ε^e 与塑性应变 ε^p 在总应变的关系

$$\nu^{ep}=\nu^e\frac{\varepsilon^e}{e_1}+\nu^p\frac{\varepsilon^p}{\varepsilon_i}\tag{6.21}$$

由于

$$e^p=e_i-e^e,E'=\frac{\sigma_i}{\varepsilon_\zeta},E=\frac{\sigma_i}{e^e}$$

则式(6.21)可写成以下更适合于迭代计算的形式，即

$$\nu^{ep}=\nu^p-(\nu^p-\nu^e)\frac{E'}{E}\tag{6.22}$$

当材料的加工硬化程度不大时，可近似取 $e^e=\varepsilon_s$则式(6.22)可简化为

$$\nu^{ep}=\nu^p-(\nu^p-\nu^e)\frac{\varepsilon_s}{\varepsilon_i}\tag{6.23}$$

它表示 ν^{ep}只与相当应变有关，当一个单元的相当应变求出后 ν^{ep}便可确定，所以它更适合于迭代计算。

由式(6.23)可知，ν^{ep}随着应变水平而变化，当 $\varepsilon_i=\varepsilon_s$ 时表示刚刚开始塑性塑形，过去的应变完全处于弹性阶段，所以有 $\nu^{ep}=\nu_o^e$。然后，随着 ε_i 的增大 $p\nu^{ep}$由 ν_o^{e-} 开始也逐渐增加。当 $\varepsilon_i\gg\varepsilon_s$ 时，则可略去弹性阶段的影响，即$\frac{\varepsilon_s}{\varepsilon_i}\approx1$，则 $\nu^{ep}\approx\nu^p$，可完全按塑性状态下的 ν^p 进行计算。在小变形情况下，则需要按当时的应变水平，根据式(6.22)或式(6.23)计算出与之相对应的 ν^{ep}值。

6.3.6　弹塑性有限元的方法分类

有了上述弹塑性有限元分析的基本公式和判定材料进入塑性的具体方法，便可以归纳出

进行弹塑性有限元分析的一般方法。

弹塑性有限元法与线弹性有限元的根本不同点在于弹塑性有限元的平衡方程式(6.9)是非线性方程,它不可能像线弹性有限元那样,通过直接求解线性代数方程组来求得与结定载荷列矩阵相适应的精确的位移解答(指相对于方程组的精确解,不是指相对于原问题的解),而必须通过一定的迭代形式来逐步求得一个满足一定精度要求的近似解。按照所采用塑性理论的不同,又可以分作两大类,它们又有各自的特点。

第一类是应用塑性理论中的全量理论,称作全员法。它的特点是使用外载荷的全量进行迭代计算。由于全量理论给出的是应力全量与应变全量之间的关系,所以它可以直接求得在全量外载荷作用下结构的位移、应力等最终结果。全量法处理其非线性的应力应变关系是采取逐步逼近的迭代方式。其主要步骤是:

①根据各单元的材料性态(初始状态可取为全弹性),按式(6.21)计算各单元的弹塑性刚度矩阵(弹性单元只计算弹性刚度矩阵)。

②按式(6.23)计算组装结构的总体刚度矩阵$[K]^{ep}$。

③以下的步骤将和线弹性有限元一样,即运用边界条件或对称条件、总体刚度矩阵分解、形成一定工况下的总体节点载荷列矩阵、回代求位移,最后按几何关系即可求出各单元本次迭代的应变$\{\varepsilon\}$。

④按式(6.15),对各单元按求得的应变分量计算其相当应变ε,并据此判定其材料性态,为下次迭代做好准备。

⑤重复①~④步的迭代计算步骤,直到两次迭代求得的位移(或应变)相差甚微,能满足精度要求时为止。

最后,有了各单元的应变值$\{\varepsilon\}$,按式(6.7)便可求得其应力$\{\sigma\}$。

该迭代计算可以证明是收敛,其收敛过程可以用如图6.3所示进行描述。

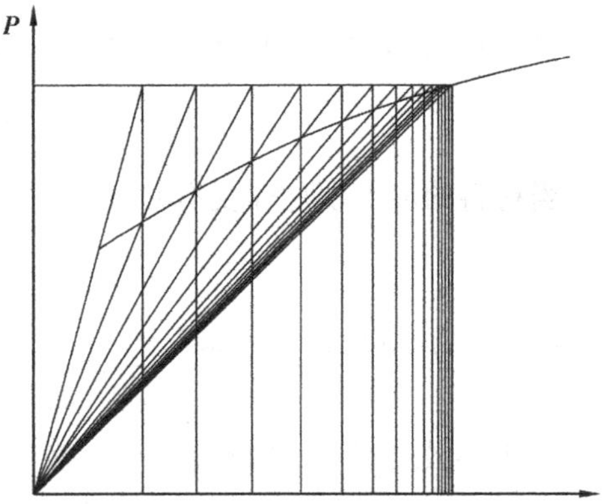

图6.3 全迭代法收敛过程

第二类应用塑性理论中的增量理论,称作增量法。由于增量理论的应力应变关系是$O,\delta_1,\delta_2,\delta_3,\cdots,\delta$用应力微分和应变微分的形式来描述的,所以从根本上说来,应用增量理论只能解决一个微分增量段内的外载荷—位移或应力—应变之间的关系。然而在实际计算中是用有限的差分来逼近这微分增量,即相应地把外载荷分成若干增量段,只要每个载荷增量段适当地小,便可以把在这一小段载荷增量内所产生的应力应变描述为差分增量形式,即

$$\{\Delta\sigma\} = [D]^{ep}\{\Delta\varepsilon\} \tag{6.24}$$

式中,$[D]^{ep}$为弹塑性矩阵,它不但与材料性质有关,还与当时所处的应力水平有关,由增量理论便可以直接推导山来。由于增量段取得足够小,在一个增量段内便可将$[D]^{ep}$看作常数。这样,可以按式(6.8)计算其单元刚度矩阵为

$$[K]^{ep} = \int_{o}[B]^{\mathrm{T}}[D]^{ep}[B]\mathrm{d}v$$

其他的计算方法与线弹性完全一致,只是都改写作增量形式,即

$$[K^{ep}]\{\Delta\delta\} = \{\Delta P\} \tag{6.25}$$

$$\{\Delta\varepsilon\} = [B]\{\Delta\delta\} \tag{6.26}$$

整个结构分析问题便可由这些增量段结果的累计求和而求得。例如，第 j 次增量后其位移、应变和应力分别为

$$\{\delta\}^j = \{\delta\}^{j-1} + \{\Delta\delta\} \tag{6.27}$$

$$\{\varepsilon\}^j = \{\varepsilon\}^{j-1} + \{\Delta\varepsilon\}^j \tag{6.28}$$

$$\{\sigma\}^j = \{\sigma\}^{j-1} + \{\Delta\sigma\}^j \tag{6.29}$$

由以上的分析可以得出，增量法的特点是将外载荷分作若干增量段，将增量段内进行线性化，也就是以分段折线的线性化来逼近其非线性的应力应变关系曲线。其收敛过程如图6.4所示。由于这种方法，每段内的计算步骤和线弹性完全类似。

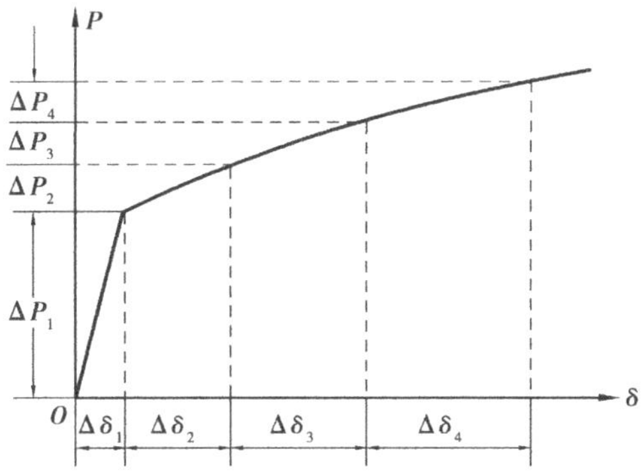

图6.4　增量法收敛过程

6.4　接触界面方程

6.4.1　接触面的描述

接触是多个物体的相互作用，然而多个物体的接触包含成对物体的相互作用。因此，考虑两个物体的问题，如图6.5所示油管柱中两根油管之间的螺纹连接的接触。

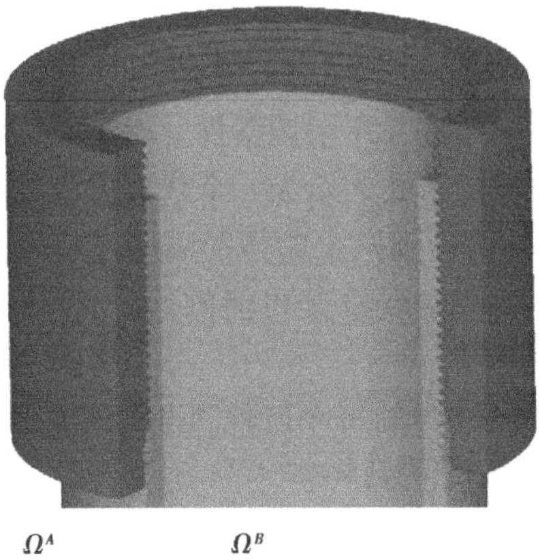

图6.5　油管柱中两根油管之间的螺纹连接的接触

分别采用 Ω^A 和 Ω^B 表示两个物体的当前构形，并且采用 Ω 表示两个物体的组合，物体的边界分别由 Γ^A 和 Γ^B 表示。就它们的力学性能而论，尽管两个物体是可以互换的，但是在一些方程和算法中，作为主控和从属的物体是有区别的：设计物体 A 为主控体，物体 B 为从属体。当我们希望区分与一个特定物体相关的场变量时，我们用上角标 A 或者 B 标志；如果没有出现这些上角标的任何一个，则场变量应用于两个物体的组合。因此，速度场 $\boldsymbol{v}(x,t)$ 表示在两个物体中的速度场，而 $\boldsymbol{v}^A(x,t)$ 表示在物体 A 中的速度。

接触界面包含两个物体表面的交界，用 Γ^C 表示为

$$\Gamma^C = \Gamma^A \cap \Gamma^B \tag{6.30}$$

接触界面包括两个物体处于接触的两个物理表面，由于它们是重合的，所以用一个单一界面表示。在数值计算中，两个表面一般是不重合的。接触界面是时间的函数，它的确定是接触问题解答的重要部分。

在构造界面方程时，以接触表面局部分量的形式表示矢量是很方便的。在主控接触表面的每一点建立了局部坐标系统，如图6.6所示。在每一点，可以构造相切于主控物体表面的单

位矢量 $e_1^A = e_x^A$ 和 $e_2^A = e_y^A$。物体 A 的法线为

$$n^A = e_1^A \times e_x^A \tag{6.31}$$

在接触界面上

$$n^A = -n^B \tag{6.32}$$

即两个物体的法线方向相反。以局部分量的形式表示速度场,即

$$\boldsymbol{v}^A = \boldsymbol{v}_N^A n^A + \boldsymbol{v}_\alpha^A e_\alpha^A = \boldsymbol{v}_N^A n^A + \boldsymbol{v}_T^A \tag{6.33}$$

$$\boldsymbol{v}^B = \boldsymbol{v}_N^B n^A + \boldsymbol{v}_\alpha^B e_\alpha^A = -\boldsymbol{v}_N^B n^B + \boldsymbol{v}_T^B \tag{6.34}$$

其中,在三维问题中希腊字母下角标的取值范围为2。当问题是二维时,接触表面成为一条线,因此,我们有一个单位矢量 $e_1 \equiv e_x$ 与这条线相切,在公式(6.33)中,希腊字母下角标的取值范围则为1。如上式所示,分量是在主控表面 A 的局部坐标系统中,法向速度为

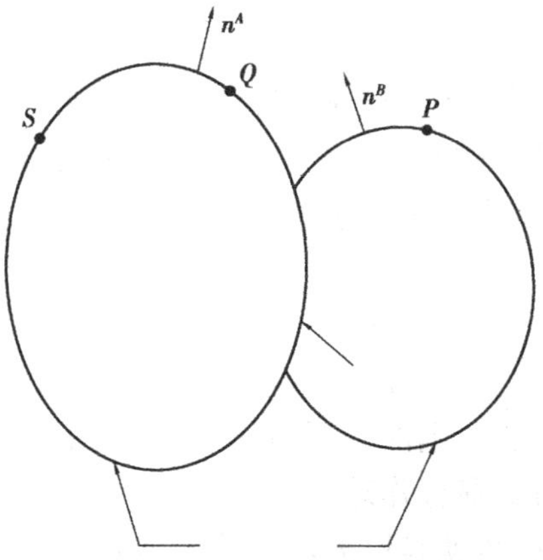

图 6.6 模拟接触的标记表示

$$\boldsymbol{v}_N^A = \boldsymbol{v}^A n^A,\ \boldsymbol{v}_N^B = \boldsymbol{v}^B.\ n^A \tag{6.35}$$

将式(6.32)—式(6.34)乘以 n^A,并且利用法线是正交于与平面相切的单位矢量即可获得式(6.35)。

接触满足下面的条件:在界面上,两个物体不可相互侵入和面力必须满足动量守恒。此外,横跨接触界面的法向面力不能为拉力。我们将按照要求分类,对位移和速度的要求作为运动学条件,而对面力的要求作为动力学条件。

6.4.2 不可侵彻性条件

在求解多物体接触问题中,每两个物体之间必须满足不可侵彻性条件。一对物体的不可侵彻性条件可以表示为

$$\Omega^A \cap \Omega^B = 0 \tag{6.36}$$

即,两个物体的交叉部分是零集。两个物体不允许重叠,可以看成一个协调条件。对于大位移问题,不可侵彻性条件是高度非线性的,并且一般不能以位移的形式表示为一个代数方程或者微分方程。其困难来源于在一个任意的运动中,不可能预先估计到两个物体的哪些点将发生接触。例如,在图6.6中,如果物体是旋转中,那么对于 P 点接触点 Q 是可能的,而一个不同的相对运动可能导致 P 点与 S 点接触。

由于不能以位移的形式表示公式(6.34)。所以,在接触过程的每个阶段,以率形式或者增量形式表示不可侵彻性方程。不可侵彻性条件的速率形式应用到物体 A 和 B 上已经发生接触的部分,即是位于接触表面 Γ^C 上的那些点,它可以写为

$$\gamma_N = \boldsymbol{v}^A \cdot n^A + \boldsymbol{v}^B \cdot n^B = (\boldsymbol{v}^A - \boldsymbol{v}^B) \cdot n^A \equiv \boldsymbol{v}_N^A - \boldsymbol{v}_N^B \leqslant 0 \quad 在\ \Gamma^C\ 上 \tag{6.37}$$

式中,$\boldsymbol{v}_N^A$ 和 $\boldsymbol{v}_N^B$ 由公式(6.35)定义。这里 $\gamma_N(X,t)$ 为两个物体的相互侵彻速率。由于在接触表面上的任意点,不可侵彻性条件式(6.37)限制了相互侵彻速率成为负值,即它表示的事实是当两个物体发生接触时,它们或者必须保持接触($\gamma_N = 0$),或者必须分离($\gamma_N < 0$)。对于接触区域上的所有点,当公式(6.37)满足时,不可侵彻性条件将精确满足。

用量值 $-\gamma_N$ 表征两个物体的相互作用，并称之为间隙率。间隙率是相互侵彻率的负数。当不可侵彻性是解答的基本条件时，对于相互侵彻率它可能出现不一致性。在许多数值方法中，小量的相互侵彻是允许的，并且不等式(6.37)将不是精确满足的。

相对切向速度为

$$\gamma_T = \hat{\gamma}_{T_x}\hat{e}_x + \hat{\gamma}_{T_y}\hat{e}_y = v_T^A - v_T^B \tag{6.38}$$

中间一项说明在三维情况下的相对切向速度是两个分量的矢量。

6.4.3　面力条件

在接触界面，面力必须服从动量平衡。由于界面上没有质量，这就要求两个物体上的面力的合力为零：

$$t^A + t^B = 0 \tag{6.39}$$

由 Cauchy 定律定义的两个物体表面的面力为

$$t^A = \sigma^A \cdot n^A \text{或 } t_i^A = \sigma_{ij}^A n_j^A \tag{6.40}$$

$$t^B = \sigma^B \cdot n^B \text{或 } t_i^B = \sigma_{ij}^B n_j^B \tag{6.41}$$

法向面力定义为

$$t_N^A = t^A \cdot n^A \text{或 } t_i^A = \sigma_j^A n_j^A \tag{6.42}$$

$$t_N^B = t^A \cdot n^A \text{或 } t_i^A = \sigma_j^A n_j^A \tag{6.43}$$

法向分量代表主控物体。通过取公式(6.39)与法向矢量的点积，可以得到动量平衡的法向分量为

$$t_N^A + t_N^B = 0 \tag{6.44}$$

在法线方向上，不考虑在接触表面之间的任何黏性，所以，法向面力不能是拉力。法向面力不能是拉力的条件表示为

$$t_N \equiv t_N^B(x,t) = -t_N^B(x,t) \leqslant 0 \tag{6.45}$$

即它们是压力，于是，这个条件要求 t_N^B 为正数，因为 t_N^B 是物体 B 上的面力在 A 的单位法线上的投影，它指向物体 B，对应于物体 A 和 B，注意到上面的表达式是不对称的。为了定义法向面力，选择其中一个物体的法向，并且物体法向面力的符号将取决于法向的这个选择。

定义切向面力为

$$t_T^A = t^A - t_T^A n^A, \quad t_T^B = t^B - t_T^B n^A \tag{6.46}$$

因此，切向面力是投影到主控接触表面上的合面力，动量平衡要求：

$$t_T^A + t_T^B = 0 \tag{6.47}$$

通过将式(6.47)代入式(6.39)，并且应用式(6.44)，可以得到方程(6.48)。当应用接触的无摩擦模型时，切向面力为零，即

$$t_T^A = t_T^B = 0 \tag{6.48}$$

应用“接触的无摩擦模型”的说法以明确地强调摩擦是不存在的，并非在模型中忽略了摩擦，而是认为它是不重要的。因此，我们将仅称之为无摩擦接触，但是必须知道在实际中摩擦绝不为零。

6.4.4　归一化接触条件

条件式(6.37)和式(6.43)可以合并为一个单一方程，即

$$t_N\gamma_N = 0 \tag{6.49}$$

它称为归一化接触条件。这个方程也可以表示为接触力的法向分量不工作的事实,即在接触表面上这个条件必须成立。当物体发生接触并且保持接触时 $\gamma_N = 0$,而当接触停止时,$\gamma_N \leqslant 0$,并且法向面力消失,所以乘积总是为零。

6.4.5 表面描述

正在接触的物体表面可以由曲线坐标 $\zeta^A = [\zeta_1^A, \zeta_2^A]$ 和 $\zeta^B = [\zeta_1^B, \zeta_2^B]$ 描述(其中上角标代表物体)。在二维情况下,接触表面化是由 ζ^A 和 ζ^B 为参数的线。

通过任一物体的参考坐标可以指定在接触表面化上的点,但是,选择一个物体作为主控体并且应用它的参考坐标是很方便的。物体 A 为主控体,而接触界面的运动由 $x(\varepsilon^A, t) = \varphi^A(\zeta^A, t)$ 描述。物体 A 接触表面的协变基矢量为

$$a_\alpha = \frac{\partial \varphi^A}{\partial \varepsilon^\alpha} \equiv \varphi_\alpha^A \equiv x_\alpha^A \tag{6.50}$$

6.4.6 相互侵彻度量

在物体 B 上的点 P 侵入到物体 A 的内部,定义为至物体 A 的表面上任意点的最小距离。用坐标 $g_N(\zeta^B, t)$ 表示的点 P 到物体 A 表面上的任意点之间的距离为

$$l_{AB} = \| x^B(\zeta^B, t) - x^A(\zeta^A, t) \| \equiv [(x^B - x^A)^2 + (x^B - x^A)^2 + (z^B - z^A)^2]^{\frac{1}{2}} \tag{6.51}$$

相互侵彻量度 $g_N(\zeta^B, t)$ 为上式的最小值,并且考虑到仅当 P 在物体 A 内部时是非零值。通过检验法线到物体 A 在 $x^B - x^A$ 上的投影:当投影是负值时,点 P 在物体 A 的内部,因此有相互侵彻,否则 P 不在 A 的内部,因而没有相互侵彻。所以,相互侵彻的定义为

$$g_N(\zeta^B, t) = \min_{\zeta^A} \alpha l_{AB}, \alpha = \begin{cases} 1 & \text{如果}(x^B - x^A) \cdot n^A \leqslant 0 \\ 0 & \text{如果}(x^B - x^A) \cdot n^A > 0 \end{cases} \tag{6.52}$$

当坐标 $\bar{\zeta} = \zeta^A$ 时,使 $g_N(\zeta^B, t)$ 取得最小值,即通过令 l_{AB} 的导数在坐标点 $\bar{\zeta}$ 处为零得到使 l_{AB} 取最小值的点 $x^A(\bar{\zeta}, t)$,即

$$\frac{\partial l_{AB}}{\partial \bar{\zeta}^\alpha} = \frac{\partial}{\partial \bar{\zeta}^\alpha} \| x^B - x^A \| = \frac{x^B - x^A}{\| x^B - x^A \|} \left(\frac{-\partial x^A}{\partial \bar{\zeta}^\alpha} \right) \equiv -e a_\alpha = 0 \tag{6.53}$$

其中,a_α 由式(6.50)给出,并且有 $e = \dfrac{x^B - x^A}{\| x^B - x^A \|}$,所以 e 是从物体 A 到物体 B 的单位矢量。根据式(6.53),由于 e 正交于切向矢量 a_α,所以它垂直于表面 A。因此,当 e 垂直于表面 A 时,l_{AB} 是最小值;$x^A(\bar{\zeta}, t)$ 称为点 P 在表面 A 上的正交投影。这是一个普遍的数学结果:从一个点到一个空间或者一个拓扑空间的最短距离是正交投影。注意到当物体相互侵彻时,e 指向外法线方向的反方向,因此,$e = -n^A$。

通过求解非线性代数方程(6.53),获得了的最小值。在三维情况下,式(6.53)涉及 2 个未知数的两个方程;在二维情况下,它只包含一个方程。一旦确定了,可以由式(6.52)得到相互侵彻 g_N。

当两个物体不光滑或者不是局部凸状时,这种定义相互侵彻的方法将会遇到困难。例如,

在图4.5所示的情况下，l_{AB}的最小值是不唯一的：这里有两个点为P的正交投影，在这种情况下，难以建立一种方法唯一地定义相互侵彻的度量。

6.4.7　路径无关相互侵彻率

由公式(6.52)给出的$g_N(\zeta,t)$建立相互侵彻率，$\dot{g}_N(\zeta,t)$的积分与路径无关，仅当$\alpha\neq 0$时，定义相互侵彻率$g_N(\zeta,t)$为

$$\dot{g}_N=\frac{\partial g_N(\zeta,t)}{\partial t}=\frac{x^B(\zeta,t)-x^A(\bar{\zeta},t)}{\|x^B(\zeta,t)-x^A(\bar{\zeta},t)\|}\left(\frac{\partial x^B(\zeta,t)}{\partial t}-\frac{\partial x^A(\bar{\zeta},t)}{\partial t}\right)\tag{6.54}$$

从式(6.53)可得，当$\frac{x^B-x^A}{\|x^B-x^A\|}$对应于物体$A$的法线时，取得最小值。并根据$\boldsymbol{v}^B=\frac{\partial x^B(\zeta,t)}{\partial t}$，上式可以改写为

$$\dot{g}_N=n^B\left(x^B-\frac{\partial x^A(\bar{\zeta},t)}{\partial t}\right)\tag{6.55}$$

ζ不是材料坐标，为了保证最近点的映射，这个点独立于材料移动。因此，在式(6.55)右端括弧内的第二项不是材料导数。这个点可以认为是一个ALE点，它既不固定于空间上的一点，也不与材料点重合。可以推导出：

$$\boldsymbol{v}^A=\frac{\partial x^A(\zeta,t)}{\partial t}=\frac{\partial x^A}{\partial t}(\bar{\zeta},t)+\frac{\partial x^A}{\partial\bar{\zeta}^\alpha}\frac{\partial\bar{\zeta}^\alpha}{\partial t}$$

故

$$\frac{\partial x^A(\bar{\zeta},t)}{\partial t}=\boldsymbol{v}^A-\frac{\partial x^A}{\partial\bar{\zeta}^\alpha}\frac{\partial\bar{\zeta}^\alpha}{\partial t}=\boldsymbol{v}^A-x^A_{\alpha}\frac{\partial\bar{\zeta}^\alpha}{\partial t}\tag{6.56}$$

将式(6.56)代入式(6.55)，并且应用式(6.32)，得到

$$\dot{g}_N=n^B\left(\boldsymbol{v}^B-\boldsymbol{v}^A+x^A_\alpha\frac{\partial\bar{\zeta}^\alpha}{\partial t}\right)=n^A\boldsymbol{v}^A-n^A\boldsymbol{v}^B-n^Ax^A_\alpha\frac{\partial\bar{\zeta}^\alpha}{\partial t}\tag{6.57}$$

比较式(6.37)和式(6.57)。可以看出除非$\bar{\xi}_t=0$，否则法向相互侵彻率区别于相对速度$\boldsymbol{\gamma}_N$的法向投影。一旦接触物体的两个方面发生重合，$\bar{\zeta}_N=0$，故

$$\boldsymbol{\gamma}_N=\dot{g}_N\tag{6.58}$$

以上关于侵蚀率的建立，要求物体必须是连续可微的，即C^1连续。否则当最近点从Q移动到R时，$\bar{\zeta}$将不是一个时间的连续函数。

6.4.8　相互侵彻物体的切向相对速度

如果物体之间有相互侵蚀，则公式(6.38)没有给出在接触面上两个点的切向相对速度。仅当两个物体发生接触但是还没有发生相互侵彻时，公式(6.39)才是精确的。为了得到对于相互侵彻物体的切向速度的关系，以在物体B上P点的速度和它在最近点的投影，定义相对切向速度为

$$\dot{g}_T=\bar{\zeta}^\alpha_t a_\alpha\tag{6.59}$$

上式包含在式(6.55)中出现的率$\bar{\zeta}^\alpha_t$。下面由式(6.50)获得$\bar{\zeta}^\alpha_t$。由于式(6.49)总是最近点有关，所以式(6.49)右端的时间导数必然为零。因此，用$\|x^B-x^A\|$乘以式(6.51)，并应用

式(6.50)，$a_\alpha = \partial x^A / \partial \zeta^\alpha$。有

$$\frac{\partial}{\partial t}[(x^B(\zeta,t) - x^A(\bar{\zeta},t))a_\alpha] = 0 \tag{6.60}$$

其中在上式中的 ζ 为固定值。由公式(6.50)，得

$$\frac{\partial a_\alpha}{\partial t} = \frac{\partial}{\partial t}\left(\frac{\partial x^A}{\partial \zeta^\alpha}\right) = \frac{\partial}{\partial \zeta^\alpha}\left(\frac{\partial x^A}{\partial t} + \frac{\partial x^A}{\partial \zeta^\beta}\frac{\partial \bar{\zeta}^\beta}{\partial t}\right) = v_\alpha^A + v_{\alpha\beta}^A \bar{\zeta}_t^\beta \tag{6.61}$$

对式(6.60)中的乘积求导，即

$$(x_t^B(\zeta,t) - x_t^A(\bar{\zeta},t))a_\alpha + (x^B - x^A)a_{\alpha,t} = 0 \tag{6.62}$$

应用式(6.57)的 $v^{BA} = v^B - v^A$ 和式(6.60)的 $x^{BA} = x^B - x^A$，对于 $a_{\alpha,t}$：

$$(v^{BA} + x_\beta^A \bar{\zeta}_t^\beta)a_\alpha + x^{BA}(v_\alpha^A + x_{\alpha\beta}^A \bar{\zeta}_t^\beta) = 0 \tag{6.63}$$

利用 $x_\beta^A = a_\beta$，并且整理上式，得到

$$(-a_\alpha a_\beta - x^{BA} x_{\alpha\beta}^A)\bar{\zeta}_t^\beta = x^{BA} v_\alpha^A + x^{BA} a_\alpha \tag{6.64}$$

以上是关于两个未知数 $\bar{\zeta}_t^\beta$ 的两个线性代数方程组，在右侧的所有项均为已知。一旦获得了时间导数 ζ_t^α，由公式(6.59)可以确定 $\dot{g}_T$。

当 $x^{BA} = 0$，式(6.64)可以简化为

$$a_\alpha a_\beta \bar{\zeta}_t^\beta = (v^A - v^B)a_\alpha \tag{6.65}$$

式(6.38)的右端为 γ_T 的分量，而上式的左端为 $\dot{g}_T$ 的分量，因此，当表面重合时，可以得到 $g_T = \gamma_T$。

因此，在没有发生相互侵彻时，基于位移定义的相对切向速度式(6.59)与式(6.38)定义的切向速度是一致的。

6.4.9 小结

通过上述分析，可以得到动力学和运动学接触界面方程。

动力学条件
$$t^A + t^B = 0 \tag{6.66}$$

法向
$$t_N^A + t_N^A = 0, t_N^A \equiv t_N^A \times n^A, t_N^B \equiv t^A \times n^A, t_N^A \equiv t_n^A \leqslant 0 \tag{6.67}$$

切向
$$t_T^A + t_T^B = 0, t_T^A \equiv t^A - t_N^A n^A, t_T^B \equiv t^B - t_N^B n^A \tag{6.68}$$

以速度形式的运动学条件

$$\gamma \equiv \gamma_N = (v^A - v^B)n^A \equiv v_N^A - v_N^B \leqslant 0 \tag{6.69}$$

$$\gamma = \gamma_T^A - v_T^B = v^A - v^B - n^A(v^A - v^B)n^A \tag{6.70}$$

单一条件

$$t_N \gamma_N = 0 \tag{6.71}$$

以位移形式表示的运动学和定义为

$$g \equiv g_N = \min_{\xi} \| x^B(\zeta,t) - x^A(\zeta,t) \| \quad \text{如果}[x^B(\zeta,t)]n^A \leqslant 0 \tag{6.72a}$$

$$\dot{g}_N = n^A v^A n^B + v^B - n^A \times x_\alpha^A \zeta_t^\alpha \tag{6.72b}$$

6.5　油管柱接触的有限元分析

接触分析在工程中具有广泛的应用,在样机试验和制造过程的工艺仿真中包括接触。例如,在跌落试验的仿真中,部件必须通过所谓的滑移界面分离,它可以模拟接触、滑移和分离。在制造过程的仿真中,滑移界面也是非常重要的:在薄金属板的成型中,模具和工件之间的接触面的模拟,在机器加工中,工具和工件的接触面的模拟,以及挤压的模拟,这些是需要滑移界面的例子。在汽车的碰撞仿真中,许多部件,包括引擎、车轮、散热器等,在碰撞时可能接触,并且将它们的表面作为滑移面处理。同时,碰撞问题的处理总是需要伴随着接触问题的处理,因为发生碰撞的物体将保持接触,直到作用的膨胀波释放掉。每两根油管之间,通过螺纹连接,对油管进行分析过程中,对连接部分的处理可以通过接触分析来实施。

本节将阐述利用 Lagrangian 网格的控制方程对接触问题进行数学分析。在进行接触分析时,在接触界面上,需要增加动力学和运动学的条件。关键的条件是不可侵彻性条件,即两个物体不能互相侵入的条件。而不可侵彻性不能表示为一个简单的方程来描述,所以,考虑采用对于显式动态问题适用的率形式和基于最近点映射的形式。后者主要适用于隐式方法和平衡解答。此外,描述了经典的 Coulomb 摩擦模型和界面本构模型。

处理接触界面约束的 4 种方法:

①lagrange 乘子法;

②罚函数法;

③增广的 Lagrangian 法;

④摄动的 Lagrangian 法。

关于接触的 Lagrange 乘子弱形式与关于单个物体的弱形式是不同的,后者是一个不等式,常常被称为弱不等式,对应的变分原理称为变分不等式。由 Lagrange 乘子法,在接触问题的离散化中,在接触界面上乘子必须是近似的。乘子必须满足法向面力是压力的约束。在罚函数法中,面力不等式源于 Heaviside 分步函数,该函数被嵌入在罚力之中。

接触问题属于最困难的非线性问题之一,因为在接触问题中的响应是不平滑的。对于油管分析过程中,由于连接螺纹面之间有摩擦,采用 Coulomb 摩擦模型来处理螺纹间的摩擦。对于 Coulomb 摩擦模型,当出现黏性滑移行为时,沿着界面的切向速度是不连续的。接触问题的这些特性给离散方程的时间积分带来了明显的困难,削弱了 Newton 算法的功能。

6.5.1　概述

在对接触进行有限元分析时,常采用 Lagrange 乘子法、罚函数法和直接约束法。

(1) Lagrange 乘子法

通过 Lagrange 乘子施加接触体必须满足的非穿透约束条件的带约束极值问题描述方法。这种方法是把约束条件加在一个系统中最完美的数学描述。该方法增加了系统变量数目,并使系统矩阵主对角线元素为零。这就需要在数值方案贯彻中处理非正定系统,数学上将发生困难,需实施额外的操作才能保证计算精度,从而使计算费用增加。另外,由于 Lagrange 乘子与质量无关,导致这种由 Lagrange 乘子描述的接触算法不能用于显式动力撞击问题分析。

Lagrange 乘子技术经常用于采用特殊的界面单元描述接触的问题分析。该方法限制了接触物体之间的相对运动量,并且需要预先知道接触发生的确切部位,以便施加界面单元。这样的额外要求对于撞击、压力加工等预先并不知道确切接触区域所在的一类物理问题是难于满足的。

(2)罚函数法

一种施加接触约束的数值方法。其原理是一旦接触区域发生穿透,罚函数便夸大这种误差的影响,从而使系统的求解(满足力的平衡和位移的协调)无法正常实现。只有在约束条件满足之后,才能求解出有实际物理意义的结果。

用罚函数法施加接触约束的方法可以类比成在物体之间施加非线性弹簧所起的作用。该方法不增加未知量的数目,但增加系统矩阵带宽。其优点是数值上实施比较容易,在显示动力分析中被广泛应用。但不足在于罚函数选择得不当将对系统的数值稳定性造成不良的影响。

(3)直接约束法

用直接约束法处理接触问题是追踪物体的运动轨迹,一旦探测出发生接触,并将接触所需的运动约束(即法向无相对运动,切线可滑动)和节点力(法向压力和切向摩擦力)作为边界条件直接施加在产生接触的节点上。这种方法对接触的描述精度高,具有普遍适应性。不需要增加特殊的界面单元,也不涉及复杂的接触条件变化。该方法不增加系统自由度数,但由于接触关系的变化会增加系统矩阵带宽。

6.5.2 Lagrange 乘子法

每个事物的速度场 $\boldsymbol{v}(X,t)$ 可以采用 C^0 插值近似。对多个物体进行接触分析时,在横跨接触界面上,两个物体的速度不一定是连续的,相互侵彻条件将原于弱式的离散化。

处理 Langrangian 网络时,以材料坐标的形式表示关于速度场的有限元近似。因为这两组坐标是等价的,也可以将它写成单元坐标的形式,在分析时省略有关重复节点指标的求和约定,而显示地表示求和。速度场为

$$\boldsymbol{v}_i^A(X,t) = \sum_{I\in\Omega^A} N_I(X)\boldsymbol{v}_{iI}^A(t) \tag{6.73}$$

$$\boldsymbol{v}_i^B(X,t) = \sum_{I\in\Omega^B} N_I(X)\boldsymbol{v}_{iI}^B(t) \tag{6.74}$$

如果物体 A 和 B 的节点编号是不同的,则两个速度场可以写成一个表达式:

$$\boldsymbol{v}_i(X,t) = N_I(X)\boldsymbol{v}_{iI}(t) \tag{6.75}$$

式中,关于重复的节点指标默认在所有的节点隐含求和。

在接触表面上 lagrange 乘子场 $\boldsymbol{\lambda}(\zeta,t)$ 是由一个 C^{-1} 近似的

$$\boldsymbol{\lambda}(\zeta,t) = \sum_{I\in\Gamma^C} \Lambda_I(\zeta)\boldsymbol{\lambda}_I(t) \equiv \Lambda_I(\zeta)\boldsymbol{\lambda}_I(t),\ \boldsymbol{\lambda}(\zeta,t) \geqslant 0 \tag{6.76}$$

式中,$\Lambda_I(\zeta)$ 是 C^{-1} 形函数。Lagraneg 乘子场的形函数常常区别于速度场的形函数,因此,对于两种近似采用了不同的符号。当物体 A 和 B 的节点不重合时,Lagraneg 乘子场的网格可能区别于速度场的网络。

变分函数为

$$\delta\boldsymbol{v}_i(X) = N_I(X)\delta\boldsymbol{v}_{iI},\ \delta\boldsymbol{\lambda}(\zeta) = \Lambda_I(\zeta)\delta\boldsymbol{\lambda}_I,\ \delta\boldsymbol{\lambda}_I(\zeta) \leqslant 0 \tag{6.77}$$

为了建立半离散化的方程,速度和 Lagrange 乘子场,以及变分函数的近似被代入到弱形式。可以推出

$$\delta p = \delta v_{iI}(f_{iI}^{\text{int}} - f_{iI}^{ext} + M_{ijIJ}\dot{v}_{jJ}) \equiv \delta \dot{d}^{\text{T}}(f^{\text{int}} - f^{ext} + M\ddot{d}) \equiv \delta v^{\text{T}} r \tag{6.78}$$

v 表示节点速度。由公式 $\gamma_N = v^A n^A + v^B n^B = (v^A - v^B) n^A \equiv v_N^A - v_N^B \leqslant 0$ 和(6.73),以节点速度的形式可以表示相互侵彻率为

$$\gamma_N = \sum_{I \in \Gamma^C \cap \Gamma^A} N_I v_{iI}^A n_i^A + \sum_{I \in \Gamma^C \cap \Gamma^B} N_I v_{iI}^B n_i^B \tag{6.79}$$

如在式中所示,第一个求和是关于物体 A 位于接触界面上的所有节点,而第二个求和是关于物体 B 位于接触界面上的所有节点。如果以不同的编号标志这些节点,可以消除在物体 A 和 B 的节点之间的区别。将上式表示为

$$\gamma_N = N_I v_{NI} \tag{6.80}$$

给出重复指标 I 的求和范围。通过公式 $v_N^A = v^A n^A$, $v_N^B = v^B n^A$ 定义法向分量为

$$v_{NI} = v_{iI}^A n_i^B \quad \text{如果} I \text{在} A \text{内}, v_{NI} = v_{iI}^B n_i^B \quad \text{如果} I \text{在} B \text{内} \tag{6.81}$$

利用形函数,上式给出了法向分量和速度的乘积的近似,由式(6.75)到式(6.76),得到

$$\int_{\Gamma^C} \delta(\lambda \gamma_N) \mathrm{d}\Gamma = \delta v_{NI} \hat{G}_{IJ}^{\text{T}} \lambda_J + \delta \lambda_I \hat{G}_{IJ} v_{NJ} \text{其中} \quad \hat{G}_{IJ} = \int_{\Gamma^C} \Lambda_I N_J \mathrm{d}\Gamma \tag{6.82}$$

在 $\hat{G}_{IJ}$上面放上帽子,表示它属于在接触界面上的局部坐标系中的速度组合。组合式(6.77)和式(6.82),我们可以将离散弱形式写为

$$\sum_{I \in \Omega} \delta v_{iI} r_{iI} + \sum_{I \in \Gamma_X^C} \delta v_{NI} \hat{G}_{IJ}^{\text{T}} \lambda_J + \sum_{I \in \Gamma_X^C} \delta \lambda_I \hat{G}_{IJ} v_{NI} \geqslant 0 \tag{6.83}$$

式中,关于指标 J 的隐含求和成立,但是,关于指标 I 的求和为显示,表示对有关的节点求和。

对于那些没有在接触界面上的节点,可以直接地从第一个求和项中提取方程。由于节点速度的变分为任意的,所以得到标准的节点运动方程为

$$r_{iI} = 0 \quad \text{或} \quad M_{IJ} \dot{v}_{iJ} = f_{iI}^{\text{int}} - f_{iI}^{ext} \quad \text{对于} I \in \Omega - \Gamma^C - \Gamma_u \tag{6.84}$$

为了得到在接触界面上的方程,在提取公式(6.84)后,在第一个求和项中的余下部分重新以接触界面的局部坐标系写成,并组合第二个求和项,即

$$\sum_{I \in \Gamma_X^C} (\delta v_{NI} r_{NI} + \delta \hat{v}_{aI} \hat{r}_{aI} + \delta v_{NI} \hat{G}_{IJ}^{\text{T}} \lambda_J) + \sum_{I \in \Gamma_X^C} \delta \lambda_I \hat{G}_{IJ} \lambda_{IJ} \geqslant 0 \tag{6.85}$$

由于切向节点速度是没有约束的,所以对于节点速度的系数,弱不等式服从一个等式。首先令 $\delta \hat{v}_{aI}$的系数为零,得到

$$\hat{r}_{aI} = 0 \quad \text{或} \quad M_{IJ} \hat{v}_{aJ} = \hat{f}_{aI}^{\text{int}} - \hat{f}_{aI}^{ext} \quad \text{对于} I \in \Gamma^C \tag{6.86}$$

关于在接触界面节点公式(6.85)中法向分量的方程,对于一个无摩擦界面,即

$$r_{NI} + \hat{G}_{IJ}^{\text{T}} = 0 \text{ 或} \quad M_{IJ} \dot{v}_{NJ} + f_{NI}^{\text{int}} - f_{NI}^{ext} + \hat{G}_{IJ}^{\text{T}} \lambda_J = 0 \quad \text{对于} I \in \Gamma^C \tag{6.87}$$

为了提取与 Lagrange 乘子相关的方程,我们注意到 $\delta \lambda_I \leqslant 0$,因此不等式(6.85)默认为

$$\hat{G}_{IJ} v_{NJ} \leqslant 0 \tag{6.88}$$

此外,试 Lagrange 乘子场必须为正:$\lambda(\zeta, t) \geqslant 0$。这个不等式是难以施加的。对于采用分段线性边界位移的单元,由于 $\lambda(\zeta)$ 的所有最小值发生在节点处,所以仅在由 $\lambda_I \geqslant 0$ 的节点处施加这个条件。

上面的方程,加之应变位移方程,对于半离散模型组成了方程的完善系统。半离散方程式包括运动方程和接触界面条件。对于没有在接触界面上的节点运动方程与没有约束的情况相

同。在接触界面上,出现了代表法向接触面力的附加力 $\hat{G}_{IJ}\lambda_J$。另外,在弱形式中,必须引入不可侵彻性约束。像无接触的方程一样,半离散方程是普通的微分方程,但是,变量遵从关于速度和 Lagrange 乘子的代数不等式的约束。在大多数时间积分过程中,由于默认的光滑性的假设是有一定的局限的,因此这些不等式约束实质上使得时间积分复杂化。

为了实现不可侵彻性的目的,应用总体分量的矩阵形式写出上面的方程是很方便的。以节点速度的形式定义相互侵彻率,即

$$\gamma_N = \Phi_{iI}(\zeta)v_{iI}(t) \quad 其中\ \Phi_{iI}(\zeta) = \begin{cases} N_I(\zeta)n_i^A(\zeta) & 如果\ \Gamma\ 在\ A\ 上 \\ N_I(\zeta)n_i^B(\zeta) & 如果\ \Gamma\ 在\ B\ 上 \end{cases} \tag{6.89}$$

则接触弱形式为

$$G_L = \int_{\Gamma^C}\lambda\gamma_N \mathrm{d}\Gamma = \int_{\Gamma^C}\lambda_I \Lambda_I \Phi_{jJ} v_{jJ}\mathrm{d}\Gamma = \lambda^{\mathrm{T}} G_v \tag{6.90}$$

其中

$$G_{IjJ} = \int_{\Gamma^C}\Lambda_I \Phi_{jJ}\mathrm{d}\Gamma, G = \int_{\Gamma^C}\Lambda^{\mathrm{T}}\Phi \mathrm{d}\Gamma \tag{6.91}$$

由 Voigt 列矩阵规则,式中的 jJ 已经转换为一个单指标,形成了在右边的矩阵表达式。

以矩阵形式可以写出运动方程,通过组合这种形式与内部、外部和惯性的功率的矩阵形式,即

$$\delta v^{\mathrm{T}}(f^{\mathrm{int}} - f^{ext} + M\ddot{d}) + \delta(v^{\mathrm{T}}G^{\mathrm{T}}\lambda) \geqslant 0 \quad \forall \delta v_{iI} \notin \Gamma_u\ 且\ \forall \delta\lambda_I \leqslant 0 \tag{6.92}$$

考虑到 δv 和 $\delta\lambda$ 的任意性,得到运动方程和相互侵彻条件,即

$$M\ddot{d} + f^{\mathrm{int}} - f^{ext} + G^{\mathrm{T}}\lambda = 0 \tag{6.93}$$

$$Gv \leqslant 0 \tag{6.94}$$

Lagrange 乘子网格

构造 Lagrange 乘子的网格具有一定的难度。当两个接触物体的节点不重合时,需要建立一种方法处理不相邻的节点。一种可能性选择 Lagrange 乘子场中的节点为主控物体的接触节点。当一个物体的网格比另一个的网格更加细化时,这种简单的方法是无效的。Lagrange 乘子的粗网格则导致相互侵彻。另一种方法是无论在物体 A 还是在 B 上出现一个节点,则放置 Lagrange 乘子节点,这种方法的不足之处在于当物体 A 和 B 上的节点接近时,一些 Lagrange 乘子单元非常小。这可能导致方程的病态条件。在三维情况下,这种方法是不可行的。关于一般性的应用,对于 Lagrange 乘子必须单独构造网格,这种网格独立于其他任何网格,但是,至少细划到两者之中较为细划的那个网格程度。

6.6 油管柱有限元分析

通过上面的理论分析,利用世界一流的有限元分析软件 MSC/MARC 软件分析油管柱的刚度、强度。

下面图 6.7 至图 6.29 为地层压力为 50 MPa,井深为 3 000 m,油管柱由 $2\frac{7}{8}$"组成时,油管柱的刚、强度分析。

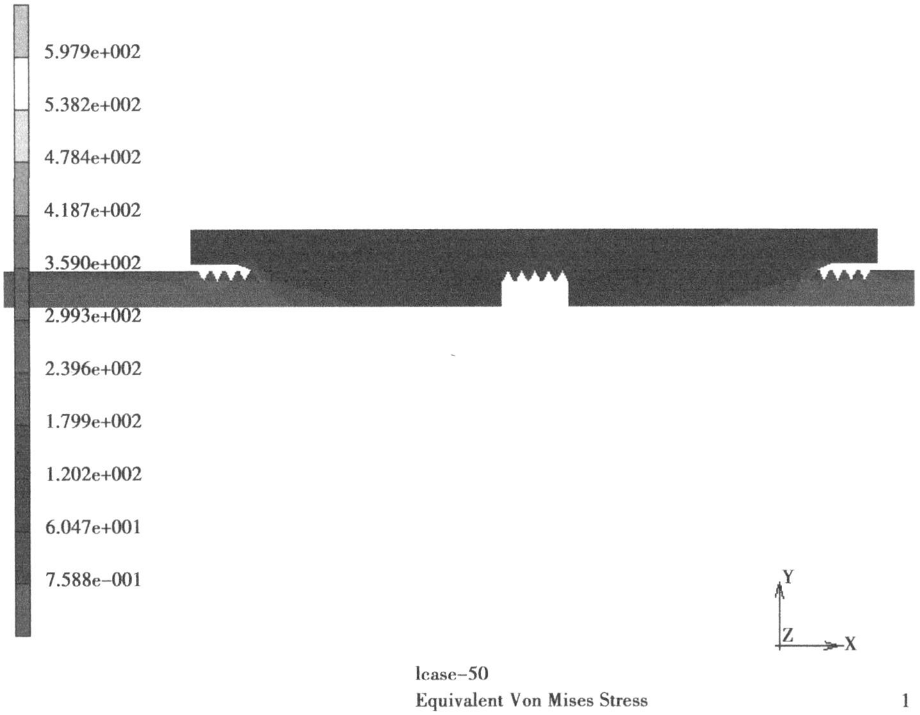

图6.7 地层压力为50 MPa时,油管柱综合应力分布图

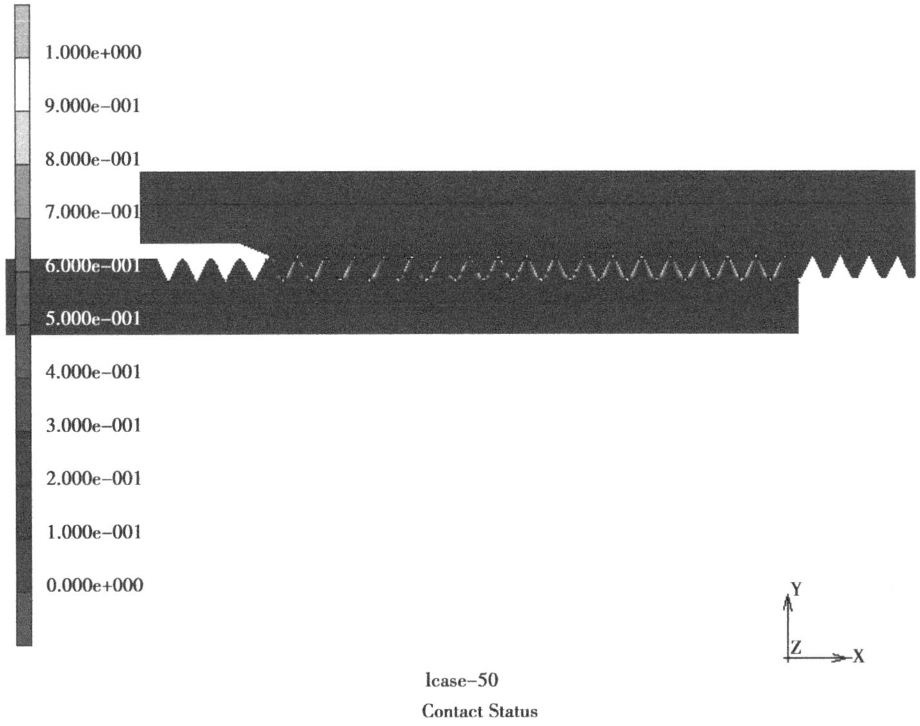

图6.8 地层压力为50 MPa时,两根油管连接区域的接触图

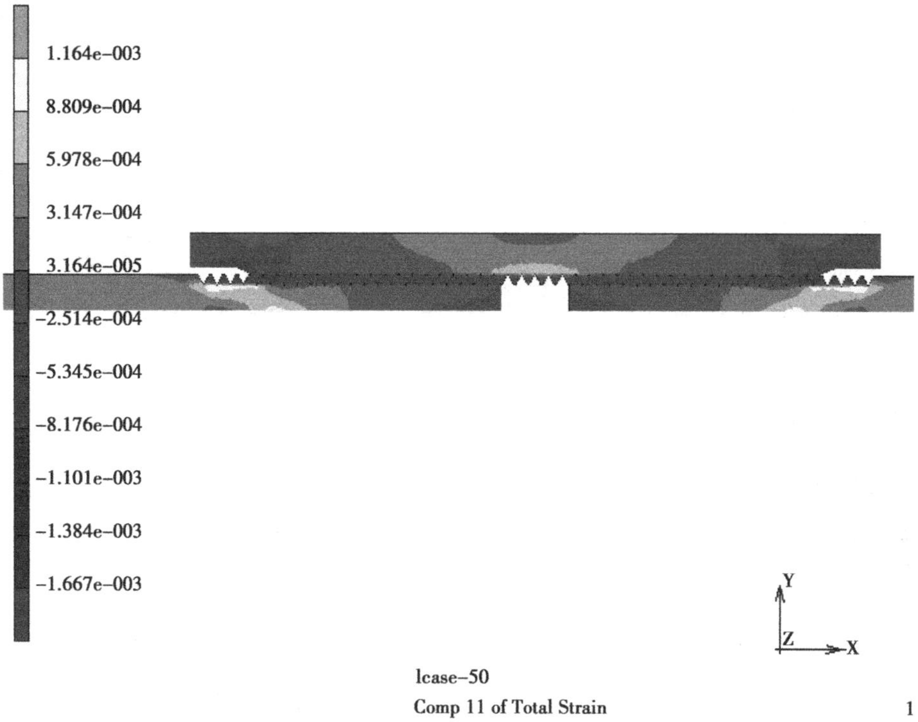

图 6.9　地层压力为 50 MPa 时,油管柱应变能分布图

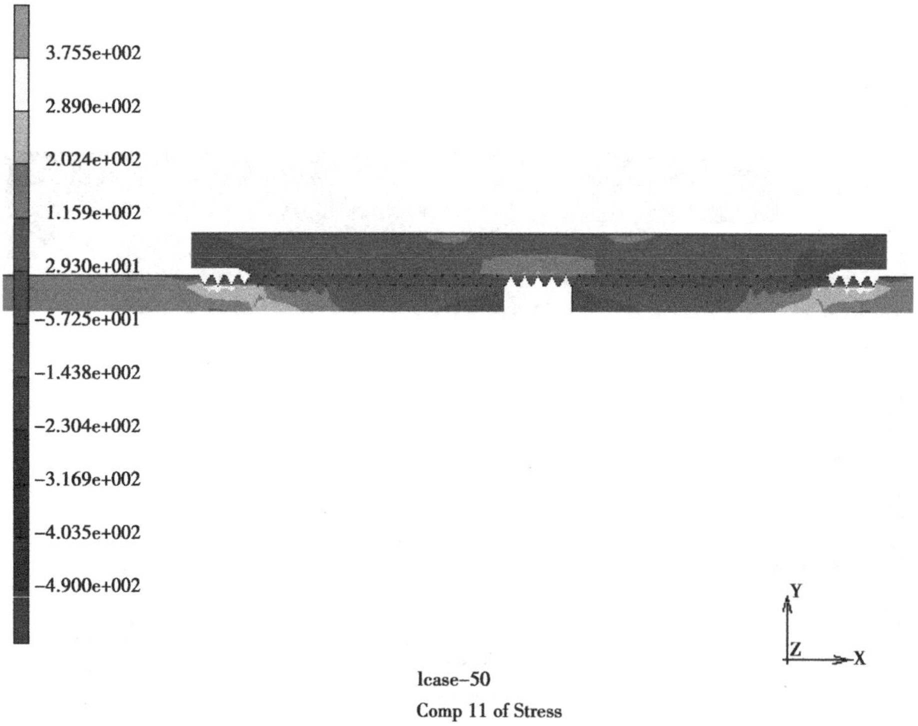

图 6.10　地层压力为 50 MPa 时,油管柱应力分布图

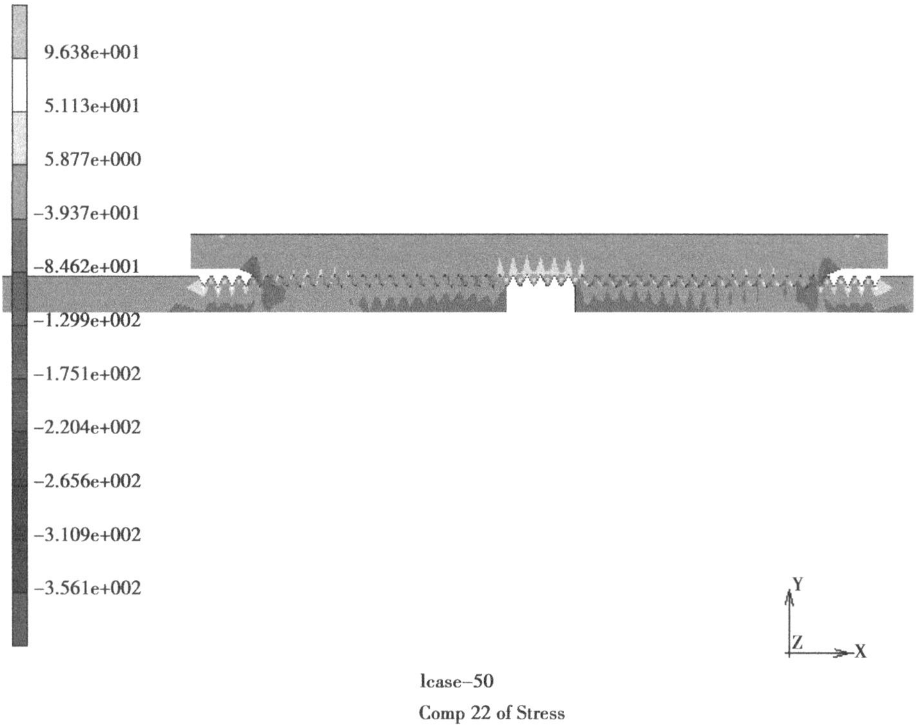

图 6.11　地层压力为 50 MPa 时，油管柱综合应力分布图

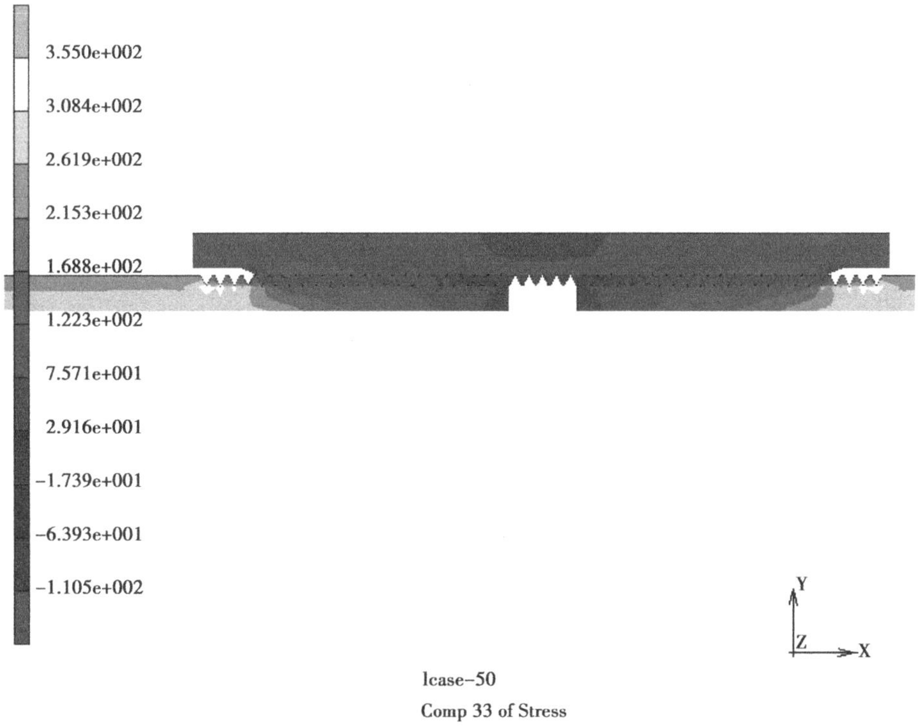

图 6.12　地层压力为 50 MPa 时，油管柱综合应力分布图

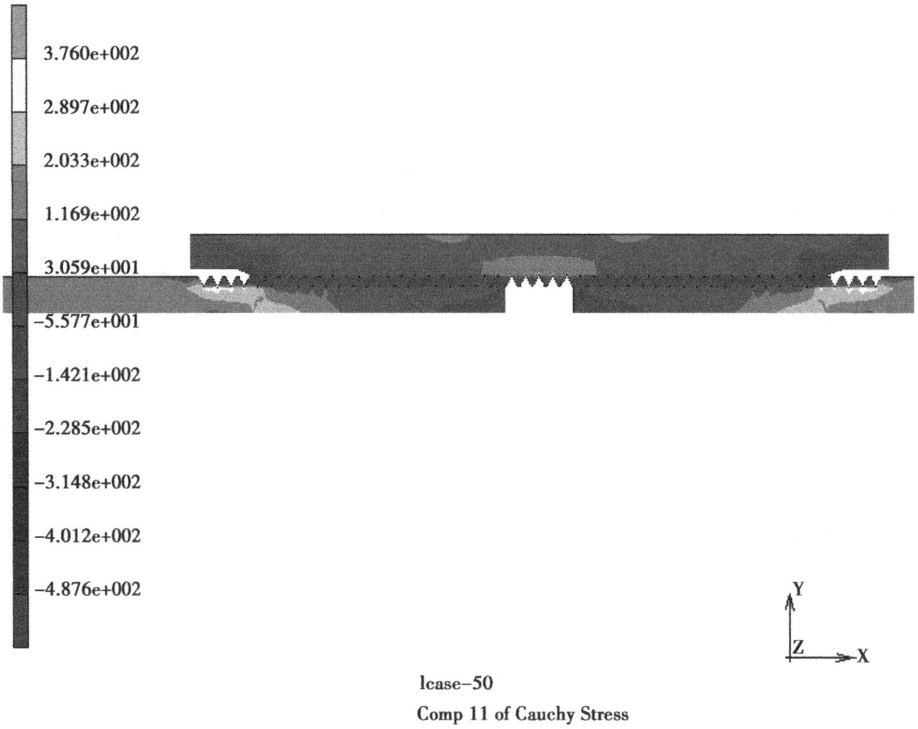

图 6.13　地层压力为 50 MPa 时，油管柱柯西综合应力分布图

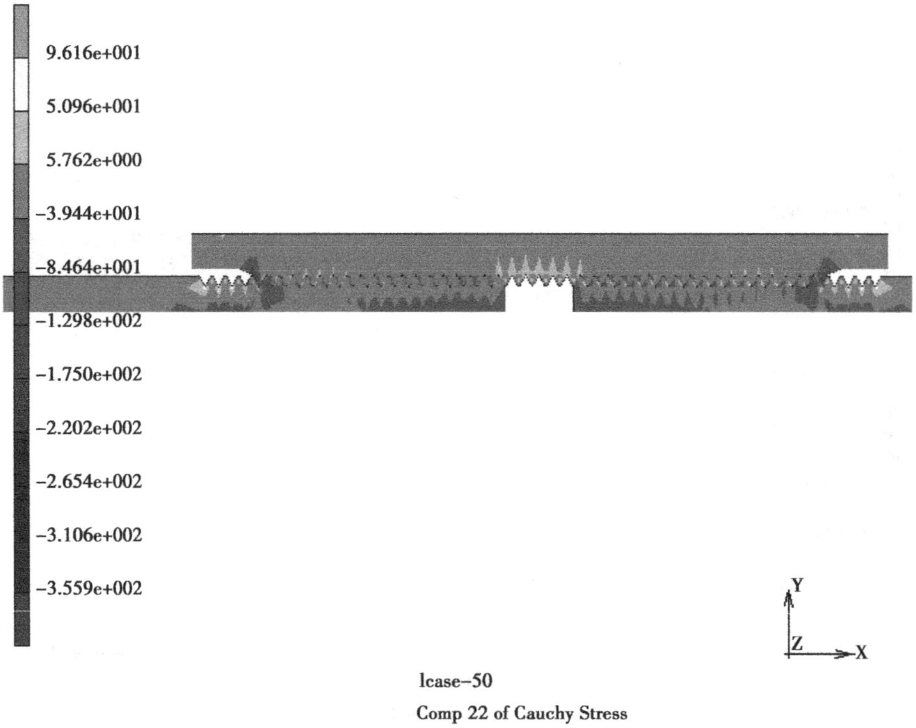

图 6.14　地层压力为 50 MPa 时，油管柱柯西综合应力分布图

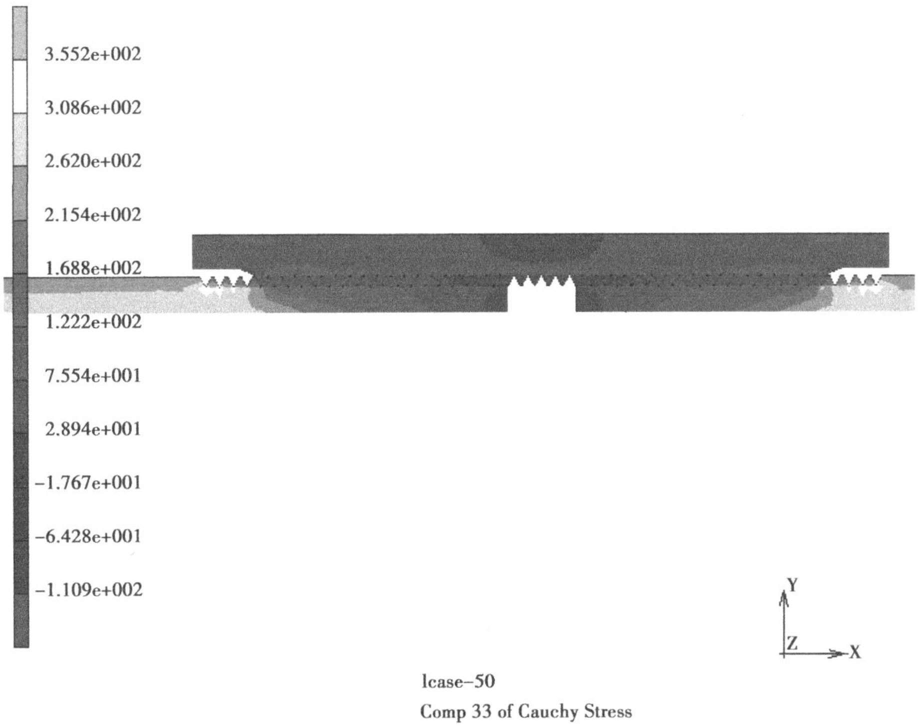

图6.15　地层压力为50 MPa时,油管柱柯西综合应力分布图

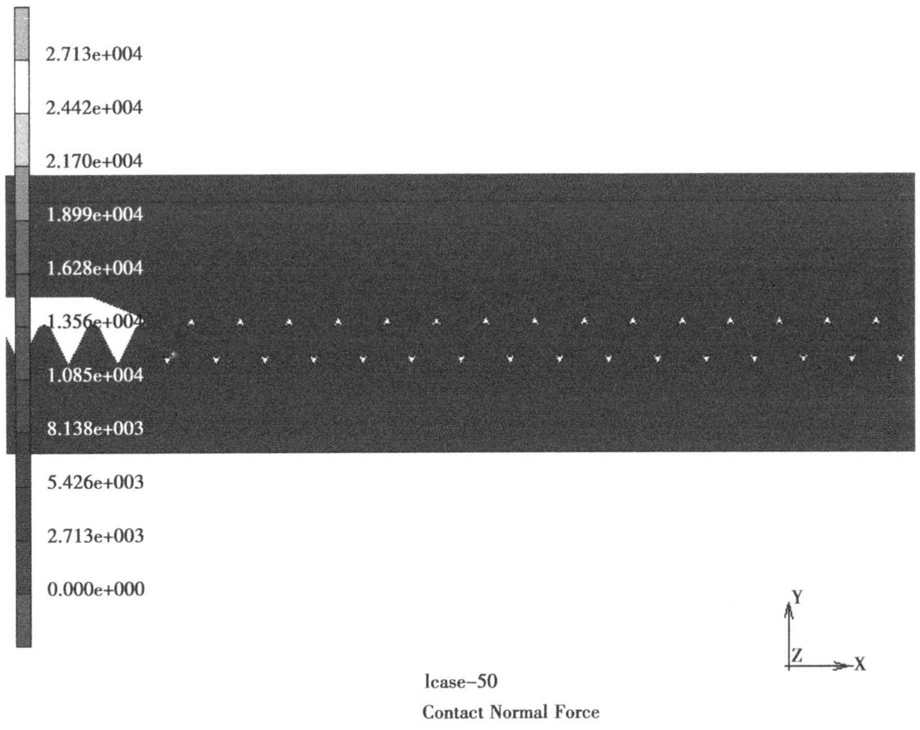

图6.16　地层压力为50 MPa时,两根油管间的接触法向力分布图

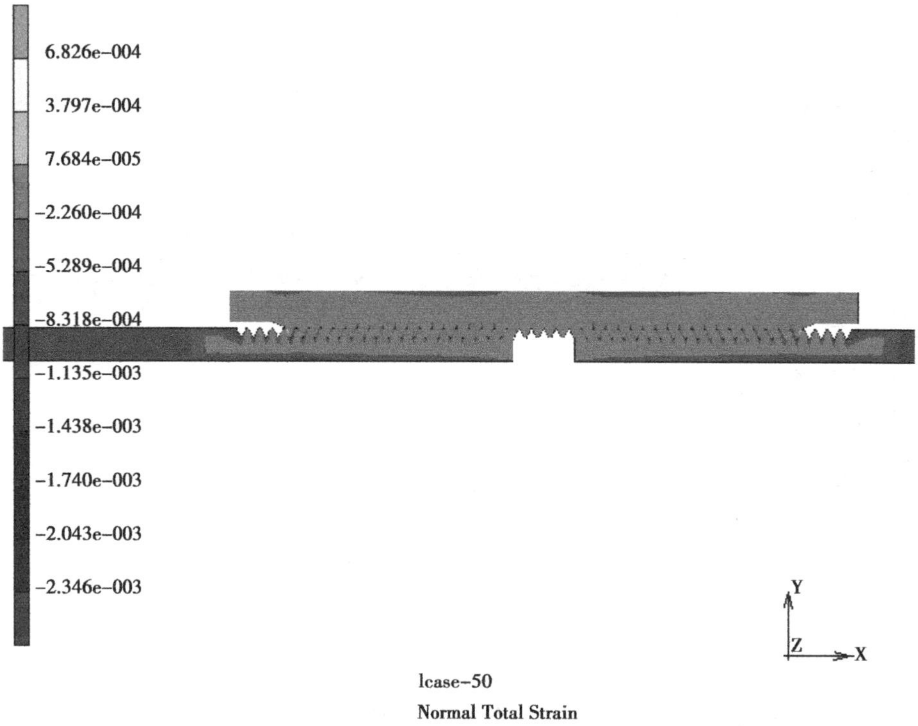

图 6.17　地层压力为 50 MPa 时,两根油管间的法向变形能分布图

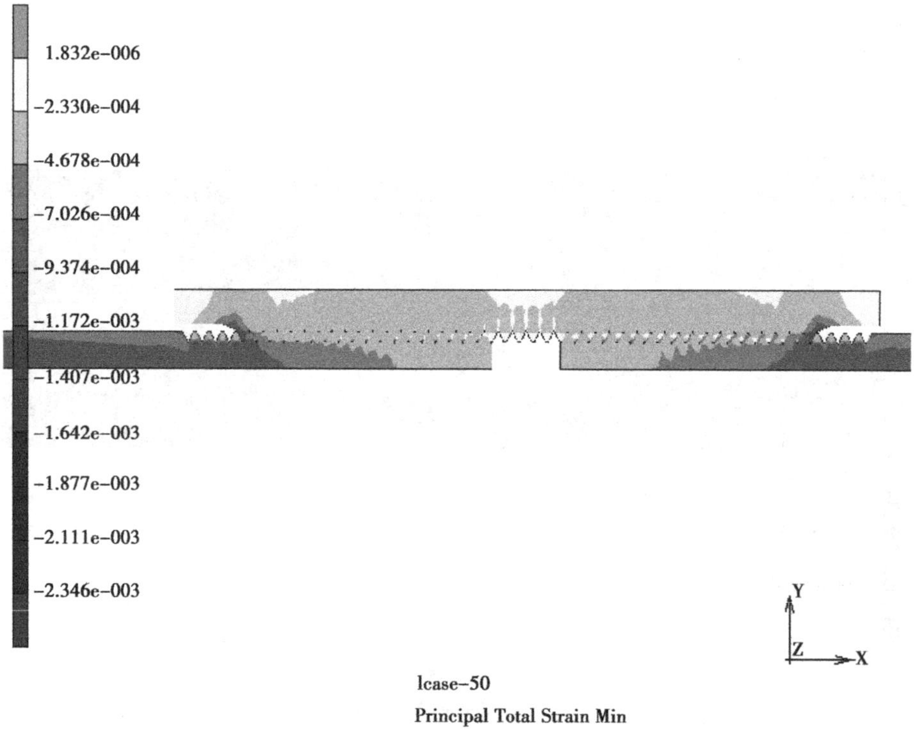

图 6.18　地层压力为 50 MPa 时,两根油管间的最小总变形能分布图

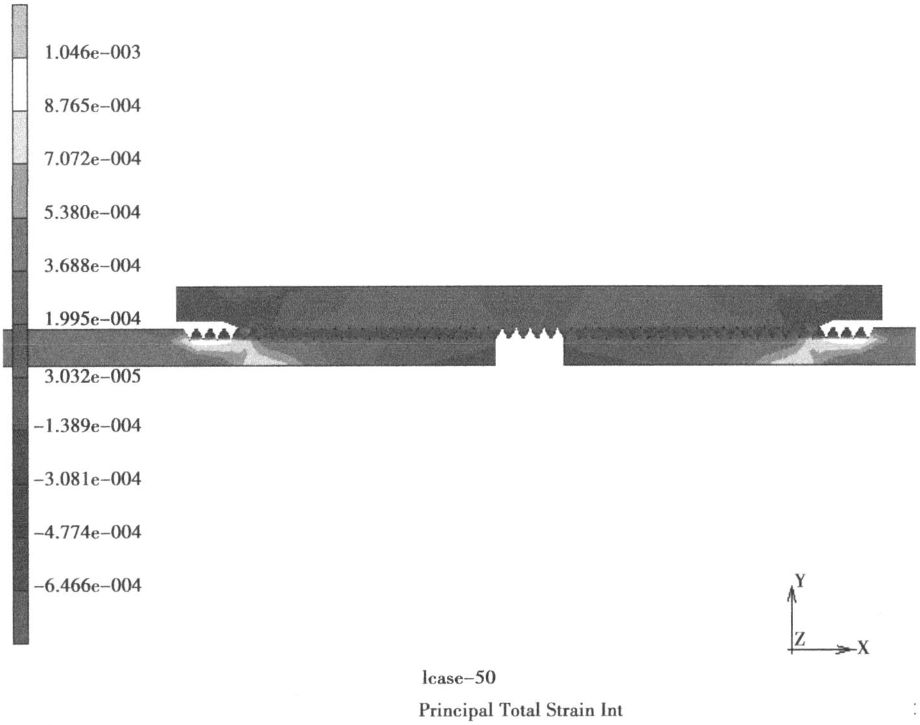

图6.19　地层压力为50 MPa时,两根油管间的总变形能分布图

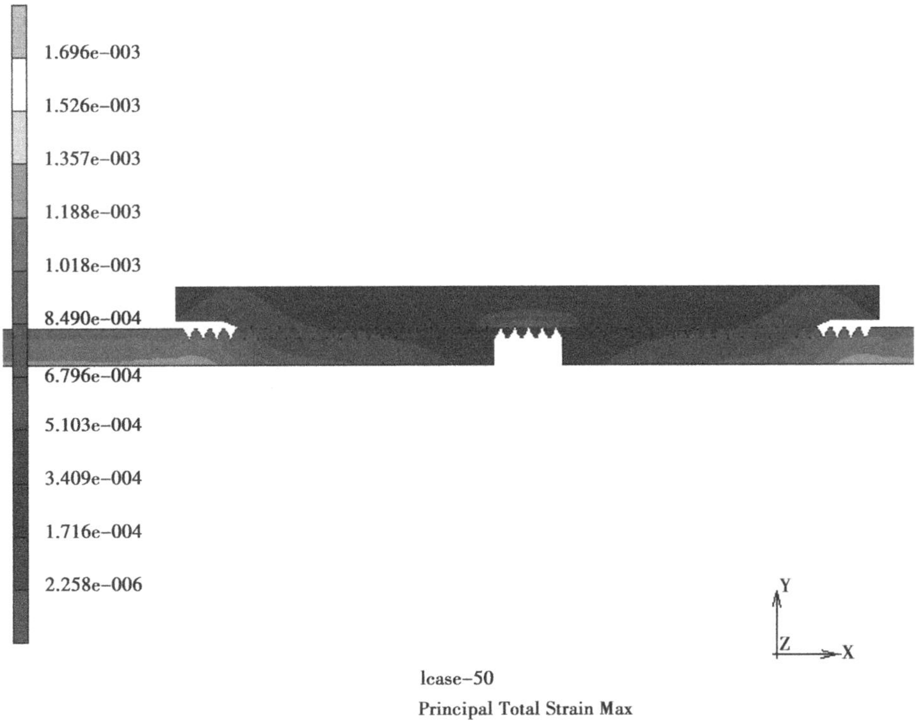

图6.20　地层压力为50 MPa时,两根油管间的最大总变形能分布图

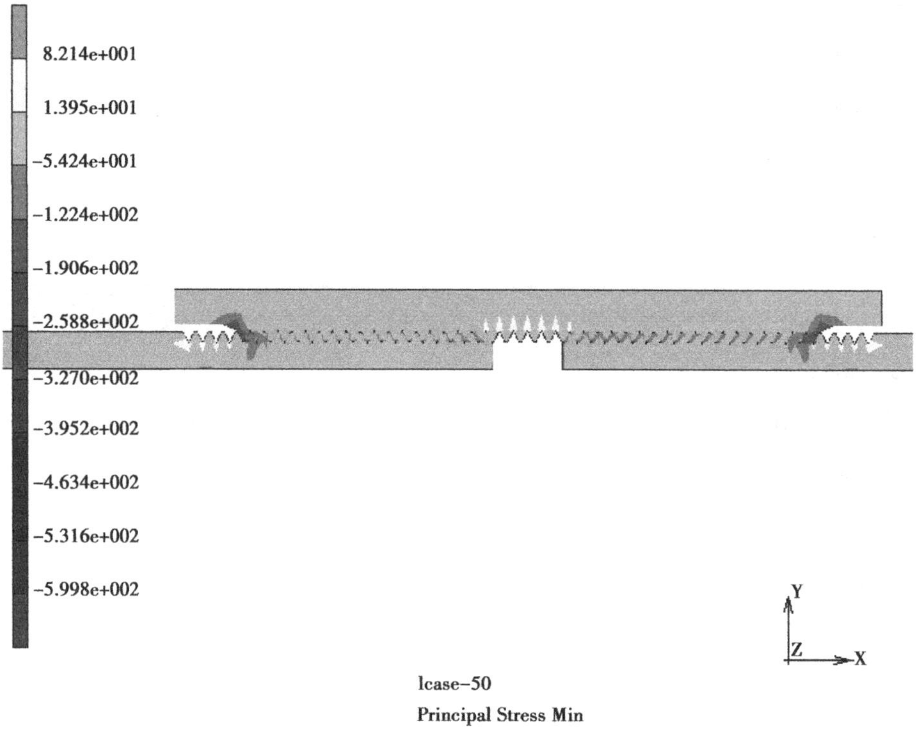

图 6.21　地层压力为 50 MPa 时,两根油管间的最小主应力分布图

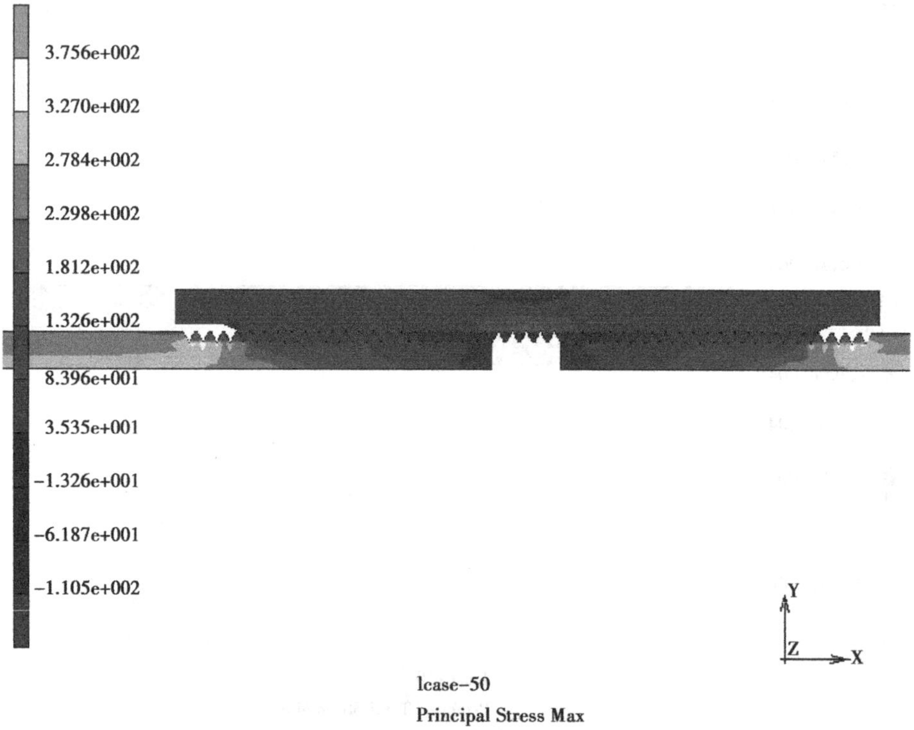

图 6.22　地层压力为 50 MPa 时,两根油管间的最大主应力分布图

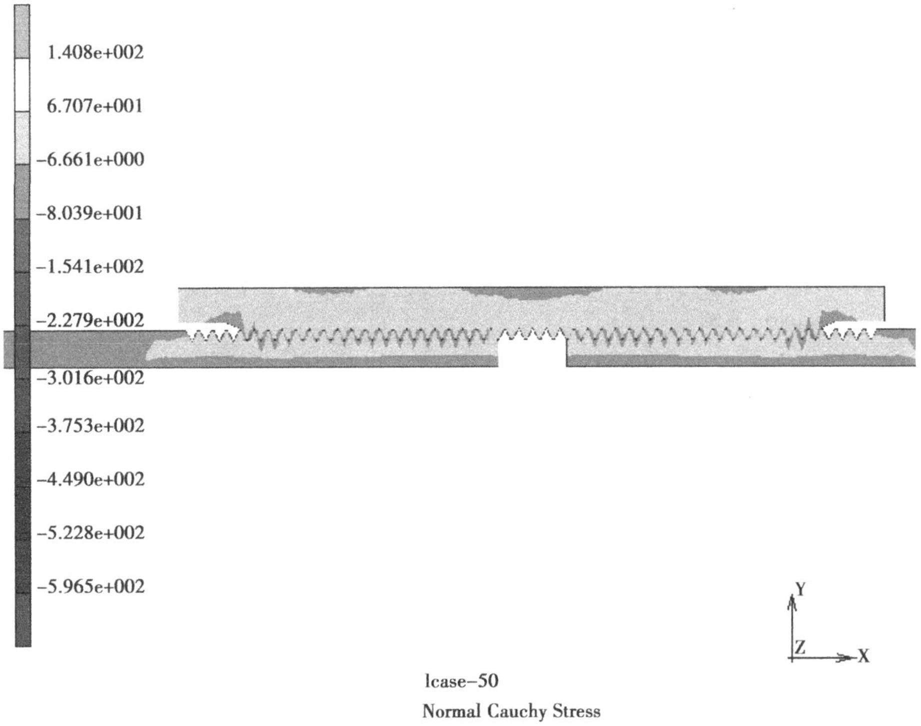

图 6.23　地层压力为 50 MPa 时，两根油管间的法向柯西应力分布图

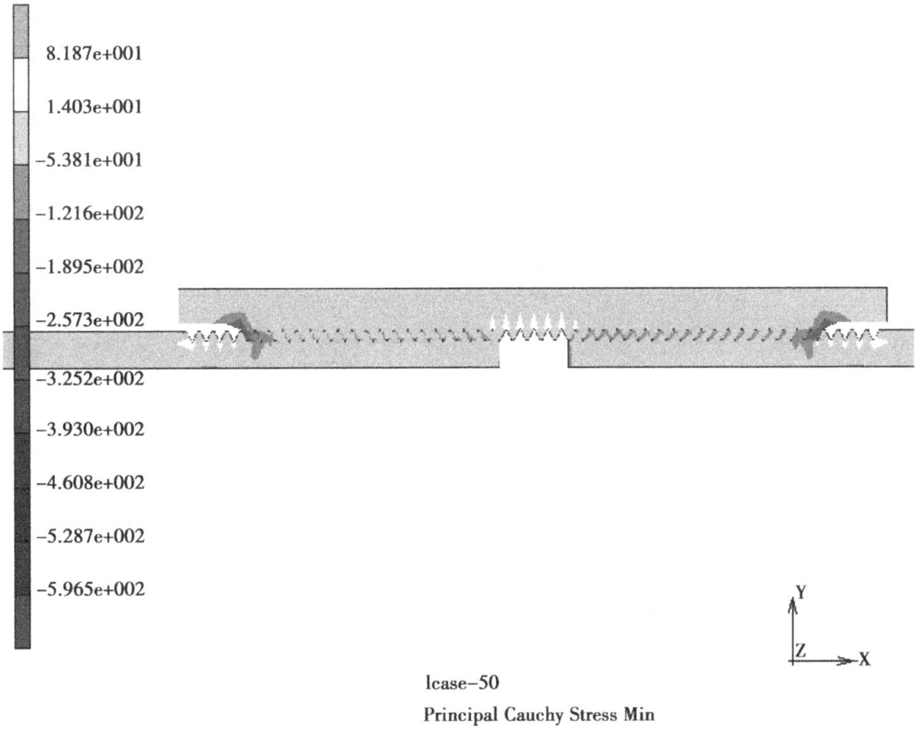

图 6.24　地层压力为 50 MPa 时，两根油管间的最小主柯西应力分布图

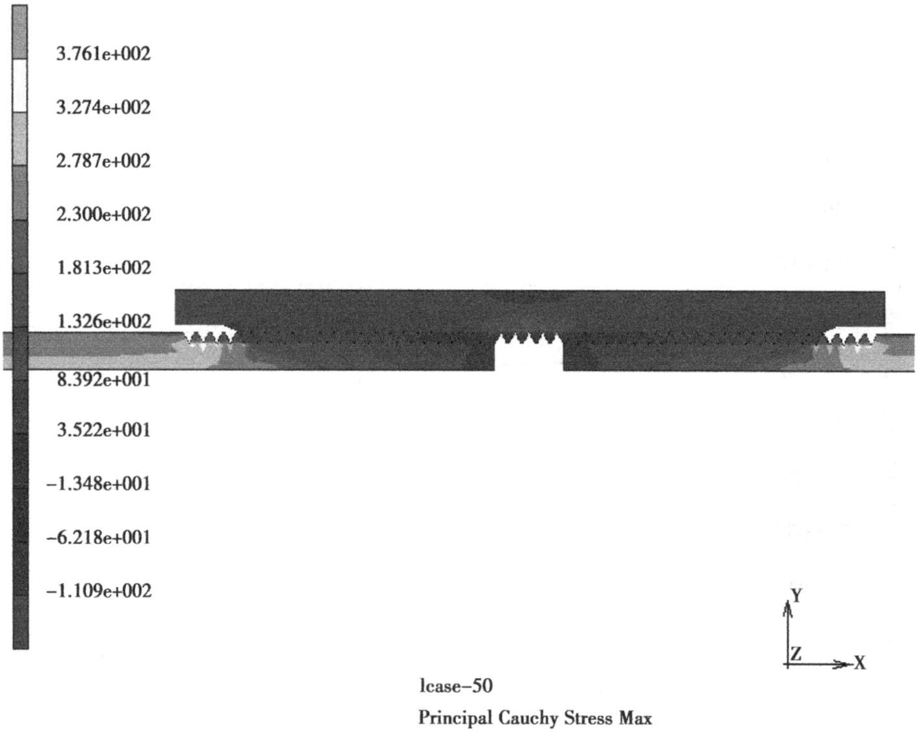

图 6.25　地层压力为 50 MPa 时，两根油管间的最大主柯西应力分布图

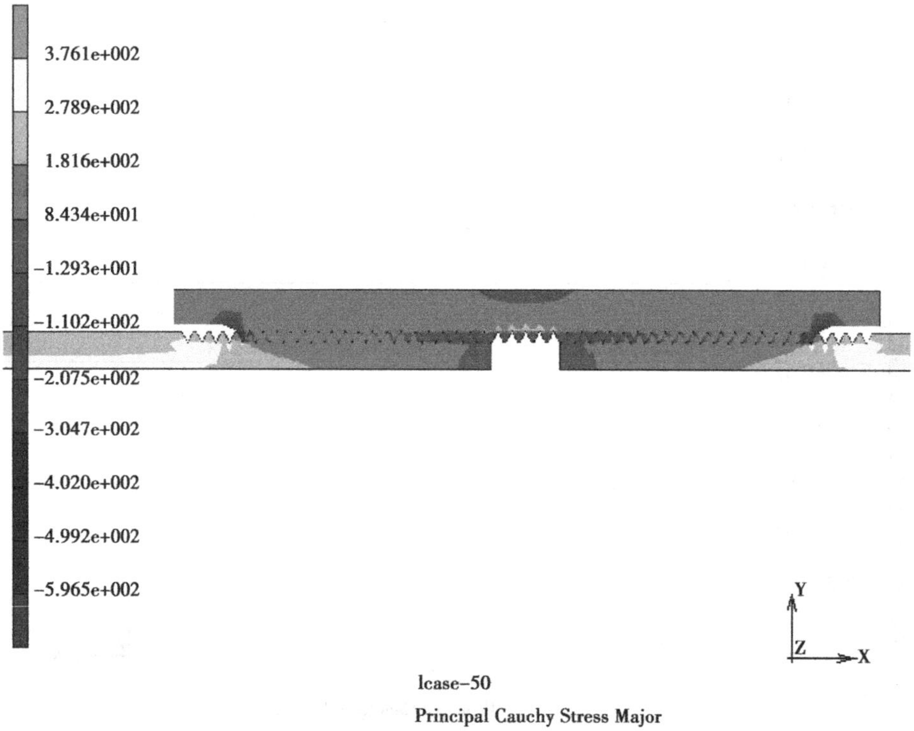

图 6.26　地层压力为 50 MPa 时，两根油管间的绝对值最大的主柯西应力分布图

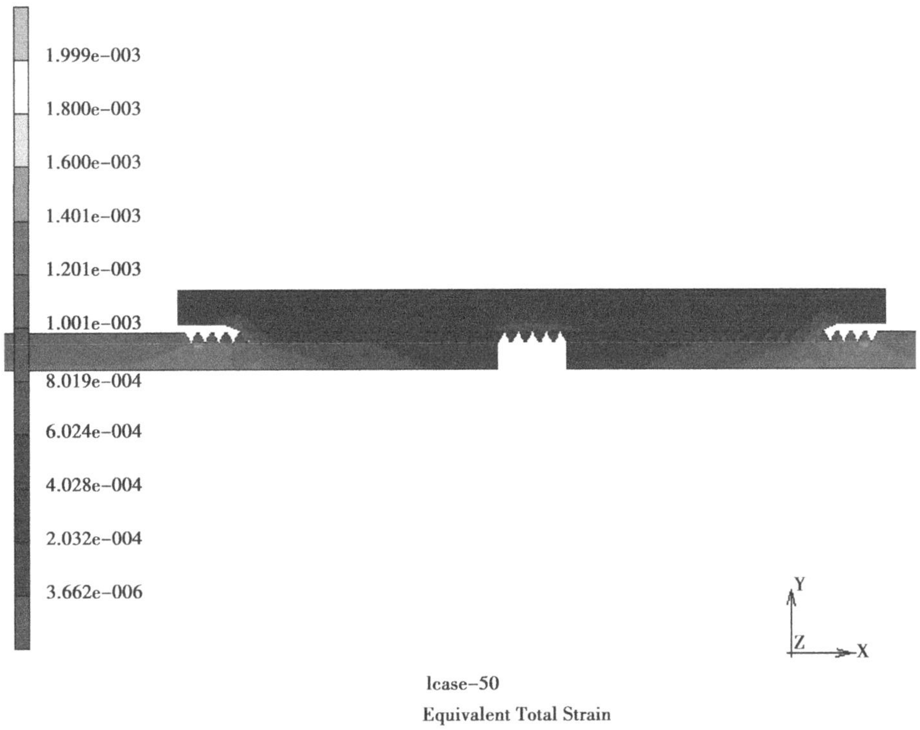

图6.27　地层压力为50 MPa时,两根油管间的等效总变形能分布图

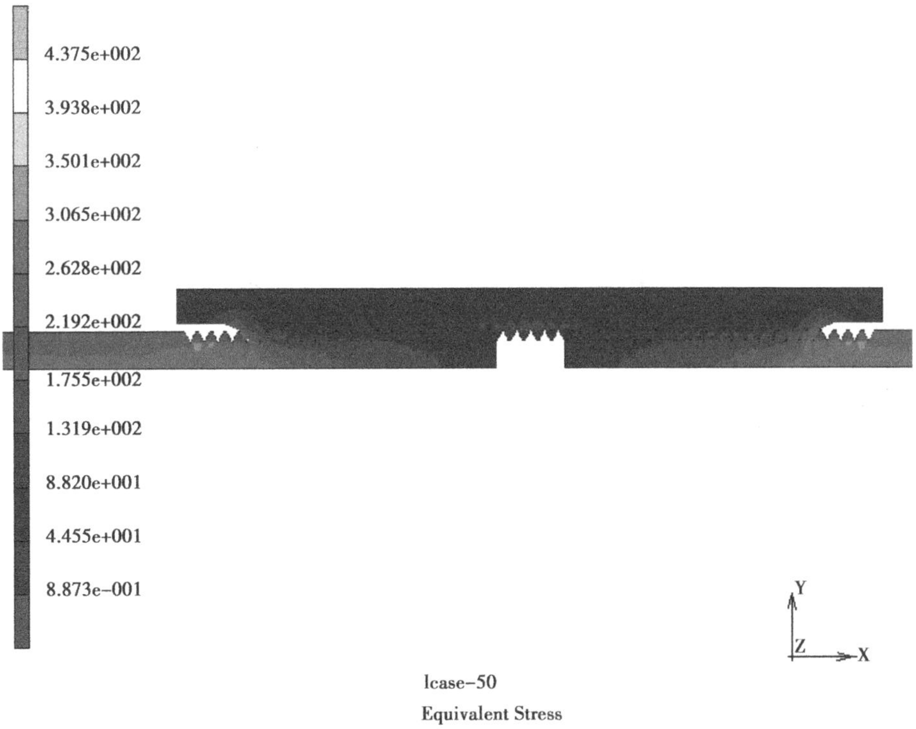

图6.28　地层压力为50 MPa时,两根油管间的等效应力分布图

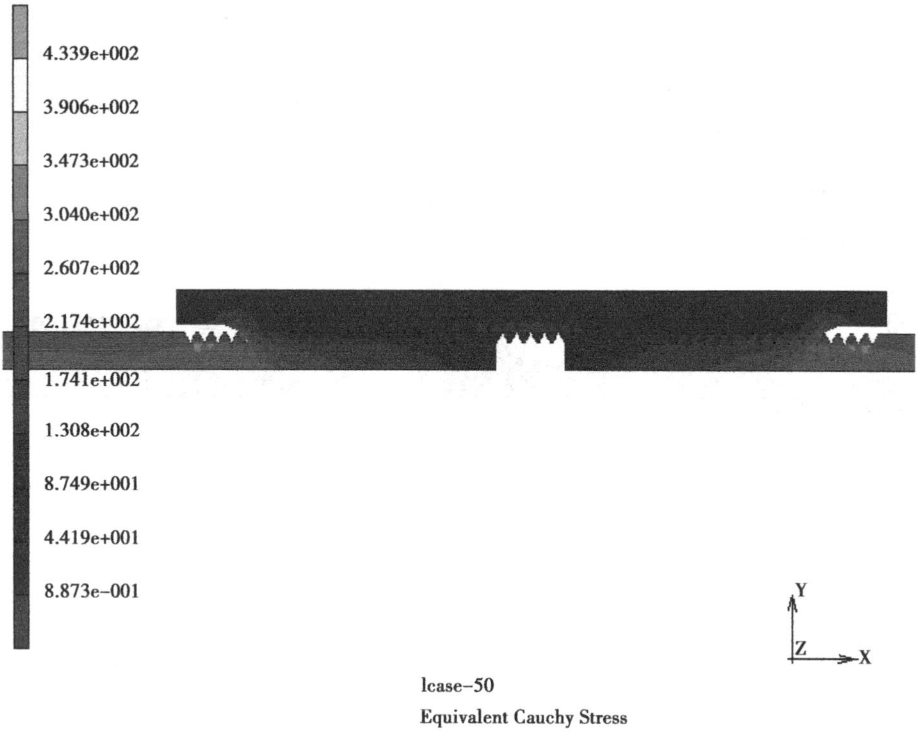

图 6.29　地层压力为 50 MPa 时,两根油管间的等效柯西应力分布图

下面图 6.30 至图 6.64 为地层压力为 80 MPa,井深为 4 000 m,油管柱由 3″组成时,油管柱的刚、强度分析。

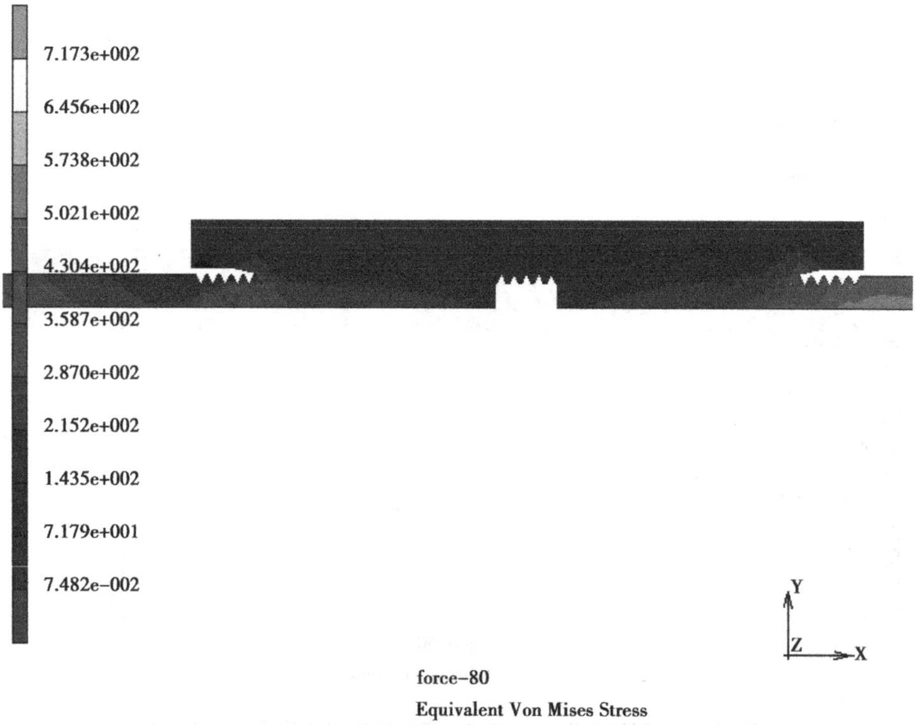

图 6.30　地层压力为 80 MPa 时,两根油管间的等效综合应力分布图

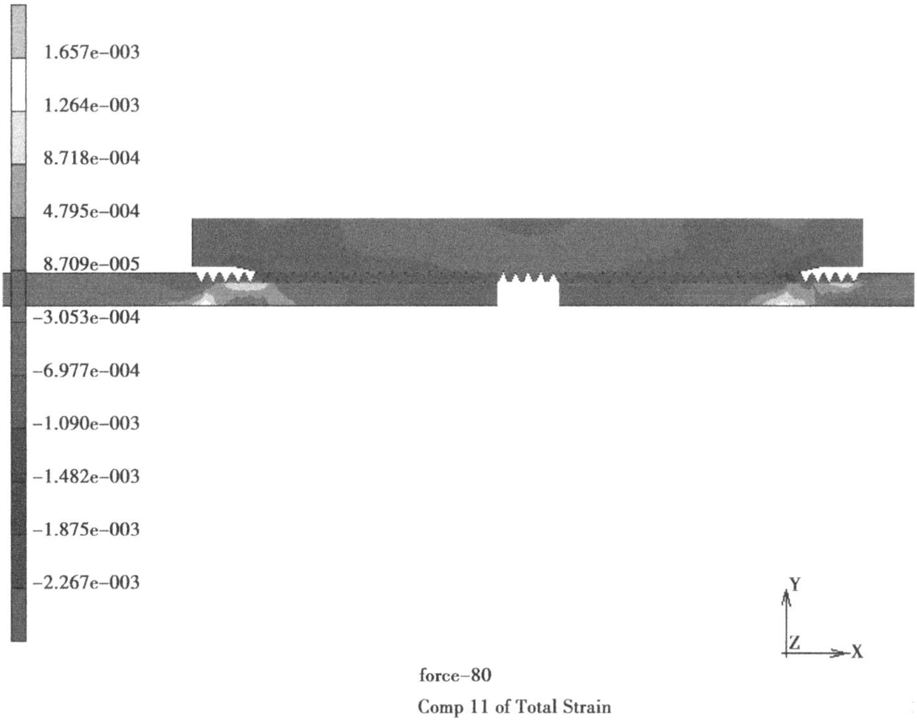

图6.31　地层压力为80 MPa时,两根油管间的变形能分布图

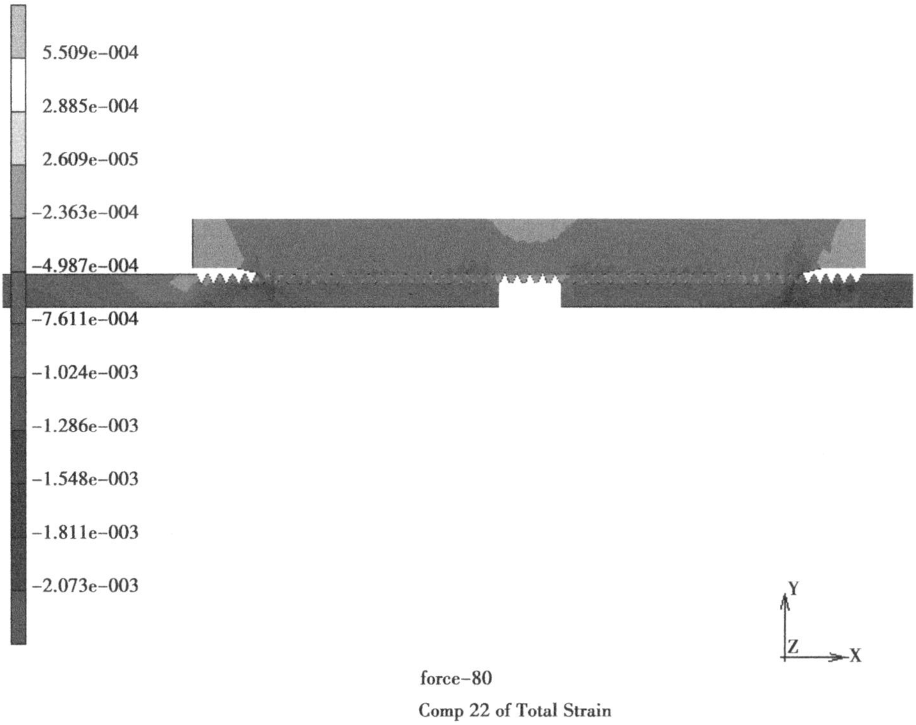

图6.32　地层压力为80 MPa时,两根油管间的变形能分布图

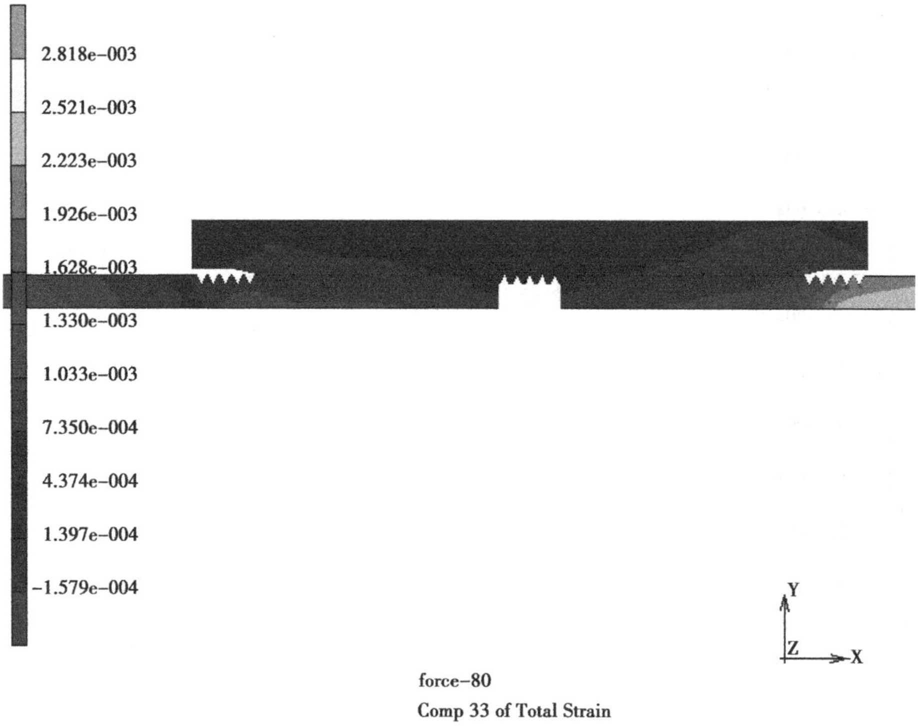

图 6.33 地层压力为 80 MPa 时，两根油管间的变形能分布图

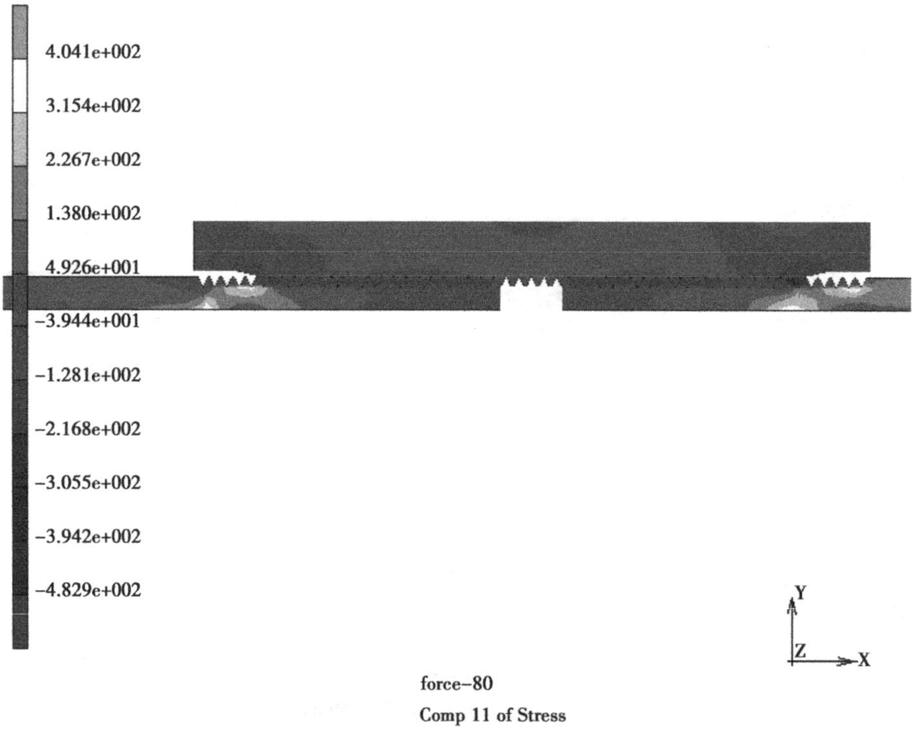

图 6.34 地层压力为 80 MPa 时，两根油管间的应力分布图

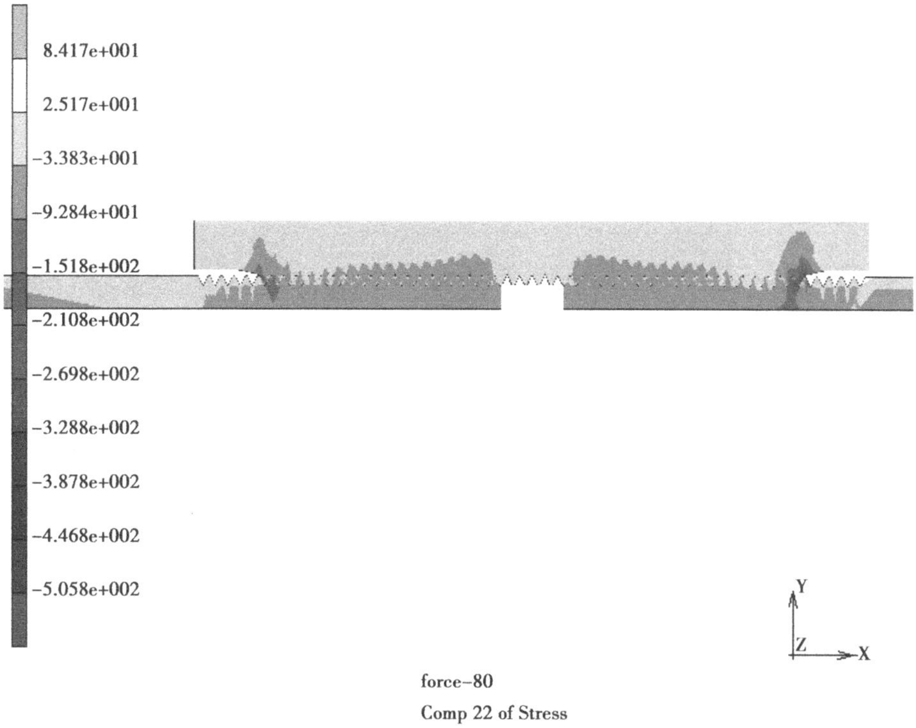

图 6.35　地层压力为 80 MPa 时,两根油管间的应力分布图

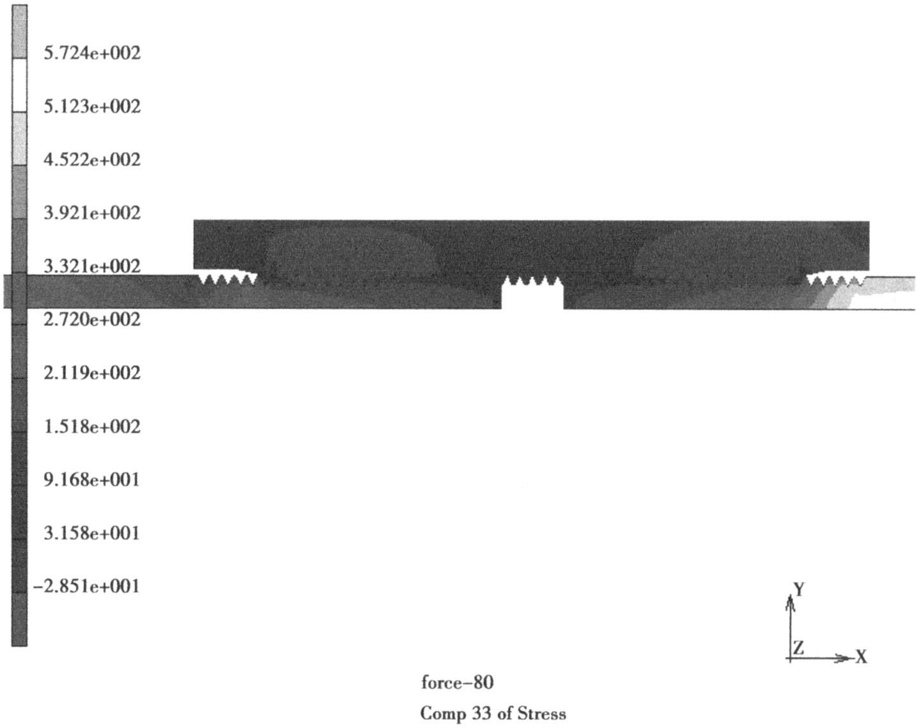

图 6.36　地层压力为 80 MPa 时,两根油管间的应力分布图

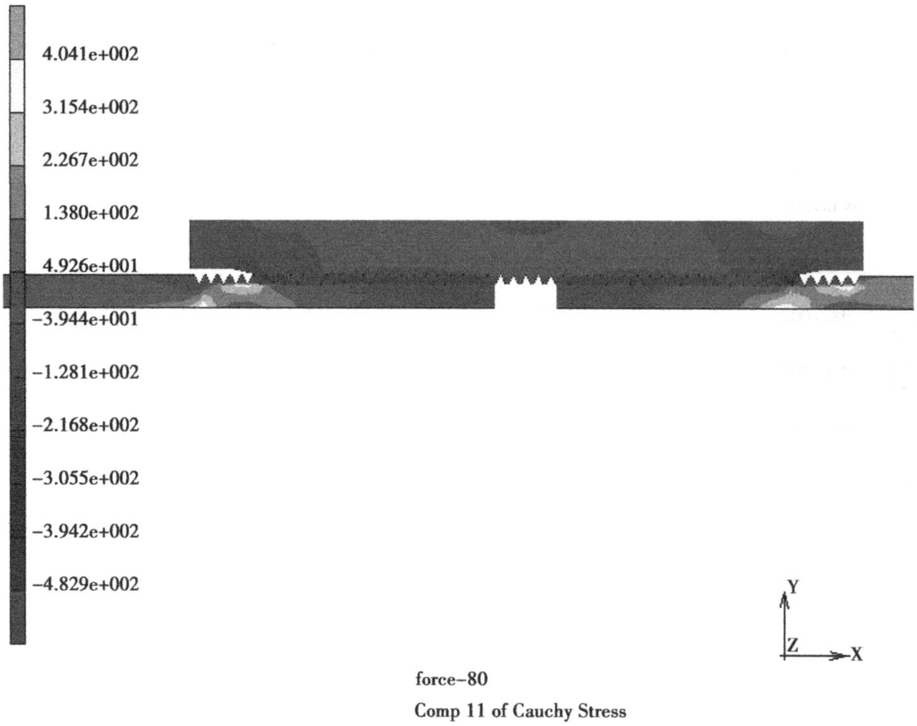

图 6.37　地层压力为 80 MPa 时，两根油管间的柯西应力分布图

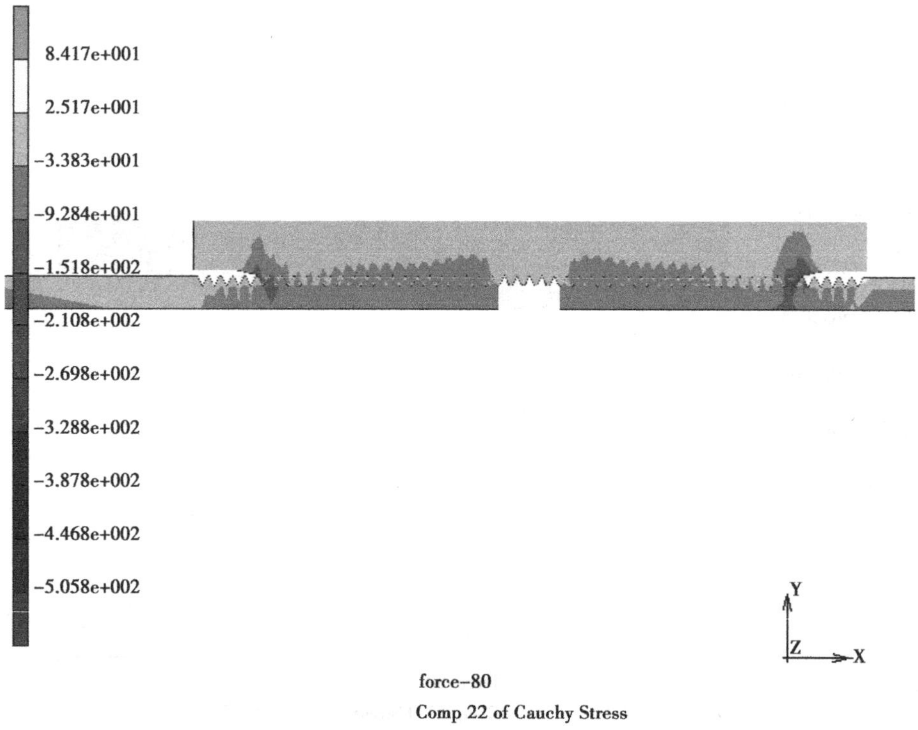

图 6.38　地层压力为 80 MPa 时，两根油管间的柯西应力分布图

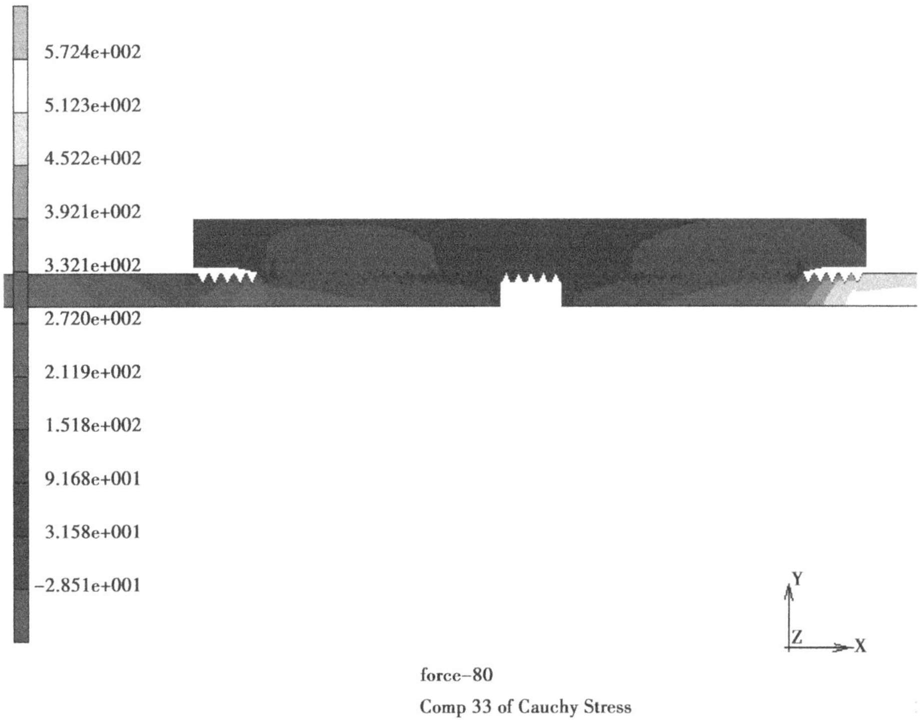

图6.39　地层压力为80 MPa时,两根油管间的柯西应力分布图

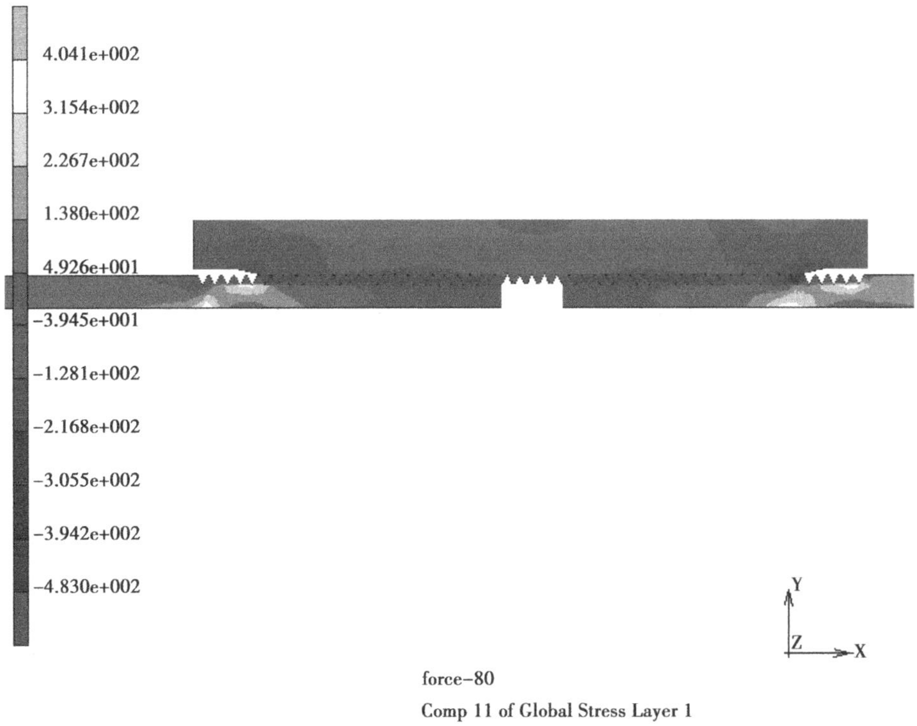

图6.40　地层压力为80 MPa时,两根油管间的应力分布图

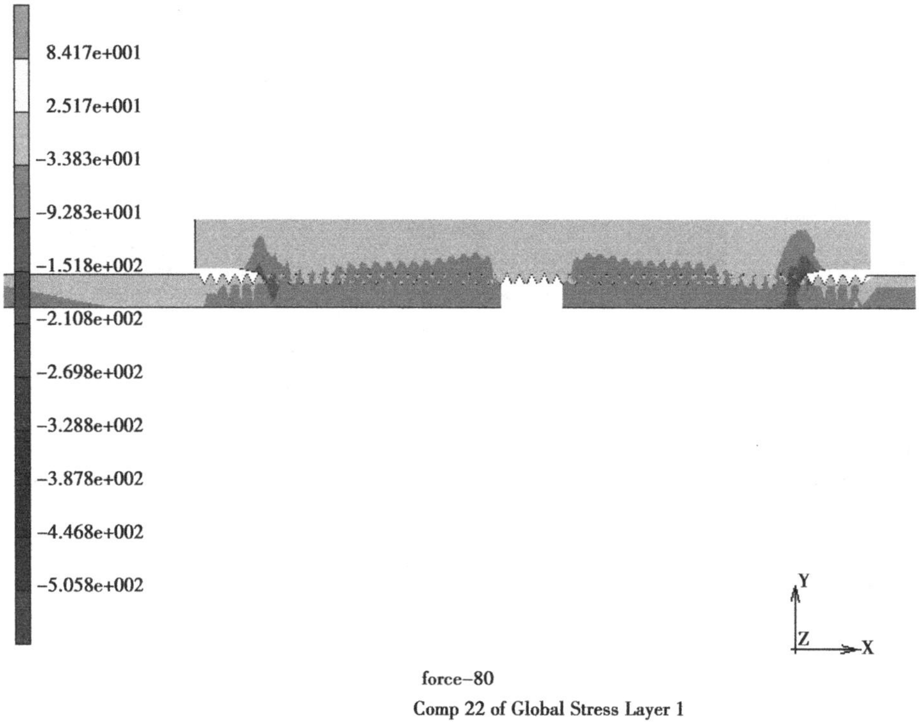

图 6.41　地层压力为 80 MPa 时,两根油管间的应力分布图

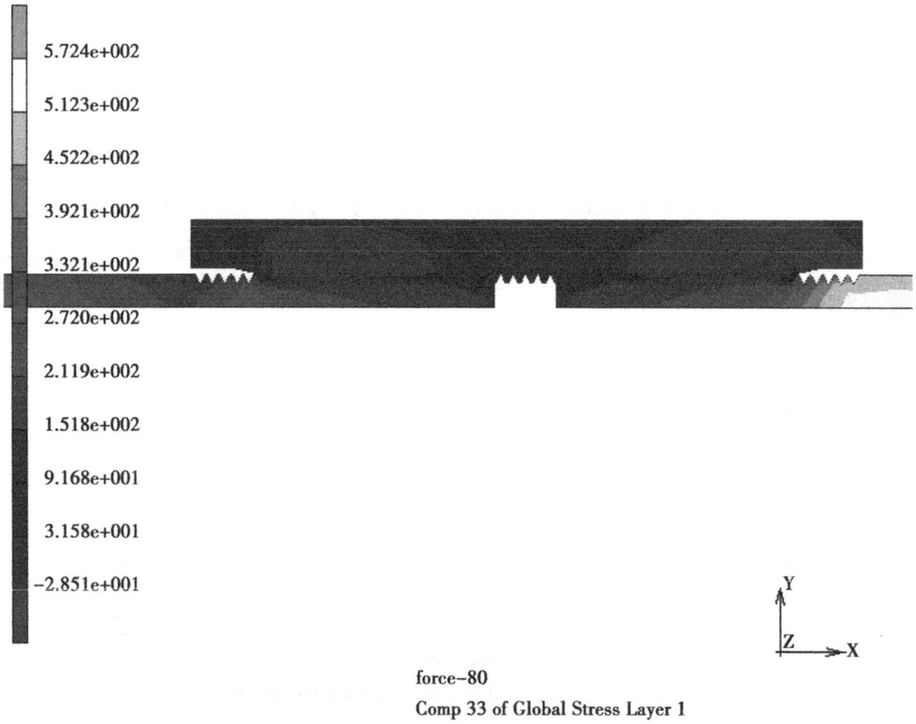

图 6.42　地层压力为 80 MPa 时,两根油管间的等效柯西应力分布图

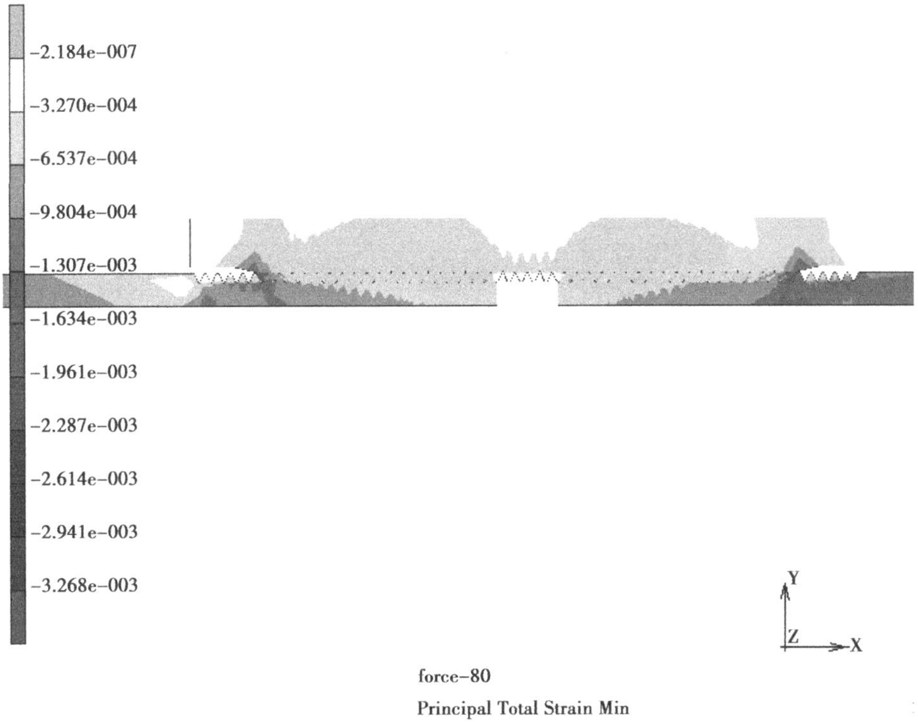

图 6.43　地层压力为 80 MPa 时,两根油管间的应变能分布图

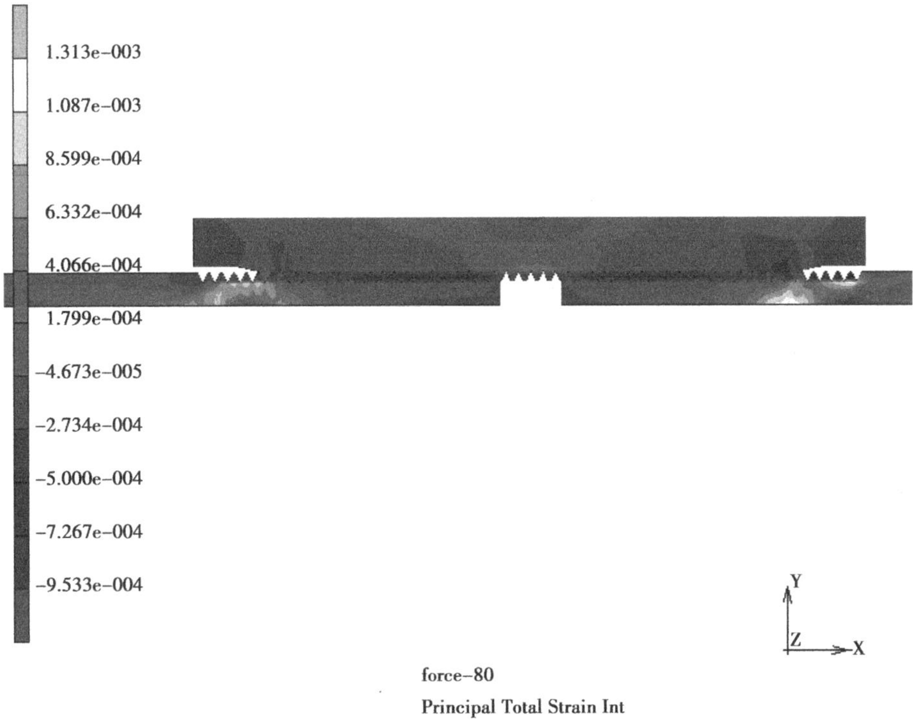

图 6.44　地层压力为 80 MPa 时,两根油管间的总主应变能分布图

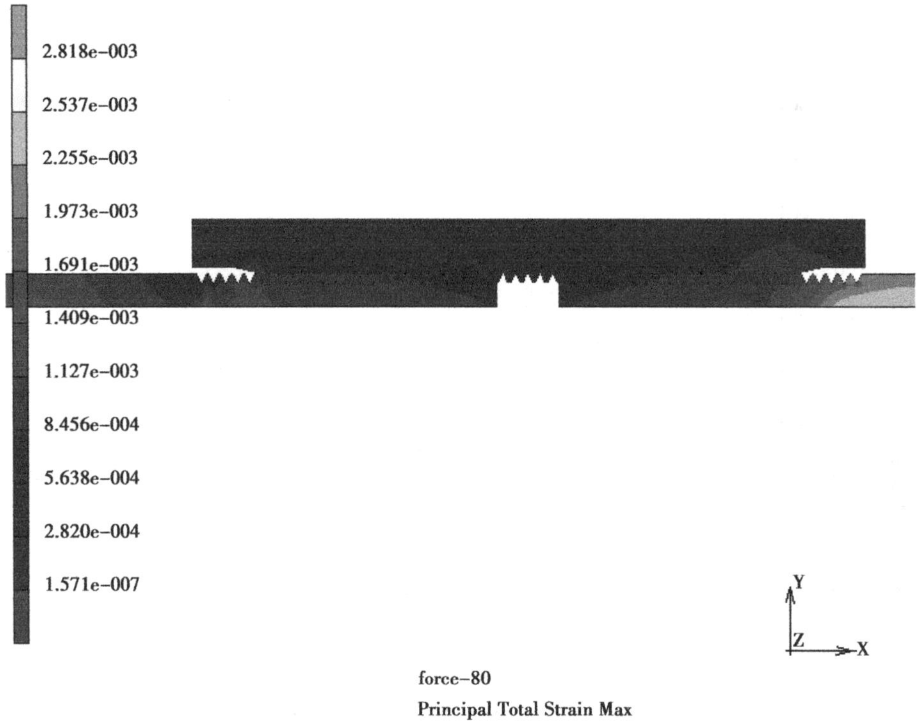

图 6.45　地层压力为 80 MPa 时,两根油管间的最大总主应变能分布图

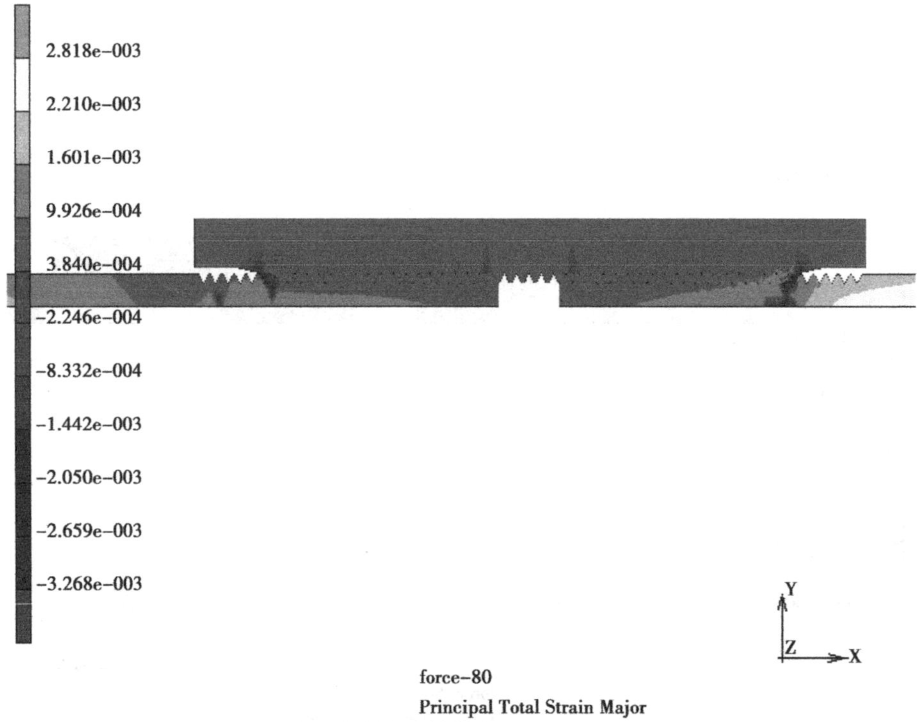

图 6.46　地层压力为 80 MPa 时,两根油管间的等效柯西应力分布图

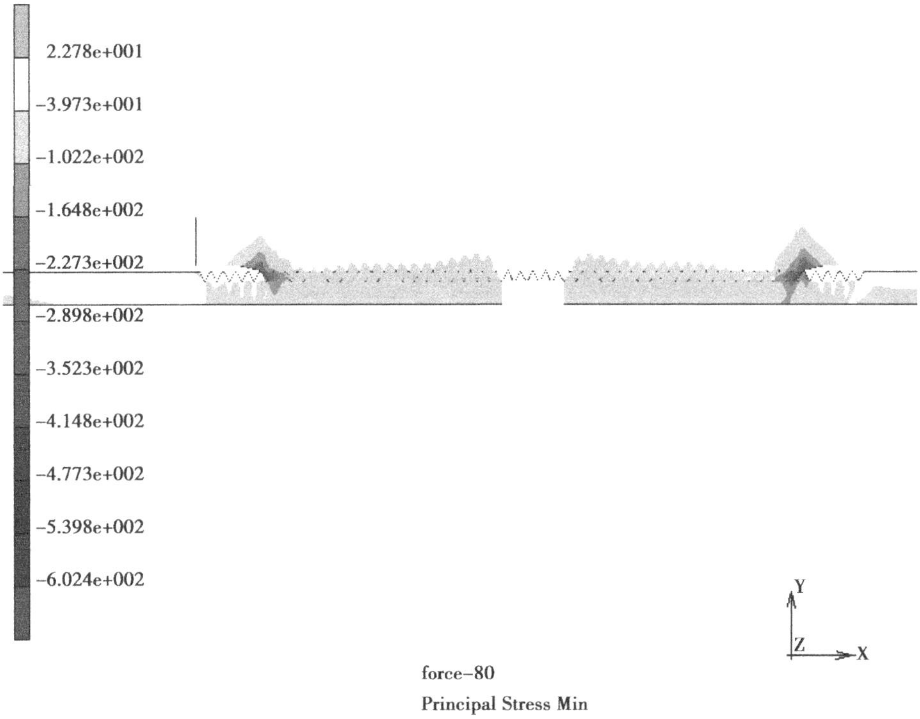

图6.47　地层压力为80 MPa时，两根油管间的等效柯西应力分布图

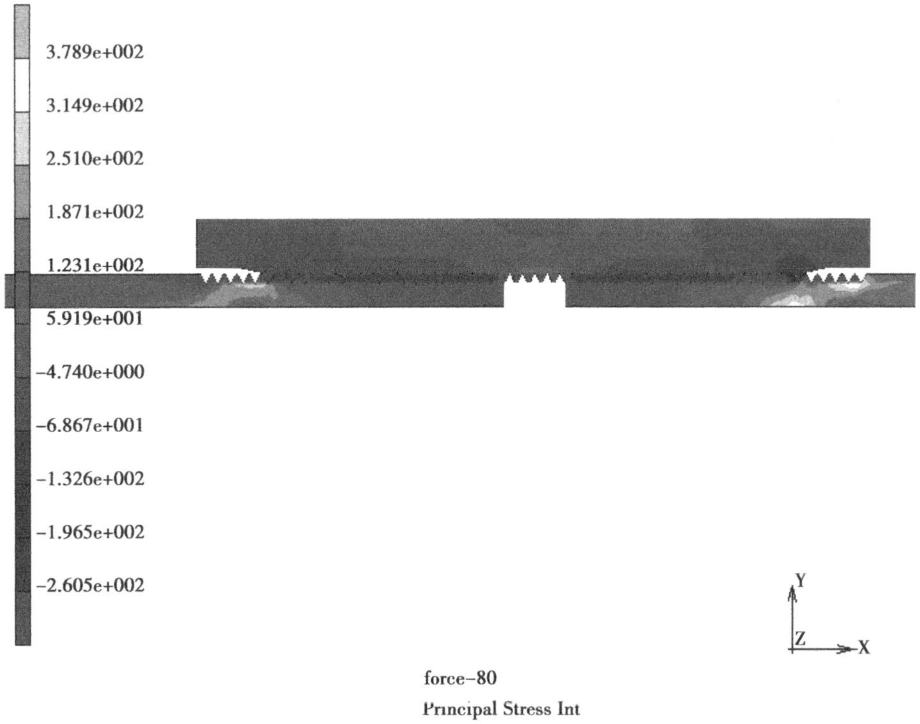

图6.48　地层压力为80 MPa时，两根油管间的中间主应力分布图

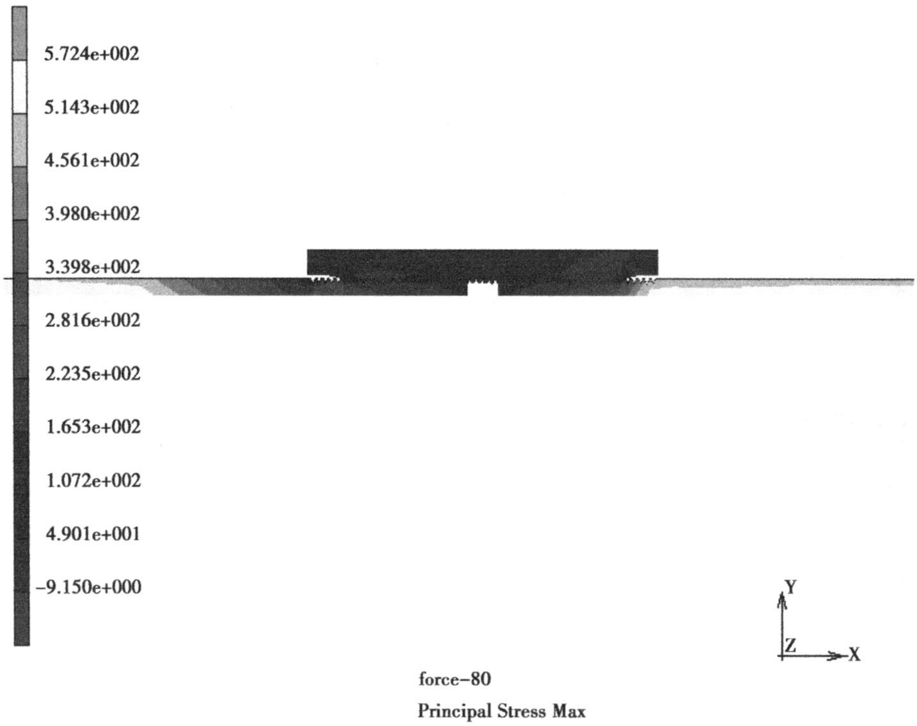

图 6.49　地层压力为 80 MPa 时,两根油管间的最大主应力分布图

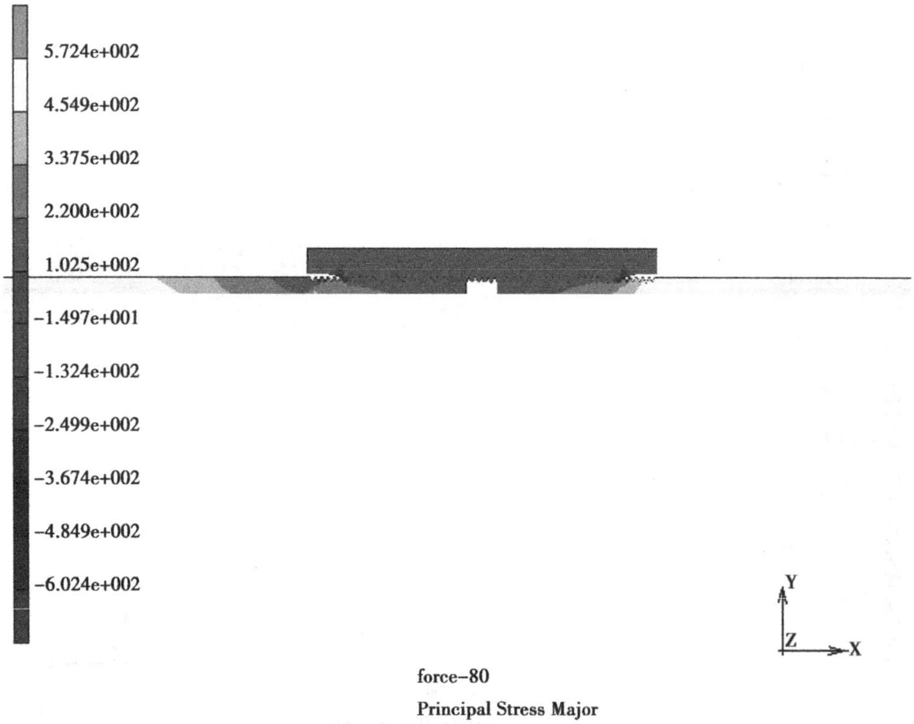

图 6.50　地层压力为 80 MPa 时,两根油管间的绝对值最大主应力分布图

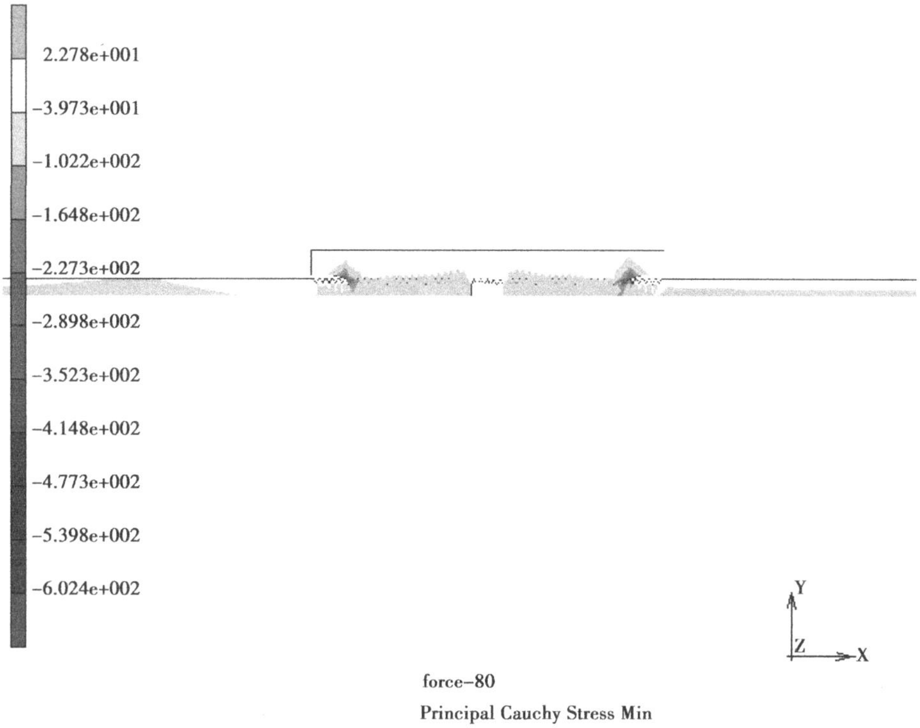

图 6.51 地层压力为 80 MPa 时,两根油管间的最小柯西主应力分布图

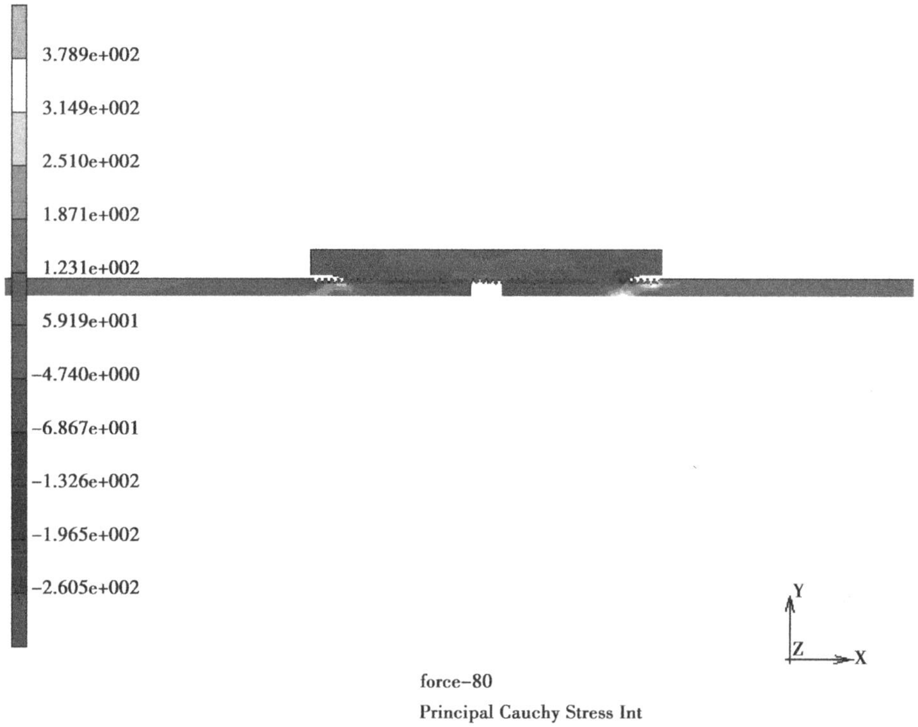

图 6.52 地层压力为 80 MPa 时,两根油管间的柯西中间应力分布图

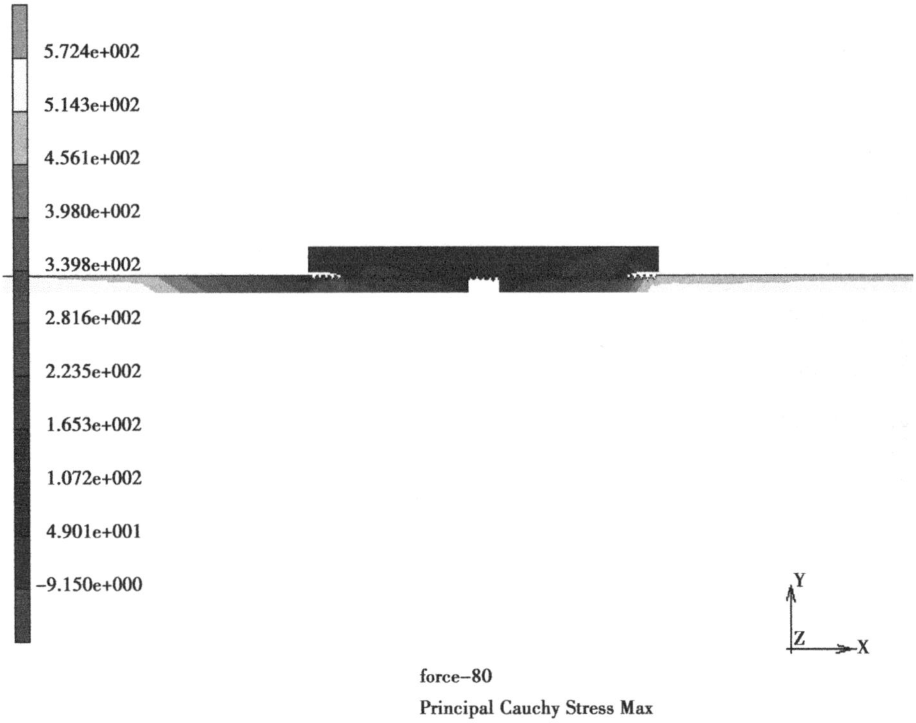

图 6.53　地层压力为 80 MPa 时,两根油管间的最大柯西主应力分布图

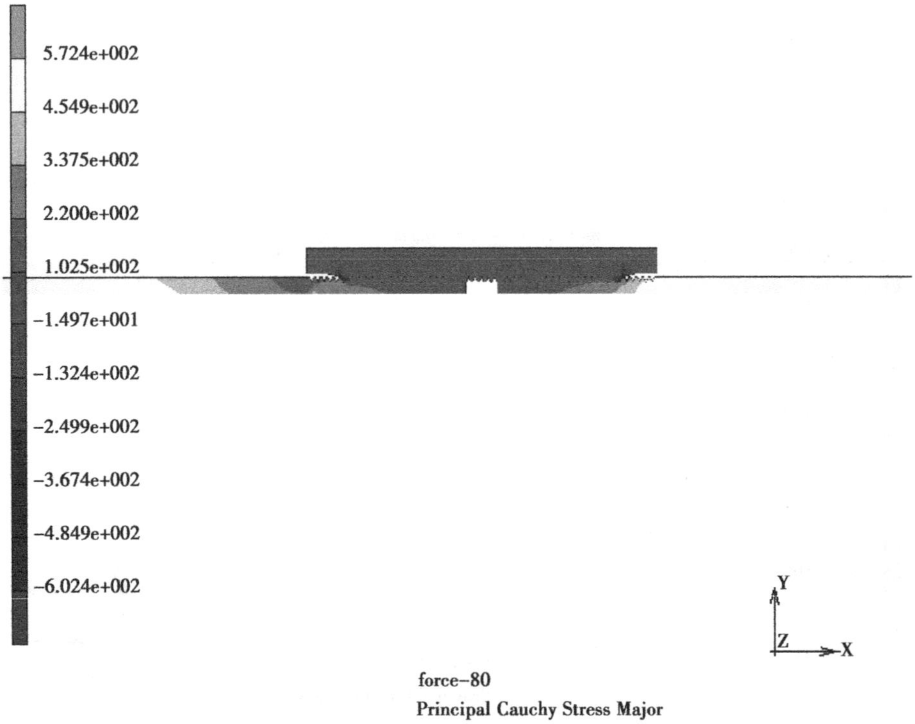

图 6.54　地层压力为 80 MPa 时,两根油管间的绝对值最大柯西应力分布图

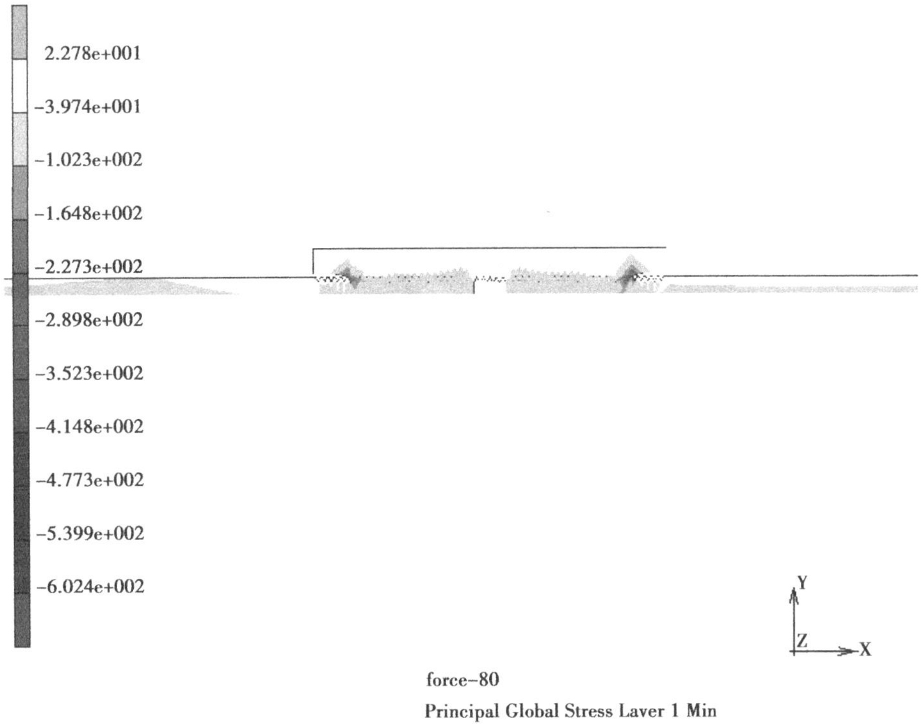

图 6.55　地层压力为 80 MPa 时，两根油管间的全最小主应力分布图

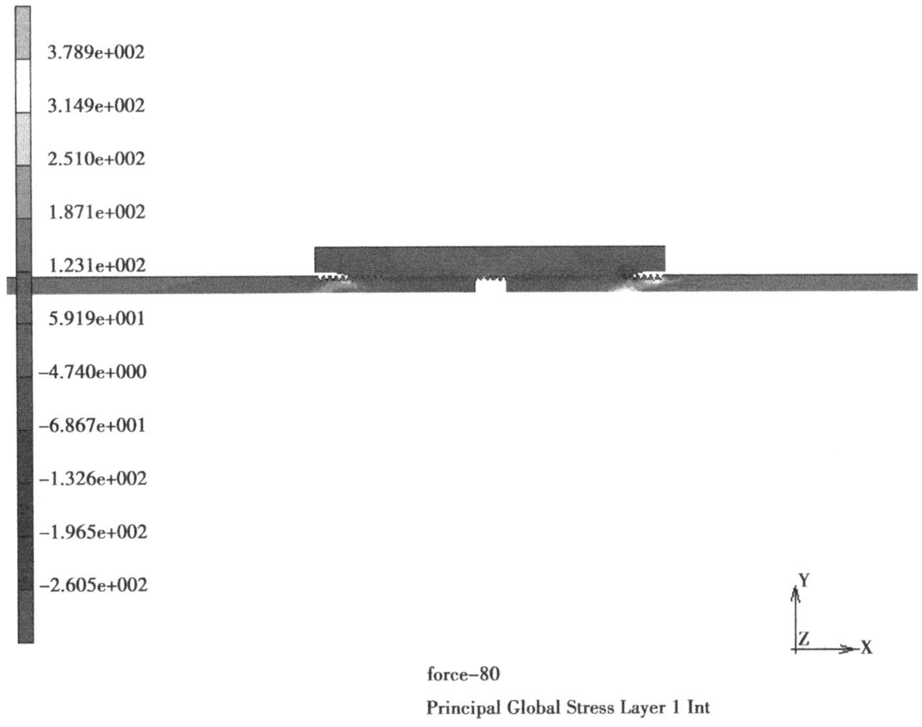

图 6.56　地层压力为 80 MPa 时，两根油管间的全中间主应力分布图

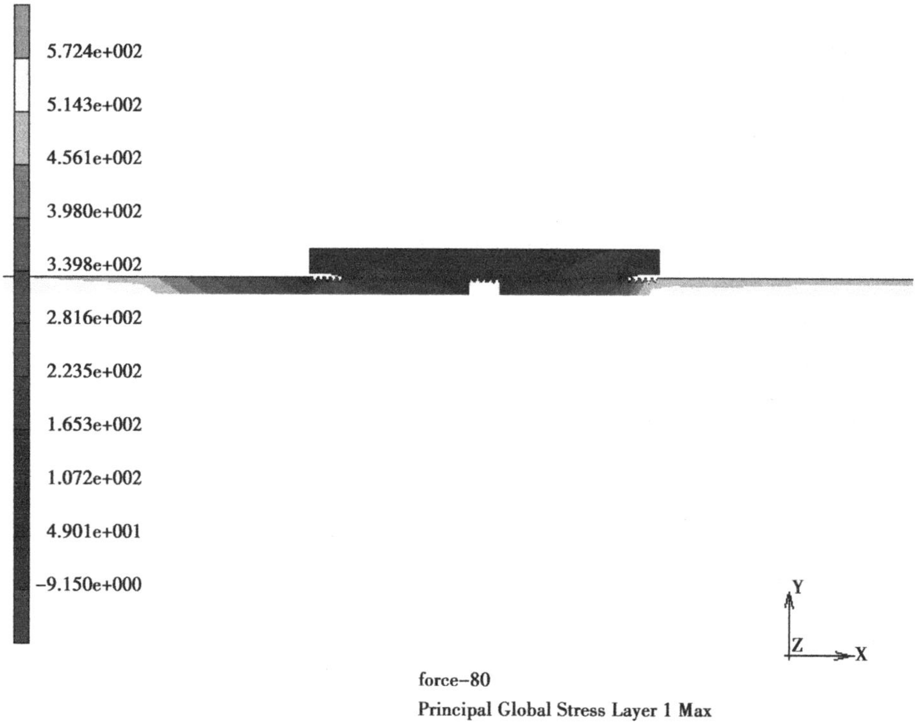

图 6.57　地层压力为 80 MPa 时,两根油管间的全最大主应力分布图

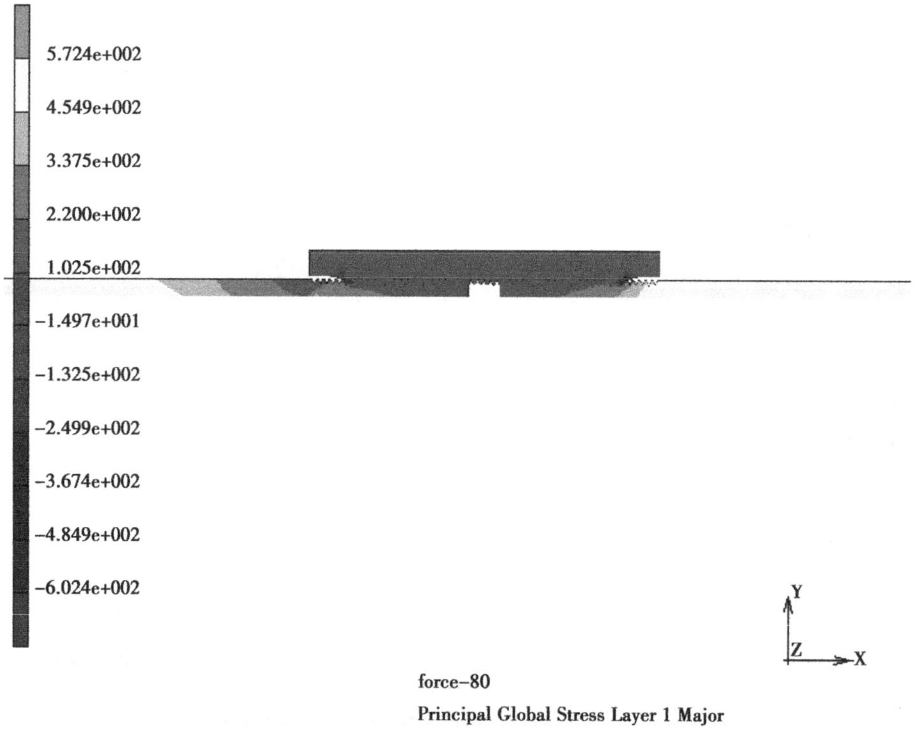

图 6.58　地层压力为 80 MPa 时,两根油管间的全绝对值最大的主应力分布图

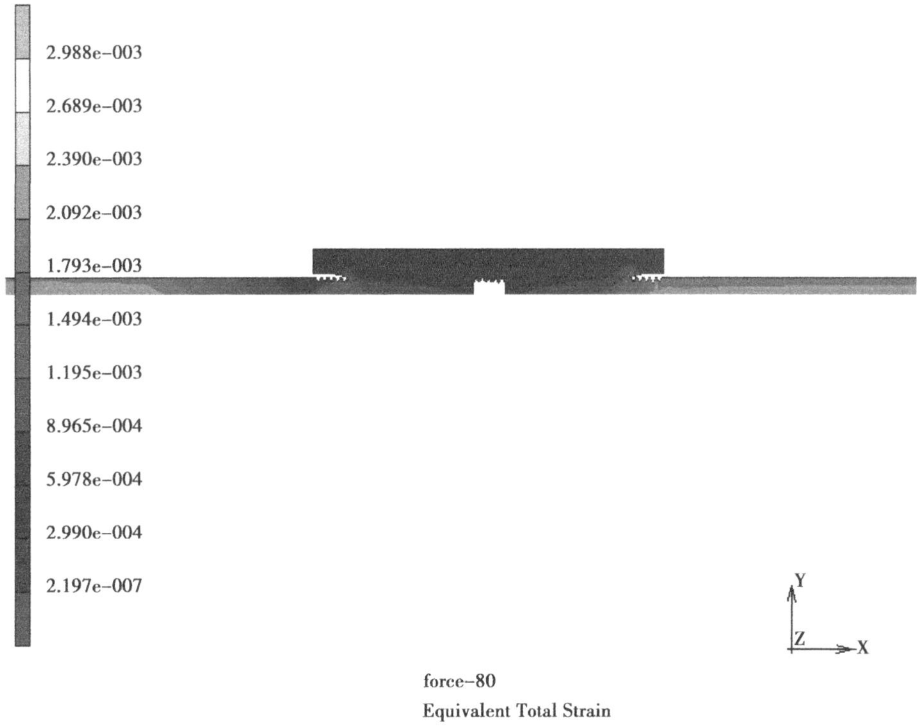

图 6.59　地层压力为 80 MPa 时，两根油管间的等效总应变能分布图

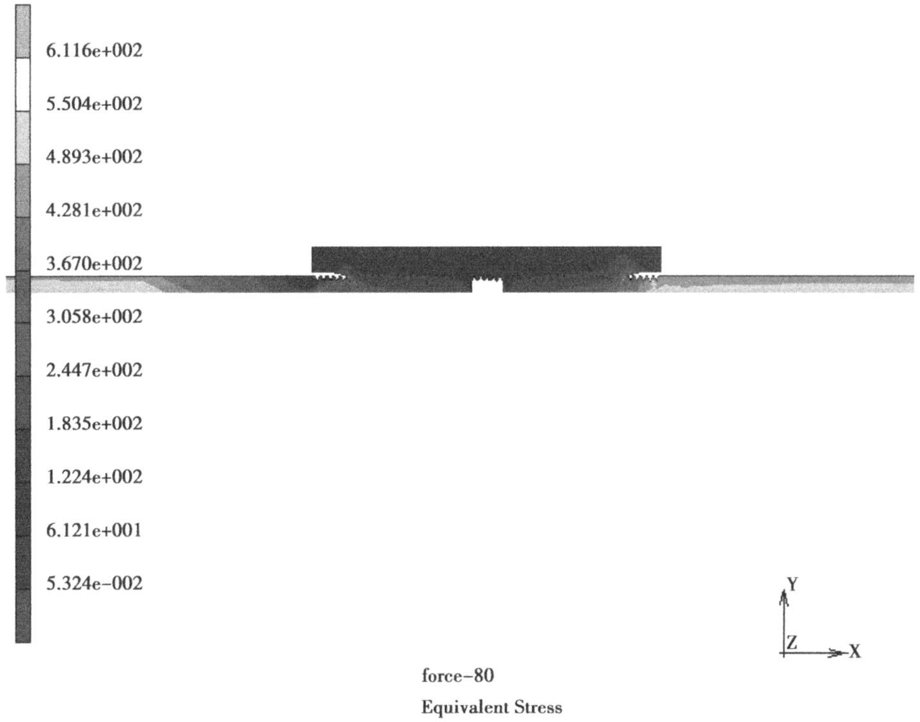

图 6.60　地层压力为 80 MPa 时，两根油管间的等效应力分布图

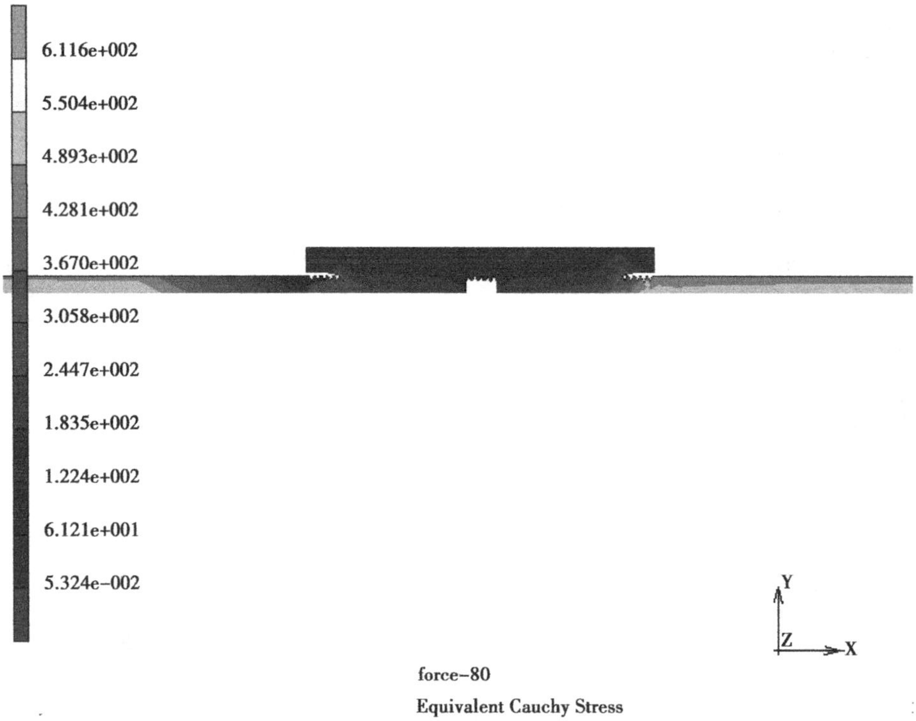

图 6.61　地层压力为 80 MPa 时,两根油管间的等效柯西应力分布图

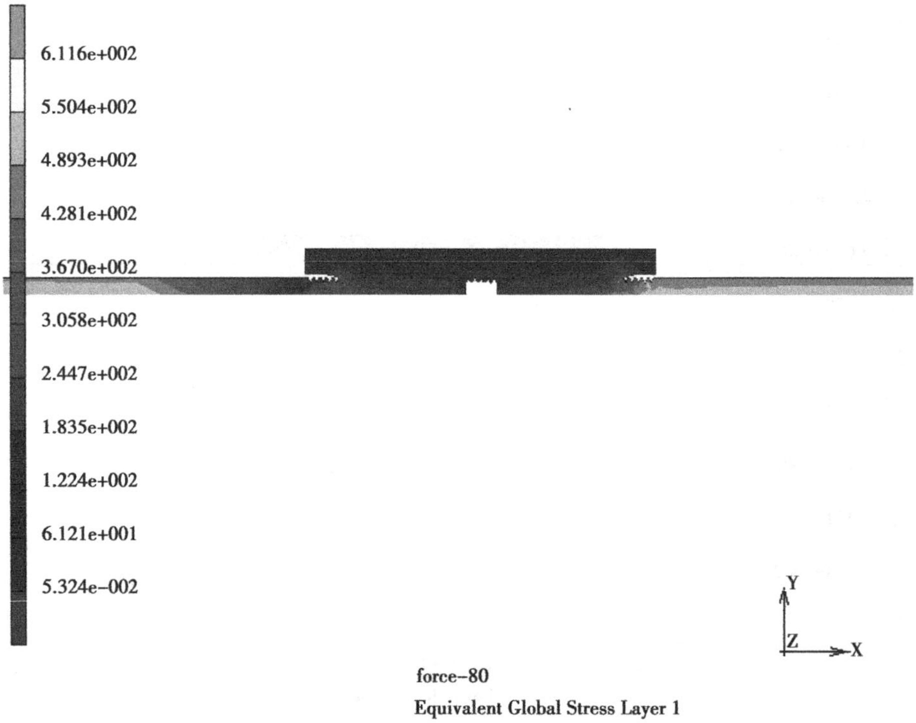

图 6.62　地层压力为 80 MPa 时,两根油管间的等效全应力分布图

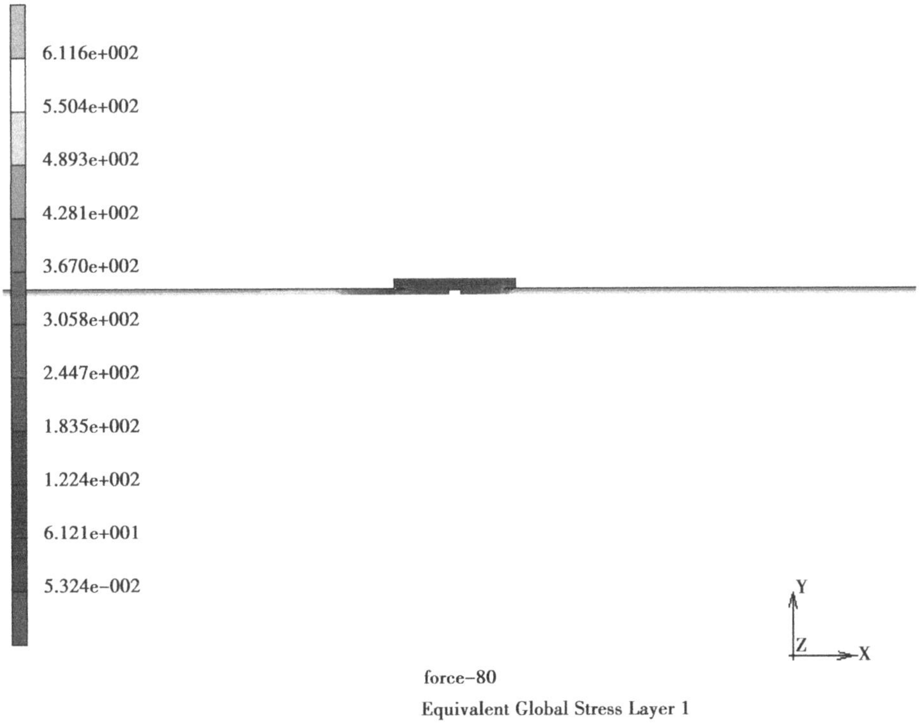

图6.63 地层压力为80 MPa时,两根油管间的等效全应力分布图

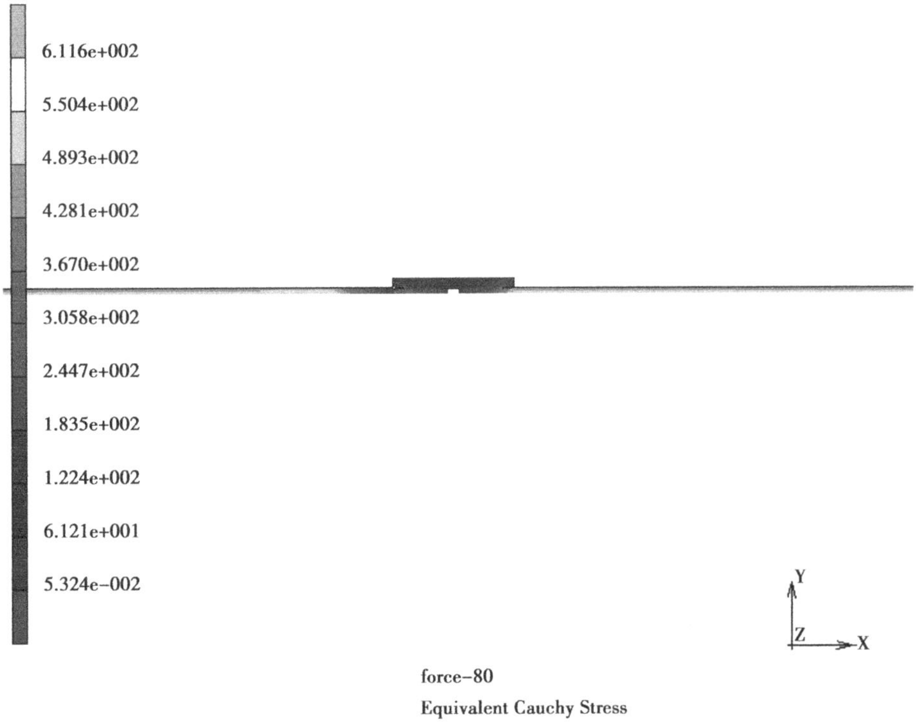

图6.64 地层压力为80 MPa时,两根油管间的等效柯西应力分布图

通过上述对油管柱的刚、强度分析分析结果可以得出以下结论：

①在整个油管柱中，在两根油管连接处的应力最大，油管的变化处于弹塑性变化区域；

②在两根油管的螺纹连接区域是管柱系统应力最大区域，且在该区域由于有螺纹特征，该区域是油管柱可能断裂的区域。

第 7 章 天然气诱发油管柱振动的机理

高产天然气井在开采过程中,由于多种原因会导致油管柱严重振动。当各种振源的频率与油管柱的各阶固有频率接近时,油管柱将发生共振,最终将加剧油管柱的破坏。可能诱发振动的因素有:油管内径变化、油管弯曲(包含轴向受压屈曲、定向井中随井眼的弯曲、井口装置中管汇的弯曲等)、节流阀或阀门开关处流速变化或绕流以及天然气在流动过程中相态变化导致的体积(流速)和压力变化等。

天然气对油管柱的作用力为变载荷,当天然气流动激励力的变化频率与油管柱某一阶固有频率耦合时,油管柱将发生共振,并成为油管断或爆裂的主要原因之一。在修井中常发现没有明显腐蚀因素,但油管断落井的情况。

本章目的是探索天然气在油管柱内流动过程中诱发油管柱振动的机理,主要进行了以下研究:首先研究天然气在油管柱内的流动状况,分析天然气在油管柱内流动的运动形式,建立天然气在油管柱内流动的传输方程与运动微分方程;分析天然气在油管柱内流动时产生旋涡的区域并给出了旋涡分析的方法;建立天然气在油管柱内流动时对油管柱产生激振的数学模型及其求解方法;对具体的某井,分析天然气在油管柱内流动的振荡流场与天然气对油管柱作用的压力分布;在一定地层压力情况下,计算了不同天然气产量下的天然气对油管柱作用的压力分布规律并进行了比较。

7.1 天然气在油管柱内的流动分析

天然气在油管柱中的运动非常复杂,一方面是因为天然气的组成复杂,另一方面是油管柱的形状变化复杂,包括:油管柱本身的弯曲、两根油管之间的连接处的截面变化、弯头和阀门等。要研究天然气在油管柱内的流动诱发油管柱振动的机理,首先要对天然气在油管柱内的流动进行分析。

相变本质上是导致体积和压力变化,由于其过程十分复杂,本文的分析忽略相态变化的影响。

7.1.1 天然气在油管柱内流动的运动分析

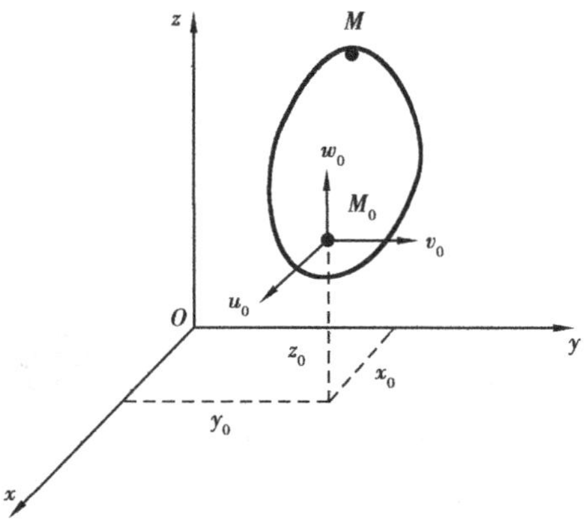

图 7.1 流体微团内的速度

要分析天然气诱发油管柱振动的机理，首先要根据天然气流体的性质，分析天然气在油管柱内的流动过程中的运动形式。

由于天然气的流动性，在流动过程中易发生变形。因此，天然气流体微团在流动过程中不仅具有移动和转动等刚体运动具有的特性，而且还会发生变形运动。利用 Helmholtz 运动分解定理，可以描述这两种类型的运动。

如图 7.1 所示，在某一时刻，天然气流体微团内任一质点位于 $M_0(x_0, y_0, z_0)$，该流体质点在 x 方向的速度分量为 u_0，假设在 M_0 点邻域内，位于 $M(x_0+\delta x, y_0+\delta y, z_0+\delta z)$ 的流体质点在 x 方向上的速度分量是 u，该速度分量可在 M_0 点用泰勒级数展开，省去二阶以上小量，得

$$u = u_0 + \left(\frac{\partial u}{\partial x}\right)\delta x + \left(\frac{\partial u}{\partial y}\right)\delta y + \left(\frac{\partial u}{\partial z}\right)\delta z \tag{7.1}$$

将式(7.1)分别加减 $\frac{1}{2}\frac{\partial u}{\partial x}\delta y$ 和 $\frac{1}{2}\frac{\partial w}{\partial x}\delta z$，可得

$$u = u_0 + \left(\frac{\partial u}{\partial x}\right)\delta x + \frac{1}{2}\left(\frac{\partial u}{\partial y} + \frac{\partial v}{\partial x}\right)\delta y + \frac{1}{2}\left(\frac{\partial u}{\partial z} + \frac{\partial w}{\partial x}\right)\delta z - \frac{1}{2}\left(\frac{\partial v}{\partial x} - \frac{\partial u}{\partial y}\right)\delta y + \frac{1}{2}\left(\frac{\partial u}{\partial z} - \frac{\partial w}{\partial x}\right)\delta z \tag{7.2}$$

式中，u_0 称为平移速度，$\frac{1}{2}\left(\frac{\partial v}{\partial x} - \frac{\partial u}{\partial y}\right)$ 和 $\frac{1}{2}\left(\frac{\partial u}{\partial z} - \frac{\partial w}{\partial x}\right)$ 为旋转角速度，$\left(\frac{\partial u}{\partial x}\right)$ 为线变形速率，$\frac{1}{2}\left(\frac{\partial u}{\partial y} + \frac{\partial v}{\partial x}\right)$ 和 $\frac{1}{2}\left(\frac{\partial u}{\partial z} + \frac{\partial w}{\partial x}\right)$ 为角变形速率。所以，M 点流体质点的 x 方向分速度，可分解成与 M_0 点流体质点一起运动的平移速度，绕 M_0 点旋转的角速度，以及线变形速率和角变形速率。

下面以图 7.2 为例，分析平移速度、旋转角速度、线变形速率、角变形速率的定义。如图 7.2 所示天然气流体微团在 xy 平面中的运动。该流体微团在初始时刻 t_0 为直角三角形 ABC，在 $t_0+\delta t$ 时刻运动到 $A'B'C'$ 位置，并且形状发生了变化，成为三角形 $A'B'''C'''$。

(1) 平移

平移表现为由 A 点到 A' 点的位移，即 x 方向和 y 方向分别移动了 $u\delta t$ 和 $v\delta t$，故平移速度为 u 和 v，在三维空间运动则为 u、v 和 w，其速度矢量为 $\vec{V}$。

(2) 旋转

天然气流体微团的旋转运动，表现为 $\angle B'A'C'$ 的角平分线 $A'F$ 绕 z 轴转动，变为 $\angle B'''A'C'''$ 的角平分线 $A'F'$。由图 7.2 可知，在 δt 时间内，角平分线旋转了 $\delta\alpha$ 的角度，其旋转角速度为

$$w_z = \frac{\delta\alpha}{\delta t} = \frac{1}{2}\frac{(\delta\alpha_1 - \delta\alpha_2)}{\delta t} \tag{7.3}$$

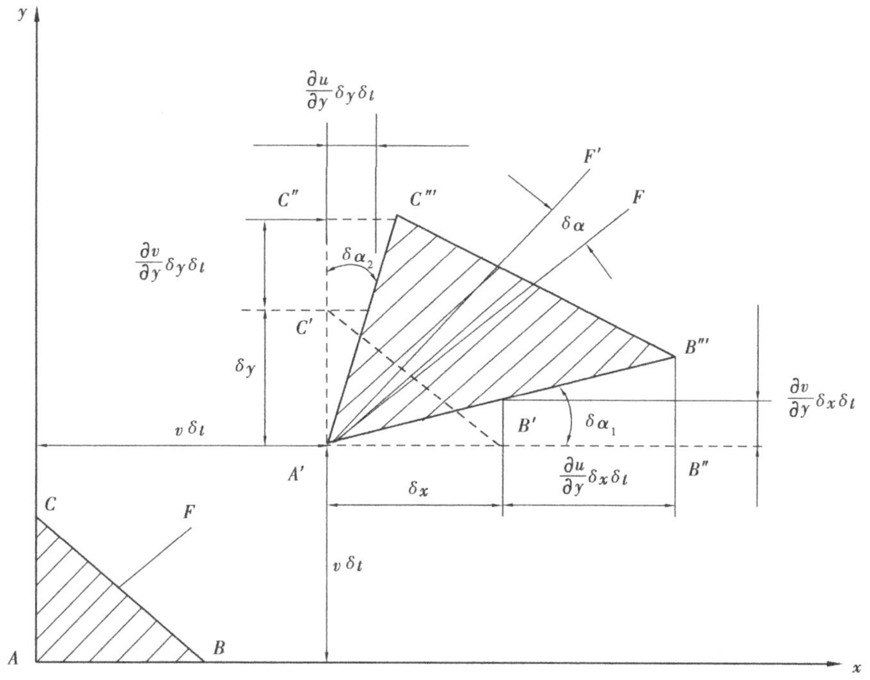

图7.2　二微流体微团运动分析

而

$$\delta\alpha_1 = \frac{\dfrac{\partial v}{\partial x}\delta x\delta t}{\delta x} = \frac{\partial v}{\partial x}\delta t \tag{7.4}$$

$$\delta\alpha_2 = \frac{\dfrac{\partial u}{\partial y}\delta y\delta t}{\delta y} = \frac{\partial u}{\partial y}\delta t \tag{7.5}$$

所以

$$w_z = \frac{1}{2}\frac{(\delta\alpha_1 - \delta\alpha_2)}{\delta t} = \frac{1}{2}\left(\frac{\partial v}{\partial x} - \frac{\partial u}{\partial y}\right) \tag{7.6}$$

同理，绕 x 轴和 y 轴的旋转角速度为

$$w_x = \frac{1}{2}\left(\frac{\partial w}{\partial y} - \frac{\partial v}{\partial z}\right) \tag{7.7}$$

$$w_y = \frac{1}{2}\left(\frac{\partial u}{\partial z} - \frac{\partial w}{\partial x}\right) \tag{7.8}$$

旋转角速度的矢量为

$$\vec{w} = w_x\vec{i} + w_y\vec{j} + w_z\vec{k} \tag{7.9}$$

与旋转角速度相似的另一个物理量是速度的旋度，或称为涡量 $\vec{\Omega}$，由矢量关系得

$$\Omega = \Delta \times V = 2w$$

(3)线变形

由图7.2知，$A'B'$边经过 δt 时间变成了 $A'B''$，就是 δx 经过 δt 时间伸长了 $\dfrac{\partial u}{\partial x}\delta x\delta t$，所以单位

时间、单位长度的伸长率就是$\frac{\partial u}{\partial x}$,称为线变形速率,用$\varepsilon_{xx}$表示,对三维空间运动,天然气流体微团的三个线变形速率分别为

$$\varepsilon_{xx}=\frac{\partial u}{\partial x},\qquad \varepsilon_{yy}=\frac{\partial v}{\partial y},\qquad \varepsilon_{zz}=\frac{\partial w}{\partial z} \tag{7.10}$$

(4)角变形

天然气流体的剪切变形率或角变形速率定义为单位时间内$A'B'$边和$A'C'$边中的任一边与角平分线间的角度变化,由图7.2可得,经过δt时间,$A'B'$边变成了$A'B'''$边,转过了$\delta\alpha_1$的角度,角平分线由$A'F$变成了$A'F'$,转过了$\delta\alpha_1$的角度。所以角度变化为

$$\begin{aligned}\angle B'A'F-\angle B'''A'F'&=(\angle B'A'F-\angle B'''A'F)-(\angle B'''A'F'-\angle B'''A'F)\\&=\delta\alpha_1-\delta\alpha=\delta\alpha_1-\frac{1}{2}(\delta\alpha_1-\delta\alpha_2)\\&=\frac{1}{2}(\delta\alpha_1+\delta\alpha_2)\end{aligned} \tag{7.11}$$

单位时间内的角变形,即角变形速率为

$$\varepsilon_{xy}=\frac{1}{2}\left(\frac{\delta\alpha_1}{\delta t}+\frac{\delta\alpha_2}{\delta t}\right)=\frac{1}{2}\left(\frac{\partial v}{\partial x}+\frac{\partial u}{\partial y}\right) \tag{7.12}$$

同理,$A'C'$边的角度变化为

$$\begin{aligned}\angle C'A'F-\angle C'''A'F'&=(\angle C'A'F-\angle C'''A'F)+(\angle C'''A'F-\angle C'''A'F')\\&=\delta\alpha_2+\delta\alpha=\delta\alpha_2+\frac{1}{2}(\delta\alpha_1-\delta\alpha_2)\\&=\frac{1}{2}(\delta\alpha_2+\delta\alpha_1)\end{aligned} \tag{7.13}$$

角变形速率为

$$\begin{aligned}\varepsilon_{yx}&=\frac{1}{2}\left(\frac{\delta\alpha_2}{\delta t}+\frac{\delta\alpha_1}{\delta t}\right)=\frac{1}{2}\left(\frac{\partial v}{\partial x}+\frac{\partial u}{\partial y}\right)\\&=\varepsilon_{xy}\end{aligned} \tag{7.14}$$

对三维空间运动,其他两个角变形速率为

$$\varepsilon_{yz}=\varepsilon_{xy}=\frac{1}{2}\left(\frac{\partial w}{\partial y}+\frac{\partial v}{\partial z}\right) \tag{7.15}$$

$$\varepsilon_{zx}=\varepsilon_{xz}=\frac{1}{2}\left(\frac{\partial u}{\partial z}+\frac{\partial w}{\partial x}\right) \tag{7.16}$$

由式 (7.14)、式(7.15)、式(7.16)可知,天然气流体在油管柱流动过程中,剪切变形率具有对称性。将流动速度在x方向上的分量表示为

$$u=u_0+\varepsilon_{xx}\delta x+(\varepsilon_{xy}\delta y+\varepsilon_{zx}\delta z)+(w_y\delta z-w_z\delta y) \tag{7.17}$$

同理,M点在y方向、z方向的速度也可在M_0点展开,并用下面方程表示为

$$v=v_0+\varepsilon_{yy}\delta y+(\varepsilon_{yz}\delta z+\varepsilon_{xy}\delta x)+(w_z\delta x-w_x\delta z) \tag{7.18}$$

$$w=w_0+\varepsilon_{zz}\delta z+(\varepsilon_{xz}\delta x+\varepsilon_{yz}\delta y)+(w_x\delta y-w_y\delta x) \tag{7.19}$$

在式(7.17)、式(7.18)、式(7.19)中,等号右边第1项是平移速度分量,第2、3、4项分别是由线变形运动、角变形运动和旋转运动所引起的速度分量。由此可见,天然气在油管柱内流动可以分解为3个部分:随流体微团中某一点一起前进的平移运动、绕该点的旋转运动和变形

运动(包括:线变形和角变形)。

7.1.2　天然气在油管柱内流动的传输方程

本文采用控制体分析方法来导出天然气在油管柱内流动的传输方程。

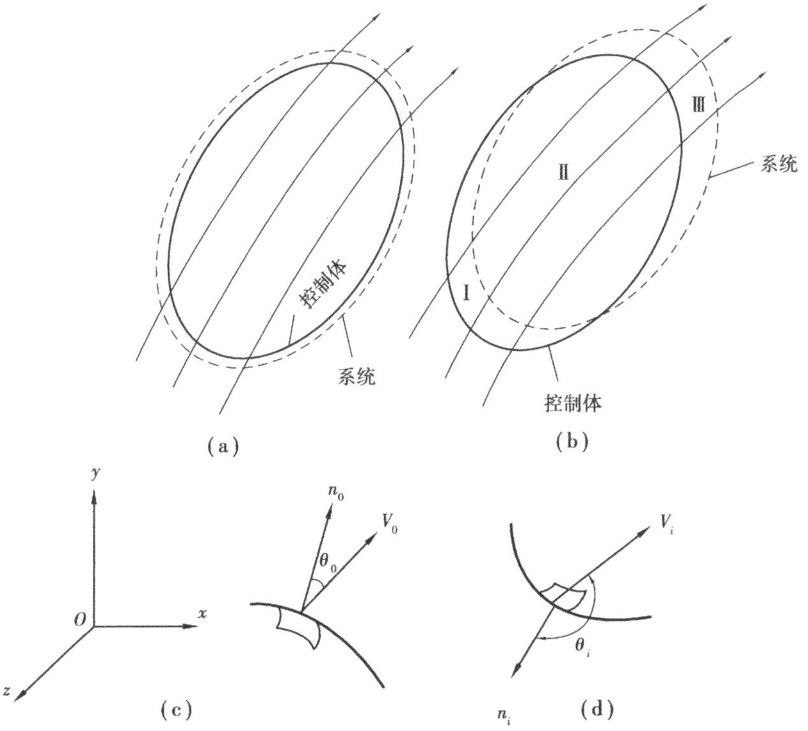

图 7.3　天然气控制体与系统的关系图

(a) t 瞬时　(b) $t+\delta t$ 瞬时　(c) 出流微元面 dA_i　(d) 入流微元面 dA_i

如图 7.3 所示为天然气流体系统通过控制体的情况。流体系统在 t 时刻位于图 7.3(a) 中封闭虚线所示的区域。故系统在 t 时刻所占据的空间刚好与所选择的控制体(如图 7.3(a) 中封闭实线所示)重合。所以 t 时刻系统内的流体即为控制体内部的流体。t 时刻之后,流体系统运动离开原有位置,在 $t+\Delta t$ 时刻,系统为图 7.3(b) 中封闭虚线所示区域。假定 B 是系统内流体的任一物理量,如质量、能量或动量等。用 β 表示单位质量的该物理量,即 $\beta=\frac{dB}{dm}$,则系统内的总物理量为

$$B = \int \beta dm = \int \beta\rho dV \tag{7.20}$$

式中,ρdV 为流体的微分质量。如果 B 为系统动量 $m\vec{V}$,那么 β 为速度 V;如果 B 为系统的动能,那么 β 为 $\frac{V^2}{2}$。

为了推导系统内物理量 B 随时间的变化率与控制体内物理量 B 随时间的变化之间的关系。

将 t 时刻和 $t+\Delta t$ 时刻的系统分成 3 个区域。在 t 时刻,系统边界与控制体边界重合,系

统可分为Ⅰ和Ⅱ 两个区域,在 $t+\Delta t$ 时刻,系统可分为Ⅱ和Ⅲ两个区域,其中区域Ⅱ为 t 和 $t+\Delta t$两时刻的系统所共有。系统内物理量 B 随时间的变化率可通过 $\Delta t \to 0$ 时,物理量 B 的变化与时间间隔 Δt 的比值的极限求得,即

$$\left(\frac{\mathrm{d}B}{\mathrm{d}t}\right)_s = \lim_{\Delta t \to 0} \frac{(B_s)_{t+\Delta t} - (B_s)_t}{\Delta t} \tag{7.21}$$

式中,下标 s(*system* 的缩写)表示系统。因为

$$(B_s)_{t+\Delta t} = (B_{\mathrm{II}} + B_{\mathrm{III}})_{t+\Delta t} = (B_{c.v} - B_{\mathrm{I}} + B_{\mathrm{III}})_{t+\Delta t}$$

$$(B_s)_t = (B_{c.v})_t$$

式中,下标 $c.v$(*control volume* 的缩写)表示控制体,故

$$\left(\frac{\mathrm{d}B}{\mathrm{d}t}\right)_s = \lim_{\Delta t \to 0} \frac{(B_{c.v} - B_{\mathrm{I}} + B_{\mathrm{III}})_{t+\Delta t} - (B_{c.v})_t}{\Delta t} \tag{7.22}$$

将式(7.22)右边展开,分别求极限,得

$$\left(\frac{\mathrm{d}B}{\mathrm{d}t}\right)_s = \lim_{\Delta t \to 0} \frac{(B_{c.v})_{t+\Delta t} - (B_{c.v})_t}{\Delta t} - \lim_{\Delta t \to 0} \frac{(B_{\mathrm{III}})_{t+\Delta t}}{\Delta t} - \lim_{\Delta \to 0} \frac{(B_{\mathrm{I}})_{t+\Delta t}}{\Delta t} \tag{7.23}$$

式中,右边第一项就是控制体内物理量 B 随时间的变化率,即

$$\lim_{\Delta t \to 0} \frac{(B_{c.v})_{t+\Delta t} - (B_{c.v})_t}{\Delta t} = \left(\frac{\mathrm{d}B}{\mathrm{d}t}\right)_{c.v} = \frac{\mathrm{d}}{\mathrm{d}t}\int_{c.v} \beta\rho \mathrm{d}V \tag{7.24}$$

对固定不变的控制体,其体积不变。且相当惯性坐标系静止不动,则式(7.24)中对时间的全导数可改写成对时间的偏导数,即

$$\frac{\mathrm{d}}{\mathrm{d}t}\int_{c.v} \beta\rho \mathrm{d}V = \frac{\partial}{\partial t}\int_{c.v} \beta\rho \mathrm{d}V = \int_{c.v} \frac{\partial}{\partial t}\beta\rho \mathrm{d}V \tag{7.25}$$

式(7.23)等号右边第2项表示 $\Delta t \to 0$ 时,物理量 B 通过控制面的流出率,而式(7.23)等号右边第3项则为物理量 B 通过控制面的流入率。因此,第2、第3项之差为 $\Delta t \to 0$ 时,物理量 B 通过控制面的净流出率 Q^*。

净流出率 Q^* 可以下列方法计算。如图7.3所示,流入控制面的流速为 V_i,与流入微元表面 $\mathrm{d}A_i$ 的外法向 n_i 间的夹角为 θ_i,流出控制面的流速为 V_0,与流入微元表面 $\mathrm{d}A_0$ 的外法向 n_0 间的夹角为 θ_0,则 $\mathrm{d}t$ 时间内通过微元面 $\mathrm{d}A_i$ 流入控制体的体积流量为 $\mathrm{d}V_i = (V_i\mathrm{d}t)(\mathrm{d}A_i\cos\theta_i) = (V_i \cdot n_i)\mathrm{d}A_i\mathrm{d}t$,流出控制体的体积流量为 $\mathrm{d}V_0 = (V_0\mathrm{d}t)(\mathrm{d}A_0\cos\theta_0) = (V_0 \cdot n_0)\mathrm{d}A_0\mathrm{d}t$。

由式(7.1),物理量 $B = \int \beta\rho \mathrm{d}V$。所以物理量 B 通过控制面的流出率为 $\int\beta\rho(V_0 \cdot n_0)\mathrm{d}A_0$,而通过控制面的流入率为 $-\left[\int\beta\rho(V_i \cdot n_i)\mathrm{d}A_i\right]$。流入率表达式中加上负号是因为流入的速率总为正值,而流入率表达式中的$(V_i \cdot n_i)$为负的缘故。由此可见,物理量 B 通过控制面的净流出率 Q^* = 流出率 − 流入率,为

$$Q^* = \int\beta\rho(V_0 \cdot n_0)\mathrm{d}A_0 - \left[\int\beta\rho(V_i \cdot n_i)\mathrm{d}A_i\right] = \int_{c.s}\beta\rho(V \cdot n)\mathrm{d}A \tag{7.26}$$

式中,下标 $c.s$(*control surface* 的缩写)表示对整个控制面的面积分,为流出表面和流入表面之和。对式(7.23)、式(7.24)、式(7.25)和式(7.26)进行综合,得到

$$\left(\frac{\mathrm{d}B}{\mathrm{d}t}\right)_s = \frac{\partial}{\partial t}\int_{c.v}\beta\rho \mathrm{d}V + \int_{c.s}\beta\rho(V\cdot n)\mathrm{d}A \tag{7.27}$$

式(7.27)表示系统内物理量 B 随时间的变化率，等于控制体内该物理量随时间的变化率加上通过控制面该物理量的净流出率。

7.2　天然气在油管柱内流动的运动方程

在对天然气在油管柱内流动进行分析的过程中，天然气的黏性对运动的影响是不容忽略的，因此必须按黏性流体的运动来考虑。研究黏性流体的运动与理想流体的运动，其最大差别是黏性运动时要产生内摩擦应力，因此作用在天然气流体微团上的力，除了要考虑质量力和法向力之外，还应考虑切向力。本节主要讨论具有黏性的天然气流动的运动微分方程。

7.2.1　基本方程

在运动的黏性流体中取出一边长为 $\mathrm{d}x$、$\mathrm{d}y$ 和 $\mathrm{d}z$ 的微元平行六面体，如图 7.4 作用在六面体每个面上的表面力可分解为沿 x,y,z 方向的 3 个分力，以 p 表示法向应力，τ 表示切向应力。在 p 和 τ 的下标中，第 1 个下标表示与应力作用面垂直的坐标轴，第 2 个下标表示与应力方向平行的坐标轴。假设法向应力都沿外法线方向，且过点(x,y,z)的 3 个面上，切向应力与坐标轴的方向相反，而其余 3 个面上的切向应力与坐标轴的方向相同。这样 6 个面上共有 6 个法向应力和 12 个切向应力。采用上述下标后，显然，p_{xx}、p_{yy} 和 p_{zz} 是表示作用在六面体包含 A 点的 3 个方向的法向应力。τ_{xy}、τ_{xz}、τ_{yx}、τ_{yz}、τ_{zx}、τ_{zy} 是表示作用在这些表面上的切向应力，如图7.4 所示。

现在分析作用在这一微元六面体上所有的力在 x 轴上的投影。

(1)表面力

作用在垂直于 x 轴的平面上的法向力之和为

$$-p_{xx}\mathrm{d}y\mathrm{d}z + \left(p_{xx} + \frac{\partial p_{xx}}{\partial z}\mathrm{d}x\right)\mathrm{d}y\mathrm{d}z = \frac{\partial p_{xx}}{\partial z}\mathrm{d}x\mathrm{d}y\mathrm{d}z$$

作用在垂直于 y 轴的平面上的切向力之和为

$$-\tau_{yx}\mathrm{d}x\mathrm{d}z + \left(\tau_{yx} + \frac{\partial \tau_{yx}}{\partial y}\mathrm{d}y\right)\mathrm{d}x\mathrm{d}z = \frac{\partial \tau_{yx}}{\partial y}\mathrm{d}x\mathrm{d}y\mathrm{d}z$$

作用在垂直于 z 轴的平面上的切向力之和为

$$-\tau_{zx}\mathrm{d}x\mathrm{d}y + \left(\tau_{zx} + \frac{\partial \tau_{zx}}{\partial z}\mathrm{d}z\right)\mathrm{d}x\mathrm{d}y = \frac{\partial \tau_{zx}}{\partial z}\mathrm{d}x\mathrm{d}y\mathrm{d}z$$

(2)质量力

质量力在 x 方向的投影为

$$X\rho\mathrm{d}x\mathrm{d}y\mathrm{d}z$$

根据牛顿第二定律，可写出沿 x 轴方向的运动微分方程，即

$$X\rho\mathrm{d}x\mathrm{d}y\mathrm{d}z + \left(\frac{\partial p_{xx}}{\partial z} + \frac{\partial \tau_{yx}}{\partial y} + \frac{\partial \tau_{zx}}{\partial z}\right)\mathrm{d}x\mathrm{d}y\mathrm{d}z = \rho\mathrm{d}x\mathrm{d}y\mathrm{d}z\frac{\mathrm{d}u_x}{\mathrm{d}t}$$

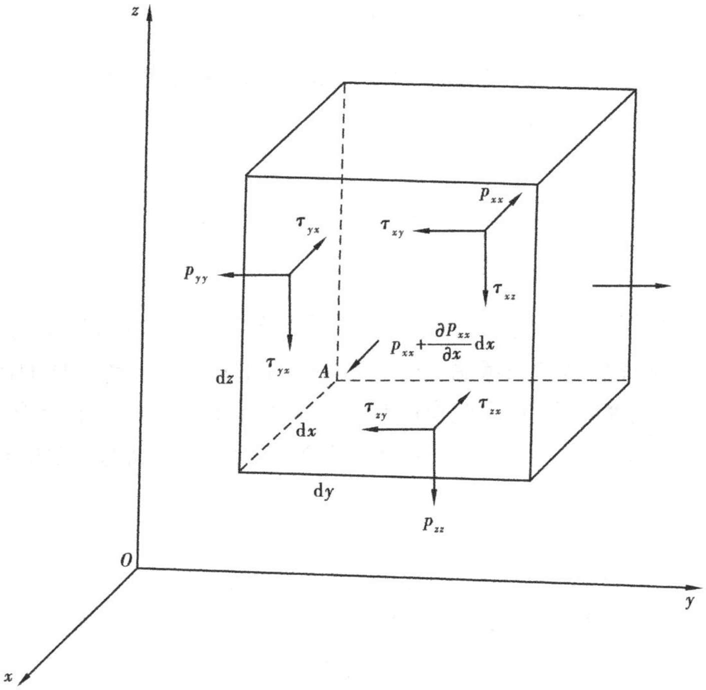

图 7.4　流体微团应力图

化简后得

$$X + \frac{1}{\rho}\left(\frac{\partial p_{xx}}{\partial z} + \frac{\partial \tau_{yx}}{\partial y} + \frac{\partial \tau_{zx}}{\partial z}\right) = \frac{du_x}{dt}$$

同理

$$Y + \frac{1}{\rho}\left(\frac{\partial p_{yy}}{\partial y} + \frac{\partial \tau_{xy}}{\partial x} + \frac{\partial \tau_{zy}}{\partial z}\right) = \frac{du_y}{dt} \tag{7.28}$$

$$Z + \frac{1}{\rho}\left(\frac{\partial p_{zz}}{\partial z} + \frac{\partial \tau_{xz}}{\partial x} + \frac{\partial \tau_{yz}}{\partial y}\right) = \frac{du_z}{dt}$$

式(7.28)是以应力形式表示的具有黏性的天然气流体的运动微分方程。式中除单位质量力的 3 个分量和密度 ρ 为已知数外，其余 9 个应力和 3 个速度均为未知数，显然无法求解。下面要讨论这 12 个未知数之间的关系，以减少方程组中未知数的个数。

7.2.2　应力与应变关系

将所有作用在图 7.4 所示六面体上的外力，对通过六面体中心且与 y 平行的轴 m-m 取矩，如图 7.5 所示。

由于质量力和惯性力对该轴的力矩是四阶无穷小量，可以略去不计。故力矩平衡方程为

$$\tau_{xz}dydz \cdot \frac{1}{2}dx + \left(\tau_{xz} + \frac{\partial \tau_{xz}}{\partial x}dx\right) \cdot \frac{1}{2}dx = \tau_{zx}dxdy \cdot \frac{1}{2}dz + \left(\tau_{zx} + \frac{\partial \tau_{zx}}{\partial z}dz\right)dxdy \cdot \frac{1}{2}dz$$

略去式中四阶无穷小量后，可得

$$\tau_{xz} = \tau_{zx}$$

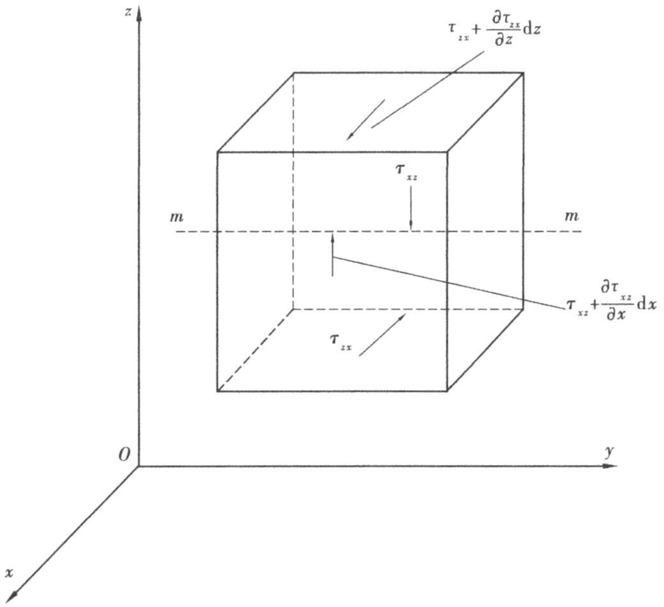

图 7.5　流体微团剪切应力图

同理有

$$\tau_{xy} = \tau_{yx}$$

$$\tau_{yz} = \tau_{zx}$$

由此可见,6 个切向力中只有 3 个是独立的,故黏性流体内任意一点处的应力,可用通过该点的 3 个相互垂直的微元平面上的 3 个法向应力和 3 个切向应力来表示,当天然气流体的流层间发生相对运动时,流体黏性引起的切向应力可按牛顿黏性定律求得,即

$$\tau = \pm \mu \frac{\mathrm{d}u}{\mathrm{d}n}$$

而且速度梯度又等于流体微团的角变形速度,即

$$\frac{\mathrm{d}u}{\mathrm{d}n} = \frac{\mathrm{d}\theta}{\mathrm{d}t}$$

可把它推广到空间流动中,流体微团的角度变形速度为

$$\frac{\mathrm{d}\alpha_z}{\mathrm{d}t} = 2\zeta_z = \frac{\partial u_x}{\partial y} + \frac{\partial u_y}{\partial x}$$

$$\frac{\mathrm{d}\alpha_y}{\mathrm{d}t} = 2\zeta_y = \frac{\partial u_x}{\partial z} + \frac{\partial u_z}{\partial x}$$

$$\frac{\mathrm{d}\alpha_x}{\mathrm{d}t} = 2\zeta_x = \frac{\partial u_z}{\partial y} + \frac{\partial u_y}{\partial z}$$

则可得

$$\tau_{xy} = \tau_{yx} = \mu\left(\frac{\partial u_x}{\partial y} + \frac{\partial u_y}{\partial x}\right) = 2\mu\zeta_z$$

$$\tau_{zx} = \tau_{xz} = \mu\left(\frac{\partial u_x}{\partial z} + \frac{\partial u_z}{\partial x}\right) = 2\mu\zeta_y \tag{7.29}$$

$$\tau_{yz} = \tau_{zy} = \mu\left(\frac{\partial u_z}{\partial y} + \frac{\partial u_y}{\partial z}\right) = 2\mu\zeta_x$$

式(7.29)就是广义牛顿内摩擦定律,其意义是:切向应力等于动力黏度与角变形速度的乘积。对于法向应力。若是理想流体,则运动流体中任意一点处的法向应力(即压强)与作用面的方位无关。则有 $p_{xx}=p_{yy}=p_{zz}=-p$,且 $\tau_{xy}=\tau_{yz}=\tau_{zx}=0$。但在实际流体中,这个性质不能再保持,这是因为黏性的影响,流体运动时除发生剪切角变形外,同时也发生线性变形,使原来的流体质点伸长或缩短,这个变形将引起附加的法向应力,从而使法向应力的大小有所改变。这样法向应力可表示为

$$p_{xx} = -p + p'_{xx}$$
$$p_{yy} = -p + p'_{yy}$$
$$p_{zz} = -p + p'_{zz}$$

式中,p'_{zz}、p'_{yy}、p'_{zz}为附加的法向应力。假设附加的法向应力与直线变形速度成一定比例关系,比例常数为 2μ,则有

$$p'_{xx} = 2\mu\frac{\partial u_x}{\partial x}$$

$$p'_{yy} = 2\mu\frac{\partial u_y}{\partial y}$$

$$p'_{zz} = 2\mu\frac{\partial u_{zx}}{\partial z}$$

再经过分析与推导,可得出一般情况下黏性天然气流体运动时法向应力与线变形速度的关系式,即

$$\begin{aligned}
p_{xx} &= -p + 2\mu\frac{\partial u_x}{\partial x} - \frac{2}{3}\mu\left(\frac{\partial u_x}{\partial x} + \frac{\partial u_y}{\partial y} + \frac{\partial u_z}{\partial z}\right) \\
p_{yy} &= -p + 2\mu\frac{\partial u_y}{\partial y} - \frac{2}{3}\mu\left(\frac{\partial u_x}{\partial x} + \frac{\partial u_y}{\partial y} + \frac{\partial u_z}{\partial z}\right) \qquad (7.30) \\
p_{zz} &= -p + 2\mu\frac{\partial u_z}{\partial z} - \frac{2}{3}\mu\left(\frac{\partial u_x}{\partial x} + \frac{\partial u_y}{\partial y} + \frac{\partial u_z}{\partial z}\right)
\end{aligned}$$

对于不可压缩的黏性流体,可得

$$p = -\frac{1}{3}(p_{xx} + p_{yy} + p_{zz}) = p_m \qquad (7.31)$$

式中,p_m 是流场中某点的平均压强,它等于过此点的 3 个坐标面上法向应力之算术平均值的负值,这表明不可压缩黏性流体的平衡状态压强等于平均压强。

7.2.3 天然气在油管柱内流动的运动微分方程

将切向应力的表达式(7.29)和法向应力的表达式(7.30)代入以应力形式表示的天然气流体的运动微分方程式(7.28),可得

$$X - \frac{1}{\rho}\frac{\partial \rho}{\partial x} + \frac{1}{\rho}\frac{\partial}{\partial x}\left[2\mu\frac{\partial u_x}{\partial x} - \frac{2}{3}\mu\left(\frac{\partial u_x}{\partial x} + \frac{\partial u_y}{\partial y} + \frac{\partial u_z}{\partial z}\right)\right] +$$
$$\frac{1}{\rho}\frac{\partial}{\partial z}\left[\mu\left(\frac{\partial u_x}{\partial y} + \frac{\partial u_y}{\partial x}\right)\right] + \frac{1}{\rho}\frac{\partial}{\partial z}\left[\mu\left(\frac{\partial u_z}{\partial x} + \frac{\partial u_x}{\partial z}\right)\right] = \frac{\mathrm{d}u_x}{\mathrm{d}t}$$

$$Y-\frac{1}{\rho}\frac{\partial\rho}{\partial y}+\frac{1}{\rho}\frac{\partial}{\partial y}\left[2\mu\frac{\partial u_y}{\partial y}-\frac{2}{3}\mu\left(\frac{\partial u_x}{\partial x}+\frac{\partial u_y}{\partial y}+\frac{\partial u_z}{\partial z}\right)\right]+$$
$$\frac{1}{\rho}\frac{\partial}{\partial z}\left[\mu\left(\frac{\partial u_y}{\partial z}+\frac{\partial u_z}{\partial y}\right)\right]+\frac{1}{\rho}\frac{\partial}{\partial x}\left[\mu\left(\frac{\partial u_x}{\partial y}+\frac{\partial u_y}{\partial x}\right)\right]=\frac{\mathrm{d}u_y}{\mathrm{d}t} \tag{7.32}$$
$$Z-\frac{1}{\rho}\frac{\partial\rho}{\partial z}+\frac{1}{\rho}\frac{\partial}{\partial z}\left[2\mu\frac{\partial u_z}{\partial z}-\frac{2}{3}\mu\left(\frac{\partial u_x}{\partial x}+\frac{\partial u_y}{\partial y}+\frac{\partial u_z}{\partial z}\right)\right]+$$
$$\frac{1}{\rho}\frac{\partial}{\partial x}\left[\mu\left(\frac{\partial u_z}{\partial x}+\frac{\partial u_x}{\partial z}\right)\right]+\frac{1}{\rho}\frac{\partial}{\partial y}\left[\mu\left(\frac{\partial u_y}{\partial z}+\frac{\partial u_z}{\partial y}\right)\right]=\frac{\mathrm{d}u_z}{\mathrm{d}t}$$

式(7.32)就是天然气流体的运动微分方程式，又叫纳维-斯托克斯方程式(简写为 N-S 方程)。当流体的黏度在流场中不随位置而变化时，N-S 方程式(7.32)经过处理，可写为

$$X-\frac{1}{\rho}\frac{\partial p}{\partial x}+\frac{\mu}{\rho}\nabla^2u_x+\frac{1}{3}\frac{\mu}{\rho}\frac{\partial}{\partial x}(div\vec{u})=\frac{\mathrm{d}u_x}{\mathrm{d}t}$$
$$Y-\frac{1}{\rho}\frac{\partial p}{\partial y}+\frac{\mu}{\rho}\nabla^2u_y+\frac{1}{3}\frac{\mu}{\rho}\frac{\partial}{\partial y}(div\vec{u})=\frac{\mathrm{d}u_y}{\mathrm{d}t} \tag{7.33}$$
$$Z-\frac{1}{\rho}\frac{\partial p}{\partial z}+\frac{\mu}{\rho}\nabla^2u_z+\frac{1}{3}\frac{\mu}{\rho}\frac{\partial}{\partial z}(div\vec{u})=\frac{\mathrm{d}u_z}{\mathrm{d}t}$$

式中　$\nabla^2=\frac{\partial^2}{\partial x^2}+\frac{\partial^2}{\partial y^2}+\frac{\partial^2}{\partial z^2}$——拉普拉斯算子；

$div\vec{u}=\frac{\partial u_x}{\partial x}+\frac{\partial u_y}{\partial y}+\frac{\partial u_z}{\partial z}$——速度 $\vec{u}$ 的散度。

如果将 N-S 方程写成矢量形式，即

$$\vec{F}-\frac{1}{\rho}grad\ p+\frac{\mu}{\rho}\nabla^2\vec{u}=\frac{\mathrm{d}\vec{u}}{\mathrm{d}t} \tag{7.34}$$

式中　$grad=i\frac{\partial}{\partial x}+j\frac{\partial}{\partial y}+k\frac{\partial}{\partial z}$——某一标量的梯度。

由 N-S 方程中可看出：其等式左边第 1 项为质量力项，第 2 项为压力项，第 3、第 4 项为黏性力项，等式右边为惯性力项。因此 N-S 方程是单位质量流体的力平衡关系式。

对于不可压缩流体，因为 $div\vec{u}=0$，则式(7.33)可写为

$$X-\frac{1}{\rho}\frac{\partial\rho}{\partial x}+\frac{\mu}{\rho}\nabla^2u_x=\frac{\mathrm{d}u_x}{\mathrm{d}t}$$
$$Y-\frac{1}{\rho}\frac{\partial\rho}{\partial y}+\frac{\mu}{\rho}\nabla^2u_y=\frac{\mathrm{d}u_y}{\mathrm{d}t} \tag{7.35}$$
$$Z-\frac{1}{\rho}\frac{\partial\rho}{\partial z}+\frac{\mu}{\rho}\nabla^2uz=\frac{\mathrm{d}u_z}{\mathrm{d}t}$$

此式即为不可压缩黏性流体的运动微分方程式。写成矢量形式为

$$\vec{F}-\frac{1}{\rho}grad\ p+\frac{\mu}{\rho}\nabla^2\vec{u}=\frac{\mathrm{d}\vec{u}}{\mathrm{d}t} \tag{7.36}$$

在进行天然气在油管柱流动分析过程中，常采用圆柱坐标系中，用 R 和 T 表示径向和切向的单位质量力的分量，则同样可得黏度在流场中不随位置而变化时的纳维-斯托克斯方程

式为

$$R-\frac{1}{\rho}\frac{\partial p}{\partial r}+\frac{u}{\rho}\left(\frac{\partial^2 u_r}{\partial r^2}+\frac{1}{r}\frac{\partial u_r}{\partial r}+\frac{1}{r^2}\frac{\partial^2 u_r}{\partial\theta^2}+\frac{\partial^2 u_r}{\partial z^2}-\frac{u_r}{r^2}-\frac{2}{r^2}\frac{\partial^2 u_\theta}{\partial\theta^2}\right)+\frac{1}{3}\frac{\mu}{\rho}(div\vec{u})$$

$$=\frac{\partial u_r}{\partial t}+u_r\frac{\partial u_r}{\partial r}+\frac{u_\theta}{r}\frac{\partial u_r}{\partial\theta}+u_z\frac{\partial u_r}{\partial z}-\frac{u_\theta^2}{r}$$

$$T-\frac{1}{\rho}\frac{\partial p}{r\partial\theta}+\frac{u}{\rho}\left(\frac{\partial^2 u_\theta}{\partial r^2}+\frac{1}{r}\frac{\partial u_\theta}{\partial r}+\frac{1}{r^2}\frac{\partial^2 u_\theta}{\partial\theta^2}+\frac{\partial^2 u_\theta}{\partial z^2}-\frac{u_\theta^2}{r^2}-\frac{2}{r^2}\frac{\partial u_r}{\partial\theta}\right)+\frac{1}{3}\frac{\mu}{\rho}\frac{\partial}{\partial\theta}(div\vec{u})$$

$$=\frac{\partial u_\theta}{\partial t}+u_r\frac{\partial u_\theta}{\partial r}+\frac{u_\theta}{r}\frac{\partial u_\theta}{\partial\theta}+u_z\frac{\partial u_\theta}{\partial z}+\frac{u_r u_\theta}{r} \tag{7.37}$$

$$Z-\frac{1}{\rho}\frac{\partial p}{\partial z}+\frac{u}{\rho}\left(\frac{\partial^2 u_z}{\partial r^2}+\frac{1}{r}\frac{\partial u_z}{\partial r}+\frac{\partial^2 u_z}{r^2\partial\theta^2}\right)+\frac{1}{3}\frac{\mu}{\rho}\frac{\partial}{\partial z}(div\vec{u})$$

$$=\frac{\partial u_z}{\partial t}+u_r\frac{\partial u_r}{\partial r}+\frac{u_\theta}{r}\frac{\partial u_z}{\partial\theta}+u_z\frac{\partial u_z}{\partial z}$$

纳维-斯托克斯方程式是流体力学中具有普遍意义的方程式，它概括了实际流体运动的普遍规律。如果流体是没有黏性的理想流体，它就可简化为理想流体的欧拉运动微分方程；如果流体处于静止状态（即速度 $u=0$），它就可进一步简化成欧拉平衡微分方程。

纳维-斯托克斯方程与连续方程、状态方程、能量方程（热力学第一定律）和黏度物性关系式 $\mu(T,p)$ 组成 7 个方程式，可以联立解出 u_x、u_y、u_z、p、ρ、T 和 μ 7 个未知量。但求解纳维-斯托克斯方程，始终是流体力学的一项艰巨任务，只有在一些层流问题中（例如圆管中的层流、平行板间的层流、同心圆环间的层流等）可以用纳维-斯托克斯方程求出精确解，但由于在数学上求解上述非线性方程有很大困难。到目前为止，还未能求出它普遍形式的解析解，因而在大多数情况下，不得不做某些假设，对实际流动问题做进一步简化，求出它的近似解。随着数值计算方法和计算机技术的发展，开展了流体力学数值解法的研究工作，为求解纳维-斯托克斯方程开辟了新途径。

7.3 天然气在油管柱内流动的旋涡分析

通过上节关于天然气流动特性的分析，流体质点的运动可以分解平移运动，绕某点旋转运动，线变形运动和角变形运动。天然气在油管柱内的流动过程中，由于油管柱过流截面变化、油管柱弯曲、弯头以及流经的各种设备，因此天然气在油管柱内的流动过程中将发生旋涡，如图 7.6 所示。下面对产生的旋涡的区域进行分析。

(1)截面变化

油管柱是由单根油管通过螺纹连接在一起。因此，在两根油管之间，有流通截面的突然增大（见图 7.7）和突然缩小（见图 7.8），在突然增大和突然缩小区域，天然气在流过时，将产生旋涡。

(2)油管柱弯曲

在定向井及水平井的开采过程中油管柱会发生弯曲，在弯曲区域，由于天然气流动方向发生变化，使同一截面上的速度不均匀，发生旋涡。在有弯头的油管柱中（见图 7.9），在弯头处，

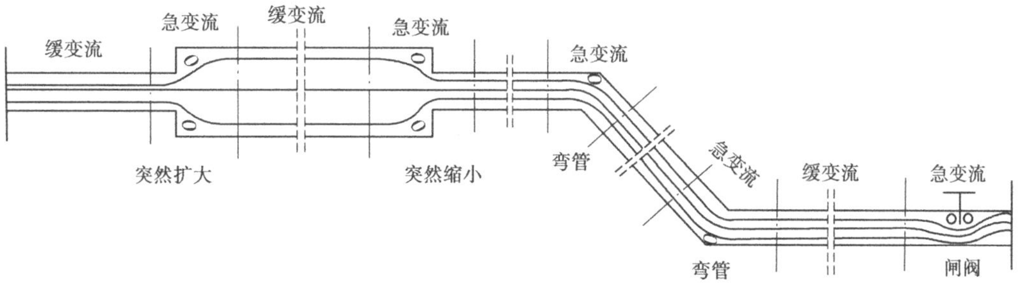

图 7.6　油管柱截面变化与弯曲及天然气在流动过程中产生的旋涡区域

由于天然气气流的突然变向，将产生旋涡。

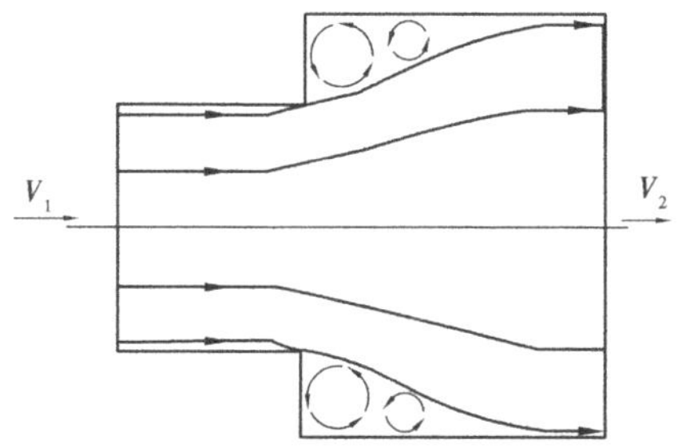

图 7.7　流道截面的突然放大

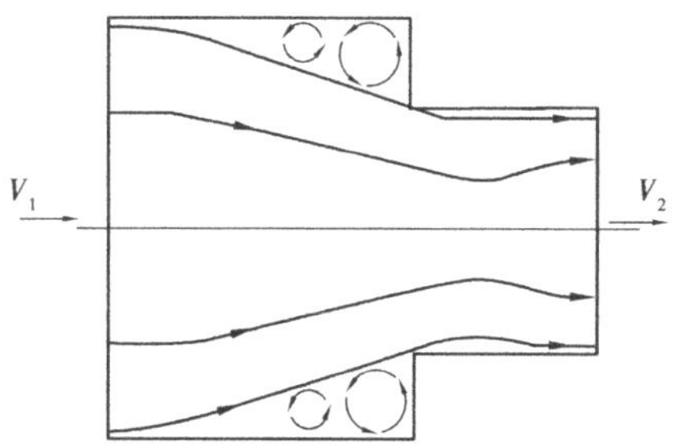

图 7.8　流道截面的突然缩小

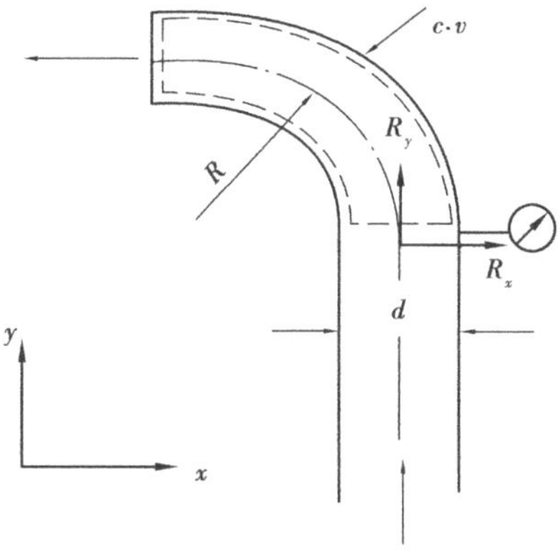

图 7.9　弯头处突然变向产生旋涡

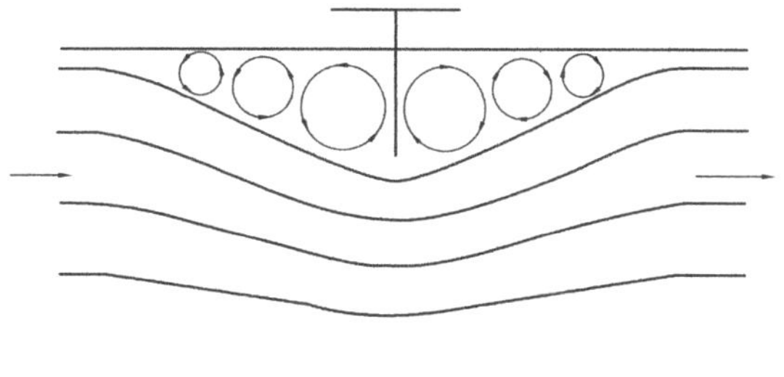

图 7.10　针形阀调节过程中产生旋涡

(3)设备产生旋涡

在采气过程中，在油管柱及集输管线上安装有各种阀门(见图 7.10)，在调节针形阀开度过程中，由于过流截面的突变，将产生旋涡。

在各个旋涡区域，都会产生脉冲载荷，旋涡为诱发油管柱振动的振源，并使油管柱承受交变的动载荷，油管柱的应力为变应力。当脉冲载荷的频率与油管柱的各阶固有频率接近时，整个油管柱将发生共振。同时旋涡还会对油管柱产生冲蚀。

本节研究旋涡运动的规律，通过对旋涡的运动学性质和动力学性质的研究，提出旋涡的产生，发展和消亡的规律，并研究给定旋涡场和散度场求速度场的问题。

7.3.1 旋涡的运动特性

对旋涡场有：

$$div\,\Omega = \nabla \cdot (\nabla \times v) = 0$$

所以旋涡场是无源场。根据场论中无源场的性质，旋涡的运动特性可叙述如下：

①涡管中任意横截面上的涡通量保持为一常数值，由于涡通量在涡管的每一个横截面上都相等，因此可以用它来表征涡管内旋涡的强弱，即涡管强度。显见，$\Omega_1\sigma_1$ 是涡管元的强度，其中 σ_1 是任意与 Ω_1 垂直的涡管元的横截面的面积，Ω_1 是其上的旋涡值。

②涡管不能在流体中产生或消失。

涡管只可能在两种情形下在液体中产生或消失：第一种情形是涡管的截面积在流体中趋于零，此时涡量将趋于无穷，这在物理上显然是不可能的；第二种情形是涡管在流体中突然中断或发生，可以证明这种情形也是不可能发生的。为此，在液体中作一封闭曲面，将涡管在流体中发生的管头或中止的管尾包在其中，进入此封闭曲面的涡通量将不等于流出此封闭曲面的涡通量，于是通过整个封闭曲面的涡通量将不为零。这显然与旋涡场是无源场的事实矛盾。此矛盾证明，涡管不能突然在流体中中断或发生。

既然涡管不能在流体中产生或消失，因此一般说来它只能在流体中自行封闭，形成涡环，或将其头尾搭在固壁或自由远处。

上述有关涡管的运动学性质不牵涉到应力，因此它们既适用于理想流体，也适用于黏性流体。

7.3.2 天然气在油管柱内流动的旋涡分析方法

(1)亥姆霍兹方程

研究旋涡的性质即旋涡的变化规律有两种方法：

①直接研究涡通量的变化规律；

②间接研究速度环量的随体变化规律，然后通过斯托克斯定理再求出旋涡的随体变化规律。

上面两种方法都能得到相同的结果。为了对旋涡的动力学性质了解得更深入，①方法需要利用速度矢量 1 满足的运动方程，即

$$\rho \frac{\mathrm{d}\vec{v}}{\mathrm{d}t} = \rho\vec{F} - grad\ p + \mu\Delta\vec{v} + \frac{1}{3}\mu grad\ div\vec{v}$$

②方法需要利用旋涡矢量满足的涡量方程。为了推导这个方程，需要在研究涡通量和速度环量的随体导数之前推导出来，并阐明它的物理意义。

μ = 常数时，兰勃-葛罗米柯形式的运动方程为

$$\frac{\mathrm{d}\vec{v}}{\mathrm{d}t} = \frac{\partial\vec{v}}{\partial t} + \nabla\frac{v^2}{2} + \vec{\Omega}\times\vec{v} = \vec{F} - \frac{1}{\rho}\nabla p + v\Delta v + \frac{1}{3}\vec{v}\nabla(\nabla\cdot\vec{v}) \tag{7.38}$$

对此式的两边取旋度得

$$\frac{\partial\Omega}{\partial t} + \nabla\times(\Omega\times v) = \nabla\times\vec{F} - \nabla\times\left(\frac{1}{\rho}\nabla P\right) + \nabla\times(v\Delta v) + \frac{1}{3}\nabla\times(\vec{v}\nabla(\nabla\cdot\vec{v})) \tag{7.39}$$

利用场论运算公式,上式左边可改写为

$$\frac{\partial \Omega}{\partial t}+\nabla\times(\Omega\times v)=\frac{\partial \Omega}{\partial t}+(v\cdot\nabla)\Omega-(\Omega\cdot\nabla)v+\Omega(\nabla\cdot v)-v(\nabla\cdot\Omega)$$

$$=\frac{\mathrm{d}\Omega}{\mathrm{d}t}-(\Omega\cdot\nabla)v+\Omega(\nabla\cdot v) \tag{7.40}$$

这里已考虑到$\nabla\cdot v=0$的事实,将式(7.39)代入式(7.40)得

$$\frac{\mathrm{d}\Omega}{\mathrm{d}t}-(\Omega\cdot\nabla)v+\Omega(\nabla\cdot v)=\nabla\times F-\nabla\times\left(\frac{1}{\rho}\nabla p\right)+$$

$$\nabla\times(v\nabla v)+\frac{1}{3}\nabla\times(v\nabla(\nabla\cdot v)) \tag{7.41}$$

这就是μ=常数时,旋涡矢量该满足的微分方程。

若流体是理想正压的且外力有势,则

$$\mu=0,\vec{F}=-\nabla\tilde{V},\frac{1}{\rho}\nabla p=\nabla\Pi$$

式中,$\tilde{V}$是力势函数,即

$$\Pi=\int\frac{\mathrm{d}p}{\rho}$$

于是式(7.41)右边各项皆为零,涡量方程为

$$\frac{\mathrm{d}\Omega}{\mathrm{d}t}-(\Omega\cdot\nabla)v+\Omega(\nabla\cdot v)=0 \tag{7.42}$$

式(7.42)称为亥姆霍兹方程。

不可压缩黏性流体在有外力作用下,其旋涡矢量满足下列方程,即

$$\frac{\mathrm{d}\Omega}{\mathrm{d}t}-(\Omega\cdot\nabla)v=v\Delta\Omega \tag{7.43}$$

方程式(7.41)表明,在随体运动过程中引起单位质量上的动量发生变化的因素有:

A. 外力$\vec{F}$;

B. 压力梯度$-\dfrac{1}{\rho}\nabla p$;

C. 黏性应力$v+\dfrac{1}{3}(\nabla\cdot v)$。

$\dfrac{\Omega}{2}$除了将它看成旋涡矢量一半外,还可将它理解为单位转动惯量上的动量矩。考虑球心在O点,半径为r的无限小球形微团。对于通过球心的任一轴线,此球形微团的动量矩为

$$L=\int(r\times v)\rho\mathrm{d}\tau$$

利用速度分解定理,将$\vec{v}$在O点附近分解为平动速度v_k,转动速度$\dfrac{1}{2}\varepsilon_{klm}\Omega_l x_m$及变形速度$s_{kn}x_n$之和,并用$\rho$在$O$点值$\rho_0$代替$\rho$,有

$$L_i=\int(r\times v)\rho\mathrm{d}\tau=\int\varepsilon_{ijk}x_j\left(v_k+\frac{1}{2}\varepsilon_{klm}\Omega_l x_m+s_k x_n\right)\rho_0\mathrm{d}\tau$$

考虑到v_k,Ω_l,s_{kn}都是在O点取值,因而是常数,故得

$$L_i = \varepsilon_{ijk}v_k\rho_0\int x_j \mathrm{d}\tau + \varepsilon_{ijk}\varepsilon_{klm}\frac{1}{2}\Omega_l\int x_jx_m\rho_0\mathrm{d}\tau + \varepsilon_{ijk}s_{kn}\int x_jx_n\rho_0\, d\tau \tag{7.44}$$

由于球体的对称性,有

$$\int x_j \mathrm{d}\delta = 0$$

$\int x_i x_m \rho_o d\tau = 0$(当 $j \neq m$ 时),$\int x_j x_m \rho_o \mathrm{d}\tau = J/2$(当 $j = m$ 时) 其中 J 是相对于圆心的任意轴线的转动惯量。于是式(7.44) 变为

$$L = \frac{1}{4}(\delta_{ij}\delta_{jm} - \delta_{im}\delta_{jl})J\delta_{jm}\Omega_l + \frac{1}{2}\varepsilon_{ijk}s_{kn}J\delta_{jm}$$

$$= (3J - J)\frac{1}{4}\Omega_i + \varepsilon_{ijk}\delta_{kj}J$$

即

$$L = \frac{J}{2}\Omega \tag{7.45}$$

公式(7.45)表明:$\frac{\Omega}{2}$可理解为单位转动惯量上的动量矩。

与动量相比,在随体运动过程中引起动量矩发生变化的因素更复杂。从式(7.41)看到,外力、压力梯度及黏性应力的旋度仍然是使动量矩发生变化的因素。但与和动量变化不同的是,当外力有势流体正压时,外力和压力梯度对动量矩的变化没有贡献,而它们在运动方程中对动量的变化却仍起作用。除了以上共同的因素外,还有两项是动量方程中没有的,这就是 $-\Omega(\nabla \cdot v)$和$(\Omega \cdot \nabla)v$, $-(\Omega \cdot \nabla)v$ 的物理意义为,当流体有压缩时,有$\nabla \cdot v<0$,它将使转动惯性减少,从而时动量矩发生变化。为了描述$(\Omega \cdot \nabla)\vec{v}$的物理意义,写出等式为

$$(\Omega \cdot \nabla)v = |\Omega|\lim_{PQ\to 0}\frac{\delta v}{PQ}$$

其中 P 与 Q 是涡线上的两相邻点,而 δv 是 Q 点相对于 P 点的速度的相对速度。将 δv 分成垂直于涡线的分量 $\delta v_\perp$ 和平行于涡线的分量 $\sigma v_\perp$,则有

$$\lim_{PQ\to 0}\frac{\delta\Omega_\perp}{PQ}$$

使涡线扭曲,而

$$\lim_{PQ\to 0}\frac{\delta v_\perp}{PQ}$$

将使涡线拉伸或压缩,结果使转动惯性发生变化,从而引起转动惯量的改变。

通过上述分析可得,影响动量矩发生变化的因素有:

①外力;

②压力梯度;

③黏性应力;

④流体的压缩或膨胀;

⑤涡线的拉伸、压缩和扭曲。

(2)凯尔文(Kelvin)定理

设在 $t=t_0$ 时刻,在流体中取出一条由流体质点组成的物质线 L,任取一个张在其上的物

质面 s 的涡通量 I 分别为

$$\Gamma = \oint_L v \cdot \delta r, I = \int_s \Omega \cdot \delta s \tag{7.46}$$

根据斯托克斯定理有

$$\Gamma = I \tag{7.47}$$

现研究速度环量的随体导数$\frac{\mathrm{d}\Gamma}{\mathrm{d}t}$和涡通量的随体导数$\frac{\mathrm{d}I}{\mathrm{d}t}$。根据方程

$$\frac{\mathrm{d}}{\mathrm{d}t}\oint_L \vec{v} \cdot \delta r = \oint_L \frac{\mathrm{d}v}{\mathrm{d}t} \cdot \delta r \text{ 与 } \frac{\mathrm{d}}{\mathrm{d}t}\int_s \Omega \cdot \mathrm{d}s = \int_s \left[\frac{\mathrm{d}\Omega}{\mathrm{d}t} + \Omega\, div\vec{v} - (\Omega \cdot \Delta)v\right] \cdot \delta s$$

并考虑到式(7.38)及式(7.41),有

$$\frac{\mathrm{d}\Gamma}{\mathrm{d}t} = \oint_L \frac{\mathrm{d}v}{\mathrm{d}t} \cdot \delta r = \oint_L F \cdot \delta r - \oint_L \frac{1}{\rho}\nabla p \cdot \delta r + \oint_L v\left[v + \frac{1}{3}(\nabla \cdot v)\right] \cdot \delta r$$

$$\frac{\mathrm{d}I}{\mathrm{d}t} = \int_s \left[\frac{\mathrm{d}\Omega}{\mathrm{d}t} - (\Omega \cdot \nabla)v + \Omega(\nabla \cdot v)\right] \cdot \delta s$$

$$= \int_s \nabla \times \Gamma\delta s - \int_s \nabla \times \left(\frac{1}{\rho}\nabla p\right) \cdot \delta s + \int_s \nabla \times \left[v\Delta v + \frac{1}{3}v\nabla(\nabla \cdot v)\right] \cdot \delta s \tag{7.48}$$

式(7.47)和式(7.48)表明:外力、压力梯度及黏性力沿封闭回线 L 的环量是引起 Γ 和 I 随体发生变化的3大因素。

如果考虑的是理想流体,则黏性力等于零。于是黏性力沿封闭曲线的环量为

$$\oint_L v\left(\Delta v + \frac{1}{3}\nabla(\nabla \cdot v)\right) \cdot \delta r = \int_s \nabla \times \left(v\Delta v + \frac{1}{3}\nabla(\nabla \cdot v)\right) \cdot \delta s$$

也为零,此时,导致速度环量和涡通量发生变化的黏性力的因素不起作用。

其次,如果外力有势,即

$$\vec{F} = grad\,\tilde{V}$$

其中,$\tilde{V}$是力势函数。此时,外力沿封闭曲线 L 的环量为

$$\int_s (\nabla \times F) \cdot \delta s = \oint_L F\delta r = \int_L - grad\, V \cdot \delta r = -\oint_L \delta\,\tilde{V} = 0$$

由此可见,有势的外力也不会引起速度环量和涡通量发生变化。

如果流体是正压的,即

$$\frac{1}{\rho} grad p = grad\,\Pi \qquad \text{其中 } \Pi = \int \frac{\mathrm{d}p}{\rho}$$

则压力梯度沿封闭曲线 L 的环量为

$$\int_s \nabla \times \left(\frac{1}{\rho}\nabla p\right)\delta s = \oint_L \frac{1}{\rho} grad\, p \cdot \delta r = \oint_L grad\,\Pi \cdot \delta r = \oint_L \delta\Pi = 0$$

正压流体不会引起速度环量和涡通量发生变化。

通过以上的分析可得:黏性、斜压与外力无势是引起速度环量的涡通量发生变化的3大因素。如果这3个因素都不存在,也即考虑的是理想正压流体,且外力有势,则

$$\frac{\mathrm{d}\Gamma}{\mathrm{d}t} = 0, \frac{\mathrm{d}I}{\mathrm{d}t} = 0$$

积分得:

$$\Gamma = 常数, I = 常数$$

即沿任一封闭物质线的速度环量和通过任一物质面的涡通量在运动过程中守恒,即著名的凯尔文定理。

可以利用凯尔文定理来证明理想正流体在有势外力作用下,旋涡的某些动力学性质。

7.4 天然气在油管柱内流动对油管柱的激振分析

分析天然气流体激振现象的根本目的,在于确定油管柱在经受天然气激振过程中的安全性,即确定油管柱受到激振力的大小或是确定油管柱受天然气流体激振的振动稳定性。按照流体激振的机理,油管柱的振动可以分为强迫振动与自激振动两种类型。

油管柱的强迫振动是由于天然气在油管柱内流动时,以一定的振荡频率作用于油管柱,对油管柱产生振荡的作用力。此作用力的大小和频率完全由振荡流确定,而与油管柱的固有频率和振型无关。当油管上的阀门开启与关闭、油管柱截面变化及有弯曲时,天然气在油管柱内流动产生的对油管柱作用的压力将发生变化,压力变化所诱发的油管柱振动为油管柱的强迫振动。

油管柱自激振动的机理就更为复杂,它是流体与振动物体交互作用的结果。任何一种工程构件,在外界各种干扰的影响下,总会存在各种微小的振动,即使对于定常流,这种微小振动也会使流经振动的物体的流场产生振荡,而振荡流体又进一步作用于振动物体。由于油管柱截面积的变化(突然变大,缩小)、形状变化(如油管柱的弯曲等)所导致的天然气流过油管柱时压力、速度、密度等的变化所诱发的振动为这种类型的振动。所以,油管柱自激振动的稳定性取决于油管柱振动过程中天然气振荡流场与油管柱之间能量交换的性质。在振动过程中,天然气振荡流场对油管柱做正功,则表明油管柱在振动过程中不断地从天然气中吸取能量,从而使油管柱加剧而导致油管柱的不稳定。若天然气振荡流场对油管柱做负功,则表示天然气流体起了阻尼作用,油管柱振动是稳定的。因此油管柱在振动过程中,天然气振荡流场对油管柱做功的性质就成为分析油管柱自激振动稳定性的判据。

综上所述,分析流体激振,不论是求解强迫振动条件下的流体的激振力,还是判断自激振动条件下的振动稳定性,根本的问题都在于求解作用在物体上的振荡流场。为了求解各种来流条件下和各种物体振动条件下的振荡流场,就必须系统地建立求解振荡流场的振荡流体力学原理与方法,本书对于各类流体激振的分析,是建立在振荡流体力学原理基础上的,因此首先介绍振荡流体力学的基本原理。

7.4.1 天然气振荡流体力学参数的基本关系式

由自激振动的天然气流体激振分析可知,油管柱在各种外界干扰下做微小振动是不可避免的,判断油管柱振动安全性的关键是在于一旦出现油管柱微小振动后,天然气流体的振荡流场与振动油管柱之间的能量交换的性质,即油管柱振动一个周期内,天然气流场对油管柱振动做功的正负。因此,微小振荡条件下,确定天然气流体的振荡流场具有十分重要的意义。另一方面,在一切振荡形态中,简谐振荡是最简单也是最基本的形式。各种复杂的振荡可以由若干个简谐振动叠加而成。因此在利用振荡流体力学分析天然气流场过程中,首先将研究在微幅简谐振动条件下的振荡流场作为其基本的出发点。

任何振荡流本质上都是非定常流，非定常流动参数 q（q 可以是速度 v、压强 p、密度 ρ 等等）是空间坐标和时间坐标的函数，但在微幅振荡条件下，任何非定常流动参数 $q(x,y,z,t)$ 均可以看成是其定常量 $\tilde{q}(x,y,z)$ 和其振荡量 $\hat{q}(x,y,z,t)$ 的线性叠加。这是由于振荡参数 $\hat{q}$ 比起定常参数 $\tilde{q}$ 来要小得多。流体流经物体时，当物体不振动时其流场参数称为定常量 $\tilde{q}$，而一旦物体作微小振动时，其流场也就成为非定常量 q，但因是微幅振荡，其因流场振荡而产生的振荡量 $\hat{q}$ 要比定常参数小得多。这样，可以将任何非定常流动参数 $q(x,y,z,t)$ 表示为

$$q(x,y,z,t) = \tilde{q}(x,y,z) + \hat{q}(x,y,z,t) \tag{7.49}$$

若是简谐振荡，则振荡量可写为

$$\hat{q}(x,y,z,t) = |q|\cos(\omega t) \tag{7.50}$$

式中　$|q|$——振荡参数 $\hat{q}$ 的模；

ω——振荡频率。

但是，在流体振荡过程中、各参数之间的变化关系是要满足一定规律的。它不仅自身要满足简谐振动的关系，而且各参数的模和相位变化关系要满足流体力学的各个基本方程和边界条件。

在振荡过程中，流体各个参数不可能是同相位的。一般若以物体振动的初相位为零相位，则压强 $\hat{p}$ 的相位为 α，密度 $\hat{\rho}$ 的相位为 β，速度 $\hat{v}$ 的相位为 σ 等，则各振荡量应表示为

$$\begin{aligned} \hat{p} &= |p|\cos(\omega t + \alpha) \\ \hat{\rho} &= |\rho|\cos(\omega t + \beta) \\ \hat{v} &= |v|\cos(\omega t + \sigma) \end{aligned} \tag{7.51}$$

但是，这样一种振荡参数的表达式. 给振荡流体力学方程的建立带来很大的不便。一种较为方便的处理方法是将它变换成复数形式，即将振荡参数的模和相位合为一个复数的振幅，即振幅用复数形式表示，可以在式(7.51)后加上一个虚部，即

$$\begin{aligned} \hat{p} &= |p|\cos(\omega + \alpha) + i|p|\sin(\omega t + \alpha) \\ &= |p|e^{i(\omega t+\alpha)} = |p|e^{i\alpha}e^{i\omega t} = \bar{p}e^{i\omega t} \end{aligned} \tag{7.52}$$

其中 $\bar{p}$ 为振荡压强参数的振幅，它既包含了模 $|p|$，也包含了相位 α，即 $\bar{p} = |p|e^{i\alpha}$，这样，所有的流体振荡参数均可表示为

$$\hat{\rho} = \bar{\rho}e^{i\omega t}$$

$$\hat{v} = \bar{v}e^{i\omega t}$$

这样，就有了一个统一的非定常流参数的表达式，若流体的非定常参数为 $q(x,y,z,t)$，流体的定常参数为 $\tilde{q}(x,y,z)$，流体的振荡参数为 $\hat{q}(x,y,z,t)$，振荡参数 $\hat{q}$ 的振幅为 $\bar{q}(x,y,z)$，振荡频率为 ω，则有

$$\begin{aligned} q(x,y,z,t) &= \tilde{q}(x,y,z) + \hat{q}(x,y,z,t) \\ &= \tilde{q}(x,y,z) + \bar{q}(x,y,z)e^{i\omega t} \end{aligned} \tag{7.53}$$

这就是振荡流体力学参数基本关系式，即在振荡流体力学问题中，任何由于物体作微幅简谐振动而造成的振荡流中，其流动的非定常参数仅仅由定常参数、振幅参数和相振荡频率来确

定。而振幅参数,本身与时间 t 无关,仅仅是一个与空间坐标有关的复数。这样就为求解非定常流带来极大的方便,即有可能将求解与时间有关的非定常方程转化为只是求解与时间无关的振幅方程。

式(7.53)所表达的振荡流体力学参数的基本关系式,虽然仅对微幅简谐振动条件下是合适的,但对于任何非简谐、非微幅的振荡流也仍然有意义,因为借助数学工具,可以将任何形式的振荡视作若干个简谐振荡的叠加,而每个大的简谐振荡量也可视作若干个微小简谐振荡量之和,即可以表示为

$$q = \tilde{q} + \sum_{j=1}^{m} \bar{q}_j e^{i\omega_j t} \tag{7.54}$$

此关系式对于求解非简谐振荡、非微幅的振荡流问题将会是十分方便的。

7.4.2 天然气振荡流体的基本方程

任何振荡流动本质上都是非定常流动,但由于微幅简谐振荡流的特点,可以将非定常参数表示为定常参数与振幅参数的关系,这样如果将振荡流体力学的参数基本关系式代入非定常流动的基本方程,就可以得到以振幅参数形式表达的方程,也称为振幅方程。这样由非定常的连续方程、动量方程、能量方程等转化为相应的振幅方程,即振幅连续方程,振幅动量方程和振幅能量方程等即构成了振荡流体力学的基本方程。

下面从非定常流体力学的方程出发,推导振荡流体力学的基本方程。

(1)非定常流的连续方程

非定常流的连续方程为

$$\frac{\partial \rho}{\partial t} + \nabla \cdot (\rho V) = 0 \tag{7.55}$$

若写成直角坐标条形式,则为

$$\frac{\partial \rho}{\partial t} + V_x \frac{\partial \rho}{\partial x} + \rho \frac{\partial V_x}{\partial x} + V_y \frac{\partial \rho}{\partial y} + \rho \frac{\partial V_y}{\partial y} + V_z \frac{\partial \rho}{\partial z} + \rho \frac{\partial V_z}{\partial z} = 0 \tag{7.56}$$

设流动参数 V_x, V_y, V_z, ρ 均可以表示为下述的基本关系式,即

$$\begin{aligned} V_x &= \tilde{V}_x + \bar{V}_x e^{i\omega t} \\ V_y &= \tilde{V}_y + \bar{V}_y e^{i\omega t} \\ V_z &= \tilde{V}_z + \bar{V}_z e^{i\omega t} \\ \rho &= \tilde{\rho} + \bar{\rho} e^{i\omega t} \end{aligned} \tag{7.57}$$

式中 $\tilde{V}_x$、$\tilde{V}_y$、$\tilde{V}_z$——速度 V_x, V_y, V_z 的定常量;

$\bar{V}_x$、$\bar{V}_y$、$\bar{V}_z$——相应的振幅量。

将式(7.57)的振荡流体力学的参数基本关系式代入连续方程式(7.56),则有

$$i\omega \bar{\rho} e^{i\omega t} + \tilde{V}_x \frac{\partial \bar{\rho}}{\partial x} + \frac{\partial \bar{\rho}}{\partial x} \bar{V}_x e^{i\omega t} + \tilde{V}_x \frac{\partial \bar{\rho}}{\partial x} e^{i\omega t} + \bar{V}_x \bar{\rho} e^{i\omega t} e^{i\omega t} + \tilde{\rho} \frac{\partial \tilde{V}_x}{\partial x} + \frac{\partial \tilde{V}_x}{\partial x} \bar{\rho} e^{i\omega t} +$$

$$\bar{\rho} \frac{\partial \bar{V}_x}{\partial x} e^{i\omega t} + \bar{\rho} \frac{\partial \bar{V}_x}{\partial x} e^{i\omega t} e^{i\omega t} + \tilde{V}_y \frac{\partial \bar{\rho}}{\partial y} + \frac{\partial \bar{\rho}}{\partial y} \bar{V}_y e^{i\omega t} + \tilde{V}_y \frac{\partial \bar{\rho}}{\partial y} e^{i\omega t} + \bar{V}_y \bar{\rho} e^{i\omega t} e^{i\omega t} + \tilde{\rho} \frac{\partial \tilde{V}_y}{\partial y} +$$

$$\frac{\partial \tilde{V}_y}{\partial y}\bar{\rho}e^{i\omega t}+\bar{\rho}\frac{\partial \bar{V}_y}{\partial y}e^{i\omega t}+\bar{\rho}\frac{\partial \bar{V}_y}{\partial y}e^{i\omega t}e^{i\omega t}+\tilde{V}_z\frac{\partial \bar{\rho}}{\partial z}+\frac{\partial \bar{\rho}}{\partial z}\bar{V}_z e^{i\omega t}+\tilde{V}_z\frac{\partial \bar{\rho}}{\partial z}e^{i\omega t}+\bar{V}_z\bar{\rho}e^{i\omega t}e^{i\omega t}+$$

$$\tilde{\rho}\frac{\partial \tilde{V}_z}{\partial z}+\frac{\partial \tilde{V}_z}{\partial z}\tilde{\rho}e^{i\omega t}+\bar{\rho}\frac{\partial \bar{V}_z}{\partial z}e^{i\omega t}+\bar{\rho}\frac{\partial \bar{V}_z}{\partial z}e^{i\omega t}e^{i\omega t}=0$$

由于在定常条件下,定常参数本身应满足定常流动的连续方程,即满足

$$\tilde{V}_x\frac{\partial \bar{\rho}}{\partial x}+\tilde{\rho}\frac{\partial \tilde{V}_x}{\partial x}+\tilde{V}_y\frac{\partial \tilde{\rho}}{\partial y}+\tilde{\rho}\frac{\partial \tilde{V}_y}{\partial y}+\tilde{V}_z\frac{\partial \tilde{\rho}}{\partial z}+\tilde{\rho}\frac{\partial \tilde{V}_z}{\partial z}=0 \tag{7.58}$$

再考虑振荡量要比定常量小得多,而略去如$\frac{\partial \bar{\rho}}{\partial x}\bar{V}_x e^{i\omega t}e^{i\omega t}$等高阶小量,再消去每项共有的$e^{i\omega t}$。则得到

$$i\omega\bar{\rho}+\frac{\partial \tilde{\rho}}{\partial x}\bar{V}_x+\tilde{V}_x\frac{\partial \bar{\rho}}{\partial x}+\frac{\partial \tilde{\rho}}{\partial y}\bar{V}_y+\tilde{V}_y\frac{\partial \bar{\rho}}{\partial y}+\frac{\partial \tilde{\rho}}{\partial z}\bar{V}_z+\tilde{V}_z\frac{\partial \bar{\rho}}{\partial z}=0 \tag{7.59}$$

式(7.59)是以振幅形式表示的振荡流体力学的连续方程,称为振幅连续方程。

对于不可压缩流体,连续方程为

$$\nabla \cdot V=0$$

或

$$\frac{\partial V_x}{\partial x}+\frac{\partial V_y}{\partial y}+\frac{\partial V_z}{\partial z}=0$$

同样应用振荡流体力学的基本关系式代入,即得:

$$\frac{\partial \bar{V}_x}{\partial x}+\frac{\partial \bar{V}_y}{\partial y}+\frac{\partial \bar{V}_z}{\partial z}=0 \tag{7.60}$$

应用同样的方法,可以将非定常的动量方程、能量方程以及状态方程、过程方程等均转化为振幅形式的方程。

先看理想流体的非定常动量方程与绝热能量方程。它们分别为

$$\frac{\partial V_x}{\partial t}+V_x\frac{\partial V_x}{\partial x}+V_y\frac{\partial V_x}{\partial y}+V_z\frac{\partial V_x}{\partial z}=-\frac{1}{\rho}\frac{\partial p}{\partial x} \tag{7.61}$$

$$\frac{\partial V_y}{\partial t}+V_x\frac{\partial V_y}{\partial x}+V_y\frac{\partial V_y}{\partial y}+V_z\frac{\partial V_z}{\partial z}=-\frac{1}{\rho}\frac{\partial p}{\partial y} \tag{7.62}$$

$$\frac{\partial V_z}{\partial t}+V_x\frac{\partial V_z}{\partial x}+V_y\frac{\partial V_z}{\partial y}+V_z\frac{\partial V_z}{\partial z}=-\frac{1}{\rho}\frac{\partial p}{\partial z} \tag{7.63}$$

$$\frac{\partial I_0}{\partial t}+V_x\frac{\partial I_0}{\partial x}+V_y\frac{\partial I_0}{\partial y}+V_z\frac{\partial I_0}{\partial z}=\frac{1}{\rho}\frac{\partial p}{\partial t} \tag{7.64}$$

代入振荡流体力学的参数基本关系式,得到下列的振幅动量方程与能量方程。

(2)振幅动量方程

振幅动量方程为

$$i\omega\bar{V}_x+\tilde{V}_x\frac{\partial \bar{V}_x}{\partial x}+\frac{\partial \tilde{V}_x}{\partial x}\bar{V}_x+\tilde{V}_y\frac{\partial \bar{V}_x}{\partial y}+\frac{\partial \tilde{V}_x}{\partial y}\bar{V}_y+$$

$$\tilde{V}_z\frac{\partial \bar{V}_x}{\partial z}+\frac{\partial \tilde{V}_x}{\partial z}\bar{V}_z=-\frac{1}{\tilde{\rho}}\frac{\partial \bar{p}}{\partial x} \tag{7.65}$$

$$i\omega \bar{V}_y + \tilde{V}_x \frac{\partial \bar{V}_y}{\partial x} + \frac{\partial \tilde{V}_y}{\partial x} \bar{V}_x + \tilde{V}_y \frac{\partial \bar{V}_y}{\partial y} + \frac{\partial \tilde{V}_y}{\partial y} \bar{V}_y +$$

$$\tilde{V}_z \frac{\partial \bar{V}_y}{\partial z} + \frac{\partial \tilde{V}_y}{\partial z} \bar{V}_z = -\frac{1}{\tilde{\rho}} \frac{\partial \bar{p}}{\partial y} \tag{7.66}$$

(3)振幅能量方程

振幅能量方程为

$$i\omega \bar{I}_0 + \tilde{V}_x \frac{\bar{I}_0}{\partial x} + \frac{\bar{I}_0}{\partial x} \bar{V}_x + \tilde{V}_y \frac{\bar{I}_0}{\partial y} + \frac{\bar{I}_0}{\partial y} \bar{V}_y + \tilde{V}_z \frac{\bar{I}_0}{\partial z} + \frac{\bar{I}_0}{\partial z} \bar{V}_z = -\frac{1}{\tilde{\rho}} i\omega \bar{p} \tag{7.67}$$

应用同样的方法可以将状态方程 $p=\rho RT$ 和绝热过程方程转化为振幅方程。

(4)振幅状态方程

振幅状态方程为

$$\bar{p} = R(\tilde{\rho}\bar{T} + \tilde{T}\bar{\rho}) \tag{7.68}$$

振幅绝热过程方程

$$\bar{T} = \left(\frac{\tilde{T}}{\tilde{\rho}}\right)(k-1)\bar{\rho} \tag{7.69}$$

对于黏性流动,同样可以给出类似的振幅动量方程(即振幅 N-S(纳维-斯托克斯)方程)和振幅能量方程。由于本书研究油管柱的流体激振,用圆柱坐标系更加方便。

(5)连续方程

连续方程为

$$\frac{\partial \rho}{\partial t} + \frac{1}{r}\frac{\partial(\rho r V_r)}{\partial r} + \frac{1}{r}\frac{\partial(\rho V_\theta)}{\partial \theta} + \frac{\partial(\rho V_z)}{\partial z} = 0 \tag{7.70}$$

(6)动量方程

动量方程为

$$\rho\left(\frac{\partial V_r}{\partial t} + V_r \frac{\partial V_r}{\partial r} + \frac{V_\theta}{r}\frac{\partial V_r}{\partial \theta} + V_z \frac{\partial V_r}{\partial z} - \frac{V_\theta^2}{r}\right) =$$

$$\rho f + \frac{1}{r}\left[\frac{\partial(r\tau_{rr})}{\partial r} + \frac{\partial \tau_{\theta r}}{\partial \theta} + \frac{\partial(r\tau_{zr})}{\partial z}\right] - \frac{\tau_{\theta\theta}}{r} \tag{7.71}$$

$$\rho\left(\frac{\partial V_\theta}{\partial t} + V_r \frac{\partial V_\theta}{\partial r} + \frac{V_\theta}{r}\frac{\partial V_\theta}{\partial \theta} + V_z \frac{\partial V_\theta}{\partial z} - \frac{V_\theta V_r}{r}\right) =$$

$$\rho f_\theta + \frac{1}{r}\left[\frac{\partial(r\tau_{r\theta})}{\partial r} + \frac{\partial \tau_{\theta\theta}}{\partial \theta} + \frac{\partial(r\tau_{z\theta})}{\partial z}\right] + \frac{\tau_{r\theta}}{r} \tag{7.72}$$

$$\rho\left(\frac{\partial V_z}{\partial t} + V_r \frac{\partial V_z}{\partial r} + \frac{V_\theta}{r}\frac{\partial V_z}{\partial \theta} + V_z \frac{\partial V_\theta}{\partial z}\right) =$$

$$\rho f_z + \frac{1}{r}\left[\frac{\partial(r\tau_{rz})}{\partial r} + \frac{\partial \tau_{\theta z}}{\partial \theta} + \frac{\partial(r\tau_{zz})}{\partial z}\right] \tag{7.73}$$

式中 ,τ_{rr},$\tau_{\theta r}$,…为黏性应力,分别为

$$\tau_{rr} = -p - \frac{2}{3}\mu\left(\frac{\partial V_r}{\partial r} + \frac{1}{r}\frac{\partial V_\theta}{\partial \theta} + \frac{\partial V_z}{\partial z} + \frac{V_r}{r}\right) + 2\mu\frac{\partial V_r}{\partial r} \tag{7.74}$$

$$\tau_{\theta\theta} = -p - \frac{2}{3}\mu\left(\frac{\partial V_r}{\partial r} + \frac{1}{r}\frac{\partial V_\theta}{\partial \theta} + \frac{\partial V_z}{\partial z} + \frac{V_r}{r}\right) + 2\mu\left(\frac{\partial V_\theta}{r\partial \theta} + \frac{V_r}{r}\right) \tag{7.75}$$

$$\tau_{zz} = -p - \frac{2}{3}\mu\left(\frac{\partial V_r}{\partial r} + \frac{1}{r}\frac{\partial V_\theta}{\partial \theta} + \frac{\partial V_z}{\partial z} + \frac{V_r}{r}\right) + 2\mu\frac{\partial V_z}{\partial z} \tag{7.76}$$

$$\tau_{r\theta} = \tau_{\theta r} = \mu\left(\frac{\partial V_\theta}{\partial r} + \frac{\partial V_r}{r\partial \theta} - \frac{V_\theta}{r}\right) \tag{7.77}$$

$$\tau_{rz} = \tau_{zr} = \mu\left(\frac{\partial V_r}{\partial z} + \frac{\partial V_z}{\partial r}\right) \tag{7.78}$$

$$\tau_{\theta z} = \tau_{z\theta} = \mu\left(\frac{\partial V_\theta}{\partial z} + \frac{\partial V_z}{r\partial \theta}\right) \tag{7.79}$$

(7)能量方程

能量方程为

$$\frac{\mathrm{D}I}{\mathrm{D}t} = \frac{1}{\rho}\frac{\mathrm{D}p}{\mathrm{D}t} + \frac{\Phi}{\rho} \tag{7.80}$$

式中　I——焓；

Φ——耗散函数。

$$\begin{aligned}\Phi = &(\tau_{rr} + p)\frac{\partial V_r}{\partial r} + (\tau_{\theta\theta} + p)\left(\frac{\partial V_\theta}{r\partial \theta} + \frac{V_\theta}{r}\right) + (\tau_{zz} + p)\frac{\partial V_z}{\partial z} + \\ &\tau_{r\theta}\left(\frac{\partial V_\theta}{\partial r} + \frac{1}{r}\frac{\partial V_r}{\partial \theta} - \frac{V_\theta}{r}\right) + \tau_{\theta z}\left(\frac{\partial V_z}{r\partial \theta} + \frac{\partial V_\theta}{\partial z}\right) + \tau_{rz}\left(\frac{\partial V_z}{\partial r} + \frac{\partial V_r}{\partial z}\right)\end{aligned} \tag{7.81}$$

再代入振荡流体力学参数基本关系式后，同样可以得到相应的振幅方程。

(8)振幅连续方程

振幅连续方程为

$$\begin{aligned}&i\tilde{\omega}\bar{\rho} + \frac{\partial(\tilde{\rho}\bar{V}_r + \tilde{V}_r\bar{\rho})}{\partial r} + \frac{\tilde{\rho}\bar{V}_r + \tilde{V}_r\bar{\rho}}{r} + \\ &\frac{1}{r}\frac{\partial(\tilde{\rho}\bar{V}_\theta + \tilde{V}_\theta\bar{\rho})}{\partial \theta} + \frac{\partial(\tilde{\rho}\bar{V}_z + \tilde{V}_z\bar{\rho})}{\partial z} = 0\end{aligned} \tag{7.82}$$

(9)振幅动量方程

振幅动量方程为

$$\begin{aligned}&\tilde{\rho}\left(i\omega\bar{V}_r + \tilde{V}_r\frac{\partial\bar{V}}{\partial r} + \bar{V}_r\frac{\partial\tilde{V}_r}{\partial r} + \frac{\tilde{V}_\theta}{r}\frac{\partial\bar{V}_r}{\partial\theta} + \frac{\bar{V}_\theta}{r}\frac{\partial\tilde{V}_r}{\partial\theta} + \tilde{V}_z\frac{\partial\tilde{V}_r}{\partial z} + \bar{V}_z\frac{\partial\tilde{V}_r}{\partial z}\right) + \\ &\bar{\rho}\left(\tilde{V}_r\frac{\partial\tilde{V}_r}{\partial r} + \frac{\tilde{V}_\theta}{r}\frac{\partial\tilde{V}_r}{\partial\theta} + \tilde{V}_z\frac{\partial\tilde{V}_r}{\partial z}\right) - \bar{\rho}\frac{2\tilde{V}_\theta\bar{V}_\theta}{r} - \bar{\rho}\frac{\tilde{V}_\theta^2}{r} = \\ &\frac{1}{r}\left[\frac{\partial(r\bar{\tau}_{rr})}{\partial r} + \frac{\partial(\bar{\tau}_{\theta r})}{\partial\theta} + \frac{\partial(r\bar{\tau}_{rz})}{\partial z}\right] - \frac{\bar{\tau}_{\theta\theta}}{r}\end{aligned} \tag{7.83}$$

$$\tilde{\rho}\left(i\omega\bar{V}_\theta + \tilde{V}_r\frac{\partial\bar{V}_\theta}{\partial r} + \bar{V}_r\frac{\partial\tilde{V}_\theta}{\partial r} + \frac{\tilde{V}_\theta}{r}\frac{\partial\bar{V}_\theta}{\partial\theta} + \frac{\bar{V}_\theta}{r}\frac{\partial\tilde{V}_\theta}{\partial\theta} + \tilde{V}_z\frac{\partial\tilde{V}_r}{\partial z} + \bar{V}_z\frac{\partial\tilde{V}_\theta}{\partial z} + \tilde{V}_z\frac{\partial\tilde{V}_\theta}{\partial z}\right) +$$

$$\tilde{\rho}\left(\tilde{V}_r\frac{\partial\tilde{V}_\theta}{\partial r}+\frac{\tilde{V}_\theta}{r}\frac{\partial\tilde{V}_\theta}{\partial\theta}+\tilde{V}_z\frac{\partial\tilde{V}_r}{\partial z}+\frac{\tilde{V}_r\tilde{V}_\theta}{r}\right)=$$

$$\frac{1}{r}\left[\frac{\partial(r\bar{\tau}_{r\theta})}{\partial r}+\frac{\partial(\bar{\tau}_{\theta\theta})}{\partial\theta}+\frac{\partial(r\bar{\tau}_{z\theta})}{\partial z}\right]-\frac{\bar{\tau}_{r\theta}}{r} \tag{7.84}$$

$$\tilde{\rho}\left(i\omega\bar{V}_z+\tilde{V}_r\frac{\partial\bar{V}_z}{\partial r}+\bar{V}_r\frac{\partial\tilde{V}_z}{\partial r}+\frac{\tilde{V}_\theta}{r}\frac{\partial\bar{V}_z}{\partial\theta}+\frac{\bar{V}_\theta}{r}\frac{\partial\tilde{V}_z}{\partial\theta}+\tilde{V}_z\frac{\partial\tilde{V}_z}{\partial z}+\bar{V}_z\frac{\partial\tilde{V}_z}{\partial z}\right)+$$

$$\tilde{\rho}\left(\tilde{V}_r\frac{\partial\tilde{V}_r}{\partial r}+\frac{\tilde{V}_\theta}{r}\frac{\partial\tilde{V}_z}{\partial\theta}+\tilde{V}_z\frac{\partial\tilde{V}_z}{\partial z}\right)=\frac{1}{r}\left[\frac{\partial(r\bar{\tau}_{rz})}{\partial r}+\frac{\partial(\bar{\tau}_{\theta z})}{\partial\theta}+\frac{\partial(r\bar{\tau}_{zz})}{\partial z}\right] \tag{7.85}$$

这里剪应力振幅$\bar{\tau}_{rr},\bar{\tau}_{\theta\theta},\cdots$与压强振幅$\bar{p}$及速度振幅$\bar{V}_r$、$\bar{V}_\theta$、$\bar{V}_z$的关系为

$$\bar{\tau}_{rr}=\left[-p-\frac{2}{3}\mu\left(\frac{1}{r}\frac{\partial(r\bar{V}_r)}{\partial r}+\frac{1}{r}\frac{\partial\bar{V}_\theta}{\partial\theta}+\frac{\partial\bar{V}_z}{\partial z}\right)\right]+2\mu\frac{\partial\bar{V}_r}{\partial r} \tag{7.86}$$

$$\bar{\tau}_{\theta\theta}=\left[-p-\frac{2}{3}\mu\left(\frac{1}{r}\frac{\partial(r\bar{V}_r)}{\partial r}+\frac{1}{r}\frac{\partial\bar{V}_\theta}{\partial\theta}+\frac{\partial\bar{V}_z}{\partial z}\right)\right]-2\mu\left(\frac{1}{r}\frac{\partial\bar{V}_\theta}{\partial\theta}+\frac{\partial\bar{V}_r}{\partial r}\right) \tag{7.87}$$

$$\bar{\tau}_{zz}=\left[-p-\frac{2}{3}\mu\left(\frac{1}{r}\frac{\partial(r\bar{V}_r)}{\partial r}+\frac{1}{r}\frac{\partial\bar{V}_\theta}{\partial\theta}+\frac{\partial\bar{V}_z}{\partial z}\right)\right]+2\mu\frac{\partial\bar{V}_z}{\partial z} \tag{7.88}$$

$$\bar{\tau}_{r\theta}=\bar{\tau}_{\theta r}=\mu\left(\frac{\partial\bar{V}_\theta}{\partial r}+\frac{1}{r}\frac{\partial\bar{V}_r}{\partial\theta}-\frac{\bar{V}_\theta}{r}\right) \tag{7.89}$$

$$\bar{\tau}_{\theta z}=\bar{\tau}_{z\theta}=\mu\left(\frac{1}{r}\frac{\partial\bar{V}_z}{\partial\theta}+\frac{\partial\bar{V}_\theta}{\partial z}\right) \tag{7.90}$$

$$\bar{\tau}_{zr}=\bar{\tau}_{rz}=\mu\left(\frac{\partial\bar{V}_r}{\partial z}+\frac{\partial\bar{V}_\theta}{\partial r}\right) \tag{7.91}$$

(10)振幅能量方程

在绝热流动条件下,可得

$$\bar{\rho}\frac{\mathrm{D}\tilde{I}}{\mathrm{D}t}+\tilde{\rho}\frac{\mathrm{D}\bar{I}}{\mathrm{D}t}=\frac{\mathrm{D}\bar{p}}{\mathrm{D}t}+\bar{\Phi} \tag{7.92}$$

$\bar{\Phi}$为耗散函数Φ的振幅,由耗散函数的关系式可得耗散函数振幅$\bar{\Phi}$为

$$\bar{\Phi}=\frac{1}{\mu}\left[(\tilde{p}+\bar{\tau}_{rr})(\bar{\tau}_{rr}+\bar{p})+(\tilde{p}+\bar{\tau}_{\theta\theta})(\bar{\tau}_{\theta\theta}+\bar{p})+(\tilde{p}+\bar{\tau}_{zz})(\bar{\tau}_{zz}+\bar{p})\right]+$$

$$\frac{2}{\mu}(\tilde{\tau}_{r\theta}\bar{\tau}_{r\theta}+\tilde{\tau}_{z\theta}\bar{\tau}_{\theta z}+\tilde{\tau}_{rz}\bar{\tau}_{rz}) \tag{7.93}$$

除了上述的最基本的振幅方程外,一切流体力学的基本方程,都可以通过应用振荡流体力学参数的基本关系式而得到相应的振幅方程。这样,对于用振荡流体力学原理来分析流体激振总是可以建立相应的振幅方程组作为求解的控制方程。

7.4.3 天然气流体振荡边界条件

在天然气对油管柱振动的求解中,不仅要满足流体力学的基本方程,还必须满足边界条件。在振荡流体力学中,物面边界条件就成了振荡边界条件,根据流体是理想流体还是黏性流体,物面边界条件有不同的提法。对于理想流体,物面边界条件为:流体在物面的法向速度等于该物面

的法向速度。对于黏性流体，物面边界条件为：流体在物面的速度等于该物面的速度。

首先分析当物面振荡时，法向速度相等的振荡边界条件的表达式。若物面的速度表示为 V_B，物面上流体的速度用 V 表示，则法向速度相等条件可写为

$$\vec{V}_B \cdot \vec{n} = \vec{V} \cdot \vec{n} \tag{7.94}$$

$\vec{n}$ 为物面的法向单位向量，任意运动的物面方程为

$$F(x,y,z,t) = 0 \tag{7.95}$$

而根据梯度的关系 $\nabla F = |\nabla F| \vec{n}$，则物面的法向速度可表示为

$$\vec{V}_B \cdot \vec{n} = \vec{V}_B \cdot \frac{\nabla F}{|\nabla F|} = \frac{\mathrm{d}r}{\mathrm{d}t} \cdot \frac{\nabla F}{|\nabla F|} \tag{7.96}$$

这里 $\vec{r}$ 为物面的位置向量，而物面方程 $F(x,y,z,t)$ 或写成 $F(\vec{r},t)$，其微分形式为

$$\mathrm{d}F = \frac{\partial F}{\partial x}\mathrm{d}x + \frac{\partial F}{\partial y}\mathrm{d}y + \frac{\partial F}{\partial z}\mathrm{d}z + \frac{\partial F}{\partial t}\mathrm{d}t$$

因为 $F(x,y,z,t)=0$，故 $\mathrm{d}F=0$，则得

$$\mathrm{d}F = \frac{\partial F}{\partial x}i\mathrm{d}r + \frac{\partial F}{\partial y}j\mathrm{d}r + \frac{\partial F}{\partial z}k\mathrm{d}r + \frac{\partial F}{\partial t}\mathrm{d}t = 0$$

其中 i、j、k 为 x、y、z 坐标方向的单位向量，则上式又可写为

$$\nabla F \cdot \mathrm{d}\vec{r} + \frac{\partial F}{\partial t}\mathrm{d}t = 0 \tag{7.97}$$

将式(7.97)代入式(7.96)则得到物面法向速度的表达式为

$$\vec{V}_B \cdot \vec{n} = -\frac{\partial \vec{F}}{\partial t}\frac{1}{|\nabla F|} \tag{7.98}$$

而在物面上的流体的法向速度为

$$\vec{V} \cdot \vec{n} = \vec{V} \cdot \frac{\nabla \vec{F}}{|\nabla F|} \tag{7.99}$$

将式(7.98)、式(7.99)代入法向速度相等条件式(7.94)，则有

$$\vec{V} \cdot \nabla F + \frac{\partial \vec{F}}{\partial t} = 0 \tag{7.100}$$

对于物面方程 $F(x,y,z,t)=0$，也可表示为

$$F(x,y,z,t) = z - f(x,y,t) = 0$$

即有

$$z = f(x,y,t)$$

这样，$\frac{\partial F}{\partial t}, \frac{\partial F}{\partial x}, \cdots$ 与 $\frac{\partial f}{\partial t}, \frac{\partial f}{\partial x}, \cdots$ 的关系为

$$\frac{\partial F}{\partial t} = -\frac{\partial f}{\partial t}, \frac{\partial F}{\partial x} = -\frac{\partial f}{\partial x}, \frac{\partial F}{\partial y} = -\frac{\partial f}{\partial y}, \frac{\partial F}{\partial z} = 1$$

而式(7.100)中的 $\vec{V} \cdot \nabla F$ 可展开为

$$\vec{V} \cdot \nabla F = [V_x i + V_y j + V_z k] \cdot \left[\frac{\partial F}{\partial x}i + \frac{\partial F}{\partial y}j + \frac{\partial F}{\partial z}k\right] = V_x\frac{\partial F}{\partial x} + V_y\frac{\partial F}{\partial y} + V_z\frac{\partial F}{\partial z}$$

则法向速度相等的边界条件可表示为

$$V_x \frac{\partial F}{\partial x} + V_y \frac{\partial F}{\partial y} + V_z \frac{\partial F}{\partial z} + \frac{\partial F}{\partial t} = 0 \tag{7.101}$$

将关于 F 对 x,y,z 的偏导数与 f 对 x,y,z 的偏导数的关系代入式(7.101),则得到边界条件的表达式为

$$\frac{\partial f}{\partial x} + V_x \frac{\partial f}{\partial x} + V_y \frac{\partial f}{\partial y} = V_z \tag{7.102}$$

对于作微幅简谐振荡的物面,物面方程中的 f 也可以表示为

$$f(x,y,t) = \tilde{f}(x,y) + \bar{f}(x,y)e^{i\omega t} \tag{7.103}$$

将式(7.103)代入式(7.102),最终可得到满足法向速度相等的振荡边界条件表达式为

$$i\omega \bar{f} + \tilde{V}_x \frac{\partial \bar{f}}{\partial x} + \bar{V}_x \frac{\partial \tilde{f}}{\partial x} + \tilde{V}_y \frac{\partial \bar{f}}{\partial y} + \bar{V}_y \frac{\partial \tilde{f}}{\partial y} + \tilde{V}_z \frac{\partial \bar{f}}{\partial z} + \bar{V}_z \frac{\partial \tilde{f}}{\partial z} = \bar{V}_z \tag{7.104}$$

这里 $\tilde{f}$ 相当于物面不动时的型面坐标,$\bar{f}$ 则是型面振动时之振幅。

7.4.4 振荡流体力学的局部线性化理论

振荡流体力学参数的基本关系式是建立在微幅简谐振荡基础上的,对于分析流体激振问题中的自激振动的稳定性问题是足够准确的。因为稳定性分析是在于一旦有微小振动发生后,其振荡流场与振动物体之间做功的性质,做功的性质只取决于物体的振型和流场的特性,而与振幅绝对值的大小无关。振幅绝对值的大小会改变做功值的大小,但不会改变做功值的正负。因此对于自激振动稳定性的分析,只要按照物体的固有振型,任意给定一个很小的振幅值就可以进行振荡流场计算。这时振荡量与定常量相比完全可以认为是一个很小量,可以应用振荡流体力学的基本关系式。但对于另一类流体激振问题,例如振荡来流对于物体的激振,即所谓强迫振动问题,则振荡来流的振荡量绝不会是一个微小量,这样就不能直接应用前面所述的振荡流体力学参数的基本关系式。对于这类问题,即是一个任意振荡流场的求解问题,是否可以应用振荡流体力学的一系列方法来求解?为此,提出了“振荡流体力学的局部线性化理论”。即认为一个任意的流体参数的振荡量,可以看成是许多个小的振荡量的叠加,一个任意非定常来流可以通过傅里叶变换表示为一个定常流与许多个简谐振荡流的叠加,并且通过分解总是能保证每个简谐振荡流的量都要比定常量小得多。局部线性化理论认为每一个小的振荡量所构成的振荡流场的叠加,就是整个非定常流所构成的流场。而每个小振荡所构成的流场则可以通过振荡流体力学方法解得。然后通过傅里叶反变换得到所要求的整个流场。例如一个任意的非定常参数 q 可以表示为

$$q = \tilde{q} + \sum_{j=1}^{m} \bar{q}_j e^{i\omega_j t} \tag{7.105}$$

例如速度 v、压力 p 等分别表示为

$$v = \tilde{v} + \sum_{j=1}^{m} \bar{V}_j e^{i\omega_j t} \tag{7.106}$$

$$p = \tilde{p} + \sum_{j=1}^{m} \bar{p}_j e^{i\omega_j t} \tag{7.107}$$

$$\cdots$$

若将式(7.106)、式(7.107)等代入非定常流动的基本方程,例如代入 x 方向的动量方程,

则有

$$\sum_{j=1}^{m} i\omega_j e^{i\omega_j t}\bar{v}_{xj} + \left(\tilde{v}_x + \sum_{j=1}^{m}\bar{v}_{xj}e^{iw_j t}\right)\left(\frac{\partial \bar{v}_{xj}}{\partial x} + \sum_{j=1}^{m}\frac{\partial \bar{v}_{xj}}{\partial x}e^{i\omega_j t}\right) +$$

$$\left(\tilde{v}_y + \sum_{j=1}^{m}\bar{v}_{yj}e^{iw_j t}\right)\left(\frac{\partial \bar{v}_{yj}}{\partial y} + \sum_{j=1}^{m}\frac{\partial \bar{v}_{yj}}{\partial y}e^{i\omega_j t}\right) +$$

$$\left(\tilde{v}_z + \sum_{j=1}^{m}\bar{v}_{zj}e^{iw_j t}\right)\left(\frac{\partial \bar{v}_{zj}}{\partial z} + \sum_{j=1}^{m}\frac{\partial \bar{v}_{zj}}{\partial z}e^{i\omega_j t}\right) =$$

$$-\frac{1}{\rho}\left(\frac{\partial \tilde{p}}{\partial x} + \sum_{j=1}^{m}\frac{\partial \bar{p}_j}{\partial x}e^{i\omega_j t}\right) + \gamma\left[\sum_{j=1}^{m}\left(\frac{\partial^2 \bar{v}_x}{\partial x^2}e^{i\omega_j t} + \frac{\partial^2 \bar{v}_y}{\partial y^2}e^{i\omega_j t} + \frac{\partial^2 \bar{v}_z}{\partial z^2}e^{i\omega_j t}\right)\right] +$$

$$\left(\frac{\partial^2 \tilde{v}_x}{\partial x^2} + \frac{\partial^2 \tilde{v}_y}{\partial y^2} + \frac{\partial^2 \tilde{v}_z}{\partial z^2}\right) \tag{7.108}$$

若认为定常流分量本身满足定常流的方程,即满足

$$\tilde{v}_x\frac{\partial \tilde{v}_x}{\partial x} + \tilde{v}_y\frac{\partial \tilde{v}_y}{\partial y} + \tilde{v}_z\frac{\partial \tilde{v}_z}{\partial z} = -\frac{1}{\tilde{\rho}}\frac{\partial \tilde{p}}{\partial x} + \gamma\left(\frac{\partial^2 \tilde{v}_x}{\partial x^2} + \frac{\partial^2 \tilde{v}_y}{\partial y^2} + \frac{\partial^2 \tilde{v}_z}{\partial z^2}\right)$$

则式(7.108)就成为

$$\sum_{j=1}^{m} i\omega_j e^{i\omega_j t}\bar{v}_{xj} + \tilde{v}_x\sum_{j=1}^{m}\frac{\partial \bar{v}_{xj}}{\partial x}e^{i\omega_j t} + \frac{\partial \tilde{v}_x}{\partial x}\sum_{j=1}^{m}\bar{v}_{xj}e^{i\omega_j t} +$$

$$\left[\sum_{j=1}^{m}\bar{v}_{xj}e^{i\omega_j t}\right]\left[\sum_{j=1}^{m}\frac{\partial \tilde{v}_{xj}}{\partial x}e^{i\omega_j t}\right] + \cdots = -\frac{1}{\rho}\sum_{j=1}^{m}\frac{\partial \bar{p}_j}{\partial x}e^{i\omega_j t} +$$

$$\gamma\left[\sum_{j=1}^{m}\left(\frac{\partial^2 \bar{v}_{xj}}{\partial x}e^{i\omega_j t} + \frac{\partial^2 \bar{v}_{yj}}{\partial y}e^{i\omega_j t} + \frac{\partial^2 \bar{v}_{zj}}{\partial z}e^{i\omega_j t}\right)\right] \tag{7.109}$$

若认为每一个振荡分量 ω_j 本身均满足该分量所组成的动量振幅方程,即有

$$i\omega_j\tilde{v}_{xj}e^{i\omega_j t} + \left[\tilde{v}_x\frac{\partial \bar{v}_{xj}}{\partial x} + \frac{\partial \tilde{v}_{xj}}{\partial x}\bar{v}_{xj} + \tilde{v}_y\frac{\partial \bar{v}_{xj}}{\partial y} + \frac{\partial \tilde{v}_{xj}}{\partial y}\bar{v}_{yj} + \tilde{v}_z\frac{\partial \bar{v}_{xj}}{\partial z} + \frac{\partial \tilde{v}_{xj}}{\partial z}\bar{v}_{zj}\right]e^{i\omega_j t} =$$

$$-\frac{1}{\rho}\frac{\partial \bar{p}_j}{\partial x}e^{i\omega_j t} + \gamma\left[\frac{\partial^2 \bar{v}_{xj}}{\partial x^2} + \frac{\partial^2 \bar{v}_{xj}}{\partial y^2} + \frac{\partial^2 \bar{v}_{xj}}{\partial z^2}\right]e^{i\omega_j t} \tag{7.110}$$

则必然有

$$\left[\sum_{j=1}^{m}\bar{v}_{xj}e^{i\omega_j t}\right]\left[\sum_{j=1}^{m}\frac{\partial \bar{v}_{xj}}{\partial x}e^{i\bar{\omega}_j t}\right] + \left[\sum_{j=1}^{m}\bar{v}_{yj}e^{i\omega_j t}\right]\left[\sum_{j=1}^{m}\frac{\partial \bar{v}_{xj}}{\partial y}e^{i\bar{\omega}_j t}\right] +$$

$$\left[\sum_{j=1}^{m}\bar{v}_{zj}e^{i\omega_j t}\right]\left[\sum_{j=1}^{m}\frac{\partial \bar{v}_{xj}}{\partial z}e^{i\bar{\omega}_j t}\right] = 0 \tag{7.111}$$

也就是意味着忽略了非线性的影响。

因此,应用振荡流体力学的局部线性化原理,就是把一个大的非定常量分解为一个定常分量和若干个小振荡量的叠加,而认为定常分量和每个振荡小量都各自满足自身的基本方程,也就是忽略了各振荡小量之间的非线性影响。这样,就可以对每个振荡小量分别用振荡流体力学的基本方程求解,然后把求解的结果再用傅里叶反变换合成即是所要求的解。这样,关于振荡流体力学的全部方程和方法均可用于对一个任意的非定常量的求解。

7.5 相关天然气物性参数的确定

在计算以上固体颗粒所受作用力的过程当中，要用到天然气的几个物性参数，包括天然气密度ρ_f，动力黏度μ，压缩因子Z，井筒温度T，以及压力p。下面从天然气的组成以及井筒内压力、温度条件等出发对这几个参数逐一进行确定。

7.5.1 天然气的组成

天然气是地下采出的可燃气体的统称。

天然气是以石蜡族低分子饱和烃为主的烃类气体和少量非烃类气体组成的混合气体，其中主要是甲烷。另外含有少量乙烷、丙烷、丁烷和戊烷。此外所含的非烃类气体一般包括少量的硫化氢、二氧化碳、一氧化碳、氮和水蒸气，以及微量的惰性气体，如氦和氢。

本文研究数据均来自四川气田，因此就以四川的某些气田为例来说明天然气的体积组成情况，见表7.1。

表7.1 天然气的体积组成

气田	天然气体积组分/%											视临界温度/K	视临界压力/×10^{5}Pa
	甲烷	乙烷	丙烷	丁烷	戊烷	CO_2	H_2S	氢	氮	氦	氩		
1#	96.42	0.73	0.14	0.04			0.69		1.93	0.05		191.8	46.43
2#	95.77	1.10	0.37	0.16		0.08		0.07	2.24			191.3	46.05
3#	97.17	1.02	0.20			0.47	0.01		1.09	0.04		192.0	46.39
4#	97.81	1.05	0.17			0.44			0.48	0.05		192.3	46.44
5#	96.74	1.07	0.32	0.16	0.08	0.05		0.01	1.54	0.04		192.1	46.18
6#	97.12	0.56	0.07			1.14	0.02	0.01	1.06	0.03		192.0	46.57
7#	87.80	0.11				4.44	0.88		8.10	0.32	0.03	190.8	47.65
8#	94.12	0.88	0.21	0.05		3.97		0.11	0.49			198.5	47.93
9#	95.97	0.55	0.10	40.03	0.04	0.35	1.52	0.01	1.39	0.03	0.02	193.9	47.94
10#	91.15	5.8	1.59	0.71	0.20	0.54		0.05	0.10			203.2	47.56
11#	82.98	1.69	0.68	0.72	0.76	4.51	7.75	0.05	0.67			213.7	50.11
12#	90.99	3.49	1.89	1.07	1.21	0.25						204.9	45.94
13#	97.62	0.92	0.07			0.16	0.01	0.02	1.13	0.08	0.01	191.2	47.28

天然气是多种气体组成的混合气体，本身没有分子式，因此也就不能像纯气体一样，可以从分子式算出一个恒定的分子量。工程实际中，一般将标准状态下1摩尔的天然气的重量作为天然气的分子量。

同时，由于天然气的分子量随组成的不同而变化，没有一个恒定的数值，因此天然气的分子量实际只是一个平均分子量。若已知天然气的体积组成，则天然气的平均分子量可用下式求得

$$M = \sum \alpha_i \cdot M_i \tag{7.112}$$

式中 α_i——天然气组分i的体积百分含量；

M_i——天然气组分i分子量。

7.5.2　井筒温度

温度可用地表温度和地温梯度 G 来大致计算，如四川盆地可取地表温度 293 K，地温增率为井筒每增加 1 m 深度，温度升高 0.023 8 K。所以有

$$T = T_0 + Gy \tag{7.113}$$

7.5.3　天然气的压缩因子

假设理想气体的比容为 v'，在相同的压力和温度条件下，则

$$Z = \frac{v}{v'} \tag{7.114}$$

因此，压缩因子 Z 即真实气体与理想气体比容的比值，是表征此两种气体性质差异的参数。在数值上

$$Z = \frac{pv}{RT} \tag{7.115}$$

其值根据大小与气体的组成和状态有关，工程上常用压缩因子图来查得 Z 的数值。压缩因子图是根据适合于任何一种气体的对比态原理而制作的。

对比态原理是广泛应用于推算流体性质的方法之一。由于各种物质在临界状态都具有相似的性质，范德华(Van Der Waals)选取临界点作为参考点，以临界性质为对比基础，此时流体的压力、温度和比容分别用对比参数值来表示。物质的参数与同名临界参数的比值称为对比参数，即

$$p_{pr} = \frac{p}{p_{cr}};T_{pr} = \frac{T}{T_{cr}};v_{pr} = \frac{v}{v_{cr}} \tag{7.116}$$

由于天然气是多种气体混合而成，因此求其压缩因子时还要求出其视临界参数，最简便的方法是 Kay 法则。即

$$p_{cm} = \sum \alpha_i \cdot p_c;T_{cm} = \sum \alpha_i \cdot T_c \tag{7.117}$$

式中　α_i——各组分的容积率。

压缩因子计算公式为

$$Z = 1 + \left(0.315\,06 - \frac{1.046\,7}{T_{pr}} - \frac{0.578\,3}{T_{pr}^3}\right)\rho_{pr} + \left(0.535\,3 - \frac{0.612\,3}{T_{pr}}\right)\rho_{pr}^2 + 0.618\,5\frac{\rho_{pr}^2}{T_{pr}^3} \tag{7.118}$$

$$\rho_{pr} = \frac{0.27p_{pr}}{ZT_{pr}} \tag{7.119}$$

采用迭代法在计算机上直接求解。步骤如下：

①根据所给条件计算 T_{cr}，p_{cr}；

②根据给定的 p，T 计算 T_{pr}，p_{pr}；

③赋初值，取 $Z=1$，利用式(7.119)计算 ρ_{pr}；

④代 ρ_{pr} 入(7.118)式计算 Z；

⑤返回步骤③。通常控制循环次数，循环 5 次即可打印结果，所得值可满足工程精

度要求。

7.5.4 天然气的密度

由天然气的平均分子量,可以求出标准状况下天然气的密度为

$$\rho = \frac{M(\mathrm{kg/mol})}{22.414(\mathrm{m^3/mol})} \tag{7.120}$$

此外,相对密度的概念更为常用。同一温度压力下气体的密度与干燥空气密度之比即为相对密度。天然气的相对密度一般为0.58~0.62,本书取0.6,则在标准状况下,天然气的密度为

$$\rho_g = \Delta g \cdot \rho_a = 0.6 \times 1.293\ 1 = 0.775\ 9(\mathrm{kg/m^3}) \tag{7.121}$$

而在井筒中天然气密度一般仍由公式(7.112)来确定。

7.5.5 天然气的黏度

天然气的黏度可用下列方法来计算,即

$$\mu = 10^{-4}K \cdot \exp(X\rho_g^Y) \tag{7.122}$$

$$K = \frac{(9.4 + 0.02 \times M) \cdot (1.8 \cdot T)^{1.5}}{209 + 19 \cdot M + 1.8 \cdot T} \tag{7.123}$$

$$X = 3.5 + \frac{986}{1.8 \cdot T} + 0.01 \cdot M_g \tag{7.124}$$

$$Y = 2.4 - 0.2 \cdot X \tag{7.125}$$

$$\rho_g = 3.484\ 4\frac{\Delta_g p}{ZT} \tag{7.126}$$

此法标准偏差为±3%,最大偏差为10%。

7.5.6 压力的计算

以井口为计算起点,沿井深为向下的正向,与气体流动方向相反。忽略动能压降梯度,垂直气井的压力梯度方程为

$$\frac{\mathrm{d}p}{\mathrm{d}y} = pg + f\frac{\rho v^2}{2D} \tag{7.127}$$

任意流动状态(p,T)下的气体流速可表示为

$$v = v_{sc}B_g = \frac{q_{sc}B_g}{A} = \frac{q_{sc}}{86\ 400} \cdot \frac{T}{293} \cdot \frac{0.101}{p} \cdot \frac{Z}{1} \cdot \frac{4}{\pi} \cdot \frac{1}{D^2} \tag{7.128}$$

将式(7.128)和气体密度式(7.112)代入压降方程(7.127),分离变量积分可得井底流压为

$$p_{wf} = \sqrt{p_{wh}^2 e^{2s} + 1.324 \times 10^{-18} f(q_{sc}TZ)^2 \frac{(e^{2s} - 1)}{D^5}} \tag{7.129}$$

其计算步骤如下:

①取值$h(i)$,$h(i)$为井口到计算点的距离;

②取p_{ws}的迭代初值p_{ws}^0,此值与井口的压力p_{wh}和井深$h(i)$有关,取$p_{ws}^0 = p_{wh}[1 + 8.0 \times 10^{-5} \times h(i)]$;

③计算参数 $T,Z,p=\dfrac{p_{ws}^{0}+p_{wh}}{2}$；

④按③式计算 p_{wf}；

⑤若 $\dfrac{|p_{ws}-p_{ws}^{0}|}{p_{ws}}\leqslant\varepsilon$（$\varepsilon$ 为给定误差），则 p_{ws} 为所求值，计算结束；否则取 $p_{ws}^{0}=p_{ws}$，重复②～④步迭代计算，直到满足精度为止。

⑥取 $h(i+1)$，计算压力，直到井底为止。

7.6　油管采气工况时，天然气在管柱系统内流动的流场分析

在天然气井生产现场，有采用油管采气和导管采气两种采气方式。两种操作式天然气流体在管柱系统内流动完全不同，对管柱系统的作用力完全不同。本节主要进行油管采气工况时天然气流体在管柱系统内的流动及流体对管柱系统作用力变化规律的研究。

通过对天然气通过油管柱的分析，提出了振荡流场分析方法、油管柱振动机理分析。下面利用提出的方法，对川西北气矿某构造井的流场进行分析（如图7.11所示）。分别计算在某给定的产量下，天然气在通过油管柱时，天然气作用在油管柱上的压力变化规律。为了便于分析，假使天然气为有黏性流体，在流动过程中，天然气与外界没有能量交换。

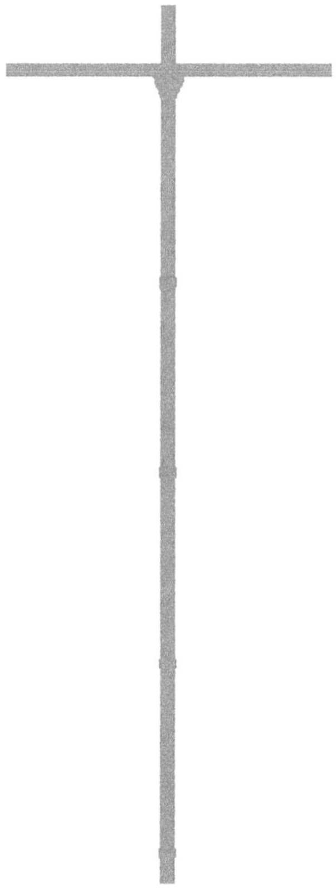

图7.11　油管柱结构图

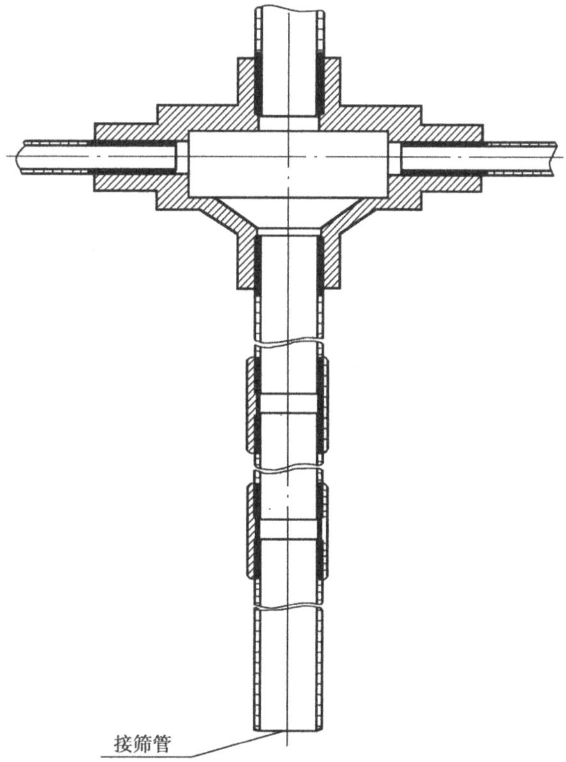

图7.12　流场分析模型结构图

对建立的分析模型(见图 7.12),利用上述讨论的研究方法,可以计算出天然气通过油管柱时,油管柱上任意位置的作用力及作用力变化规律,天然气在任意位置的速度、压力及其变化规律。由于分析管柱长度达 5 000 米,在整个管柱系统中,无法清楚表示天然气通过管柱时速度、压力的变化,因此,本节只进行天然气对油管柱作用力分析。对天然气流过管柱时,天然气的流速、压力及变化规律在下面各节中分别进行讨论。

图 7.13 为天然气流体通过油管柱时,天然气流体对油管柱压力的变化图,该压力分布图将作为油管柱动力响应分析载荷图。

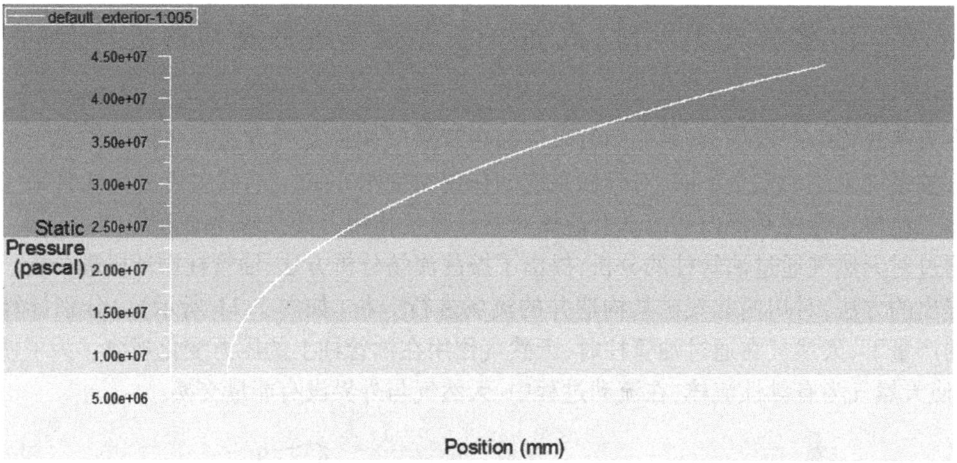

图 7.13　流体对管柱系统作用力变化规律

如图 7.13 所示可知,在天然气通过整个油管柱过程中,从筛管到阀门出口,天然气流体对油管柱内表面的作用力变化规律。在两根油管之间的连接处,由于截面的突然变化,使作用力发生变化,在特殊四通处,由于天然气气流的方向发生变化,使天然气对油管柱的作用力发生变化,在阀门开启和关闭过程中,由于流速的变化和旋涡的作用,使天然气对油管柱的作用力发生急剧变化。因此,天然气在流过油管柱的过程中,天然气对油管柱的作用力是一个不稳定的随机载荷,该随机载荷将诱发油管柱的振动,当随机载荷的频率与油管柱的某阶固有频率接近时,油管柱将发生共振,将加剧油管柱的破坏。作用力分布规律为对油管柱进行刚、强度分析,油管柱振动分析,油管柱动力响应分析的外载荷。

在两根油管螺纹连接区域,采用管螺纹连接两根油管,使该区域的过流截面产生突变,使流体在通过该区域时的流场发生突变,诱发管柱系统的振动。如图 7.14—图 7.25 所示为两根油管螺纹连接区域流体的速度场、压力场及其分布规律。

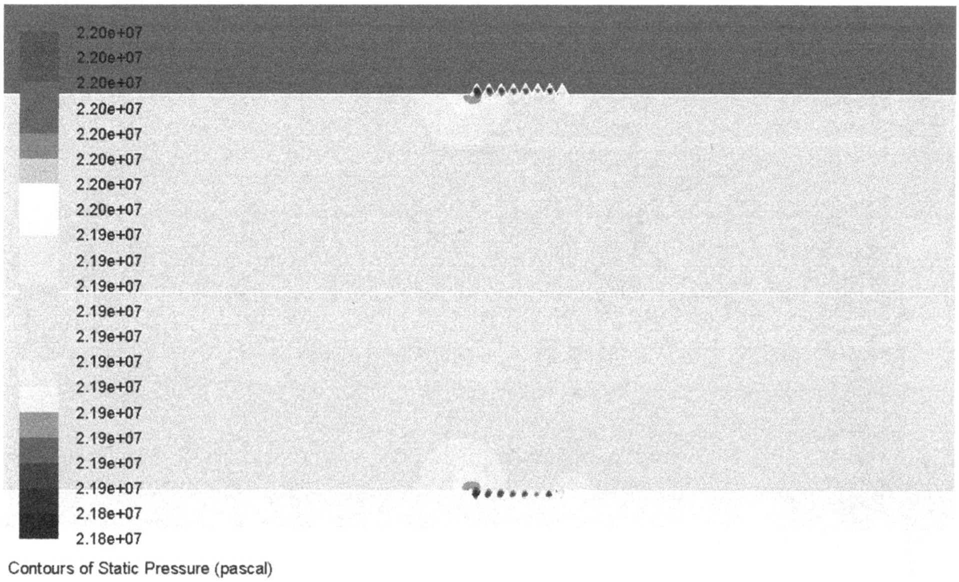

图 7. 14　在两根油管连接区域，流体的压力变化规律

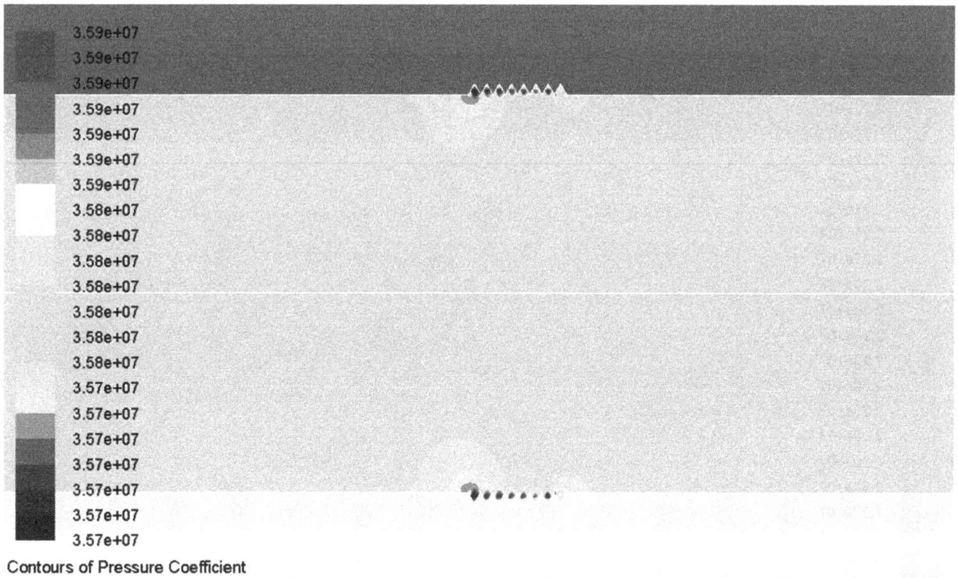

图 7. 15　在两根油管连接区域，流体的压力系数变化规律

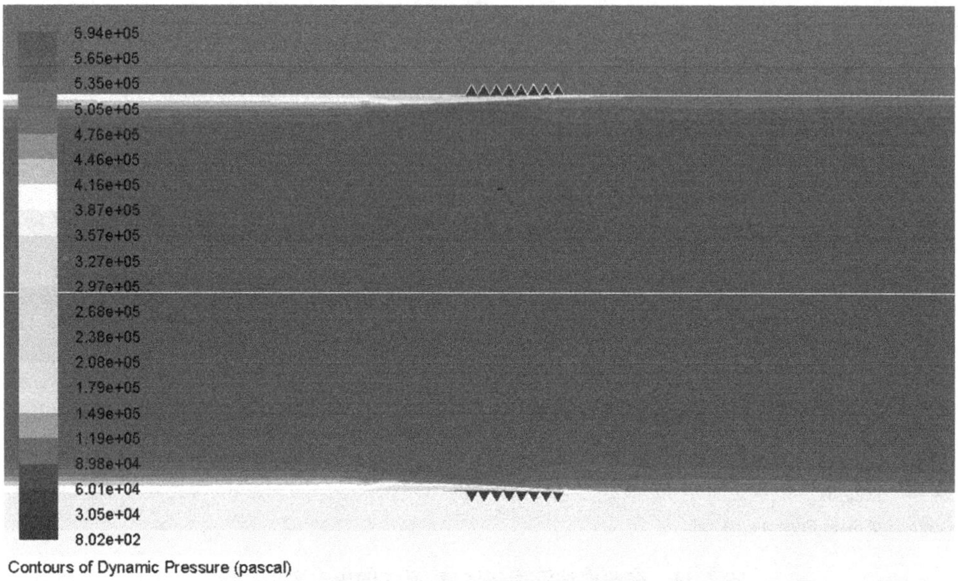

图 7.16　在两根油管连接区域,流体的动态压力变化规律

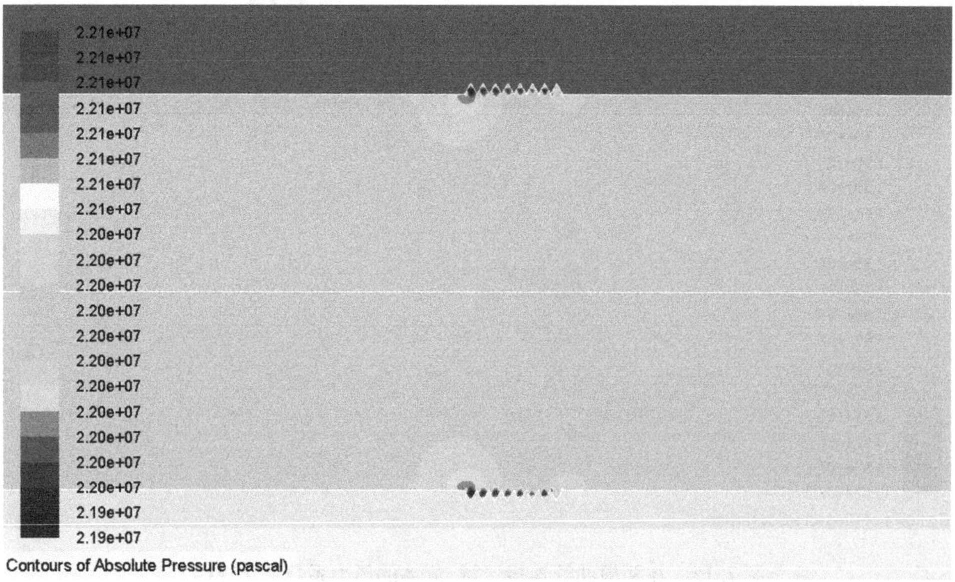

图 7.17　在两根油管连接区域,流体的绝对压力变化规律

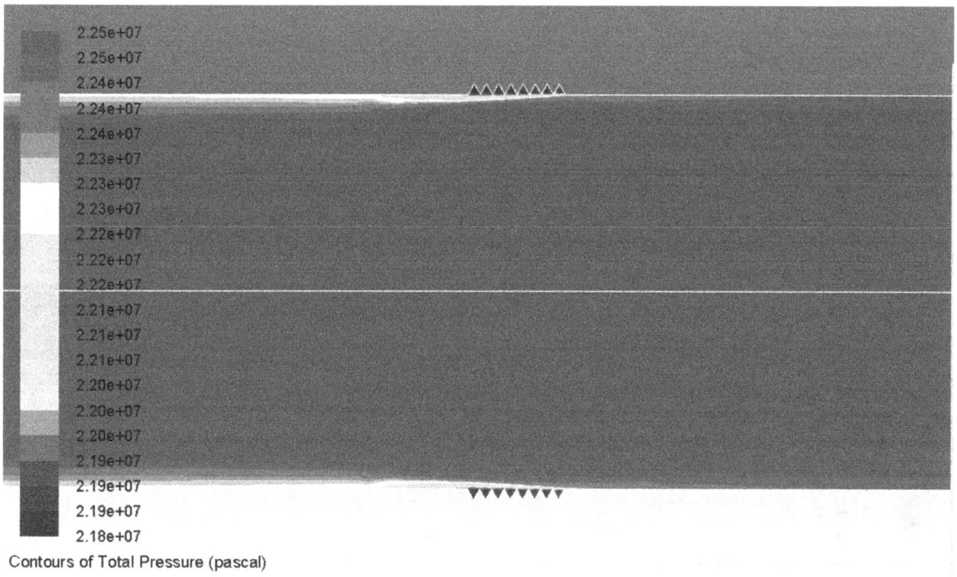

图7.18　在两根油管连接区域,流体的总压力变化规律

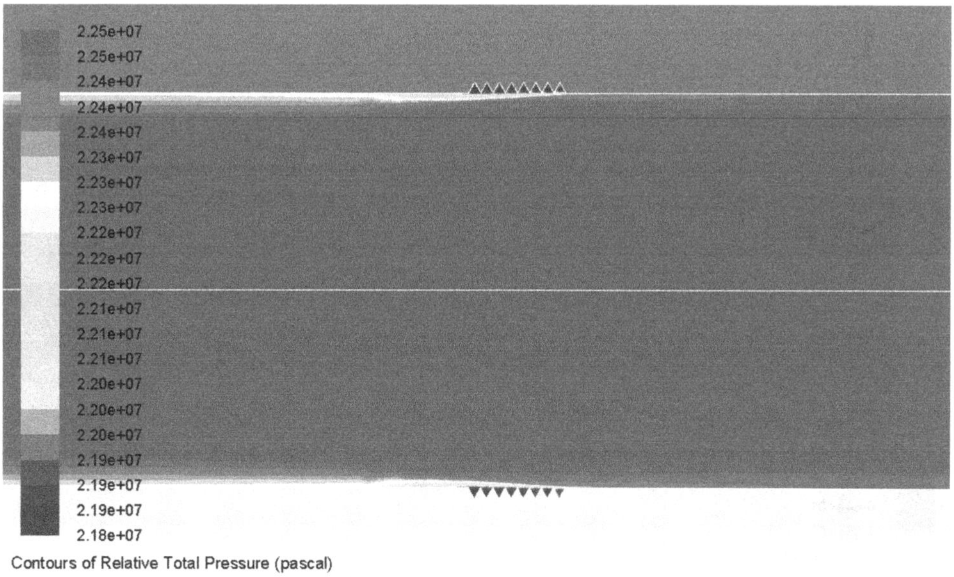

图7.19　在两根油管连接区域,流体的相对压力变化规律

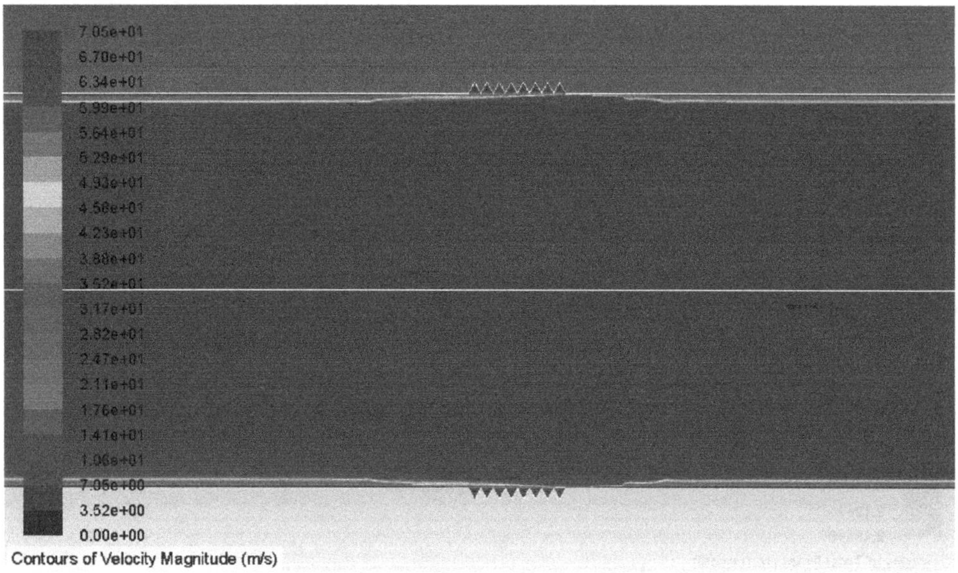

图 7.20　在两根油管连接区域,流体的流动速度变化规律

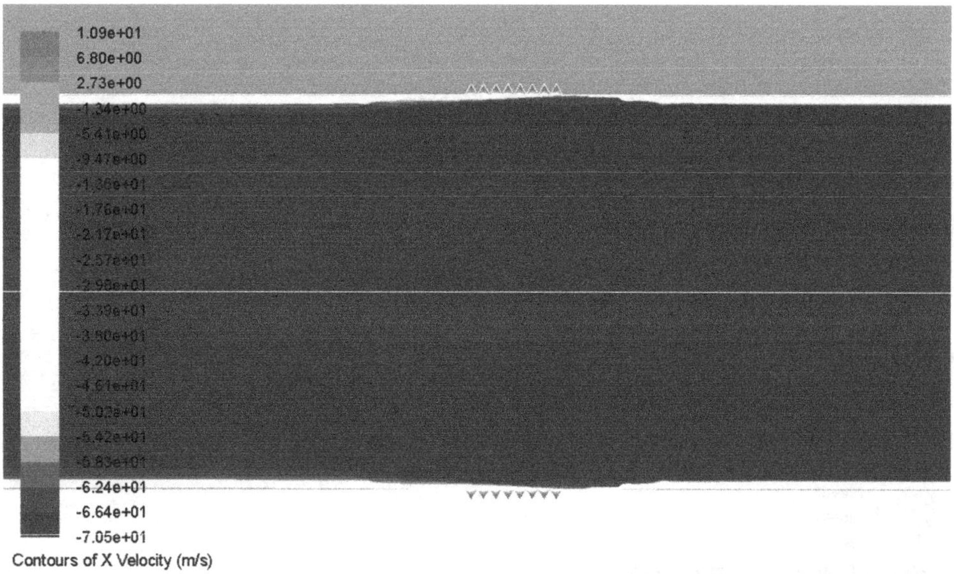

图 7.21　在两根油管连接区域,流体的轴向速度变化规律

图 7.22　在两根油管连接区域，流体的径向速度变化规律

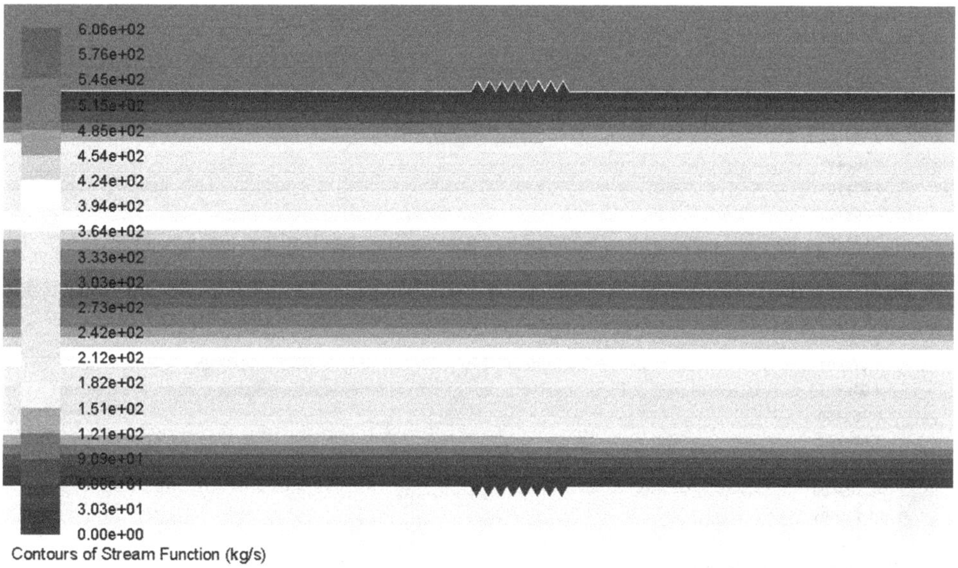

图 7.23　在两根油管连接区域，流体的流函数变化规律

由图 7.14 至图 7.25 可知，当天然气通过油管柱截面变化区域，即截面的突变，天然气流速、压力将发生变化，并在该区域产生旋涡。由于速度和压力的变化将诱发油管柱振动，当天然气流速和压力变化的频率与油管柱的某阶固有频率接近时，油管柱将发生共振，将加剧油管柱的破坏。同时，由于速度的突然变化，将对油管柱产生冲蚀，最终导致油管柱的破坏。

从图 7.26、图 7.27 可知，在天然气通过油管柱变截面过程中，在两根油管之间的连接处，气流过流截面的突变，使天然气对油管的作用力等发生突变，将使天然气对油管柱的作用力为不稳定的变载荷，不稳定变载荷将导致油管柱的振动，使油管柱的应力为动应力。

上述接头处的流场分析表明，对 API 圆螺纹和 API 偏梯形螺纹，在接箍中部的“J”环区存

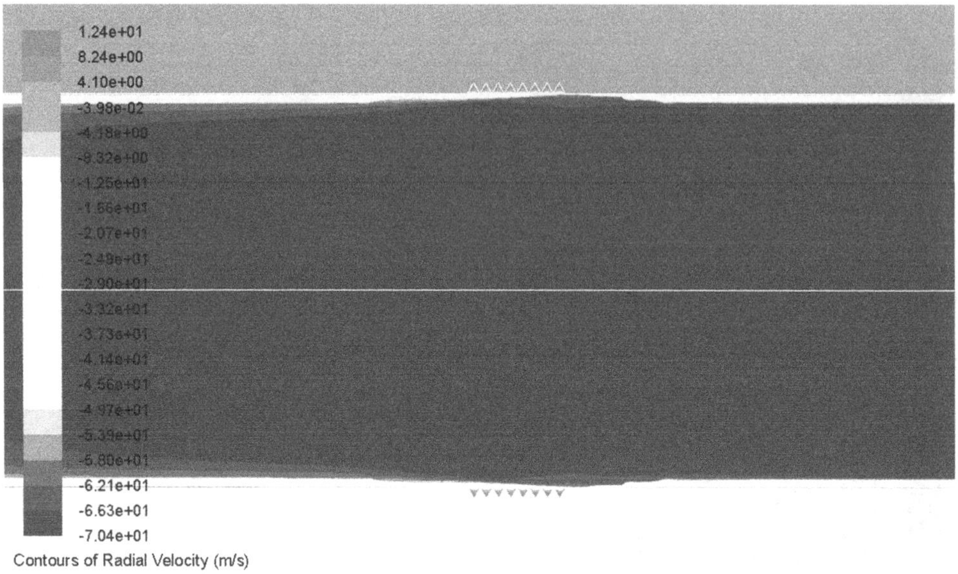

图 7.24　在两根油管连接区域,流体的径向速度变化规律

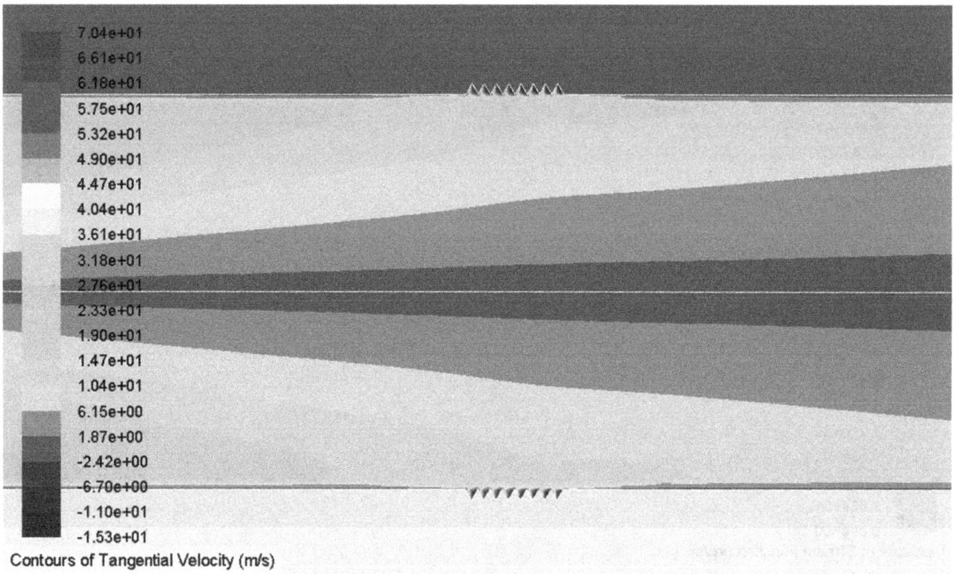

图 7.25　在两根油管连接区域,流体的切向速度变化规律

在涡流,由此对螺纹造成严重的冲蚀和腐蚀。这就是大部分的油管破坏都是从螺纹开始,许多油管管体完好,只是螺纹有腐蚀和冲蚀,封扣修复后还可重新使用。建议对腐蚀性气井或高产气井,不应采用上述 API 圆螺纹扣和 API 偏梯形扣。应该采用金属接触的气密封扣,所以气密封扣都不存在上述涡流区。

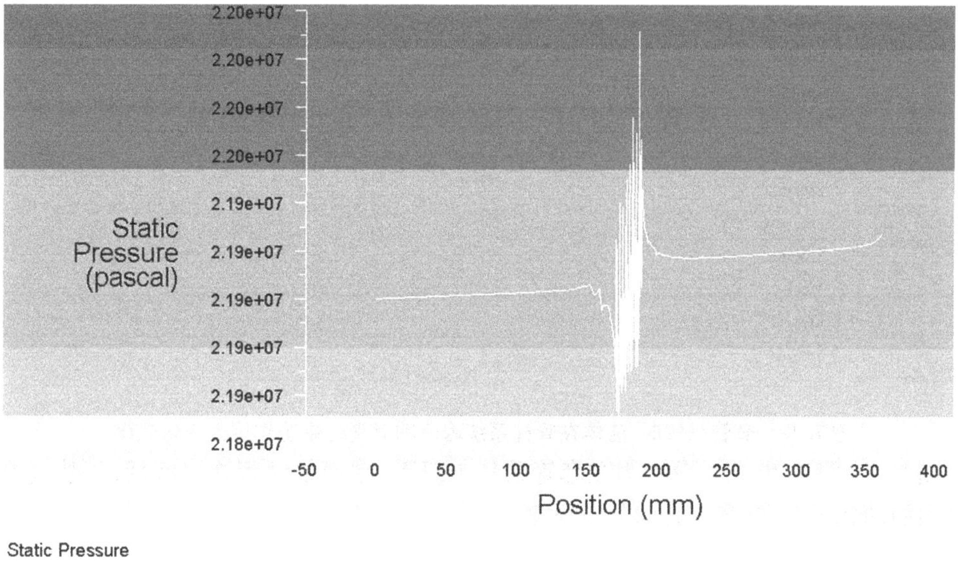

图7.26　在两根油管连接区域,流体对管柱系统作用压力变化规律

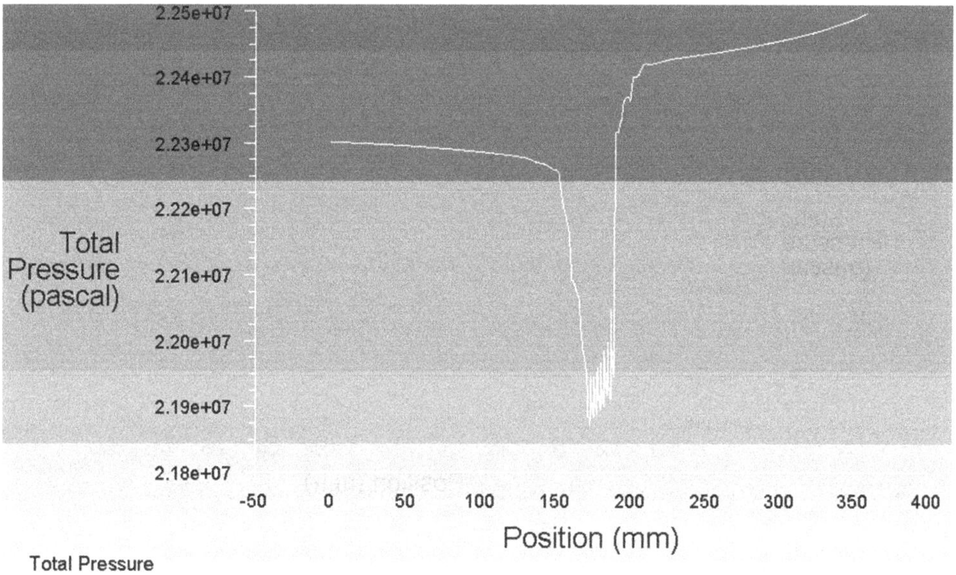

图7.27　在两根油管连接区域,流体对管柱系统作用总压力变化规律

7.7　套管采气工况时流场分析

套管采气时,天然气流体在管柱内流动过程中,流体对油管作用力及其沿油管柱轴向变化规律如图7.28所示,由图可见在两根油管的连接处,天然气流体对管柱系统的作用力发生突变,该区域的应力集中,将是引起油管柱产生疲劳破坏的区域。图7.28将作为套管采气时油管柱外加载荷进行油管柱的刚、强度分析、疲劳寿命预测的外载荷。

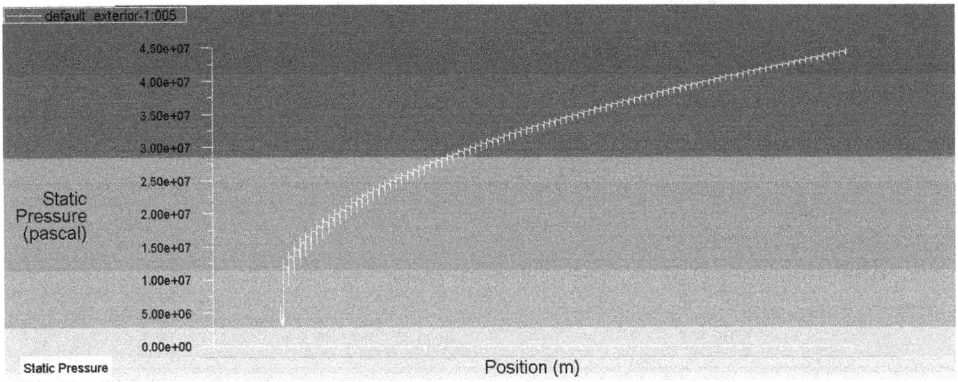

图 7.28　套管采气时，流体在管柱系统内流动对管柱系统作用力变化规律

如图 7.29、图 7.30 所示分别为在套管采气工况下，在两根油管连接区域，天然气流体对油管作用的动态压力、静态压力的分布规律。

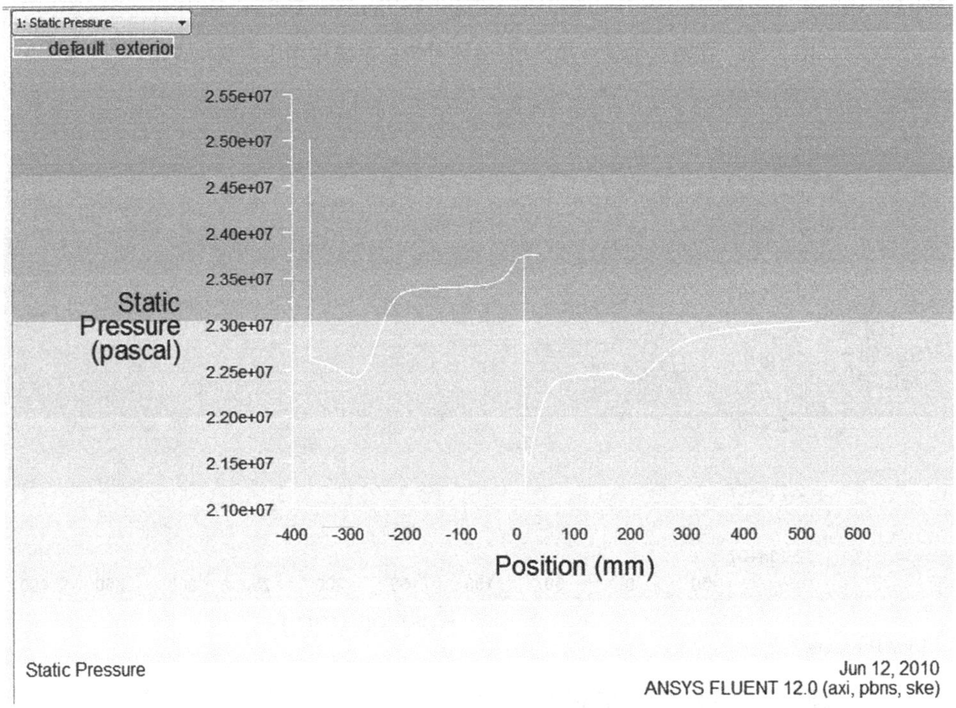

图 7.29　套管采气时，气流通过两根油管接头处压力分布趋势

如图 7.31 至图 7.38 所示为在套管采气工况下，在两根油管螺纹连接处，天然气流体的流场分布规律，分别分析了在该区域流体的压力、速度及其变化规律。由图形可知，在两根油管的连接处流场发生急剧变化，在该区域将发生非常严重的冲刷腐蚀。

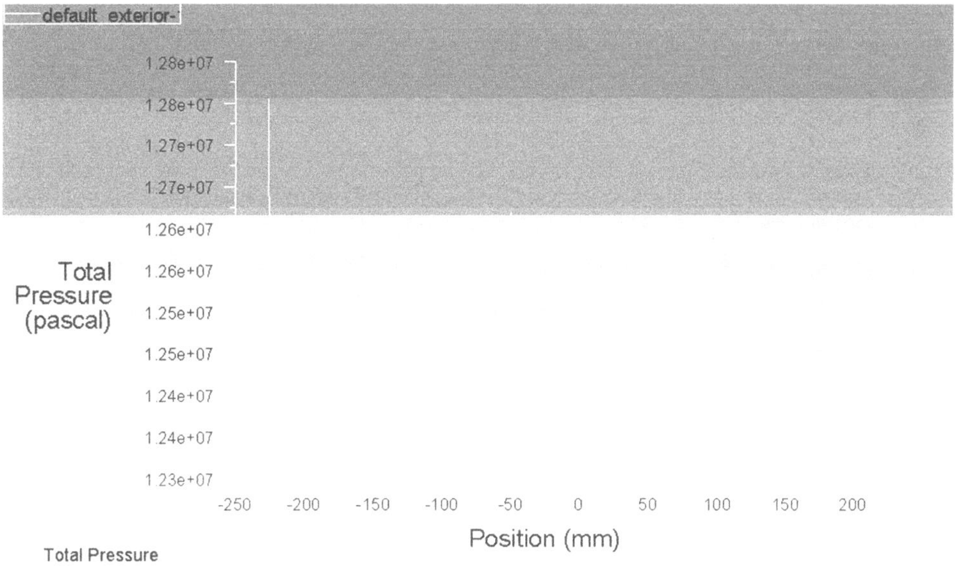

图7.30 套管采气时,气流通过两根油管接头处总压力分布趋势

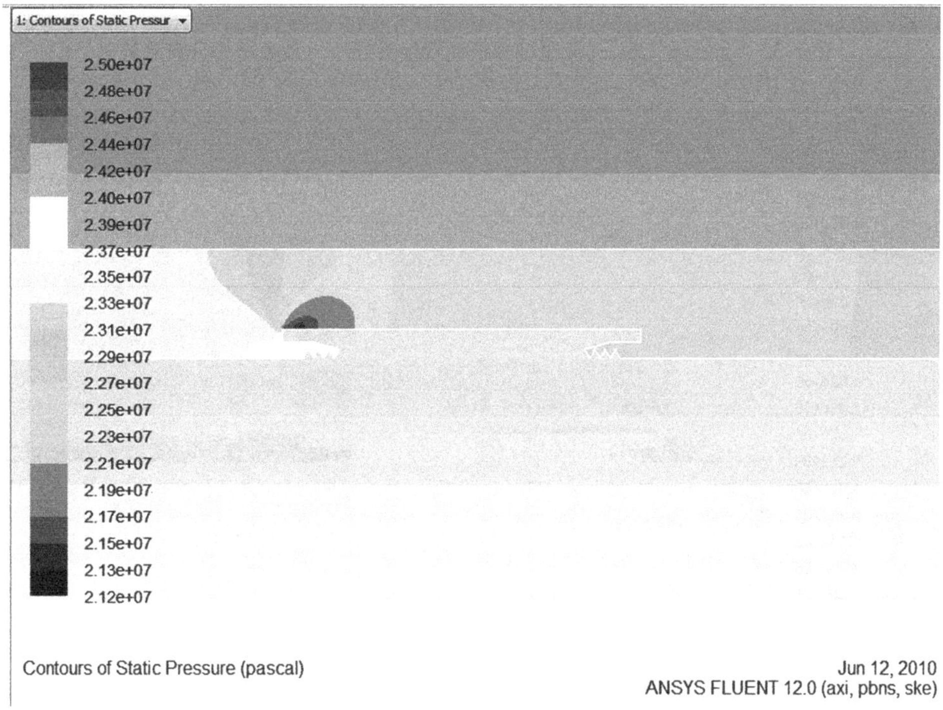

图7.31 套管采气时,气流通过两根油管接头处静态压力分布趋势

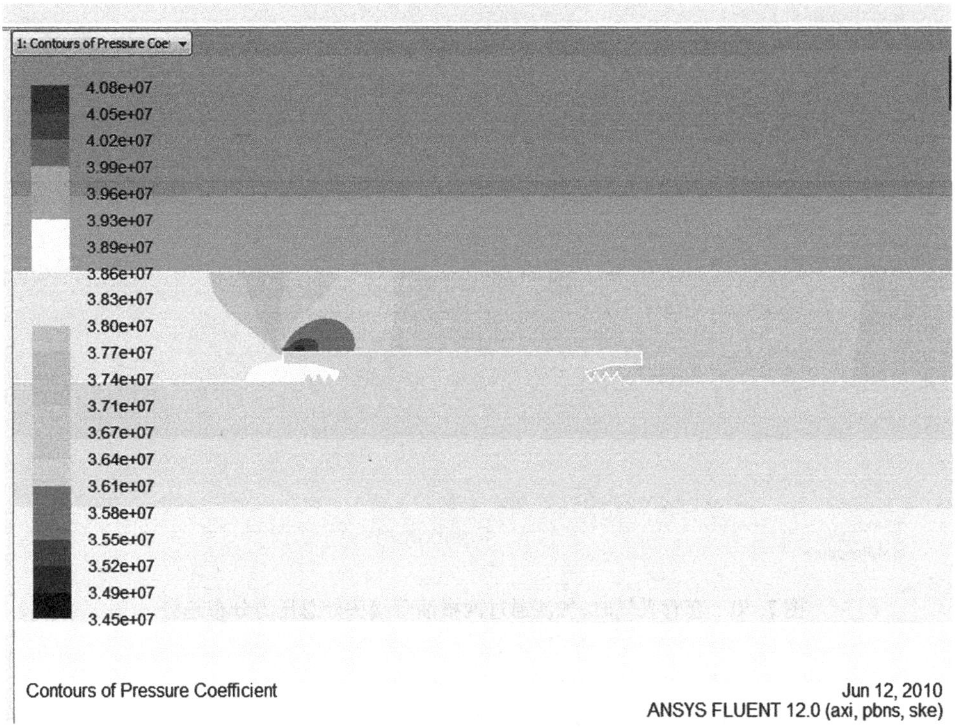

图 7.32　套管采气时，气流通过两根油管接头处压力系数压力分布趋势

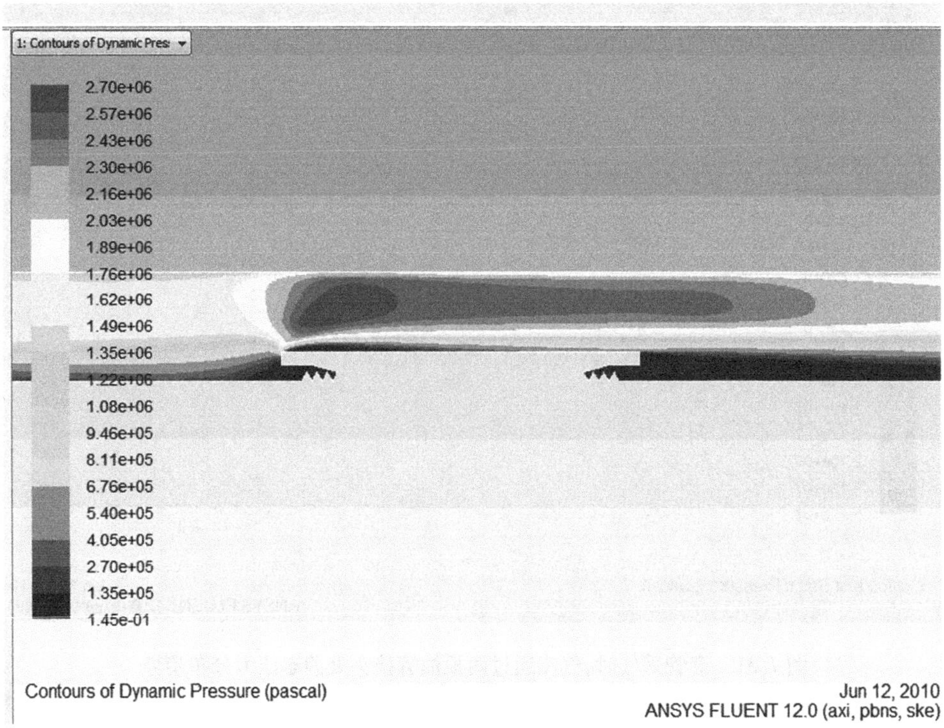

图 7.33　套管采气时，气流通过两根油管接头处动态压力分布趋势

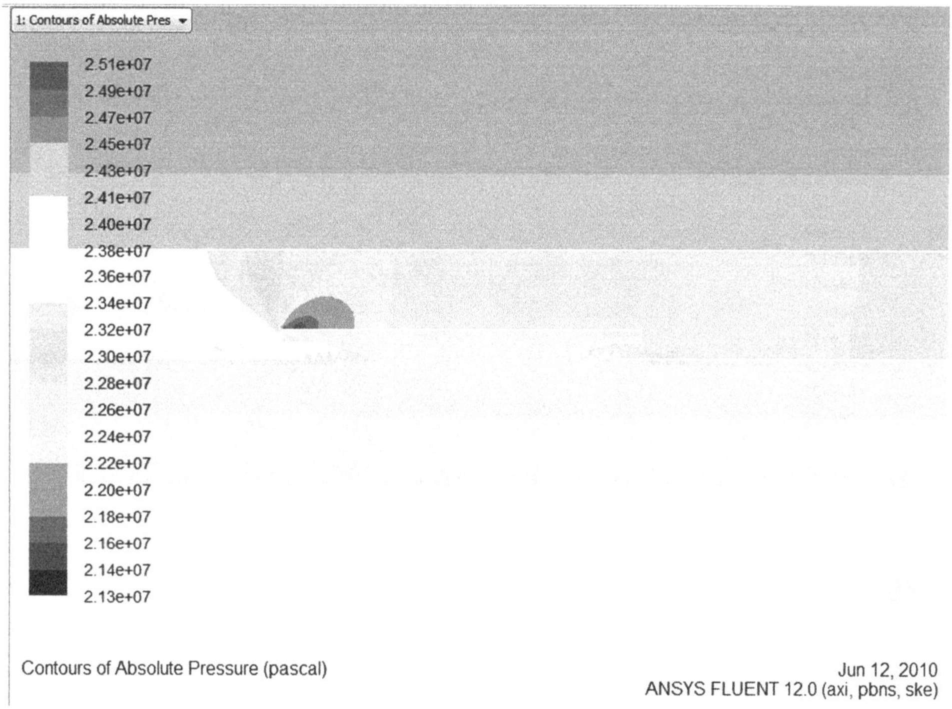

图 7.34　套管采气时，气流通过两根油管接头处绝对压力分布趋势

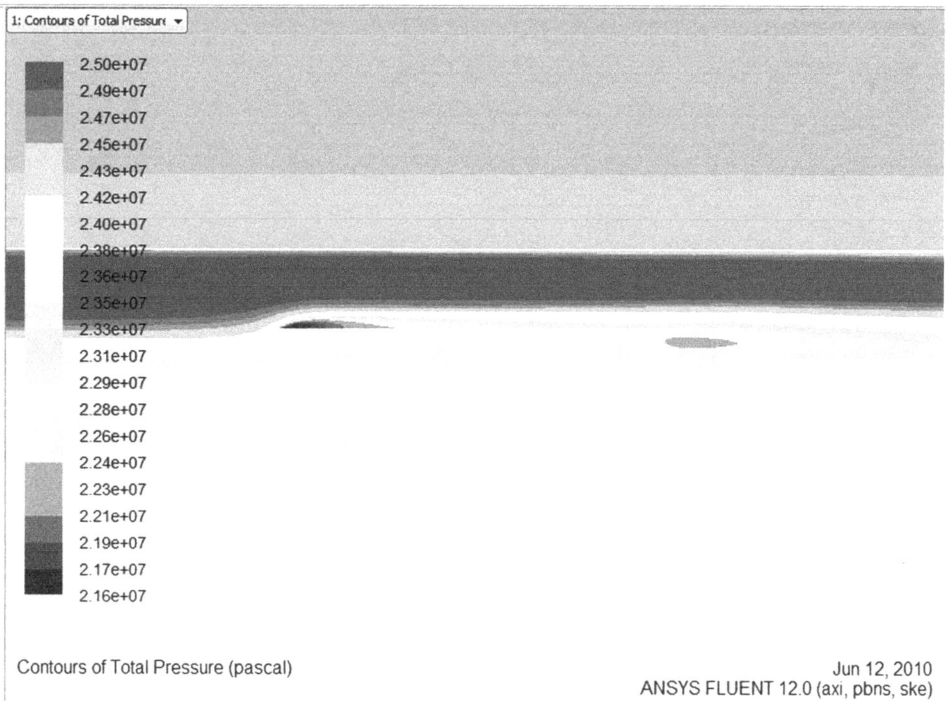

图 7.35　套管采气时，气流通过两根油管接头处总压力分布趋势

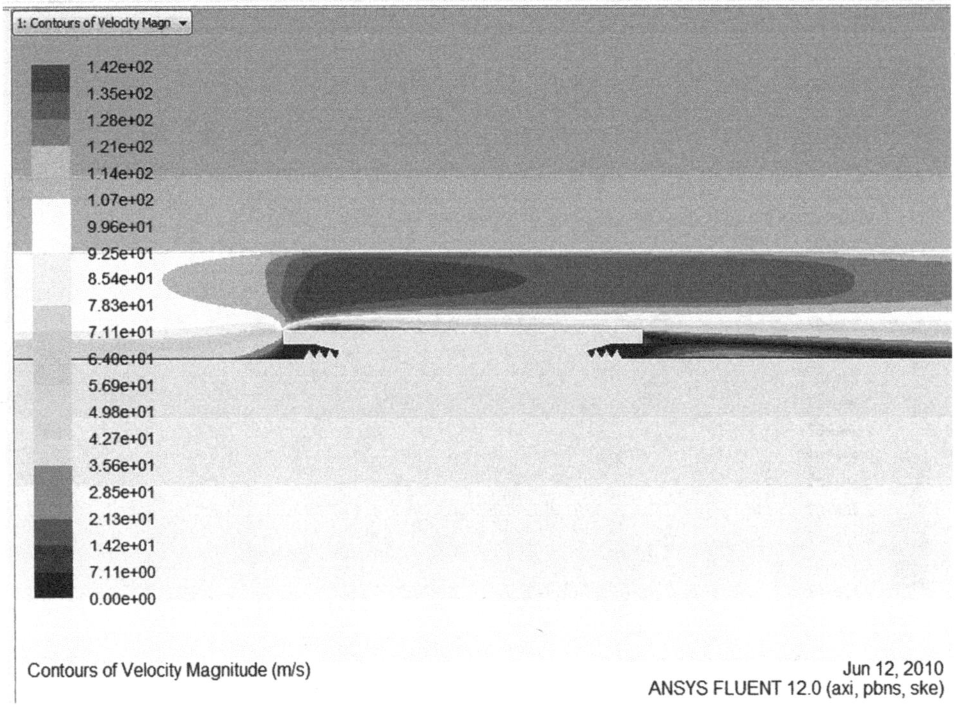

图 7.36　套管采气时，气流通过两根油管接头处流体速度分布趋势

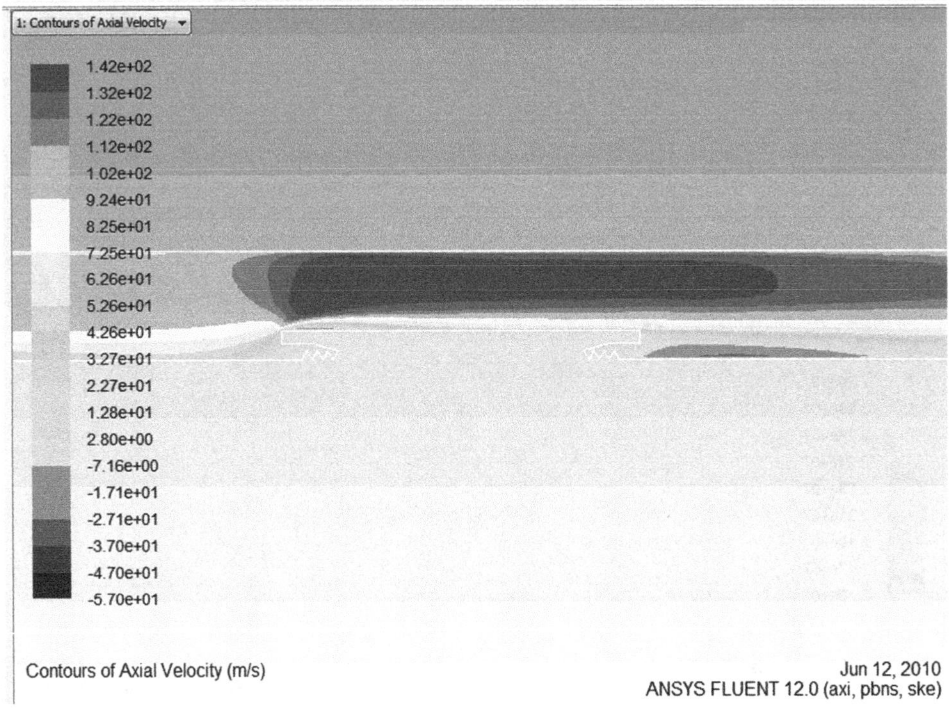

图 7.37　套管采气时，气流通过两根油管接头处轴向分布趋势

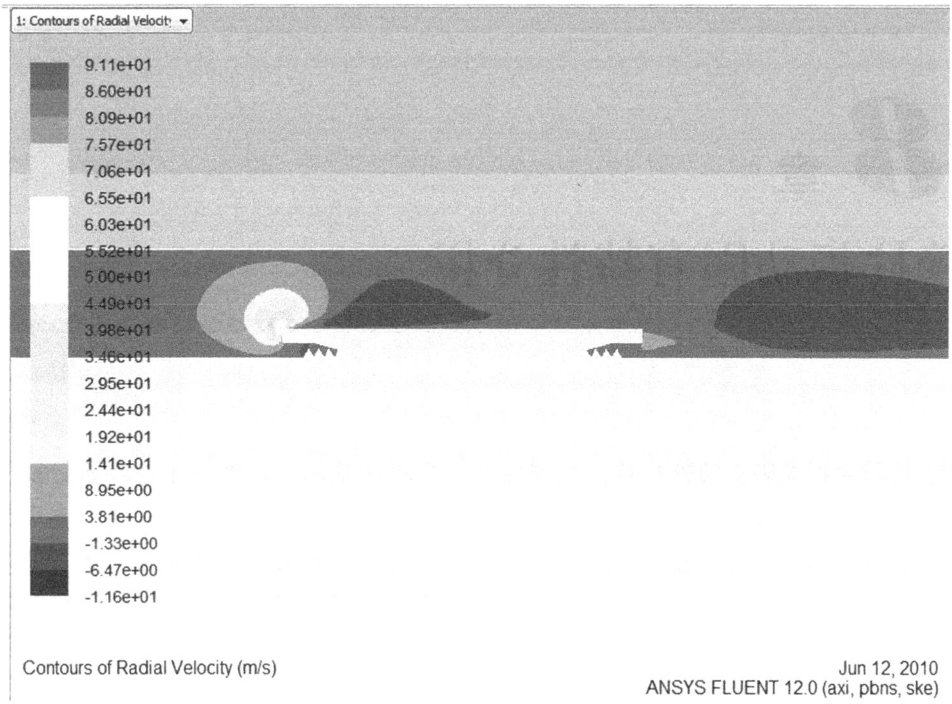

图7.38 套管采气时,气流通过两根油管接头处径向速度分布趋势

第 8 章
油管柱振动固有特性分析

油管柱结构振动固有特性计算是油管柱动力分析的基础。在进行油管柱动力响应分析中,要求出前几阶的振动频率和振型,所以求解特征方程是进行动力分析的一个重要环节。

在油管柱振动固有特性分析中,油管柱振动方程的阶数都比较高,所以应考虑特征方程的求解效率,通常在求解油管柱特征值时,采用具有加速收敛处理的行列式搜索法和子空间迭代法。

油管柱无阻尼固有振动的运动方程为

$$M\ddot{u} + Ku = 0 \tag{8.1}$$

其中,K 为油管柱的切线刚度矩阵。在高压、高产天然气气井中,油管柱由于有天然气的动态压力,加载在油管柱上,使油管柱处于弹、塑性状态,导致油管柱的非线性。油管柱由一定长度的油管通过螺纹连接,在连接区域的边界条件为非线性边界条件。刚度矩阵为

$$K = K_0 + K_L + K_\sigma$$

式中 K_0——小位移刚度矩阵;

K_L——大位移刚度矩阵;

K_σ——应力刚度矩阵。

令 $u=\varphi e^{i\omega t}$,代入式(8.1),并消去 $e^{i\omega t}$ 则有特征方程为

$$K_\varphi = \lambda M_\varphi \tag{8.2}$$

其中 $\lambda=\omega^2$,φ 为特征向量。K 和 M 是油管柱离散系统的刚度矩阵和质量矩阵,K 可以是正定或是半正定矩阵,而 M 矩阵为聚质量阵或一致质量阵。

设(λ_i,φ_i)为第 i 阶特征对,其排列次序为

$$\lambda_1 \leqslant \lambda_2 \leqslant \cdots \leqslant \lambda_n;\varphi_1,\varphi_2,\varphi_3,\cdots,\varphi_n$$

从特征方程(4.2)可以看出,要使 φ 不为0,即方程有非零解的条件为

$$\det(K-\lambda M) = 0 \tag{8.3}$$

8.1　油管柱特征值计算方法

8.1.1　Gram-Schmidt 正交化法

油管柱固有振型正交性是一个重要特性，在油管柱固有振动特性计算中，按特性建立向量集，首先介绍一下 Gram-Schmidt 正交化。

在对油管柱固有特性迭代特征值计算中，为使迭代收敛于不同于(λ_k, φ_k)的另一个特征对，要求迭代向量与已求得的特征向量正交，且不与所求的特征向量正交，否则就有收敛于前者中任何一个的可能，而得不到所求的特征对。当 λ_i 为特征方程(8.2)的 r 重根时，即在 $\lambda_i = \lambda_{i+1} = \cdots = \lambda_{i+r}$的情况下，仅考虑存在 r 个被此独立的相应特征向量的情况，为了求得这 r 个特征向量，在迭代过程中就必须对迭代向量进行正交化处理。

一个被广泛采用的向量正文化方法是 Gram-Schmidt 化方法。

为了研究一般情况，假定已求得了 s 个特征向量 $\varphi_1, \varphi_2, \cdots, \varphi_s$；现在要求另一个与 $\varphi_1, \varphi_2, \cdots, \varphi_s$ 关于 M 正交的特征向量，其具体做法是：

先任意给定一个初始向量 X_{s+1}^1然后从中去掉与 $\varphi_1, \varphi_2, \cdots, \varphi_s$ 线性相关的部分，即可得到一个与 $\varphi_1, \varphi_2, \cdots, \varphi_s$ 线性无关的，并与 $\varphi_1, \varphi_2, \cdots, \varphi_s$ 正交的初始向量为

$$\widetilde{X}_{s+1}^{(1)} = X_{s+1}^{(1)} - \sum_{i+1}^{s} \alpha_i^{(1)} \varphi_i \tag{8.4}$$

其中，常数 α_j 可利用正交化条件 $\varphi_i^{\mathrm{T}} M \varphi_{s+1}^{(1)} = 0$ 和 $\varphi_i^{\mathrm{T}} M \varphi_j = \delta_{ij} (i, j = 1, 2, \cdots, s)$ 得到。式(8.4)两侧前乘以 $\varphi_i^{\mathrm{T}} M$，即

$$\varphi_i^{\mathrm{T}} M \widetilde{X}_{s+1}^{(1)} = \varphi_i^{\mathrm{T}} M X_{s+1}^{(1)} - \varphi_i^{\mathrm{T}} M \sum_{j=1}^{s} \alpha_j^{(1)} \varphi_j \tag{8.5}$$

根据上述条件，在 $i = j$ 的项有

$$\varphi_i^{\mathrm{T}} M X_{s+1}^{(1)} - \alpha_i^{(1)} = 0$$

$$\alpha_i^{(1)} = \varphi_i^{\mathrm{T}} M X_{s+1}^{(1)} \tag{8.6}$$

在迭代算法中，应用 $M\widetilde{X}_{s+1}^{(1)}$ 作为初始迭代向量，不用$\widetilde{X}_{s+1}^{(1)}$，并假定$\widetilde{X}_{s+1}^{(1)}$与 φ_{s+1}不正交，即 $\widetilde{X}_{s+1}^{(1)\mathrm{T}} M \varphi_{s+1} \neq 0$，则迭代收敛于 φ_{s+1}和 λ_{s+1}。

迭代向量只有在各个迭代步上都得进行这种正交化处理，才能得到所求的特征对。

8.1.2　利用正迭代法求油管柱振动特性

正迭代法用于获得最大特征值及其对应的特征向量，假设油管柱质量矩阵 M 是正定矩阵，否则要采取移位处理。假定取初始迭代向量为 X_i，对于 $i = 1, 2, \cdots$，计算

$$M\widetilde{X}_{i+1} = KX_i \tag{8.7}$$

和

$$X_{i+1} = \frac{\widetilde{X}_{i+1}}{(\widetilde{X}_{i+1}^{T} M \widetilde{X}_{i+1})^{\frac{1}{2}}} \tag{8.8}$$

式中,若 X_i 与 φ_n 关于 M 不正交,则有当 $i\to\infty$ 时, $X_{i+1}\to\varphi_n$。

式(8.7)和式(8.8)是正迭代法的基本公式,但在油管柱实际计算中将采用更有效的迭代步骤,设 $Y_i=KX_i$,对于: $i=1,2,\cdots$,计算为

$$M\widetilde{X}_{i+1} = X_i \tag{8.9}$$

$$\widetilde{Y}_{i+1} = K\widetilde{X}_{i+1} \tag{8.10}$$

$$\rho(\widetilde{X}_{i+1}) = \frac{\widetilde{X}_{i+1}\ \widetilde{Y}_{i+1}}{(\widetilde{X}_{i+1}^T Y_i)} \tag{8.11}$$

$$Y_{i+1} = \frac{\widetilde{Y}_{i+1}}{(\widetilde{X}_{i+1}^T Y_i)^{\frac{1}{2}}} \tag{8.12}$$

式中,若 $\varphi_n^T Y_1\neq 0$,则当 $i\to\infty$ 时, $Y_{i+1}\to K\varphi_n$ 并且 $\rho(\overline{X}_{i+1})\to\lambda_n$。令 l 为最后一次迭代,则由下列两式分别求得最大特征值及其相对应的特征向量,即

$$\lambda_n = \rho(\widetilde{X}_{i+1}) \tag{8.13}$$

$$\varphi_n = \frac{\overline{X}_{i+1}}{(\widetilde{X}_{i+1}^T Y_i)^{\frac{1}{2}}} \tag{8.14}$$

在正迭代法中,对油管柱质量矩阵 M 进行三角分解,而不对刚度矩阵 K 分解,所以质量矩阵 M 必须满足正定矩阵条件。

8.1.3 利用逆迭代法(反幂法)求解油管柱振动固有特性

在求油管柱最小特征值及其相应的特征向量时,通常采用逆迭代法,也称反幂法。这一方法与迭代法相对应。将特征方程式(8.2)化为

$$K^{-1}M\varphi = \frac{1}{\lambda}\varphi \tag{8.15}$$

对它使用标准的迭代运算,求得 $\frac{1}{\lambda}$ 的最大值,因此 λ 为最小值,在求解过程中,并不求油管柱刚度矩阵 K 的逆矩阵,通过求解线性方程组的方法来进行,所以被称为逆迭代法。在求解过程中要对质量矩阵 M 进行三角分解,所以质量矩阵 M 应满足正定矩阵条件,否则应采用移位处理使其得到满足。

取切向量 X_i,并在各个迭代步上计算,即

$$K\widetilde{X}_{i+1} = MX_i \tag{8.16}$$

和

$$X_{i+1} = \frac{\widetilde{X}_{i+1}}{(\widetilde{X}_{i+1}^T M\overline{X}_{i+1})^{\frac{1}{2}}} \tag{8.17}$$

式中,若 X_i 与 φ_i 关于 M 不正交,即满足条件 $X_1^T M\varphi_1\neq 0$,则当 $i\to\infty$ 时,有 $X_{i+1}\to\varphi_1$。

解方程(8.16)的目的是为了求得一个 X_i 更接近特征向量的近似值 X_{i+1},而方程(8.17)的

计算是为了使新的迭代向量 X_{i+1} 能满足规格化正交性条件

$$X_{i+1}^{T} M X_{i+1} = 1 \tag{8.18}$$

并确保新迭代向量 X_{i+1} 关于 M 的加权长度为 1，如果不对 $\overline{X}_{i+1}$ 进行规格化处理，则在每次迭代以后，迭代向量的元素有可能增长（或减小），致使迭代向量不能收敛于 φ_1，而是 φ_1 的某一倍数。

在每次迭代运算以后，将利用 Rayleigh 商求出特征值的近似值为

$$\lambda_1^{i+1} = \frac{\widetilde{X}_{i+1}^{T} K \overline{X}_{i+1}}{\widetilde{X}_{i+1}^{T} K \overline{X}_{i+1}} \tag{8.19}$$

当 λ^{i+1} 满足收敛条件

$$\left| \frac{\lambda_1^{i+1} - \lambda_1^{i}}{\lambda_1^{i-1}} \right| = tol \tag{8.20}$$

时（其中 tol 表示收敛容限），认为迭代已收敛，可终止迭代，并有 $\lambda_1^{i+1} \to \lambda_1$ 和 $X_{i+1} \to \varphi_1$。

式(8.16)和式(8.17)是逆迭代法的基本算法，但在油管柱振动特性计算中将采用更有效的迭代步骤。设 $Y_i = KX_i$，对于 $i = 1, 2, \cdots$，计算为

$$K\widetilde{X}_{i+1} = Y_i \tag{8.21}$$

$$\overline{Y}_{i+1} = M\overline{X}_{i+1} \tag{8.22}$$

$$\rho(\widetilde{X}_{i+1}) = \frac{\overline{X}_{i+1}^{T} Y_i}{(\widetilde{X}_{i+1}\ \widetilde{Y}_{i+1})} \tag{8.23}$$

$$Y_{i+1} = \frac{\widetilde{Y}_{i+1}}{(\widetilde{X}_{i+1}^{T}\ \widetilde{Y}_{i+1})^{\frac{1}{2}}} \tag{8.24}$$

式中，若 $Y_1^{T}\varphi_1 \neq 0$，则当 $i \to \infty$ 时，$Y_{i+1} = M\varphi_1$，并且 $\rho(\overline{X}_{i+1}) \to \lambda_1$。令 l 为最后一次迭代，则由下列两式分别求得特征值及其相应的特征向量

$$\lambda_1 = \rho(\widetilde{X}_{i+1}) \tag{8.25}$$

$$\varphi_1 = \frac{\widetilde{X}_{l+1}}{(\widetilde{X}_{i+1}^{T}\ \overline{Y}_{i+1})^{\frac{1}{2}}} \tag{8.26}$$

为了提高逆迭代法的收敛速度，求出比油管柱最小特征值大的其他特征值及其对应的特征向量，采用移位处理是十分必要的。

取 $\lambda = \eta + \mu$，代入特征方程式(8.2)，则有

$$(K - \mu M)X = \eta MX \tag{8.27}$$

令 $\hat{K} = K - \mu M$，则上式可写为

$$\hat{K}X = \eta MX \tag{8.28}$$

对上式施以逆迭代运算，即可得到所求的特征值及其对应的特征向量，不难证明当 $i \to \infty$ 时，$X^{i+1} \to \varphi$，于是就可以得到

$$\lambda_1 = \eta + \mu$$

应该指出，移位处理的关键是如何选择位移量 μ，原则上以取 $|\lambda_i - \mu|$ 最小为宜，一般可由初始迭代得到。此外，当 K 阵为半正定时，为求零特征值，移位处理也是十分有效的。在这种情况下，通常取 $\mu = -1$。

8.1.4 利用 Lanczos 法求解油管柱固有特性

Lanczos 法最初是针对矩阵三对角化提出的。广义特征值问题的系数矩阵一经三对角化，其特征值及其对应的特征向量就可以使用上面介绍的方法有效地进行计算。

令 X 为任一初始向量，并将这一向量进行关于油管柱质量矩阵 M 的规格化处理，以获得 X_1 为

$$X_1 = \frac{X}{r};\quad r = (X^T MX)^{\frac{1}{2}}$$

在 Lanczos 算法中，令 $\beta_1 = 0$，然后用下列公式计算向量 $X_2,\cdots,X_q$，即

$$K\overline{X}_i = MX_{i-1} \tag{8.29}$$

$$\alpha_{i-1} = \widetilde{X}_i^T MX_i \tag{8.30}$$

$$\overline{X}_i = \overline{X}_i - \alpha_{i-1}X_{i-1} - \beta_{i-1}X_{i-2} \tag{8.31}$$

$$\beta_i = (\widetilde{X}_i^T M\widetilde{X}_i)^{\frac{1}{2}} \tag{8.32}$$

$$X_i = \frac{\overline{X}_i}{\beta_i} \tag{8.33}$$

在理论上，使用上述关系式生成的向量 $X_i(i=1,2,\cdots,q)$ 是关于油管柱质量矩阵 M 规格化正交的向量，并且矩阵 $X(X_1,\cdots,X_q)$ 满足关系为

$$X^T(MK^{-1}M)X = T_q \tag{8.34}$$

式中，T_q 为 q 阶三对角矩阵

$$T_q = \begin{Bmatrix} \alpha_1 & \beta_2 & & & \\ \beta_2 & \alpha_2 & \beta_3 & & \\ & \vdots & \vdots & & \\ & \rho_{q-1} & \alpha_{q-1} & \beta_q & \\ & & \beta_q & \alpha_q & \end{Bmatrix} \tag{8.35}$$

当 $q=n$ 时，可以使用式(8.34)将 T_q 的特征值和特征向量与 $K\varphi = \lambda Mq$ 的特征值和特征向量关联起来，将 $K\varphi = \lambda Mq$ 改写为

$$\frac{1}{\lambda}M_\varphi = MK^{-1}M_\varphi \tag{8.36}$$

使用转换关系为

$$\varphi = X\overline{\varphi} \tag{8.37}$$

式(8.37)和式(8.34)，可以从式(8.36)得到

$$T_n\,\overline{\varphi} = \frac{1}{\lambda}\,\overline{\varphi} \tag{8.38}$$

因此，T_n 的特征值是 $K\varphi = \lambda Mq$ 特征值的倒数。

在油管柱振动系统的求解中，由于计算中的舍入误差，向量 X_i 不可能关于 M 正交，因此大量研究工作应放在基本的 Lanczos 法本身。

Lanczos 法的实际应用在于当 $q < n$ 时，T_q 的特征值能为 $K\varphi = \lambda Mq$ 问题的最小特征值给出较好的近似值。为了确保精确的特征解，Lanczos 法必须与迭代方案相结合，并且必须采用 Sturm 序列检查来计算特征值的误差范围。

8.1.5　利用 HQRI 法求解油管柱的固有特性

HQRI(Householder-QR-Invrse interation)法是一种非常重要的变换求解方法。这种方法只限于求解标准特征值问题，因此当考虑广义特征值问题时，首先必须将其变成标准特征值问题。

在下面的讨论中，只考虑标准特征值问题 $K\varphi = \lambda Mq$，其中 K 可以有零特征值，也可以有负特征值，因此为求解油管柱正特征值就不必在应用 HQRI 法前进行移位。HQRI 法代表着下列 3 个求解步骤：

①使用 Householder 变换将油管柱刚度矩阵 K 简化成三对角线形式；

②使用 QR 迭代求出全部特征值；

③使用逆迭代法计算三对角阵的特征向量，并进行变换以取得 K 的特征量。

应该指出，将油管柱刚度矩阵 K 变换成三对角线形式要进行大量的数值运算，所以除非必须计算全部特征值，否则将是极不经济的。下面详细说明实现 HQRI 求解的 3 个步骤。

(1) Householder 变换

将 K 变换成三对角线形式要进行 $(n-2)$ 次 Householder 变换，令 $K_i = K$，对于 $i = 1, 2, \cdots, n-2$，计算为

$$K_{i+1} = p_i^T K_i p_i \tag{8.39}$$

式中，p_i 为 Householde 变换矩阵

$$p_i = I - QW_iW_i^T \tag{8.40}$$

$$Q = W_i^T W_i \tag{8.41}$$

为了说明如何定义矩阵 p_i 的矢量 W_i，考虑 $i = 1$ 这个典型情况，首先将 K_l，p_l 和 W_i 分割成子阵，即

$$p_1 = \begin{bmatrix} 1 & 0 \\ 0 & \bar{p}_q \end{bmatrix}; \quad W_1 = \begin{bmatrix} 0 \\ \vdots \\ \overline{W}_1 \end{bmatrix}$$

$$K_1 = \begin{bmatrix} k_{11} & k_1^T \\ k_1 & k_{11} \end{bmatrix} \tag{8.42}$$

式中，K_{11}，$\bar{p}_1$ 和 $\overline{W}_1$ 为 $(n-1)$ 阶；对于第 i 步，相应有 $(n-i)$ 阶矩阵。在完成式(8.39)乘法运算的同时，采用式(8.42)中的关系可得

$$K_2 = \left[\frac{k_n}{\hat{p}_1 k_1} \; \frac{k_L^T \bar{p}_1}{\dot{p}_L^T K_n \hat{p}_1}\right] \tag{8.43}$$

现在的状态是 K_2 的第一列和第一行已成为三对角线形式，即

$$K_2 = \left[\begin{array}{c:ccc} k_n & \times & 0\cdots & 0 \\ \hdashline \times & & & \\ 0 & & & \\ \vdots & & \overline{K}_2 & \\ 0 & & & \end{array}\right] \tag{8.44}$$

式中，×表示非零值，并且

$$\overline{K}_2 = \overline{p}_1 K_u \overline{p}_1 \tag{8.45}$$

式中，K_2 的形式是由反射矩阵$\overline{p}_1$ 得到的，因此可以使用$\overline{p}_1$ 将式(8.41)中 K_1 的向量 k_1 反射成只有第一个元素为非零的向量。因为这新向量的长度必须等于 k_1 的长度，于是可以由条件

$$(I - \theta \overline{W}_1 \overline{W}_l^T) k_1 = \pm \ \| k_1 \|_{2e1} \tag{8.46}$$

来确定$\overline{W}_1$，其中 e_1 是$(n-1)$维的单位向量，即 $e^T=[100\cdots\cdots0]$，而正负号是可以选择的，目的是为了获得最好的数值稳定。注意，这里只需求出$\overline{W}_1$ 的倍数，因向量的方向是非常重要的，由式(8.46)可得到$\overline{W}_1$ 的适当的值，即

$$\overline{W}_1 = k_1 + \sin g(k_{2l}) \ \| k_1 \|_{2e} \tag{8.47}$$

式中，k_{21}为 K_1 中的元素(2,1)。

由式(8.46)定义的$\overline{W}_1$ 能实现第一次 Householder 变换。在下一步 $i=2$ 时，可以像在式(8.44)到式(8.45)中考虑 K_1 一样来考虑式(8.43)中的$\overline{K}_2$，这是因为$\overline{K}_2$ 中第一列和第一行的化简并不影响$\overline{K}_2$ 的第一列和第一行。这就建立了将 K 变换成三对角线形式的一般算法。

已被化简的矩阵 $K_1, K_2, \cdots, K_{n-1}$是对称的。所以在化简过程中，只需存放 K 的下三角部分。$\overline{W}_i (i=1,2,\cdots,n-2)$可存放在当前已被化简的矩阵中，次对角线以下的位置上，可以充分利用存储单元。

Householder 变换的一个缺点是增大了 K_{i+1}中，未化简部分的带宽，所以在化简过程中 K 取最小带宽实质上并没有带来任何好处。

这种变换的一个重要内容是计算式(8.38)中的三重矩阵积，通常完成一个具有 n 阶的三重矩阵积需要 $2n^3$ 次运算，而利用$\overline{p}_1$ 的特殊性质，并按下列公式来计算乘积$\overline{p}_1^T K_{11} \overline{p}_1$ 只需$3m^3 + 3m$ 次运算，即

$$\left.\begin{aligned} V_1 &= K_n \overline{W}_1 \\ p_1^T &= \theta_1 V_1^T \\ \beta_1 &= p_1^T \hat{W}_1 \\ q_1 &= p_1 - \theta_1 \beta_1 \overline{W}_1 \end{aligned}\right\} \tag{8.48}$$

有

$$\overline{p}_L^T K_{11} \overline{p}_1 = K_{11} - \overline{W}_1 p_1^T - q_1 \overline{W}_1^T \tag{8.49}$$

式中，m 是$\overline{p}_1$ 和 K_{11}的阶数(在这种情况下 $m=n-1$)。所以乘积$\overline{p}_1^T K_{11} \overline{p}_1$ 要求 m 平方次运算，而不是 m 立方次运算是具有重要意义的降低。

(2)利用 QR 迭代求油管柱振动特性全部特征值

在 HQRI 求解油管柱振动特性过程中，QR 迭代应用于经 Householder 变换所得的三对角矩阵。然而 QR 迭代也可直接应用于原始刚度矩阵 K，迭代以前将 K 变换成三对角阵仅仅是

为了提高 QR 法的求解效率。因此下面将首先考虑 QR 迭代将如何应用于一般的对称矩阵 K。

QR 迭代的名称是由算法中所用的符号引出的,这种迭代的基本步骤是将 K 分解为

$$K = QR \tag{8.50}$$

的形式,其中 Q 为正交矩阵,而只为上三角矩阵。然后形成

$$RQ = Q^T KQ \tag{8.51}$$

由此可见,通过 RQ 计算,事实上就完成了 K 矩阵的正交转换。

(3) HQRI 法中油管柱振动特征向量计算

因为带移位的 QR 迭代收敛得非常快,所以特征值完全可以计算到机器容许的精度。一旦特征值被十分精确地求得,便可利用移位量等于相应特征值的简单逆迭代来计算三对角阵的所求的特征向量,由一个全部为 1 的初始向量迭代两步就足以求得,此举完全是为了提高三对角阵特征向量精度的行为。为进一步获得 K 阵的特征向量就必须采用曾经用过的 Householder 变换对所得的特征向量进行变换,若用 Ψ_i 表示 K_{n-1}的特征向量,则用变换阵 p_i 就有

$$\varphi_i = p_1 p_2 \cdots p_{n-2} \psi_i \tag{8.52}$$

8.1.6　利用行列式搜索法求解油管柱振动固有特性

行列式搜索法(The determinant Search method)是一种十分有效的求解油管柱特征值问题的方法,在对油管柱振动特性计算中,常采用该方法来进行求解。其基本思想是利用隐式多项式迭代解法直接解特征多项式 $p(\lambda)$ 的根。其中一个普遍采用而又十分简单的方法是割线迭代。因在行列式搜索法中经常要用到特征多项式的 Sturm 序列特性,所以这里先简单叙述一下特征值问题 $K\varphi = \lambda M\varphi$ 的这一重要特性。

(1) 特征多项式的 Sturm 序列特性

将式(8.2)改写为

$$(K - \lambda M)\varphi = 0$$

由此可见,当矩阵$(K - \lambda M)$奇异时,φ 才有非零解,即

$$\det(K - \lambda M) = 0$$

令特征方程式(8.2)的特征多项式 $\rho(\lambda)$ 为

$$\rho(\lambda) = \det(K - \lambda M) \tag{8.53}$$

如果它为 n 阶多项式,那么它的 n 个零点即为 n 个特征值。令 $\lambda = \mu$,并对$(K - \mu M)$进行三角分解,即

$$K - \mu M = LDL^T \tag{8.54}$$

则有

$$\rho(\mu) = \det(K - \mu M) = \det|D| = \prod_{i=1}^{n} d_{ii} \tag{8.55}$$

式中　L——对角线上充满 1 的下三角阵;

D——对角阵;

d_{ii}——对角阵 D 的各个元素。

根据 Sturm 序列特性,D 矩阵中负元素的个数恰好等于特征方程式(8.2)的比 μ 小的特征值的个数,这就是说,当 $\lambda_i < \mu < \lambda_{i+1}$时,对角阵 D 中的负元素数有 i 个。另外,从式(8.53)可以看出,当 $\mu = \lambda_j$ 时, d_{ii}中必有一个元素为 0 值,当 λ_j 为 m 重根时,相应有 m 个 d_{ii}值为 0。

利用这一特性，可在特征值求解过程中方便地检查并证实所求的 μ 值是不是多项式 $p(\lambda)$ 全部根的上界，有否发生漏根和重根现象。

(2)基本的行列式搜索法

这种方法的基本思想是利用等分法和特征多项式的 Sturm 序列特性，将落在 λ_a 到 λ_b 区间内的所有特征值分离开，其中 λ_a 和 λ_b 分别为所求特征值的下界和上界。然后用割线迭代法逐一求出 λ_j 的近似值。其具体求解过程如下：

①对 $(K-\lambda_a M)$ 进行三角分解，并利用 Sturm 序列特性找出比 λ_a 小的特征值个数 q_a；

②对进行三角分解，同样可以得到比 λ_b 小的特征值个数 q_b，这样就可以确定在 λ_a 和 λ_b 区间内有 q_b-q_a 个特征值；

③用简单的等分法分割区间，当在这些区间内还存在着多于一个特征值时，应逐级等分并采用 Sturm 序列检查，直到所有特征值被完全分离为止，如图 8.1 所示；

④用割线迭代法求特征多项式的根。

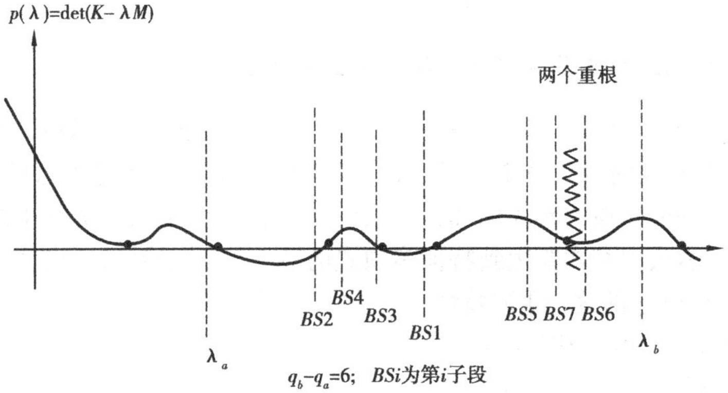

图 8.1　用 strum 序列特性分离特征

(3)割线迭代法求特征多项式的根

特征多项式(8.52)若以 λ 为横坐标，则 $p(\lambda)$ 在 $p-\lambda$ 平面上为一条 n 次曲线，它与 A 轴的交点即为特征方程式(8.2)的解。

取 μ_1、μ_2 为 $A1$ 的两个初值，通常 $\mu_1=0$，μ_2 为 λ_1 的下界，利用割线迭代公式，可得 λ_1 的更接近的近似值为

$$\mu_3 = \mu_2 - \frac{\mu_2 - \mu_1}{\rho(\mu_2)\rho(\mu_1)}\rho(\mu_2) \tag{8.56}$$

在一般情况下，如果 μ_{i-1}、μ 是 λ_1 的两个近似值，且 $\mu_{i-1}<\mu_i<\lambda_i$ 则有 μ_{i+1} 次的近似值为

$$\mu_{i-1} = \mu_i - \frac{\mu_i - \mu_{i-1}}{\rho(\mu_i) - \rho(\mu_{i-1})}\rho(\mu_i) \tag{8.57}$$

若用加速的割线迭代运算，则近似值 μ_{i+1} 为

$$\mu_{i+1} = \mu_i - \eta\frac{\rho(\mu_i)}{\rho(\mu_i) - \rho(\mu_{i-1})}(\mu_i - \mu_{i-1}) \tag{8.58}$$

式中，加速因子 η 为某一常数，当 $\eta=1$ 时为标准的割线迭代法，但收敛速度较慢。因为割线迭代的目的是求一个接近于 λ_1 的移位，而不是由此最终确定 λ_1 的值，所以在具体计算中用 $\eta\geqslant2$，以达到加速的效果，故称为加速割线迭代法。

由于 $\eta \geqslant 2$，所以有可能跳过一个甚至多个根，可以通过 Sturm 序列特性检查来发现。当 $\mu_{i+1} \geqslant \lambda_1$ 且 $\dfrac{|\mu_{i+1} - \mu_i|}{\mu_{i+1}} \leqslant 10^{-5}$ 时，认为迭代收敛，并终止迭代。应该指出，加速处理并非一开始就采用的，而是在迭代到很近 λ_1 时，即当 $\dfrac{|\mu_{i+1} - \mu_i|}{\mu_{i+1}} \leqslant 10^{-4}$ 时，才开始加入加速因子 η。

上面说明了求解油管柱最小特征值 λ_1 的过程，在计算油管柱其他特征值 $\lambda_i(i \geqslant 2)$ 的近似值时，与上述过程大体相同，只需将原来的特征多项式进行降阶处理，把已经求得的特征值从特征多项式(8.53)中去掉即可，即用下式来取代式(8.53)，即

$$\rho_j(\lambda) = \frac{\rho(\lambda)}{\prod_{i=1}^{i}(\lambda - \bar{\lambda}_i)} \tag{8.59}$$

式中，λ_i 为近似值。以后的求解过程与求 λ_i 时完全相同。

8.1.7　利用空间迭代法求解油管柱振动固有特性

上面介绍的行列式搜索法求解油管柱振动固有特性，对于小带宽情况是一种十分有效的算法，然而当油管柱刚度矩阵 K 和质量矩阵 M 的带宽增大时，多项式迭代的效率远不如反幂法。如果反幂法能同时实现若干个要求的特征向量的迭代运算，那就能充分显示出反幂法的优点，子空间迭代法具备了这一优点，对于只要求计算油管柱振动固有特性特征值问题的前多个特征值及其对应的特征向量的方法来说，子空间迭代法是一种十分有效的求解方法。这种方法实质上由下列 3 步组成：

①建立 q 个初始迭代向量，$q > p$，通常 $q = \min\{2p, p+q\}$，以建立初始子空间 E_i，其中 p 为待求特征向量的个数。

②在 q 个向量上同时进行反幂法迭代运算和李兹分析，以便从 q 个迭代向量中提取 p 个特征值及其特征向量的最好的近似值。在迭代过程中，为避免不同的迭代向量同时收敛于一个最小的特征向量，要不断进行 Gram-Schmidt 正交化处理。

③在迭代收敛以后，用 Sturm 序列检查以证明要求的特征值及其对应的特征向量均已得到。

这种方法所以被命名为子空间迭代法，是因为 q 维空间是 n 维空间的一个子空间，这种迭代运算与具有 q 维于空间的迭代等价，而不把它看作具有 q 个单独迭代向量的同时迭代。下面比较详细地叙述这一方法的基本内容。

(1)子空间迭代法的基本思想

对于 $k = 1, 2, \cdots$，由子空间 E_k 到子空间 E_{k+1} 进行逆迭代，即

$$K\bar{X}_{k+1} = MX_k \tag{8.60}$$

计算刚度矩阵 K 和质量矩阵 M 在 E_{k+1} 上的投影为

$$\bar{K}_{k-1} = \bar{X}_{k+1}^T K \ddot{X}_{k+1} \tag{8.61}$$

$$\bar{M}_{k-1} = \bar{X}_{k+1}^T M \bar{X}_{k+1} \tag{8.62}$$

解投影矩阵的特征方程为

$$\bar{K}_{k+1} Q_{k+1} = \ddot{M}_{k+1} Q_{k+1} \bar{\lambda}_{k+1} \tag{8.63}$$

得特征对 $\bar{\Lambda}_{k+1}$，Q_{k+1} 并计算特征向量 $\bar{X}_{k+1}$ 的改善的近似值为

$$X_{k+1}=\overline{X}_{k+1}Q_{k+1} \tag{8.64}$$

可以证明，只要迭代向量 X_i 与所求的特征向量不正交，那么当 $k\to\infty$ 时，$\overline{\Lambda}^{(k)}\to\Lambda,X_{k+1}\to\varphi$。

在子空间迭代法中，利用 K 和 M 在 E_{k+1} 上的投影矩阵直接进行正交化处理，因为

$$Q_{k+1}^{T}\ddot{M}Q_{k+1}=I \tag{8.65}$$

$$Q_{k+1}^{T}\overline{X}_{k+1}^{T}M\overline{X}_{k+1}Q_{k+1}=I \tag{8.66}$$

即

$$X_{k+1}^{T}MX_{k+1}=I$$

所以 X_{k+1} 是关于 M 正交的。

上述过程表明，基本的子空间迭代法实际上就是反幂法、迭代向量的正交化处理和投影方程求解的反复运算。当满足收敛条件

$$\max\left\{tol_c=\frac{|\lambda_{i+1}^{k}-\lambda_i^{k}|}{\lambda_i^{k+1}}\right\}<tol \tag{8.67}$$

时，认为迭代已收敛，其中收敛容限 tol 通常取 1×10^{-6} 的精度已足够。收敛后，利用 Sturm 序列特性对所得的特征值进行检查，以确认需求的特征值及其对应的特征向量是否已求得。

(2) 子空间迭代法中的加速处理方案

当处理需求较多的特征对问题时，即当 $p>50$ 时，有必要对基本的子空间迭代法进行适当的加速处理，以提高其收敛速度，下面介绍几种具体的加速处理方案。

1) 超松弛法

超松弛法加速被普遍应用在迭代法中，与子空间迭代法结合使用，用以下的方法构成新的迭代向量即可，其余不变，即

$$X_{k+1}=X_k+(\overline{X}_{k+1}Q_{k+1}-X_k)\alpha \tag{8.68}$$

式中，α 为对角阵，其元素为各个单独向量的超松弛因子 $\alpha_i(i=1,2,\cdots,q)$，可见这种加速方案的关键在于如何确定超松弛因子 α_i。

因为在迭代法中，特征向量的收敛率是 $\frac{\lambda_i}{\lambda_{q+1}}$，所以 α_i 通常取这一收敛率的函数

$$\alpha_i=\frac{1}{1-\dfrac{\lambda_i}{\lambda_{q+1}}} \tag{8.69}$$

式中，λ_i 和 λ_{q+1} 是在迭代过程中估算出来的，其估算办法如下：

因为特征值的收敛率为 $\left(\frac{\lambda_i}{\lambda_{q+1}}\right)^2$ 所以在考察 λ_i 的收敛率时，令

$$r_i^{k+1}=\frac{\lambda_i^{k+1}-\lambda_i}{\lambda_i^{k}-\lambda_i} \tag{8.70}$$

当 $k\to\infty$ 时，有

$$\lim_{k\to\infty}r_i^{k+1}=\left(\frac{\lambda_i}{\lambda_{q+1}}\right)^2 \tag{8.71}$$

可以近似地认为

$$r_i^{k+1}=\left|\frac{\lambda_i^{k+1}-\lambda_i^{k}}{\lambda_i^{k}-\lambda^{k-1}}\right| \qquad (i=1,2,\cdots,p) \tag{8.72}$$

当估计值 r_i^{k+1} 满足下面两个条件时,认为是真实的

$$\left|\frac{r_i^{k+1}-r_i^k}{r_i^{k+1}}\right| \leqslant tol_r \quad 和\ 1\times10^{-10}\leqslant tol_c\leqslant1\times10^{-3} \tag{8.73}$$

式中,tol_r 为 0.2 ~0.35。tol_c 是由式(8.67)定义的。

假定经过 l 次迭代后。有 p 个特征值已满足式(8.73),这就可以算出对应于 λ_i 的各个 λ_{q+1} 的近似值

$$\lambda_{q+1} = \frac{\lambda_i^{l+1}}{\sqrt{r_i^{l+1}}} \tag{8.74}$$

取其平均值 $\overline{\lambda}_{q+1}$ 作为 λ_{q+1} 的最佳估算值,并以此代入式(8.68)求出 α_i。

2)移位处理方法

移位的目的是为了提高特征值计算的收敛速率。在子空间迭代法中考虑移位时,最重要的是研究一个稳定而又可靠的求解方案。其难点是当移位量等于或者十分接近于某个特征值时,所有迭代向量将直接收敛到该特征值所对应的特征向量,而这些向量又不能被正交化,所以迭代是不稳定的。下面介绍一个既简单而又稳定的加速收敛算法。

为使迭代向量单调地收敛于要求的 9 个特征向量,则移位量 μ_s 必须满足条件

$$\mu_s - \lambda_i < \lambda_{q+1} - \mu_s \tag{8.75}$$

即 μ_s 从应位于特征值区间 λ_i 到 λ_{q+1} 的左半边。在移位 μ_s 后,新的特征向量的收率为

$$\frac{|\lambda_i - \mu_s|}{|\lambda_{q-1} - \mu_s|}$$

为了满足条件式(8.75),用公式

$$\mu_s \leqslant \overline{\lambda}_i + \frac{1}{3}(\overline{\lambda}_{q+1} - \overline{\lambda}_i) \tag{8.76}$$

来确定移位值 μ_s,$\overline{\lambda}_i$ 为已经得到的 λ_1 的近似值。

为确保子空间迭代的连续稳定的要求,μ_s 必须相当远地离开某一特征值。所以 μ_s 最好选择在两个相离较远的特征值中间,如果 $\overline{\lambda}_s$ 和 $\overline{\lambda}_{s-1}$ 这两个特征值彼此分得较开,则

$$\mu_s = \frac{\overline{\lambda}_s + \overline{\lambda}_{s-1}}{2} \tag{8.77}$$

与此同时,为了建立一个能容许的最大移位,μ_s 应取所有已经收敛到容限 $tol_c = 1\times10^{-10}$ 的特征值中最大的那个特征值,并检查其是否满足式(8.76)和条件

$$1.01\,\overline{\lambda}_{s-1} \leqslant \mu_s \leqslant 0.99\,\overline{\lambda}_s \tag{8.78}$$

若其中有一个条件不满足,则降低 s($s-1$ 代替 s),直到两者同时满足为止。其目的是为了使较高特征值的收敛率得到明显的改善,因此应对所得的这一移位进行有效性检查,当满足下面这个条件时,执行移位处理

$$m_s + m_{as} < m_{ns} \tag{8.79}$$

式中　m_s——执行移位的运算量;

m_{as}——移位后达到收敛的运算量;

m_{ns}——不移位达到收效的运算量。

令 λ_i^{k+1} 为 λ_i 的最近估算值,满足 $tol_c\leqslant1\times10^{-2}$,其中 $r<i\leqslant p$(r 为已经收敛的,即满足条

件式(8.75)的特征值数目),并令 λ_{q+1} 的最近估算值为 $\overline{\lambda}_{q+1}$,那么 λ_i 的收敛率估计为 $d=\left(\frac{\lambda_i^{k-1}}{\overline{\lambda}_{q+1}}\right)^2$。另外,令不移位达到收敛的额外迭代次数为 t,并用

$$d^t = tol_i \tag{8.80}$$

来估算出 t。其中,tol_i 为仍然采用一般的子空间迭代所得的精度的增值,这里有 $tol_i=\frac{tol}{tol_c}$,故

$$t = \frac{\lg tol_i}{\lg d} \tag{8.81}$$

假定稳定的移位由 μ_s 给出,则 λ_i 在移位后的收敛率近似地为

$$\overline{d} = \frac{(\lambda_i^{k+1})^2}{(\overline{\lambda}_{q-1}-\mu_s)^2} \tag{8.82}$$

于是,在移位后对于收敛所要求的子空间迭代次数近似地为

$$\bar{t} = \frac{\lg tol_i}{\lg \overline{d}} \tag{8.83}$$

假定稳定的移位由 μ_s 给出,则 λ_i 在移位后的收敛率近似地为

$$\ddot{d} = \frac{(\lambda_i^{k+1}-\mu_s)^2}{(\overline{\lambda}_{q-1}-\mu_s)^2} \tag{8.84}$$

于是,在移位后对于收敛所要求的子空间迭代次数近似地为

$$\bar{t} = \frac{\lg tol_i}{\lg \overline{d}} \tag{8.85}$$

进行油管柱振动特征值计算时,首先应将所有特征值迭代的 λ^{k+1} 的 t,并计算 t,其中 $r \leqslant i < p$,取其两者之差的最大值 $(t-\bar{t})_{\max}$,并代入式(8.86),当满足下式时,移位被认为有效,即

$$\left.\begin{aligned} \frac{1}{2}nm^2 &< \{n(2qm+2q^2)+18q^3\}(t-\bar{t})_{\max} \\ \frac{1}{2}nm^2 &< \{n(4qm+2q^2)+18q^3\}(t-\bar{t})_{\max} \end{aligned}\right\} \tag{8.86}$$

对于集中质量矩阵用上式中的第一个公式,否则用第二个公式,式中 m 为刚度矩阵的平均带宽。

3)对于 $q<p$ 情况的迭代方法

上面已经讨论了基本子空间迭代法的超松弛加速和移位加速方案,这两种方案在整个求解过程中要求 $q \gg p$。但是,当需求的特征对 p 很大时,若仍取 $q>p$,则求解效率会明显降低,若用比 p 少的 q 个迭代向量来计算 p 个特征对,则求解效率反而会提高。这样处理有两个优点。首先,降低了高速储存器的存贮量;其次,迭代向量与已被求得的特征向量之间多余的正交化会自动避免。所以当 p 大时,应采用 $q<p$ 的迭代方案。

在 $q<p$ 的情况下,要对上述的移位方法作如下修正,因为要求的特征对在没有移位的情况下不能有效地被算出,所以移位应处于已收敛到容限 1×10^{-10} 的特征值之间,决定是否移位将取决于还没有收敛到容限 1×10^{-10} 的那些特征值。

如果选定的移位超出了式(8.75)给定的范围,则移位不执行,但要把已收敛到容限 1×10^{-10} 的前 r 个特征值所对应的 r 个特征向量送到外存,并用新的初始迭代向量取代。其目的

是为了增大$\bar{\lambda}_{q+1}$，以此来提高迭代向量的收敛速率，并允许进一步移位。

在考虑下一个子空间迭代时，为确保新的迭代向量不收敛于已经收敛的那些特征向量，采用 Gram-Schmidt 正交化处理是必要的，即新的 q 个迭代向量在进行子空间迭代前应与已被存入外存中的特征向量 φ_j 进行正交化处理，并且相应的特征值 λ_i 应满足

$$|\bar{\lambda}_i - \mu_s| \leqslant |\lambda^* - \mu_s| \tag{8.87}$$

式中，λ^* 是当前子空间迭代中最大特征值的估计值$\bar{\lambda}_i$ 表示 λ_i 已算得的近似值。

在考虑追加的移位选择时，应注意到特征向量 $\varphi_1, \varphi_2, \cdots, \varphi_j$ 内准确的近似值已得到，并已存入外存，下面要计算的最小特征值是 λ_{j+1}，所以式(8.75)应改为

$$\mu_s \leqslant \bar{\lambda}_{j+1} + \frac{1}{3}(\bar{\lambda}_{q+j+1} - \bar{\lambda}_{j+1}) \tag{8.88}$$

式中，$\bar{\lambda}_{j+1}$是已被求得的 λ_{j+1}的近似值。

当 $q<p$ 时，这种移位策略被有效地使用，但在 q 稍大于 p 的情况下，为避免收敛困难，最好也采用这种策略。因此，当 $q<\min\{2p, p+8\}$，建议采用这种迭代向量替换的策略。

(3)初始迭代向量集的建立

这里提供两种初始迭代向量集的建立方法，可供选择使用。

1)标准方法

这种方法在基本的子空间迭代法中是常被采纳的一种方法。它的第一个初始向量为 $X_k^0 = \{1 \quad 1\cdots1 \quad 1 \quad 1\cdots1\}^{\mathrm{T}}$，下面的 $q-2$ 个初始向量是这样形成的，先计算$\dfrac{m_{ii}}{K_{ii}}$并按降序排列，然后在对应的位置上填入，各自构成一个单位坐标向量，即

$$X_k^0 = \{0 \quad 0\cdots0 \quad 1 \quad 0\cdots0\}^{\mathrm{T}} \qquad k = 2, \cdots, q-1$$

第 q 个初始向量为一个随机的向量。

2)Lanczos 正交化序列方法

用这种方法形成的初始向量集，只需进行一次迭代运算即可得到一个 q 阶的三对角线投影矩阵，从而使子空间迭代法的求解效率大为提高。

8.2 油管的振动固有特性计算

在油管柱振动固有特性计算时，首先建立其有限元模型。

根据油管柱的特点，对整个油管柱进行分析，用 8 节点，6 面体单元离散整个油管柱。如图 8.2 所示为整个油管柱有限元分析模型中的一个局部网格图。

油管柱任意一个六面体单元，其三维应力图如图 8.3 所示。

图 8.3 所示为油管柱三维单元，给出了单元的尺寸 dx、dy、dz 和法向应力 σ_x、σ_y、σ_z 及切向应力 τ_{xy}、τ_{yz}、τ_{zx}。则三个单元面上的平衡方程为

$$\frac{\partial \sigma_x}{\partial x} + \frac{\partial \tau_{xy}}{\partial y} + \frac{\partial \tau_{xz}}{\partial z} + X_b = 0$$

$$\frac{\partial \tau_{xy}}{\partial x} + \frac{\partial \sigma_y}{\partial y} + \frac{\partial \tau_{yz}}{\partial z} + Y_b = 0$$

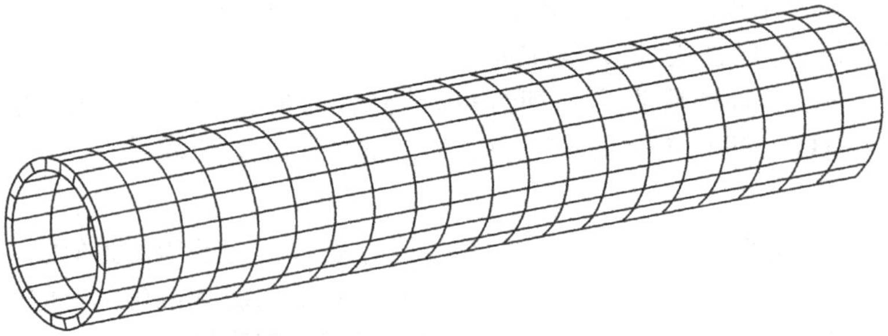

图 8.2　有限元模型图

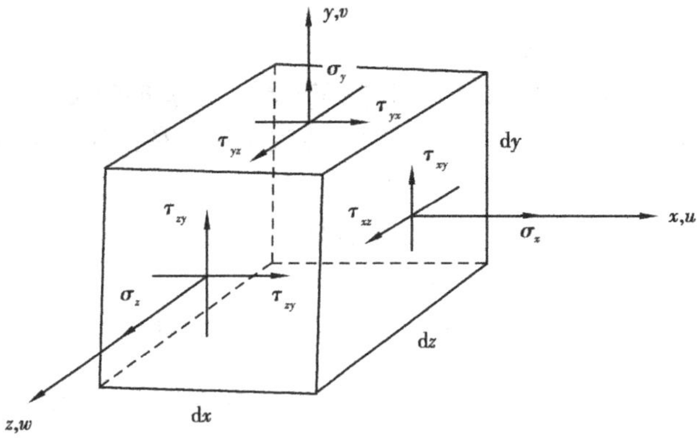

图 8.3　油管柱六面体单元的三维应力图

$$\frac{\partial\tau_{xz}}{\partial x}+\frac{\partial\tau_{yz}}{\partial y}+\frac{\partial\sigma_z}{\partial z}+Z_b=0 \tag{8.89}$$

$$\tau_{xy}=\tau_{yx}\quad \tau_{xz}=\tau_{zx}\quad \tau_{yz}=\tau_{zy}$$

8.2.1　油管的振动固有特性计算边界条件

油管柱振动固有特性计算的边界条件为：

(1)约束条件

①油管锥管挂对油管柱的约束,其约束为对该处的节点,其 x、y、z 3 个方向的移动进行全约束；

②封隔器对油管柱的约束,在安装封隔器位置,油管柱在径向、周向和轴向进行约束；

③不考虑对油管和套管之间的接触；

④将油管柱看成一个整体,在振动特性计算中,不考虑油管之间的螺纹连接和油管柱本身的变形。

(2)外加载荷

在开采过程中,油管柱外加载荷有：

①天然气的压力(井底压力和沿程压力),压力的分布按图 7.13 所示的曲线加载在油管柱上；

②油管柱的自重(惯性力)。

对建立的分析模型和边界条件,应用 MARC 软件有限元求解器,解算建立的油管柱振动特征方程。

油管柱振动特征方程的求解流程如图 8.4 所示。

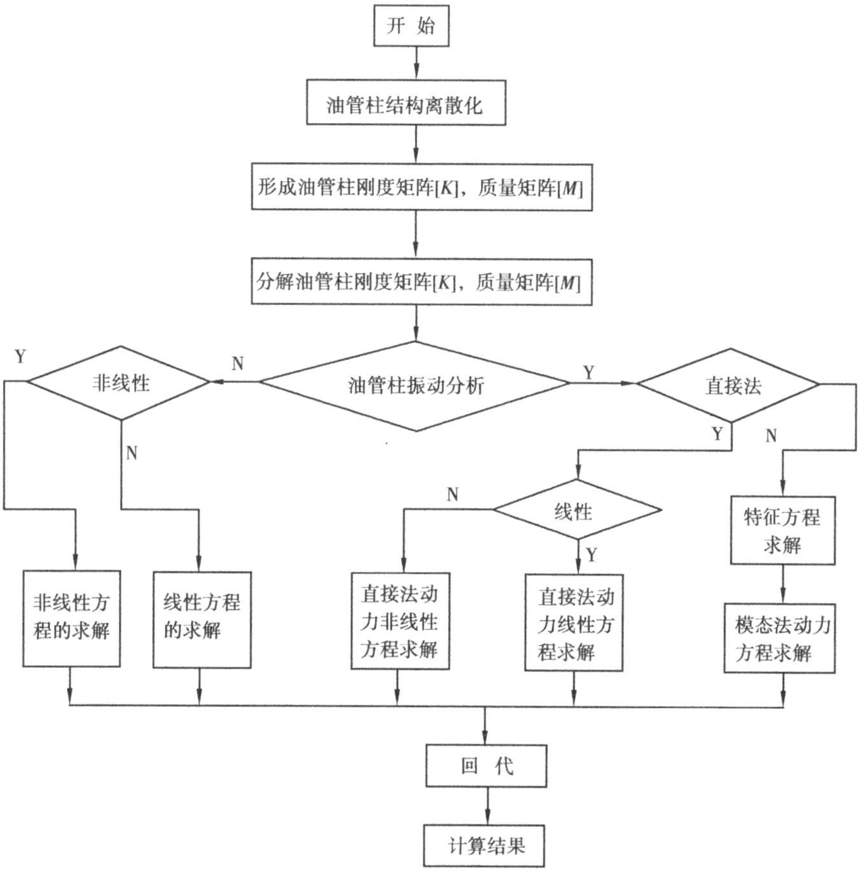

图 8.4　油管柱振动计算过程图

8.2.2　油管的振动固有特性计算算例

用建立的分析模型和边界条件，对川东某构造 14 号井的油管柱进行分析，计算在给定的地层压力下，对不同产量，根据天然气在管柱内流动过程中对油管柱的压力分布，分析天然气产量与油管柱振动特性的关系。该井于 2002 年 9 月 29 日开钻，2003 年 12 月 23 日完钻。完钻井深 4 988 m，下 ϕ127 mm × δ 9.19 mm 尾管射孔完成。

(1) 计算基本参数如下

1) 气井开采参数

①开采产量：10^6 m^3/d；

②油压：31.78 MPa；

③套压 31.59 MPa。

2)管柱系统组成

①采气管串为:ϕ101.6 mm 筛管 ×2 m + $L80\phi$88.9 mm × δ 7.34 mm ×1 580.00 m + $L80\phi$88.9 mm × δ5.49 mm ×3 406 m + 油补距 6.14 m;

②油管扣型:长圆扣。

3)油管材料特性

①油管钢材泊松比:0.3;

②油管钢材屈服应力:551.2 MPa;

③油管钢材密度:7.8×10^3 kg/m^3;

④油管钢材弹性模量:2.1×10^{11} N/m^2。

(2)计算工况

1)带封隔器油管柱;

2)不带封隔器油管柱;

3)考虑有外载作用;

4)无外载作用的情况。

计算油管柱的振幅、振动频率与振型。其计算与结果分析如下。

图 8.5 和表 8.1、表 8.2、表 8.3 为油管柱振动频率的部分计算结果。图 8.5 是无封隔器约束时油管柱在考虑内压作用与不考虑内压作用下的轴向振动频率随振动阶数的变化曲线,表 8.1 是无封隔器约束时油管柱在考虑内压作用与不考虑内压作用下的轴向振动频率随振动阶数的变化情况。由表 8.1 和图 8.5 可看出考虑内压作用时的轴向振动频率比不考虑内压作用时大,这是因为有内压作用时油管柱的刚度增大所致,可得出随振动阶数的升高油管柱轴向振动频率增大。

表 8.2、表 8.3 分别为无封隔器约束时与有封隔器约束时,油管柱在考虑内压作用与不考虑内压作用下的固有振动频率随振动阶数的变化情况。比较表 8.1 和表 8.2 可看出,油管柱轴向的固有振动频率远大于三维固有振动频率。由表 8.2 和表 8.3 可知,有封隔器约束时油管柱的固有振动频率大于无封隔器约束时油管柱的固有振动频率,是因为有封隔器约束时油管柱的刚度增加,其固有振动频率增大。

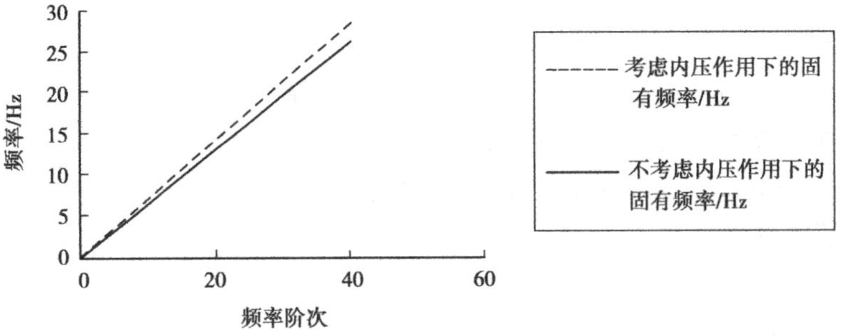

图 8.5　无封隔器约束时油管柱的轴向振动频率随振动阶数的变化曲线

表 8.1　无封隔器约束时油管柱的轴向振动频率

阶次	不考虑内压作用下的固有频率/Hz	考虑内压作用下的固有频率/Hz	阶次	不考虑内压作用下的固有频率/Hz	考虑内压作用下的固有频率/Hz
1	0. 353 45	0. 353 45	26	16. 583 8	18. 025 9
2	1. 060 35	1. 060 35	27	17. 234 1	18. 732 8
3	1. 767 25	1. 767 25	28	17. 884 5	19. 439 7
4	2. 276 218	2. 474 15	29	18. 534 8	20. 146 6
5	2. 926 566	3. 181 05	30	19. 185 2	20. 853 5
6	3. 576 914	3. 887 95	31	19. 835 5	21. 560 4
7	4. 227 262	4. 594 85	32	20. 485 9	22. 267 3
8	4. 877 61	5. 301 75	33	21. 136 2	22. 974 2
9	5. 527 958	6. 008 65	34	21. 786 6	23. 681 1
10	6. 178 306	6. 715 55	35	22. 436 9	24. 388
11	6. 828 654	7. 422 45	36	23. 087 3	25. 094 9
12	7. 479 002	8. 129 35	37	23. 737 5	25. 801 7
13	8. 129 35	8. 836 25	38	24. 387 9	26. 508 6
14	8. 779 698	9. 543 15	39	25. 038 2	27. 215 5
15	9. 43	10. 25	40	25. 688 6	27. 922 4
16	10. 080 35	10. 956 9	41	23. 087 3	25. 094 9
17	10. 730 7	11. 663 8	42	23. 737 5	25. 801 7
18	11. 381 04	12. 370 7	43	24. 387 9	26. 508 6
19	12. 031 39	13. 077 6	44	25. 038 2	27. 215 5
20	12. 681 74	13. 784 5	45	25. 688 6	27. 922 4
21	13. 332 09	14. 491 4	46	26. 338 9	28. 629 3
22	13. 982 44	15. 198 3	47	26. 989 3	29. 336 2
23	14. 632 78	15. 905 2	48	27. 639 6	30. 043 1
24	15. 283 13	16. 612 1	49	29. 423 8	31. 982 4
25	15. 933 48	17. 319	50	29. 580 4	32. 152 6

表 8.2　无封隔器约束时油管柱振动的固有频率

频率阶次	不考虑压力时的频率/Hz	考虑压力时的频率/Hz	频率阶次	不考虑压力时的频率/Hz	考虑压力时的频率/Hz
1	0. 001 94	0. 002 33	10	0. 020 67	0. 024 80
2	0. 003 66	0. 004 39	11	0. 020 85	0. 025 02
3	0. 004 59	0. 005 51	12	0. 021 86	0. 026 23
4	0. 007 60	0. 009 12	13	0. 021 92	0. 026 30
5	0. 008 09	0. 009 71	14	0. 027 18	0. 032 62
6	0. 011 91	0. 014 29	15	0. 031 67	0. 038 00
7	0. 012 90	0. 015 48	16	0. 032 03	0. 038 44
8	0. 014 36	0. 017 23	17	0. 035 43	0. 042 52
9	0. 014 57	0. 017 48	18	0. 038 97	0. 046 76

续表

频率阶次	不考虑压力时的频率/Hz	考虑压力时的频率/Hz	频率阶次	不考虑压力时的频率/Hz	考虑压力时的频率/Hz
19	0.041 33	0.049 60	33	0.113 36	0.136 03
20	0.046 19	0.055 43	34	0.114 03	0.136 84
21	0.053 68	0.064 42	35	0.122 02	0.146 42
22	0.056 00	0.067 20	36	0.136 68	0.164 02
23	0.060 29	0.072 35	37	0.138 41	0.166 09
24	0.061 06	0.073 27	38	0.141 61	0.169 93
25	0.071 61	0.085 93	39	0.151 61	0.181 93
26	0.079 03	0.094 84	40	0.154 94	0.154 94
27	0.079 28	0.095 14	41	0.165 94	0.199 13
28	0.082 20	0.098 64	42	0.171 05	0.205 26
29	0.085 73	0.102 88	43	0.171 68	0.206 02
30	0.093 59	0.112 31	44	0.198 09	0.237 71
31	0.104 31	0.125 17	45	0.203 56	0.244 27
32	0.108 19	0.129 83	46	0.204 37	0.245 24

表 8.3　有封隔器约束时油管柱振动的固有频率

频率阶次	不考虑压力时的频率/Hz	考虑压力时的频率/Hz	频率阶次	不考虑压力时的频率/Hz	考虑压力时的频率/Hz
1	0.002 09	0.002 51	19	0.054 54	0.065 45
2	0.001 96	0.002 35	20	0.054 60	0.065 52
3	0.004 19	0.005 03	21	0.064 50	0.077 40
4	0.004 76	0.005 71	22	0.064 52	0.077 42
5	0.008 13	0.009 76	23	0.075 22	0.090 26
6	0.008 19	0.009 83	24	0.075 26	0.090 31
7	0.012 16	0.014 59	25	0.086 79	0.104 15
8	0.012 38	0.014 86	26	0.086 83	0.104 20
9	0.017 19	0.020 63	27	0.099 18	0.119 02
10	0.017 37	0.020 84	28	0.099 23	0.119 08
11	0.022 99	0.027 59	29	0.112 45	0.134 93
12	0.023 17	0.027 80	30	0.112 45	0.134 94
13	0.029 80	0.035 75	31	0.126 49	0.151 79
14	0.029 80	0.035 76	32	0.126 49	0.151 79
15	0.037 21	0.044 65	33	0.141 36	0.169 63
16	0.037 24	0.044 69	34	0.141 36	0.169 63
17	0.045 48	0.054 58	35	0.157 05	0.188 46
18	0.045 51	0.054 61	36	0.157 06	0.188 47

续表

频率阶次	不考虑压力时的频率/Hz	考虑压力时的频率/Hz	频率阶次	不考虑压力时的频率/Hz	考虑压力时的频率/Hz
37	0. 173 58	0. 208 30	42	0. 209 11	0. 250 93
38	0. 173 58	0. 208 30	43	0. 228 11	0. 273 73
39	0. 190 93	0. 229 12	44	0. 228 11	0. 273 73
40	0. 190 93	0. 229 12	45	0. 247 95	0. 297 54
41	0. 209 10	0. 250 93	46	0. 247 95	0. 297 54

图 8. 6、图 8. 7 是油管柱固有模态振型的部分计算结果。

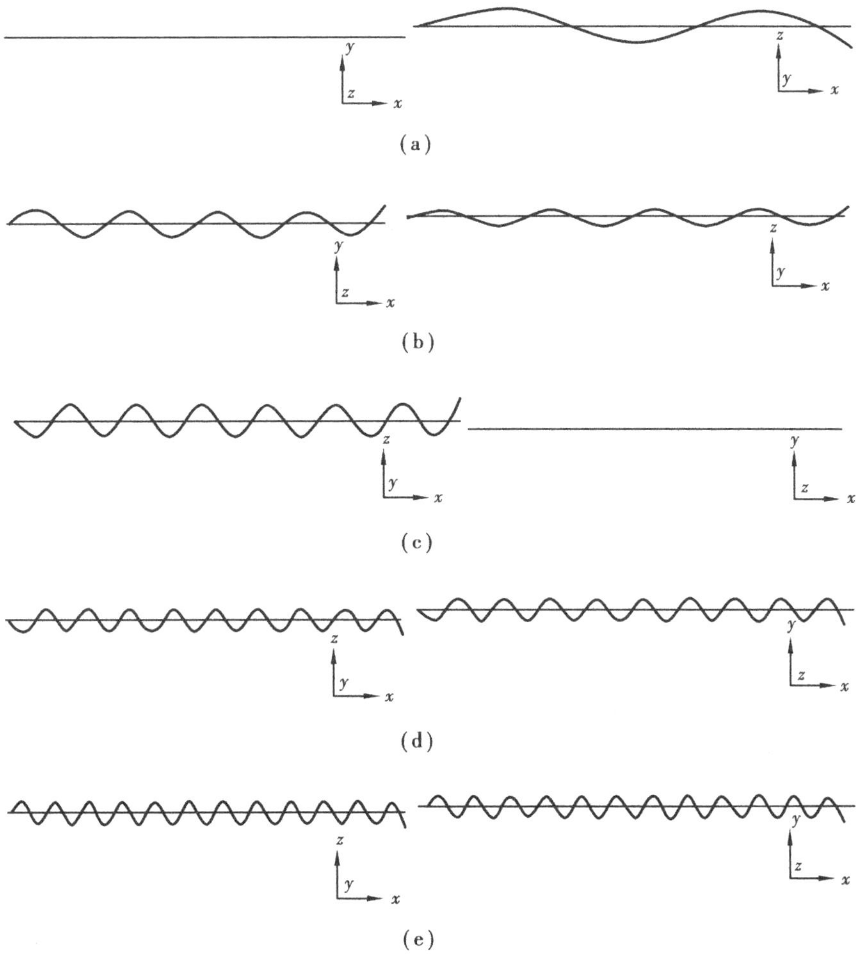

图 8. 6

(a)没有封隔器时,油管柱的第 8 阶振型图　(b)没有封隔器时,油管柱的第 18 阶振型图

(c)没有封隔器时,油管柱的第 28 阶振型图　(d)没有封隔器时,油管柱的第 38 阶振型图

(e)没有封隔器时,油管柱的第 48 阶振型图

图 8. 6、图 8. 7 分别为不带封隔器与带有封隔器的振型投影曲线。图中的坐标以井口为坐标原

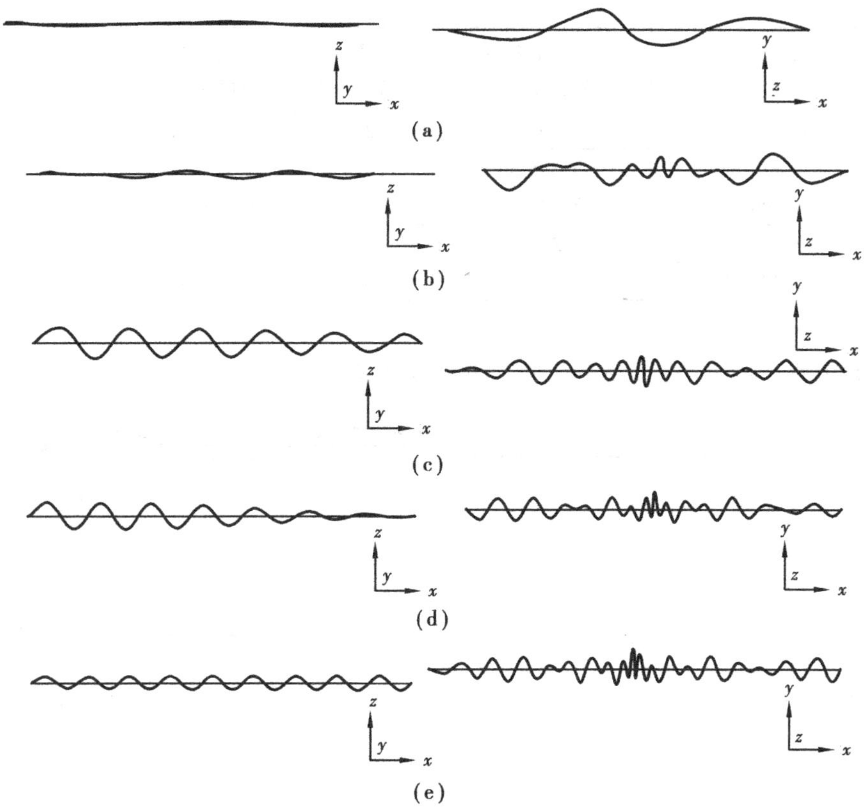

图 8.7

(a)考虑封隔器时,第 8 阶振型　(b)考虑封隔器时,第 18 阶振型

(c)考虑封隔器时,第 28 阶振型　(d)考虑封隔器时,第 38 阶振型

(e)考虑封隔器时,第 48 阶振型

点,x 的正方向指向井底, xy 为过油管柱轴线的平面,yz 为垂直于轴向的平面。xy、zx 平面上的曲线为某阶振型在该平面的投影,随着振动阶数的升高,振型投影曲线的波形周期变小。

对于带有封隔器的油管柱,同样随着振动阶数的升高,振型投影曲线的波形周期变小,但是在 xy 平面的投影曲线上发现,其投影曲线在油管柱中段的波形发生突变,周期变小,表明该段易发生疲劳破坏。

表 8.4 为油管柱在外加振源的作用下发生共振时油管柱的振幅。其数值为油管柱在共振时,油管柱偏离油管柱轴心线的距离。由该表可观察到当不考虑压力时的振幅大于有压力时的振幅;油管柱加有封隔器与不加封隔器,其振幅的规律性不强;振幅随阶次变化的规律性也不强。所给出的计算,油管柱的最大振幅为 8.43 mm,而本井油套环空间隙仅为 9.85 mm,这将导致油管柱与套管之间发生碰撞,加剧油管柱的破坏。

表 8.5 为有封隔器约束时不同管径不同井深时的油管柱振动固有频率、振幅。由表 8.5 可看出,在其他参数不变的情况下,随着油管直径的增大,其固有振动频率增大,而其振幅减小;随着井深的增加,其固有振动频率减小,而其振幅增大。

无论是不同直径的油管,还是是否有封隔器的油管,在油管柱的各阶振动振型图中可以看出,各阶振动的振幅最大位置所在的区域是不相同的,但无论哪阶振动,在距离油管挂 250 ~

350 m 区域,其振幅都比较大,而该区域的集中应力比较高,因此在该区域发生油管柱断落的概率比较高,在油管柱设计过程中,应注意这个问题。

表 8.4　油管柱的振幅

阶次	振幅/mm				阶次	振幅/mm			
	有封隔器		无封隔器			有封隔器		无封隔器	
	不考虑压力	考虑压力	不考虑压力	考虑压力		不考虑压力	考虑压力	不考虑压力	考虑压力
1	5.764	5.563	4.568	4.478	24	5.141	5.021	5.785	5.625
2	5.312	5.234	5.668	5.468	25	7.35	7.123	5.777	5.589
3	4.954	4.872	7.793	7.682	26	5.807	5.612	5.785	5.578
4	5.619	5.525	5.796	5.652	27	5.359	5.198	5.777	5.598
5	4.236	4.147	6.578	6.425	28	7.77	7.583	5.785	5.612
6	5.483	5.348	5.789	5.615	29	7.504	7.308	5.781	5.562
7	6.277	6.152	5.968	5.815	30	6.76	6.543	5.782	5.609
8	5.794	5.653	5.785	5.646	31	6.022	5.863	5.783	5.523
9	5.416	5.305	5.743	5.624	32	7.612	7.459	5.782	5.606
10	6.069	5.912	5.787	5.623	33	7.359	7.206	5.787	5.587
11	5.599	5.418	5.741	5.613	34	6.144	6.011	5.79	5.603
12	5.205	5.102	5.784	5.612	35	6.795	6.594	5.792	5.542
13	5.207	5.101	5.774	5.623	36	7.187	6.908	5.784	5.542
14	6.254	6.012	5.742	5.608	37	5.711	5.502	5.79	5.532
15	8.31	8.189	5.755	5.511	38	6.068	5.849	5.79	5.532
16	4.651	4.502	5.785	5.621	39	8.203	8.011	5.786	5.542
17	6.787	6.613	5.799	5.616	40	6.815	6.608	5.79	5.543
18	7.294	7.128	5.785	5.619	41	5.815	5.592	5.779	5.532
19	4.734	4.611	5.843	5.702	42	5.715	5.478	5.784	5.532
20	7.006	6.891	5.785	5.604	43	7.559	7.342	5.785	5.536
21	6.785	6.603	5.82	5.689	44	7.368	7.116	5.791	5.532
22	5.575	5.412	5.785	5.708	45	5.484	5.243	5.787	5.532
23	6.245	6.119	5.794	5.616	46	8.43	8.212	5.789	5.532

表 8.5 有封隔器约束时不同管径不同井深的油管柱振动固有频率、振幅表

阶数	油管外径/mm						井深/m					
	73.02		88.9		101.6		3 000		4 500		4 988	
	频率/Hz	振幅/mm	频率/Hz	振幅/mm	频率/Hz	振幅/mm	频率/Hz	振幅/mm	频率/Hz	振幅/mm	频率/Hz	振幅/mm
8	0.000 11	6.645	0.004 76	5.619	0.113 7	3.256	0.005 24	8.021	0.004 12	5.411	0.004 76	5.619
18	0.001 31	7.338	0.029 80	6.254	0.243 5	4.443	0.041 34	5.342	0.030 11	6.002	0.029 80	6.254
28	0.004 32	7.204	0.075 26	5.141	0.458 7	4.667	0.091 32	5.199	0.082 22	4.786	0.075 26	5.141
38	0.014 31	8.335	0.141 36	6.144	0.634 1	5.578	0.194 47	6.633	0.155 66	6.000	0.141 36	6.144
48	0.099 34	8.934	0.228 11	7.368	0.993 2	6.725	0.251 34	7.773	0.236 74	6.938	0.228 11	7.368

8.3 天然气产量与油管柱振动特性的关系

对天然气生产井，当天然气产量发生变化时，天然气对油管柱作用的压力将发生，油管柱的动态应力也将随产量发生变化，式(8.2)中的刚度矩阵 K_σ 将发生变化，则油管柱的固有特性将发生变化，其各阶固有频率及振幅将发生变化。下面利用第 2 章分析的在不同产量下，天然气对油管柱作用的压力为外加载荷，分析天然气产量分别为 $2.5\times10^6(m^3/d)$，$5\times10^6(m^3/d)$，$1\times10^7(m^3/d)$时，油管柱的固有振动特性。

表 8.6 无封隔器约束时，天然气产量与油管柱振动的固有频率的关系

频率阶次	产量/($m^3\cdot d^{-1}$)			频率阶次	产量/($m^3\cdot d^{-1}$)		
	2.5×10^6	5×10^6	1×10^7		2.5×10^6	5×10^6	1×10^7
1	0.002 94	0.002 65	0.002 33	13	0.028 92	0.027 38	0.026 30
2	0.004 66	0.004 52	0.004 39	14	0.034 18	0.033 35	0.032 62
3	0.005 59	0.005 55	0.005 51	15	0.040 67	0.039 23	0.038 00
4	0.009 60	0.009 41	0.009 12	16	0.041 03	0.039 86	0.038 44
5	0.011 09	0.010 02	0.009 71	17	0.044 43	0.043 12	0.042 52
6	0.016 91	0.015 31	0.014 29	18	0.048 97	0.047 13	0.046 76
7	0.018 90	0.016 98	0.015 48	19	0.051 33	0.050 23	0.049 60
8	0.019 36	0.018 19	0.017 23	20	0.066 19	0.061 83	0.055 43
9	0.019 57	0.018 52	0.017 48	21	0.073 68	0.068 66	0.064 42
10	0.026 67	0.025 28	0.024 80	22	0.076 00	0.072 12	0.067 20
11	0.027 85	0.026 59	0.025 02	23	0.080 29	0.078 35	0.072 35
12	0.028 86	0.027 21	0.026 23	24	0.076 06	0.066 12	0.073 27

续表

频率阶次	产量/($m^3 \cdot d^{-1}$)			频率阶次	产量/($m^3 \cdot d^{-1}$)		
	2.5×10^6	5×10^6	1×10^7		2.5×10^6	5×10^6	1×10^7
25	0.091 61	0.089 23	0.085 93	36	0.186 68	0.175 21	0.164 02
26	0.099 03	0.096 52	0.094 84	37	0.188 41	0.177 21	0.166 09
27	0.109 28	0.098 12	0.095 14	38	0.192 61	0.181 21	0.169 93
28	0.112 20	0.103 22	0.098 64	39	0.198 61	0.19112	0.181 93
29	0.125 73	0.112 12	0.102 88	40	0.211 94	0.202 12	0.191 41
30	0.133 59	0.123 23	0.112 31	41	0.215 94	0.208 73	0.199 13
31	0.144 31	0.134 23	0.125 17	42	0.221 05	0.210 32	0.205 26
32	0.148 19	0.139 21	0.129 83	43	0.221 68	0.211 32	0.206 02
33	0.153 36	0.146 52	0.136 03	44	0.258 09	0.248 01	0.237 71
34	0.154 03	0.146 72	0.136 84	45	0.266 56	0.255 32	0.244 27
35	0.156 02	0.150 21	0.146 42	46	0.269 37	0.257 12	0.245 24

从表 8.6 可以得出结论：当产量发生变化时，油管柱的固有特性将发生变化，产量越大，油管柱的各阶振动频率将越低。这表明在开采初期，由于产量大，油管柱易发生共振。

表 8.7 天然气产量与油管柱振动的振幅的关系

阶次	产量/($m^3 \cdot d^{-1}$)						阶次	产量/($m^3 \cdot d^{-1}$)					
	有封隔器			无封隔器				有封隔器			无封隔器		
	2.5×10^6	5×10^6	1×10^7	2.5×10^6	5×10^6	1×10^7		2.5×10^6	5×10^6	1×10^7	2.5×10^6	5×10^6	1×10^7
1	5.514	5.532	5.563	4.468	4.473	4.478	16	4.451	4.487	4.502	5.585	5.602	5.621
2	5.212	5.223	5.234	5.458	5.463	5.468	17	6.587	6.592	6.613	5.599	5.602	5.616
3	4.854	4.863	4.872	7.593	7.632	7.682	18	7.124	7.126	7.128	5.585	5.603	5.619
4	5.519	5.522	5.525	5.596	5.612	5.652	19	4.584	4.601	4.611	5.643	5.672	5.702
5	4.116	4.132	4.147	6.378	6.402	6.425	20	6.886	6.889	6.891	5.585	5.595	5.604
6	5.283	5.116	5.348	5.589	5.602	5.615	21	6.585	6.593	6.603	5.623	5.656	5.689
7	6.077	6.112	6.152	5.768	5.793	5.815	22	5.375	5.392	5.412	5.685	5.695	5.708
8	5.594	5.621	5.653	5.625	5.635	5.646	23	6.095	6.102	6.119	5.594	5.605	5.616
9	5.286	5.291	5.305	5.543	5.583	5.624	24	5.011	5.016	5.021	5.585	5.605	5.625
10	5.869	5.892	5.912	5.587	5.602	5.623	25	7.035	7.085	7.123	5.477	5.552	5.589
11	5.399	5.408	5.418	5.541	5.582	5.613	26	5.607	5.609	5.612	5.485	5.532	5.578
12	5.092	5.101	5.102	5.584	5.595	5.612	27	5.159	5.178	5.198	5.477	5.532	5.598
13	5.107	5.103	5.101	5.574	5.598	5.623	28	7.573	7.578	7.583	5.585	5.598	5.612
14	5.944	5.988	6.012	5.542	5.571	5.608	29	7.304	7.306	7.308	5.481	5.512	5.562
15	8.091	8.123	8.189	5.485	5.498	5.511	30	6.486	7.513	6.543	5.582	5.592	5.609

续表

阶次	产量/($m^3 \cdot d^{-1}$)						阶次	产量/($m^3 \cdot d^{-1}$)					
	有封隔器			无封隔器				有封隔器			无封隔器		
	2.5×10^6	5×10^6	1×10^7	2.5×10^6	5×10^6	1×10^7		2.5×10^6	5×10^6	1×10^7	2.5×10^6	5×10^6	1×10^7
31	5.822	5.841	5.863	5.483	5.503	5.523	39	8.003	8.007	8.011	5.486	5.508	5.542
32	7.412	7.432	7.459	5.582	5.592	5.606	40	6.515	6.552	6.608	5.479	5.512	5.543
33	7.159	7.191	7.206	5.487	5.537	5.587	41	5.415	5.505	5.592	5.479	5.503	5.532
34	6.004	6.008	6.011	5.579	5.591	5.603	42	5.415	5.438	5.478	5.484	5.511	5.532
35	6.495	6.545	6.594	5.492	5.522	5.542	43	7.259	7.298	7.342	5.485	5.508	5.536
36	6.887	6.892	6.908	5.484	5.513	5.542	44	7.068	7.098	7.116	5.491	5.502	5.532
37	5.411	5.408	5.502	5.479	5.508	5.532	45	5.184	5.203	5.243	5.487	5.510	5.532
38	5.768	5.806	5.849	5.479	5.505	5.532	46	8.136	8.186	8.212	5.489	5.511	5.532

从表 8.7 可以得出结论：当产量发生变化时，天然气对油管柱的作用力将发生变化，由动压力引起油管柱的动应力发生变化，油管柱的刚度矩阵也将发生变化，则油管柱的固有特性将发生变化。产量越大，油管柱越容易发生共振，且油管柱的各阶振动的振幅将越高。

在不同产量情况下，在油管柱的各阶振动振型图中可以看出，各阶振动的振幅最大位置所在的区域是不相同的，但无论哪阶振动，在距离油管挂 250 ~ 350 m 区域，其振幅都比较大，而该区域的集中应力比较高，因此在该区域发生油管柱断落的概率比较高，在油管柱设计过程中，应注意这个问题。

8.4 小 结

①对所建立的油管柱振动方程，运用 Gram-Schmidt 正交化法、正迭代法、反幂法、Lanczos 法、HQRL 法、行列式收搜法和子空间迭代法进行了分析，认为反幂法与 Lanczos 法适合于求解油管柱振动特性。

②以川东某构造 14 号井的油管柱为对象，考虑有、无封隔器约束时，是否考虑油管柱内的压力，计算了油管柱在开采过程中的振动固有特性。

③通过计算分析表明，随振动阶数的升高油管柱振动频率增大，有封隔器约束时油管柱的振动频率大于无封隔器约束时油管柱的振动频率；随着振动阶数的升高，振型投影曲线的波形周期变小，但对于带有封隔器的油管柱，其在过油管柱轴线平面上的投影曲线在油管柱中段的波形发生突变，周期变小；振幅随阶次变化的规律性不强。

④随着油管直径的增大，其固有振动频率增大，而其振幅减小；随着井深的增加，其固有振动频率减小，而其振幅增大。

⑤当天然气产量发生变化时，油管柱的固有特性将发生变化，产量越高，油管柱的固有频率越低，油管柱越容易发生共振，且发生共振时油管柱的振幅越高。因此对于高压、高产气井，在进行油管柱设计时，除了考虑静载荷外，建议还应考虑油管柱的振动特性。

⑥对于不同直径的油管，不论其是否安装有封隔器，还是不同产量，在油管柱的各阶振动

振型图中可以看出，各阶振动的振幅最大位置所在的区域是不相同的，但无论那阶振动，在距离油管挂 250 ~ 350 m 区域，其振幅都比较大，而该区域的集中应力比较高，因此在该区域发生油管柱断落的概率比较高，在油管柱设计过程中，应注意这个问题。

第 9 章
油管柱动力响应分析

油管始终处在一个复杂的动力环境之中,且油管柱压力变化非常复杂,如图 9.1、图 9.2 所示为某构造 14 号井实测压力、产量在某段时间内的变化规律(数据见表 9.1)。由此引起油管柱结构的响应(结构变形,内部应力和加速过载等)往往十分严重,有时会导致油管柱结构的损坏或加剧油管柱的破坏,甚至会发生严重井下油管事故。因此,对油管柱进行动力响应分析,在新井开发及油管柱设计过程中是必不可少的一个重要环节,对气田的后期开发意义十分重大。

表 9.1　某构造 14 号井实测压力、产量数据表

测试次数	测试时间	油压/MPa	气量 /($\times 10^5$ $m^3 \cdot d^{-1}$)	油压/kPa	气量 /($\times 10^5$ $m^3 \cdot d^{-1}$)
1	15:37:15	15.994	65.155	14 994	26 731.250
2	15:45:15	15.037	65.08	15 037	27 116.667
3	15:50:15	15.027	65.67	15 027	26 945.833
4	15:55:15	15.027	62.579	15 027	26 075.583
5	16:00:15	15.052	63.241	15 052	26 350.417
6	16:05:15	15.14	62.925	15 140	26 218.750
7	16:10:15	15	65.25	15 000	27 187.500
8	16:15:15	15.073	63.774	15 073	26 572.500
9	16:20:15	15.085	65.641	15 085	26 933.750
10	16:25:15	15.896	65.172	14 896	26 738.333
11	16:30:15	15.208	63.452	15 208	26 438.333
12	16:35:15	15.125	65.318	15 125	26 799.167
13	16:40:15	15.073	62.122	15 073	25 885.167
14	16:45:15	15.241	61.923	15 241	25 801.250
15	16:50:15	15.082	65.787	15 082	26 995.583

续表

测试次数	测试时间	油压/MPa	气量 /($\times 10^5$ $m^3 \cdot d^{-1}$)	油压/kPa	气量 /($\times 10^5$ $m^3 \cdot d^{-1}$)
16	16:55:15	15.104	65.764	15 104	26 985.000
17	17:00:15	15.131	62.807	15 131	26 169.583
18	17:05:15	15.214	65.939	15 214	27 057.917
19	17:10:15	15.256	65.588	15 256	26 911.667
20	17:15:15	15.211	62.509	15 211	26 045.417
21	17:20:15	15.223	65.758	15 223	26 982.500
22	17:25:15	15.174	65.759	15 174	27 399.583
23	17:35:15	15.165	65.138	15 165	27 140.833
24	17:40:15	15.226	65.049	15 226	26 687.083
25	17:45:15	15.134	65.789	15 134	27 412.083
26	17:50:15	15.305	63.897	15 305	26 623.750
27	17:55:15	15.333	65.746	15 333	26 977.500
28	18:00:15	15.287	62.743	15 287	26 142.917

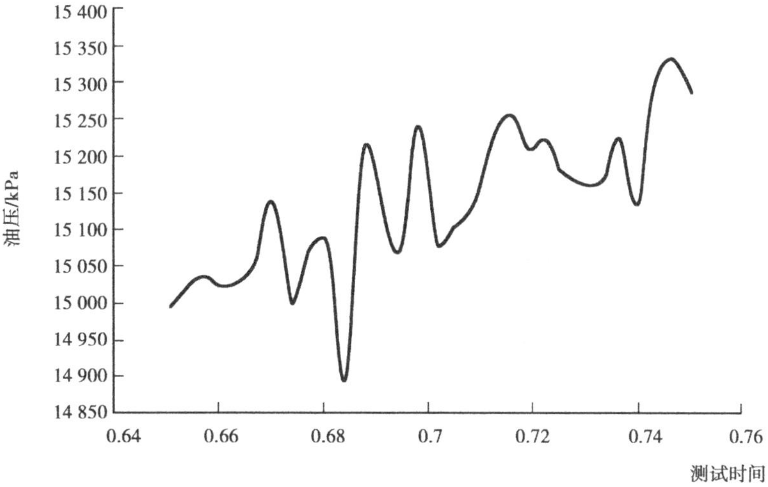

图9.1　14号井实测压力随时间变化曲线

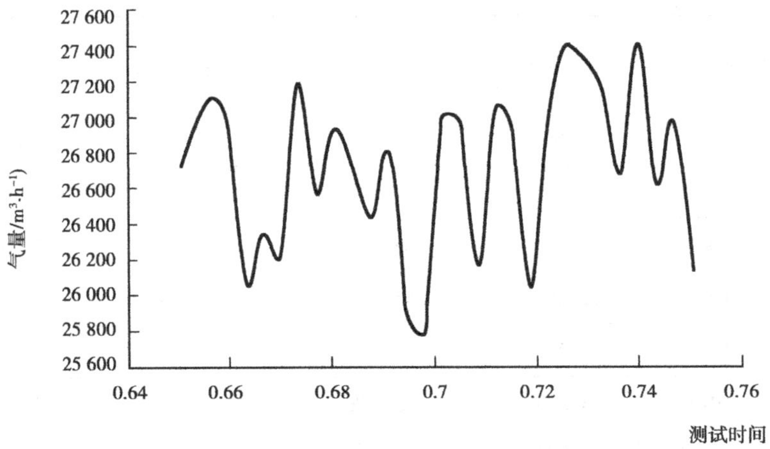

图 9.2　14 号井实测产量随时间变化曲线

9.1　油管柱结构动力响应分析

油管柱结构在小变形、线弹性状态下的运动方程为

$$M\ddot{u} + C\dot{u} + Ku = F(t) \tag{9.1}$$

式中　K——结构弹性刚度矩阵；

M——结构的质量矩阵；

C——阻尼矩阵(通常采用比例阻尼，$C = \alpha M + \beta K$)；

u、$\dot{u}$ 和 $\ddot{u}$——系统的位移、速度和加速度矢量。

对油管柱进行动力响应分析方法有：模态叠加加法、直接积分法等。

9.1.1　利用模态叠加法分析油管柱结构动力响应

模态叠加法的基本思想是通过特征分析提取主模态作为李兹基，对方程式(9.1)进行模态坐标变换，将位移矢量从物理坐标系变换到模态坐标系中，从而使运动方程的阶数大大降低，可以能获得令人满意的近似解。

根据瑞莱-李兹分析的基本假设

$$u \doteq \varphi q \tag{9.2}$$

其中

$$q = \{q_1, q_2, \cdots, q_p\} \tag{9.3}$$

为广义模态位移矢量，p 为所取的主模态数，即

$$\varphi = [\varphi_1 \varphi_2 \cdots \varphi_p]_{n\times p} \tag{9.4}$$

它的每一列 φ_i 是由广义特征值：

$$K_\varphi = \omega^2 M\varphi \tag{9.5}$$

确定的特征矢量中提取的主模态，ω_i 是与 φ_i 对应的油管柱固有频率。

利用油管柱固有振型的正交性条件可得

$$\ddot{q} + \Lambda\dot{q} + \Omega^2 q = \bar{R} \qquad (9.6)$$

其中，Ω^2 为固有频率平方的对角阵，即

$$\Omega^2 = diag[\omega_1^2\omega_2^2\cdots\omega_p^2] \qquad (9.7)$$

当采用 Rayleigh 比例阻尼时，Λ 为

$$\Lambda = \varphi^{\mathrm{T}}C_\varphi = diag[2\omega_1\xi_1 \quad 2\omega_2\xi_2 \quad \cdots \quad 2\omega_p\xi_p] \qquad (9.8)$$

式中，ξ_i 是与 ω_i 叫对应的模态阻尼比。

由此可见，当采用 Rayleigh 阻尼时，方程式(9.1)经广义模态坐标变换后所得的是 p 个被解耦的方程，即

$$\left.\begin{aligned} \ddot{q}_i + 2\omega_i\xi_i\dot{q}_i + \omega_i^2\ddot{q}_i &= r_i(t) \\ \gamma_i &= \varphi_i^T R \end{aligned}\right\} i = 1,2,\cdots,p \qquad (9.9)$$

使问题的求解变得简单，可以如同单自由度系统一样分别求解，然后进行模态响应叠加，最后得到油管柱动力响应的近似解。方程式(9.1)的具体解法可采用杜哈米积分或直接积分法。

杜哈米积分的表达式为

$$q_i(t) = \frac{1}{\omega_i}\int_0^t r_i(t)e^{-\varepsilon_i\omega_i(t-\tau)}\sin\bar{\omega}_i(t-\tau)\,\mathrm{d}\tau + e^{-\varepsilon_i\omega_i t}\{a_i\sin\omega_i t + \beta_i\cos\omega_i t\} \qquad (9.10)$$

其中

$$\bar{\omega}_i = \omega_i\sqrt{1-\xi_i^2} \qquad (9.11)$$

α_i 和 β_i 由初始条件

$$q_i\big|_{t=0} = \varphi_i^T M u_o; \quad q_i\big|_{t=0} = \varphi_i^T M\dot{u}_i \qquad (9.12)$$

决定。

由式(9.2)给出的近似解，其误差值可用下式来估算，即

$$\varepsilon^p(t) = \frac{\| R(t) - [M\bar{u}^p(t) + Ku^p(t)] \|_2}{\| R(t) \|_2} \qquad (9.13)$$

模态叠加法的关键是如何正确地选取主模态，取得太少则会损失计算精度，而过多将会增加很多不必要的计算量，因此，主模态的选择是模态叠加法的关键。

9.1.2　利用直接积分法求解油管柱的动力响应

直接积分法的宗旨是将油管柱运动方程式(9.1)转换为一组拟静力方程，即

$$\hat{K}^{t+\tau}u = {}^{t+\tau}\hat{R} \qquad (9.14)$$

式中，$\hat{K}$和$\hat{R}$分别为油管柱等效刚度矩阵和等效载荷矢量。如在 $t+\theta\Delta t$ 时刻的位形上建立平衡关系，即 $\tau=\theta\Delta t$，称为 Wilson-θ 法；如在 $t+\Delta t$ 时刻的位形上建立平衡关系，即上式中$\tau=\Delta t$，称为 Newmark 法。下面详细叙述这两种方法的基本假设及其求解过程。

(1) Wilson-θ 法

Wilson-θ 法实质上是线性加速度法的延伸，在线性加速度法中，假设在 t 到 $t+\Delta t$ 时间里加速度呈线性变化(如图 9.3 所示)，而在 Wilson-θ 法中，假设加速度从 t 到 $t+\theta\Delta t$ 时间内呈线性变化，这种方法当 $\theta>1.37$ 时积分是无条件稳定的，所以通常取 $\theta=1.4$。

根据上述假设，有

$$\left.\begin{aligned}{}^{t+\tau}\ddot{u} &= {}^{t}\ddot{u} + \frac{\tau}{\theta\Delta t}({}^{t+\theta\Delta t}\ddot{u} - {}^{t}\ddot{u}) \\ 0 &\leqslant \tau \leqslant \theta\Delta t\end{aligned}\right\} \tag{9.15}$$

对上式积分得

$${}^{t+\tau}\dot{u} = {}^{t}\dot{u} + {}^{t}\ddot{u}\tau + \frac{\tau^2}{2\theta\Delta t}({}^{t+\theta\Delta t}\ddot{u} - {}^{t}\dot{u}) \tag{9.16}$$

和

$${}^{t+\tau}u = {}^{t}u + {}^{t}\dot{u}\tau + \frac{1}{2}{}^{t}\ddot{u}\tau^2 + \frac{\tau^3}{6\theta\Delta t}({}^{t+\theta\Delta t}\dot{u} - {}^{t}\dot{u}) \tag{9.17}$$

当 $\tau = \theta\Delta t$ 时,有

$${}^{t-\theta\Delta t}\dot{u} = {}^{t}\dot{u} + \frac{\theta\Delta t}{2}({}^{t+\theta\Delta t}\ddot{u} - {}^{t}\ddot{u}) \tag{9.18}$$

$${}^{t+\theta\Delta t}u = {}^{t}u + \theta\Delta t{}^{t}\dot{u} + \frac{\theta^2\Delta t^2}{6}({}^{t+\theta\Delta t}\ddot{u} - 2{}^{t}\ddot{u}) \tag{9.19}$$

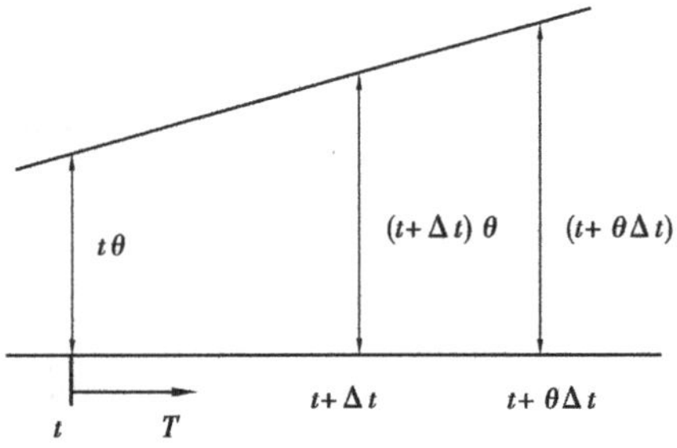

图 9.3　Wilson-θ 法加速度假设

从式(9.18)和式(9.19)可以求得${}^{t+\theta\Delta t}\ddot{u}$ 和${}^{\tau+\theta\Delta t}\dot{u}$ 的线性表达式为

$${}^{\tau+\theta\Delta t}\dot{u} = \frac{6}{\theta^2\Delta t^2}({}^{t+\theta\Delta t}u - {}^{t}u) - \frac{6}{\theta\Delta t}{}^{t}\dot{u} - 2\ddot{u} \tag{9.20}$$

$${}^{t+\theta\Delta t}\dot{u} = \frac{3}{\theta\Delta t}({}^{t+\theta\Delta t}u - {}^{t}u) - 2{}^{t}\dot{u} - \frac{\theta\Delta t^{t}}{2}\ddot{u} \tag{9.21}$$

为了求得 $t+\theta\Delta t$ 时刻的位移、速度和加速度响应,在 $t+\theta\Delta t$ 时刻上考虑平衡关系,并采用外插来计算 $t+\theta\Delta t$ 时刻的外载荷,即

$$K^{t+\theta\Delta t}u + C^{t+\theta\Delta t}\dot{u} + M^{t+\theta\Delta t}\ddot{u} = {}^{t+\theta\Delta t}R \tag{9.22}$$

和

$${}^{t+\theta\Delta t}R = {}^{t}R + \theta({}^{t+\theta\Delta t}R - {}^{t}R) \tag{9.23}$$

将式(9.20)和式(9.21)代入式(9.22)得到 $t+\theta\Delta t$ 时刻的拟静力方程为

$$K^{t+\theta\Delta t}u = {}^{t+\theta\Delta t}R \tag{9.24}$$

$$\dot{K} = K + \frac{6}{\theta^2\Delta t^2}M + \frac{3}{\theta\Delta t}C \tag{9.25}$$

$$\begin{aligned}{}^{t+\theta\Delta t}R = {}^{t}R + \theta({}^{t+\theta\Delta t}R - {}^{t}R) + M\left(\frac{6}{\theta^2\Delta t^2}{}^{t}u + \frac{6}{\theta\Delta t}{}^{t}\dot{u} + 2{}^{t}u\right) + \\ C\left(\frac{3}{\theta\Delta t}{}^{t}u + 2{}^{t}\dot{u} + \frac{\theta\Delta t}{2}{}^{t}\ddot{u}\right)\end{aligned} \tag{9.26}$$

解方程式(9.24),求得${}^{t-\theta\Delta t}u$,并将其代入式(9.20),求出${}^{t+\theta\Delta t}\ddot{u}$,然后回到式(9.15)~式(9.17),并取$\tau=\Delta t$即可求出$t+\Delta t$时刻的响应,即

$$ {}^{t+\Delta t}\ddot{u} = \frac{6}{\theta^3\Delta t^2}({}^{t+\theta\Delta t}u - {}^{t}u) - \frac{6}{\theta^2\Delta t}{}^{t}\dot{u} + \left(1-\frac{3}{\theta}\right){}^{t}\ddot{u} \tag{9.27} $$

$$ {}^{t+\Delta t}\dot{u} = {}^{t}\dot{u} + \frac{\Delta t}{2}({}^{t+\Delta t}\ddot{u} + {}^{t}\ddot{u}) \tag{9.28} $$

$$ {}^{t+\Delta t}u = {}^{t}u + \Delta t\,{}^{t}\dot{u} + \frac{\Delta t^2}{6}({}^{t+\Delta t}\ddot{u} + 2\,{}^{t}\ddot{u}) \tag{9.29} $$

最后通过应力分析进一步计算出油管柱的应力和内力响应。

(2)利用 Newmark 法对油管柱进行动力响应分析

实质上,Newmark 法也是线性加速法的一个延伸,其基本假设为

$$ {}^{t+\Delta t}\dot{u} = {}^{t}\dot{u} + [(1-\delta)\,{}^{t}\ddot{u} + \delta\,{}^{t+\Delta t}\ddot{u}]\Delta t \tag{9.30} $$

$$ {}^{t+\Delta t}u = {}^{t}u + {}^{t}\dot{u}\Delta t + \left[\left(\frac{1}{2}-\alpha\right){}^{t}\ddot{u} + \alpha\,{}^{t+\Delta t}\ddot{u}\right]\Delta t^2 \tag{9.31} $$

式中,参数α和δ的选择取决于积分的精度和稳定性要求,当$\delta=\frac{1}{2}$、$\alpha=\frac{1}{6}$时退化为普通的线性加速度法;当$\delta=\frac{1}{2}$、$\alpha=\frac{1}{4}$时为平均加速度法,所以一般取$\delta\geqslant\frac{1}{2}$、$\alpha\geqslant\frac{1}{4}\left(\frac{1}{2}+\delta\right)^2$时可使计算达到无条件稳定。

从式(9.31)求得

$$ {}^{t+\Delta t}\ddot{u} = \frac{1}{\alpha\Delta t^2}({}^{t+\Delta t}u - {}^{t}u) - \frac{1}{\alpha\Delta t}{}^{t}\dot{u} - \left(\frac{1}{2\alpha}-1\right){}^{t}\ddot{u} \tag{9.32} $$

将上式代入式(9.30)得

$$ {}^{t+\Delta t}\dot{u} = \frac{\delta}{\alpha\Delta t}({}^{t+\Delta t}u - {}^{t}u) + \left(1-\frac{\delta}{\alpha}\right){}^{t}\dot{u} + \left(1-\frac{\delta}{2\alpha}\right)\Delta t\,{}^{t}\ddot{u} \tag{9.33} $$

为了求得$t+\Delta t$时刻的位移、速度和加速度,本方法应在$t+\Delta t$时刻上考虑平衡关系,即:

$$ K\,{}^{t+\Delta t}u + C\,{}^{t+\Delta t}\dot{u} + M\,{}^{t+\Delta t}\ddot{u} = {}^{t+\Delta t}R \tag{9.34} $$

将式(9.32)和式(9.33)代入式(9.34),得到拟静力方程为

$$ K\,{}^{t+\Delta t}u = {}^{t+\Delta t}R \tag{9.35} $$

其中

$$ \hat{K} = K + \frac{1}{\alpha\Delta t^2}M + \frac{\delta}{\alpha\Delta t}C \tag{9.36} $$

$$ {}^{t+\Delta t}\hat{R} = {}^{t+\Delta t}R + M\left(\frac{1}{\alpha\Delta t^2}{}^{t}u + \frac{1}{\alpha\Delta t}{}^{t}\dot{u} + \left(\frac{1}{2\alpha}-1\right){}^{t}\ddot{u}\right) + C\left(\frac{1}{\alpha\Delta t}{}^{t}u + \left(\frac{\delta}{\alpha}-1\right){}^{t}\dot{u} + \left(\frac{\delta}{2\alpha}-1\right)\Delta t\,{}^{t}\ddot{u}\right) \tag{9.37} $$

解拟静力方程式(9.35)得${}^{t+\Delta t}u$后,代回到式(9.32)和式(9.33)即可求得$t+\Delta t$时刻的速度和加速度。

(3)利用动力子结构法对油管柱进行动力响应分析

油管柱动力子结构法响应分析是油管柱动力子结构固有特性分析和油管柱模态叠加法响应分析的综合应用,它们的共同特点是通过李兹基变换使油管柱的方程阶数大大降低,从而只

需花少量的机时即可得到令人满意的响应分析结果。

其基本求解过程如下：

①利用动力子结构分析求解特征对(λ_i, φ_i)，φ_i 不必进行子结构回代；

②利用 φ_i 对模态坐标下的油管柱运动方程进行李兹基变换，得到一个解耦的运动方程；

③用模态叠加法求响应；

④进行子结构回代，求出物理坐标系中油管柱的各子结构上的响应值。

下面以固定界面法为例，对采用动力子结构法求解响应的过程作简要的叙述。

1)固定界面法特征值计算

在响应分析中，利用有限元方法建立的子结构方程为

$$M_j \ddot{u}_j + K_j u_j = r_j^{(1)} + r_j^{(2)} \tag{9.38}$$

其中，$r_j^{(1)}$ 为子结构界面反力，而 $r_j^{(2)}$ 为作用在子结构 j 上的外激励力，$r_j^{(1)}$ 同样可以分解为

$$r_j^{(1)} = \begin{Bmatrix} r_i \\ r_b \end{Bmatrix}_j^{(1)} \tag{9.39}$$

其中 $r_j^{(1)} \equiv 0$，所以经模态坐标变换后有

$$\bar{r}_j^{(1)} = [\bar{\varphi}^N \cdots \bar{\varphi}^C]_j^T \begin{Bmatrix} 0 \\ r_b \end{Bmatrix}_j^{(1)} = \begin{bmatrix} (\varphi_j^N)^T & 0 \\ (-K_{\ddot{u}}^{-1})^T & I \end{bmatrix} \begin{Bmatrix} r_i \\ r_b \end{Bmatrix}_j^{(1)} = \begin{Bmatrix} 0 \\ \bar{r}_b \end{Bmatrix}_j^{(1)} \tag{9.40}$$

$$\bar{r}_j^{(2)} = [\bar{\varphi}^N \cdots \bar{\varphi}^C]_j^T r_j^{(2)} \tag{9.41}$$

子结构界面反力的和满足力的平衡条件，即 $\sum \bar{r}_j^{(1)} \equiv 0$。所以油管柱方程的力矢量就等于各子结构上的外激励力$\bar{r}_j^{(2)}$ 的叠加，即

$$\hat{R} = \sum \bar{r}_j^{(2)} \tag{9.42}$$

$$\hat{K}q + \hat{M}\ddot{q} = \hat{R} \tag{9.43}$$

其中，q 为各子结构模态基矢量的组合，即

$$q = \{p_1, p_2, \cdots, p_l \quad \underbrace{u_1, u_2, \cdots, u_m}_{u_b}\}^T \tag{9.44}$$

阶数取决于各子结构所取的保留主模态数和界面自由度的总和。

解系统的特征方程为

$$(\hat{K} - \lambda \hat{M})\psi \equiv 0 \tag{9.45}$$

得系统的特征值 λ_i 及其相对应的特征向量 ψ_i。但在这一步中不必对 ψ 进行子结构回代而直接用于响应分析。

2)模态叠加法响应分析

根据瑞莱-里兹分析的基本假设，并直接利用上面求得油管柱的前若干阶特征向量 ψ，则有

$$q \doteq \psi \bar{q} \tag{9.46}$$

将上式代入式(9.43)，并乘以 ψ^T 得：

$$\left.\begin{aligned} \ddot{\bar{q}}_i + 2\omega_i \xi_i \dot{\bar{q}}_i + \omega_i^2 \bar{q}_i &= \bar{R}_i(t) \\ \bar{R}_i &= \psi_i^T \hat{R} \end{aligned}\right\} \tag{9.47}$$

用杜哈米积分或直接积分求出$\bar{q}$,并代入式(9.46)得 q。

3)子结构位移回代

对模态坐标基下油管柱的总刚度矩阵$\bar{K}$和总质量矩阵$\bar{M}$分别为

$$\begin{aligned}\bar{K} &= \sum_j T_j^T \hat{K}_j T_j \\ \bar{M} &= \sum_j T_j^T \hat{M}_j T_J\end{aligned} \tag{9.48}$$

则,模态坐标基下的运动方程为

$$\bar{K}q + \bar{M}\ddot{q} \equiv 0 \tag{9.49}$$

利用式(9.47)和式(9.48),从 q 中提取第 j 个子结构的广义位移

$$p_j = T_j q \tag{9.50}$$

将 p_j 代入式(9.44),最终求得第 j 个子结构的位移响应

$$u_j = [\bar{\varphi}^N \cdots \bar{\varphi}^C]_j \quad p_j = [\bar{\varphi}^N \cdots \bar{\varphi}^C)]_j \mathrm{T}_j q \tag{9.51}$$

在上面的求解过程中,由式(9.46)求得的系统模态 ψ 并没有进行子结构回代,从而在求响应时省略了第二次子结构综合,而是将 ψ 直接作为李兹基对系统方程(9.44)进行李兹变换,紧跟着就用模态叠加法计算广义位移的响应$\bar{q}$,然后一次回代求出各子结构在物理坐标系下的响应 u。因为用固定界面法求得的模态 φ_s 和用全结构计算所得的模态 φ_t,除精度上有所不同以外基本一致,所以 φ_s 同样满足规格化正交条件,即

$$\varphi_s^T M \varphi_s = I \tag{9.52}$$

$$\varphi_s^T K \varphi_s = diag(\omega_i^2) \tag{9.53}$$

式中,K、M 分别为油管柱的总刚度矩阵和总质量矩阵。因此,用 φ_s 为李兹基对全结构方程进行李兹变换所得的解耦方程应该是式(9.49),这说明上述处理是完全正确的,而且整个求解过程要比二次综合的方法简单得多。

9.2　油管柱非线性结构动力响应分析

在油管柱非线性动力响应分析中,常用的特征值分析方法已不适用,尽管在一些非线性中可以得到成功的应用。相对而言,积分法更有价值。另外,在油管柱的非线性动力响应分析中,不能给出保证成功分析的简单原则,这是由于油管柱非线性动力响应的复杂性和多样性引起的。

油管柱动力响应问题成为非线性有很多原因,可能是由材料非线性(如油管柱塑性变形,非线性弹性开裂等),可能是由于大位移引起,或非线性加载,或非线性边界条件(如油管柱中油管之间通过螺纹连接或跟随力)引起。因此,对油管柱进行非线性动力响应分析是非常有必要的。

油管柱结构非线性的环节很多。油管柱外载荷作用下产生较大的位移或结构由线弹性状态进入弹塑性状态,因而几何关系或本构关系呈非线性。在油管柱大变形分析中,就必须考虑结构位形的变化,应在变形后的位形上建立平衡关系。对油管柱进行非线性动力响应分析采用的方法有全拉格朗日列式(简称 T. L)和修正的拉格朗日列式(简称 U. L)。T. L 列式以变形

前的位形为参考系，U.L 列式则以前一时刻的位形为参考系，不同的参考系其力学量将有不同的表达式。其非线性有限元增量方程为：

对于 T.L 列式有

$$M^{t+\Delta t}\ddot{u}^{(i)} + ({}_0^tK_L + {}_0^tK_{NL})u^{(i)} = {}^{t+\Delta t}R - {}_0^{t+\Delta t}F^{(i-1)} \tag{9.54}$$

对于 U.L 列式有

$$M^{t+\Delta t}\ddot{u}^{(i)} + ({}_t^tK_L + {}_t^tK_{NL})u^{(i)} = {}^{t+\Delta t}R - {}_t^{t+\Delta t}F^{(i-1)} \tag{9.55}$$

去掉左下标，将上述两式归并为

$$M^{t+\Delta t}\ddot{u}^{(i)} + ({}^tK_L + {}^tK_{NL})u^{(i)} = {}^{t+\Delta t}R - {}^{t+\Delta t}F^{(i-1)} \tag{9.56}$$

式中 M——与时间无关的油管柱质量矩阵；

${}_0^tK_L$、${}_t^tK_L$——油管柱线性应变增量刚度矩阵；

${}_0^tK_{NL}$、${}_t^tK_{NL}$——油管柱非线性应变(几何或初应力)增量刚度矩阵；

${}^{t+\Delta t}R$——油管柱 $t+\Delta t$ 时刻的外载荷矢量；

${}_0^tF$、${}_t^{t+\Delta t}F$——油管柱在该时刻元素应力等效的节点力矢量；

$u^{(i)}$——i 迭代步上的节点位移增量的矢量，${}^{t+\Delta t}u^{(i)} = {}^{t+\Delta t}u^{(i-1)} + u^{(i)}$；

${}^{t+\Delta t}\ddot{u}$——$t+\Delta t$ 时刻的加速度矢量。

上述运动方程在其推导过程中已经作了一系列线性化处理，所以在求解过程中，在逐步时间积分的同时必须进行平衡迭代运算，以弥补由线性化处理带入的误差。

9.2.1 利用直接积分法进行油管柱非线性动力响应分析

直接积分法的作用是将非线性运动方程式(9.56)简化为一组非线性拟静力方程

$${}^t\hat{K}_u = {}^{t+\tau}R - {}^lF \tag{9.57}$$

其中，${}^t\hat{K}_u$和${}^{t+\tau}R$ 分别为等效刚度矩阵和等效载荷矢量，τ 在 Wilson-θ 法中取 $\theta\Delta t$，在 Newmark 法中取 Δt。

(1) Wilson-θ 法

Wilson-θ 法是在 $t+\Delta t$ 时刻的位形上建立平衡方程的，因此有

$${}^tK_u + C^{t+\theta\Delta t}\dot{u} + M^{t+\theta\Delta t}\ddot{u} = {}^{t+\theta\Delta t}R - {}^tF \tag{9.58}$$

其中

$${}^{t+\theta\Delta t}R = {}^tR + \theta({}^{t+\Delta t}R - {}^tR) \tag{9.59}$$

$$u = {}^{t+\theta\Delta t}u - {}^tu \tag{9.60}$$

为节点位移矢量的增量。

根据上述的假设，我们有

$${}^{t+\tau}\ddot{u} = {}^t\ddot{u} + \frac{\tau}{\theta\Delta t}({}^{t+\theta\Delta t}\ddot{u} - {}^t\ddot{u}) \tag{9.61}$$

其中，$0<\tau\leqslant\theta\Delta t$。将上式对 τ 积分得

$${}^{t+\tau}\dot{u} = {}^t\dot{u} + {}^t\ddot{u}\tau + \frac{\tau^2}{2\theta\Delta t}({}^{t+\theta\Delta t}\ddot{u} - {}^t\ddot{u}) \tag{9.62}$$

$${}^{t+\tau}u = {}^tu + {}^t\dot{u}\tau + \frac{1}{2}{}^t\ddot{u}\tau^2 + \frac{\tau^3}{6\theta\Delta t}({}^{t+\theta\Delta t}\ddot{u} - {}^t\ddot{u}) \tag{9.63}$$

当 $\tau=\theta\Delta t$ 时，$t+\theta\Delta t$ 时刻的速度和位移公式为

$$^{t+\theta\Delta t}\dot{u} = {}^{t}\dot{u} + \frac{\theta\Delta t}{2}({}^{t+\theta\Delta t}\ddot{u} + {}^{t}\ddot{u}) \tag{9.64}$$

$$^{t+\theta\Delta t}u = {}^{t}u + \theta\Delta t{}^{t}\dot{u} + \frac{\theta^2\Delta t^2}{6}({}^{t+\theta\Delta t}\ddot{u} + 2{}^{t}\ddot{u}) \tag{9.65}$$

从上面两式可以得到

$$^{t+\theta\Delta t}\ddot{u} = \frac{6}{\theta^2\Delta t^2}u - \frac{6}{\theta\Delta t}{}^{t}\dot{u} - 2{}^{t}\ddot{u} \tag{9.66}$$

$$^{t+\theta\Delta t}\dot{u} = \frac{3}{\theta\Delta t^2}u - 2{}^{t}\dot{u} - \frac{\vartheta\Delta t}{2}{}^{t}\ddot{u} \tag{9.67}$$

将其代入式(9.58)得到拟静力方程为

$$^{t}\hat{K}_{u} = {}^{t+\theta\Delta t}\hat{R} - {}^{t}F \tag{9.68}$$

式中

$$^{t}K = {}^{t}K + \frac{3}{\theta\Delta t}C + \frac{6}{(\theta\Delta t)^2}M \tag{9.69}$$

$$^{t+\theta\Delta t}R = {}^{t}R + \theta({}^{t+\theta\Delta t}R - {}^{t}R) + C\left(2{}^{t}\dot{u} + \frac{\theta\Delta t}{2}{}^{t}\ddot{u}\right) + M\left(\frac{6}{\theta\Delta t}{}^{t}\dot{u} + 2{}^{t}\ddot{u}\right) \tag{9.70}$$

分别为油管柱等效刚度矩阵和等效载荷矢量。

由此可见,方程(9.68)与非线性静力方程在形式上十分相似,而且其求解方法也没有本质的不同,原则上可以采用同样的迭代解法,只是收敛准则所含的内容有点不同。不管采用何种迭代方案,经若干次迭代运算后,一般说来,它总可以得到一个收敛的解 u,把它代入式(9.65)即可得到 $t+\theta\Delta t$ 时刻的加速度,此后进一步代入式(9.60)、式(9.62)和式(9.63),并取 $\tau=\Delta t$,最终可以得到 $t+\Delta t$ 时刻的加速度、速度和位移,即

$$^{t+\Delta t}\ddot{u} = \frac{6}{\theta^3\Delta t^2}u - \frac{6}{\theta^2\Delta t}{}^{t}\dot{u} + \left(1 - \frac{3}{\theta}\right){}^{t}\ddot{u} \tag{9.71}$$

$$^{t+\Delta t}\dot{u} = {}^{t}\dot{u} + \frac{\Delta t}{2}({}^{t+\Delta t}\ddot{u} + {}^{t}\ddot{u}) \tag{9.72}$$

$$^{t+\Delta t}u = {}^{t}u + \Delta t{}^{t}\dot{u} + \frac{\Delta t^2}{6}({}^{t+\Delta t}\ddot{u} + 2{}^{t}\ddot{u}) \tag{9.73}$$

(2) Newmark 法

Newmark 法的基本假设为

$$^{t+\Delta t}\dot{u} = {}^{t}\dot{u} + [(1-\delta){}^{t}\ddot{u} + \delta{}^{t+\Delta t}\ddot{u}]\Delta t \tag{9.74}$$

$$^{t+\Delta t}u = {}^{t}u + {}^{t}\dot{u}\Delta t + \left[\left(\frac{1}{2} - \alpha\right){}^{t}\ddot{u} + \alpha{}^{t+\Delta t}\ddot{u}\right]\Delta t \tag{9.75}$$

从式(9.74)和式(9.75)两式可以直接求得 $t+\theta\Delta t$ 时刻的加速度和速度的表达式为

$$^{t+\Delta t}\ddot{u} = \frac{1}{\alpha\Delta t^2}u - \frac{1}{\alpha\Delta t}{}^{t}\dot{u} - \left(\frac{1}{2\alpha} - 1\right){}^{t}\ddot{u} \tag{9.76}$$

$$^{t+\Delta t}\dot{u} = \frac{\delta}{\alpha\Delta t}u + \left(1 - \frac{\delta}{\alpha}\right){}^{t}\dot{u} + \left(1 - \frac{\delta}{2\alpha}\right)\Delta t{}^{t}\ddot{u} \tag{9.77}$$

将式(9.76)代入方程式(9.77)得

$$^{t}\hat{K}_{u} = {}^{t+\Delta t}R - {}^{t}F \tag{9.78}$$

其中

$$ {}^{t}\hat{K} = {}^{t}K + \frac{\delta}{\alpha\Delta t^{2}}C + \frac{1}{\alpha\Delta t^{2}}M \tag{9.79} $$

$$ {}^{t+\Delta t}R = {}^{t+\Delta t}R + C\left[\left(\frac{\delta}{\alpha} - 1\right){}^{t}\dot{u} + \left(\frac{\delta}{2\alpha} - 1\right)\Delta t^{t}\ddot{u}\right] + M\left[\frac{1}{\alpha\Delta t}{}^{t}\dot{u} + \left(\frac{1}{2\alpha} - 1\right){}^{t}\ddot{u}\right] \tag{9.80} $$

下面的工作是如何求解非线性拟静力方程式(9.68),在求得 u 之后,用式(9.76)和式(9.77)求出加速度和速度值。

9.2.2 利用非线性增量方程的迭代解法分析油管柱非线性动力响应

(1) Newton-Raphson 迭代法

牛顿迭代法是求解非线性增量方程的一种常用方法,其基本思想是:对于非线性方程

$$ f(u^{*}) = 0 \tag{9.81} $$

其中

$$ \left.\begin{aligned} f(u^{*}) &= {}^{t+\Delta t}\widetilde{R}(u^{*}) - {}^{t+\Delta t}F(u^{*}) \\ {}^{t+\Delta t}\widetilde{R}(u^{*}) &= {}^{t+\Delta t}R - C^{t+\Delta t}\dot{u}^{*} + M^{t+\Delta t}\ddot{u}^{*} \end{aligned}\right\} \tag{9.82} $$

式中,${}^{t+\Delta t}\widetilde{R}(u^{*})$和${}^{t+\Delta t}F(u^{*})$分别是 $t+\Delta t$ 时刻的外力和与内部应力等效的节点力。这说明当 u 获得精确解 u^{*} 时,系统的外力和内力是绝对平衡的。

将$f(u^{*})$在${}^{t+\Delta t}u^{(i-1)}$附近进行泰勒级数展开,并略去其高次项,即可得到:

$$ f(u^{*}) = f({}^{t+\Delta t}u^{(i-1)}) + \left(\left.\frac{\partial f}{\partial u}\right|^{t+\Delta t} u_{(i-1)}\right)(u^{*} - {}^{t+\Delta t}u^{(i-1)}) \tag{9.83} $$

式中,${}^{t+\Delta t}u^{(i-1)}$是 u^{*} 的第$(i-1)$次迭代的近似值。把式(9.82)代入式(9.83),并利用平衡条件式(9.82),即可得到

$$ {}^{t+\Delta t}\widetilde{R}^{(i-1)} - {}^{t+\Delta t}F^{(i-1)} + \left[\left.\frac{\partial \widetilde{R}}{\partial u}\right|_{{}^{t+\Delta t}u^{(i-1)}} - \left.\frac{\partial F}{\partial u}\right|_{{}^{t+\Delta t}u^{(i-1)}}\right](u^{*} - {}^{t+\Delta t}u^{(i-1)}) = 0 \tag{9.84} $$

上式对于静力非线性问题来说,因有

$$ \left.\frac{\partial \widetilde{R}}{\partial u}\right|_{{}^{t+\Delta t}u^{(i-1)}} \equiv 0 \tag{9.85} $$

$$ \left.\frac{\partial F}{\partial u}\right|_{{}^{t+\Delta t}n^{(i-1)}} = {}^{t+\Delta t}K^{(i-1)} \tag{9.86} $$

并认为

$$ \Delta u^{(i)} = u^{*} - {}^{t+\Delta t}u^{(i-1)} \tag{9.87} $$

所以平衡迭代方程为

$$ {}^{t+\theta}K^{(i-1)}\Delta u^{(i)} = {}^{t+\Delta t}R - {}^{t+\Delta t}F^{(i-1)} \tag{9.88} $$

而对于非线性动力响应分析来说,则要根据所采用的具体积分方法而定。

1) Wilson-θ 法

因为 Wilson-θ 法是在 $t+\theta\Delta t$ 时刻建立其平衡关系的,所以有

$$ {}^{t+\theta\Delta t}\overline{u}^{(i-1)} = {}^{t}R + \theta({}^{t+\Delta t}R - {}^{t}R) - C^{t+\theta\Delta t}\overline{u}^{(i-1)} - M^{t+\theta\Delta t}\overline{u}^{(i-1)} \tag{9.89} $$

并由式(9.82)得

$$^{t+\theta\Delta t}\overline{R}(u^*) = {}^{t}R + \theta({}^{t+\Delta t}R - {}^{t}R) - C^{t+\theta\Delta t}\overline{\dot{u}}^* - M^{t+\theta\Delta t}\overline{\ddot{u}}^* \tag{9.90}$$

因此,由上式和式(9.70)、式(9.71)得

$$\left.\frac{\partial \overline{R}}{\partial u}\right|_{^{t+\theta\Delta t}u^{(i-1)}} = -\frac{6}{(\theta\Delta t)^2}M - \frac{3}{\theta\Delta t}C \tag{9.91}$$

$$\left.\frac{\partial F}{\partial u}\right|_{^{t+\theta\Delta t}u^{(i-1)}} = {}^{t+\theta\Delta t}K^{(i-1)} \tag{9.92}$$

将式(9.78)、式(9.91)和式(9.92)代入式(9.83),得到采用 Wilson-θ 的平衡迭代方程为

$$^{t+\theta\Delta t}\overline{K}^{(i-1)}\Delta u^{(i)} = {}^{t+\theta\Delta t}\overline{R}^{(i-1)} - {}^{t+\theta\Delta t}F^{(i-1)} \tag{9.93}$$

其中

$$^{t+\theta\Delta t}\overline{K}^{(i-1)} = {}^{t+\theta\Delta t}K^{(i-1)} + \frac{3}{\theta\Delta t}C + \frac{6}{(\theta\Delta t)^2}M \tag{9.94}$$

$$\Delta u^{(i)} = {}^{t+\theta\Delta t}u^* - {}^{t+\theta\Delta t}u^{(i-1)} \tag{9.95}$$

这里应该指出的是,从迭代方程式(9.93)求得的 $\Delta u^{(i)}$ 实际上是 $t+\theta\Delta t$ 时间步上的位移增量的修正量,所以 t 到 $t+\theta\Delta t$ 时刻的位移增量应为

$$u^{(i)} = u^{(i-1)} + \Delta u^{(i)}$$

同时有

$$^{t+\theta\Delta t}u^{(i)} = {}^{t+\theta\Delta t}u^{(i-1)} + \Delta u^{(i)}$$

并由下式计算出$^{t+\theta\Delta t}\overline{\ddot{u}}^{(i)}$和$^{t+\theta\Delta t}\overline{\dot{u}}^{(i)}$,即

$$\left.\begin{aligned} ^{t+\theta\Delta t}\overline{\ddot{u}}^{(i)} &= \frac{6}{(\theta\Delta t)^2}u^{(i)} - \frac{6}{\theta\Delta t}{}^{t}\overline{\dot{u}} - 2{}^{t}\overline{\ddot{u}} \\ ^{t+\theta\Delta t}\overline{\dot{u}}^{(i)} &= \frac{3}{\theta\Delta t}u^{(i)} - 2{}^{t}\overline{\dot{u}} - \frac{\theta\Delta t}{2}{}^{t}\overline{\ddot{u}} \end{aligned}\right\} \tag{9.96}$$

然后由上式代入式(9.93)计算出下一迭代步上的等效载荷矢量$^{t+\theta\Delta t}\overline{R}^{(i-1)}$,同时由 $\Delta u^{(i)}$ 进行应力分析,并在这个基础上求出与内应力等效的节点力$^{t+\theta\Delta t}F^{(i-1)}$,以准备进入下一轮迭代运算。

在下次迭代以前,利用牛顿迭代法分析油管柱的动力响应,必须根据前一次算出的位形上重新建立刚度矩阵,也就是说在每一迭代步上都要重新形成刚度矩阵,而利用修正的牛顿迭代法分析油管柱的动力响应时,只是在每个时间步上要求重新形成刚度矩阵,在迭代步上则不要求,这是两者的不同之处。所以对于非线性程度较低,收敛性较好的油管柱采用修正的牛顿迭代法就可以得到满意的结果。

关于第 $t+\theta\Delta t$ 步开始迭代运算的初始条件为

$$^{t+\theta\Delta t}K^{(0)} = {}^{t}K,\ {}^{t+\theta\Delta t}F^{(0)} = {}^{t}F \quad 和 \quad {}^{t+\theta\Delta t}u^{(0)} = {}^{t}u$$

2)Newmark 法

因为 Newmark 法是在 $t+\theta\Delta t$ 时刻的位形上建立起平衡关系的,故

$$^{t+\Delta t}\widetilde{R}(u^*) = {}^{t+\Delta t}R - C^{t+\Delta t}\dot{u}^* - M^{t+\Delta t}\ddot{u}^* \tag{9.97}$$

$$^{t+\Delta t}\overline{R}^{(i-1)} = {}^{t+\Delta t}R - C^{t+\Delta t}\overline{\dot{u}}^{(i-1)} - M^{t+\Delta t}\overline{\ddot{u}}^{(i-1)} \tag{9.98}$$

由式(9.97),并根据式(9.80)和式(9.81)得

$$\left.\frac{\partial \overline{R}}{\partial u}\right|_{^{t+\Delta t}u^{(i-1)}} = -\frac{\delta}{\alpha\Delta t}C - \frac{1}{\alpha\Delta t^2}M \tag{9.99}$$

$$\left.\frac{\partial F}{\partial u}\right|_{^{t+\Delta t}u^{(i-1)}} = {}^{t+\Delta t}K^{(i-1)} \tag{9.100}$$

将式(9.98)、式(9.99)代入式(9.86)，得到 Newmark 法的平衡迭代方程为

$$ {}^{t+\Delta t}K^{(i-1)}\Delta t^{(i)} = {}^{t+\Delta t}R^{(i-1)} - {}^{t+\Delta t}F^{(i-1)} \tag{9.101} $$

其中

$$ {}^{t+\Delta t}K^{(i-1)} = {}^{t+\Delta t}K^{(i-1)} + \frac{\delta}{\alpha\Delta t}C + \frac{1}{\alpha\Delta t^2}M \tag{9.102} $$

并且

$$ u^{(i)} = u^{(i-1)} + \Delta u^{(i)} \tag{9.103} $$

$$ {}^{t+\Delta t}u^{(i)} = {}^{t+\Delta t}u^{(i-1)} + \Delta u^{(i)} \tag{9.104} $$

由下式给出第 i 次迭代后的加速度和速度为

$$ {}^{t+\Delta t}\overline{u}^{(i)} = \frac{1}{\alpha\Delta t^2}u^{(i)} + \frac{1}{\alpha\Delta t}{}^{t}\overline{u} - \left(\frac{1}{2\alpha} - 1\right){}^{t}\overline{u} \tag{9.105} $$

$$ {}^{t+\Delta t}\overline{u}^{(i)} = \frac{1}{\alpha\Delta t}u^{(i)} + \left(1 - \frac{\delta}{\alpha}\right){}^{t}\overline{u} + \left(1 - \frac{\delta}{2\alpha}\right)\Delta t\,{}^{t}\overline{u} \tag{9.106} $$

下面的计算工作则与 Wilson-θ 法一样，计算下次迭代时要用油管柱的等效刚度矩阵，等效载荷矢量和与内力等效的节点力矢量，准备进入下一次迭代运算。

对于第 $t+\Delta t$ 步的开始迭代时的初始条件为

$$ {}^{t+\Delta t}K^{(0)} = {}^{t}K,\quad {}^{t+\Delta t}F^{(0)} = {}^{t}F \text{ 和 } {}^{t+\Delta t}u^{(0)} = {}^{t}u。 $$

(2)修正的 Newton-Raphson 迭代法

1)修正牛顿迭代法的基本思想

使用完全的牛顿迭代法固然对油管柱非线性分析是有效的，其特点是收敛快、精度高，但在各个迭代步上都要重新形成并分解油管柱等效刚度矩阵 ${}^{t+\Delta t}\hat{K}^{(i-1)}$，这是相当费时的，为了提高计算效率就得将积分步长取得大一些，然而在动力非线性响应分析中，时间步长将要受到稳定性和计算精度的限制，因此它在油管柱非线性分析中也不是绝对有效的，为此提出了一些行之有效的修正方法。

修正的牛顿迭代法的一般形式为

$$ {}^{t}\hat{K}\Delta u^{(i)} = {}^{t+\Delta t}R^{(i-1)} - {}^{t+\Delta t}F^{(i-1)} \tag{9.107} $$

其中，τ 表示需要修正刚度矩阵与等效刚度矩阵的时刻，这就是说等效刚度矩阵 $\hat{K}$ 可以在若干个迭代步上，甚至可以在若干个时间步上保持不变，仅当收敛速率开始下降时，才要求重新形成等效刚度矩阵，当然通常取 $\tau = t$，因此有

$$ {}^{t}\hat{K}\Delta u^{(i)} = {}^{t+\Delta t}R^{(i-1)} - {}^{t+\Delta t}F^{(i-1)} \tag{9.108} $$

从中可以看出，当采用 Newmark 时，可直接利用上式进行求解，当采用 Wilson-θ 法时，可将左上标改为 $t+\theta\Delta t$ 即可得到；其余公式与 9.2.2 节(1)中所述的完全相同。

如果在各个时间步上都重新形成并分解油管柱刚度矩阵，但不进行迭代运算，不进行收敛检查，仅将前一步上的不平衡载荷累积到下一步的载荷增量上进行分析，则有

$$ {}^{t}R_u = {}^{t+\Delta t}R - {}^{t}F \tag{9.109} $$

$$ {}^{t+\Delta t}u = {}^{t}u + u \tag{9.110} $$

这种方法通常被称为一阶自校正法，这是修正牛顿迭代法的一个特例。虽然这在理论上还有待完善，但在复杂油管柱的非线性分析中可直接避开迭代不收敛而又能得到工程上较为

满意的结果。为了说明这两种迭代方法的收敛件，下面以单自由度系统为例，用图9.4加以说明。

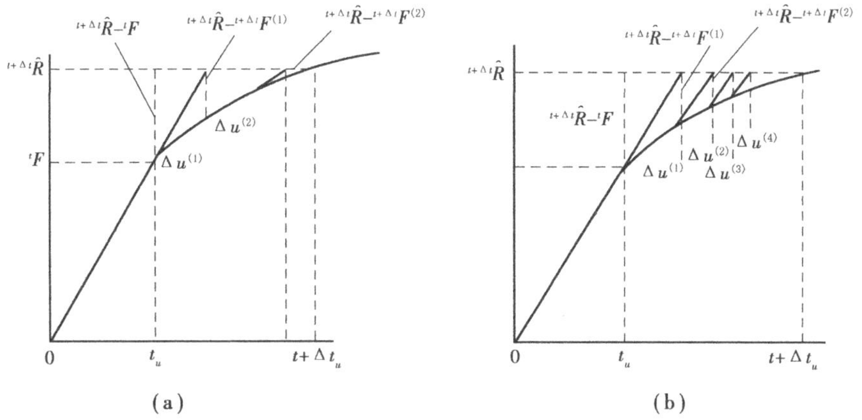

图9.4　牛顿迭代法的收敛性

(a)牛顿迭代法　(b)修正顿迭代法

2)加速收敛与迭代发散处理

由于修正的牛顿迭代法在迭代过程中不重新形成油管柱的刚度矩阵，所以在使用中常常会遇到慢收敛和发散两大难题。如在某一个增量步上材料特性发生突变，由弹性进入塑性状态；或因载荷增量急剧变化时，为了达到收敛就要进行大量的迭代运算，这是慢收敛问题；而当材料进入塑性卸载时，由于计算仍采用弹塑性材料模式所以会导致迭代发散，因此在应用修正的牛顿迭代法的同时应采取加速收敛和发散处理等相应措施，以免发生上述情况。

A. Aitken 加速被人们常用的一种加速方案是由从 Aitken 在特征值分析中提出的方法，所以被称 Aitken 加速。它将$^{t+\Delta t}u^{(i)}$的表达式改为

$$^{t+\Delta t}u^{(i)} = {}^{t+\Delta t}u^{(i-1)} + \alpha^{(i-1)}\Delta u^{(i)} \tag{9.111}$$

或

$$u^{(i)} = u^{(i-1)} + \alpha^{(i-1)}\Delta u^{(i)} \tag{9.112}$$

其中，加速因子为 $n \times n$ 阶的对角阵，即

$$\alpha^{(i-1)} = diag(\alpha_k^{(i-1)}) \tag{9.113}$$

各自由度的加速因子由下式给定，即

$$\alpha_k^{(i-1)} = \frac{\Delta u_k^{(i-1)}}{\Delta u_k^{(i-1)} - \Delta u_k^{(i)}} \tag{9.114}$$

如图9.5所示，以单自由度情况为例说明加速因子 α 的作用。从中可以看出，加速因子的作用实质上是以割线刚度取代原来的切线刚度，从而间接地起到了修正刚阵的目的，达到了加速收敛的效果。

仅当式(9.46)中的分母很小时，Aitken 加速就成为困难，所以通常当$|\Delta u_k^{(i-1)} - \Delta u_k^{(i)}| \leqslant |\Delta u^{(i)}|_2 \times 0.01$时，图9.5中 Aitken 加速就不再加速，并在具体应用中以间隔一次加速为宜。

B. 发散处理

修正的牛顿迭代法求解油管柱的另一个难题是在求解过程中当不平衡力$^{t+\Delta t}R^{(i)} - {}^{t+\Delta t}F^{(i)}$不断增大时产生的发散现象。这种现象一般发生在增量求解期间油管柱刚度逐渐变硬的情况下，油管柱刚度变硬大致可分为慢刚化和突然刚化两类。慢刚化现象多数出现在几何非线性

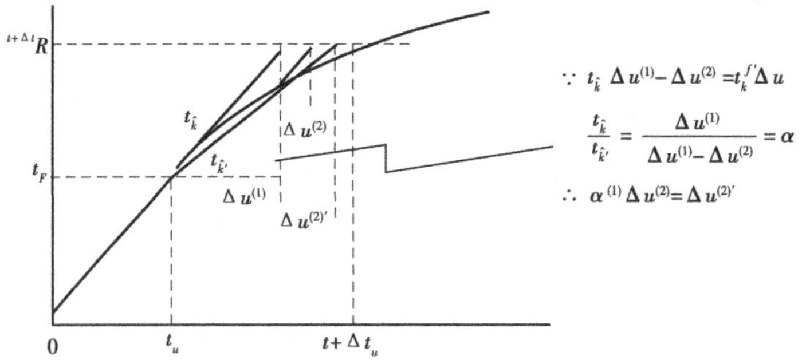

图 9.5　Aitken 加速

分析中,对于这种情况只要选择较小的时间(或载荷)步长,即可得到较好的解决。突然刚化问题往往发生在塑性卸载时,这对于非线性动力分析来说问题不是太大,可采用修正刚阵和取较小的时间步长来处理,但在非线性静力分析中则必须采取必要的发散控制措施。

9.2.3　收敛准则

在以牛顿迭代法为基础进行油管柱非线性响应的增量求解过程中,每次迭代后,都要进行收敛性检查,判断其结果有否收敛到预定的容限范围内,还是出现了慢收敛或已进入发散状态。所以适当地选择收敛准则及其容限是十分必要的。如果容限太宽则不能满足一定的精度要求,而太严又会造成机时的大量浪费。同样,如果用不恰当的发散检查则会造成实际上并未发散而错误地终止迭代运算。

对于收敛准则来说,可用于终止迭代的控制变量有位移、不平衡力和增量内能 3 种,它们对于各类非线性问题,其效果则不尽相同。例如,在材料进入塑性后具有很小应变硬化的典型弹塑性分析中,当不平衡力已经很小时,位移的误差仍然很大,而对于慢刚化的结构则情况相反,当位移达到收敛时,不平衡力依然很大。因此,通常采用力和位移两个准则或用两者结合的内能准则来进行收敛检查。

下面分别说明力收敛准则和内能收敛准则。

(1) 力收敛准则

力收敛准则要求不平衡力的范数在初始不平衡力的预定容限内,即

$$\| {}^{t+\Delta t}R^{(i)} - {}^{t+\Delta t}F^{(i)} \| \leqslant \in_E \| {}^{t+\Delta t}R^{(0)} - {}^{t}F \|_2 \tag{9.115}$$

为使力收敛准则对于较小的初始载荷增量来说不至于约束得太死,上式中以 $\| {}^{t}R - {}^{t+\Delta t}F \|_2^{\max}$ 来代替 $\| {}^{t+\Delta t}R^{(0)} - {}^{t}F \|_2$,其中,$\tau = \Delta t, 2\Delta t, 3\Delta t, \cdots$。就是说可以用整个增量求解过程中最大一个载荷增量为基准。

(2) 内能收敛准则

为使力和位移两者同时达到收敛,应在每次迭代后采用内能的增量值与该加载步的初始内能增量值进行比较。当满足不等式

$$(\Delta u^{(i)})^T({}^{t+\Delta t}R^{(i)} - {}^{t+\Delta t}F^{(i-1)}) \leqslant \in_E(\Delta u^{(1)})^T({}^{t+\Delta t}R - {}^{t}F) \tag{9.116}$$

时被认为已达到收敛。式中 $\in_E$ 为内能收敛容限,在数值上由力和位移容限决定,即

$$\in_E = 10 \times \in_F \times \in_D \tag{9.117}$$

$\in_F$ 和 $\in_D$ 分别为力相位移容限,其数量级由具体问题而定,通常取 1×10^{-3}。

特别应该指出的是，当$\in_E=1$时，内能准则可作为发散处理的判据，即当不等式(9.44)不满足时($\in_E=1$)，认为发散。

9.3　油管柱的动力响应分析

对油管柱进行动力响应分析时，油管柱接头部分的变形往往会超出弹性变形范围，因此必须同时考虑弹性变形和塑性变形，弹性区采用Hook定律，塑性区采用Prandtl-Reuss方程和Mises屈服准则。如果发生了弹性变形但变形较小，即在小变形弹塑性变形的情况下，仍可以采用工程应力和工程应变作为应力度量和应变度量，这时弹性力学中的平衡方程和几何方程仍然成立，只是物理方程变为非线形的了，即为材料非线形问题。由于这种方法忽略了微元体的变形，并认为位移与应变呈线形关系，只适合分析油管柱的变形较小的过程。如果塑性变形较大，则必须考虑由于大位移和大转动对单元形状及有限元结果的影响，平衡方程必须相对于变形后的几何位置写出，应力-应变曲线也必须为真实应力(柯西应力)-对数应变曲线。由于油管接头一般变形较大，必须同时考虑材料非线形和几何非线形问题。采用弹塑性有限元分析油管接头的力学性能，不仅能够得到接头各部分的应力、应变分布规律，而且可以得到接头失效后的残余变形、残余应力和应变，进行失效分析。

9.3.1　油管柱动力响应分析模型的建立

本研究进行了外径分别为73.02 mm、88.9 mm、101.6 mm 3种长度为4 988 m，压力为$p(t)$，其变化按图7.13天然气流体对油管柱内表面的总压力分布图提供的压力随时间变化规律，作用在油管柱上。计算油管柱在天然气压力作用下的动力响应，得到油管柱上任意一点的应力、速度、加速度随时间变化的规律，通过计算表明，由于产量的变化和压力变化，将加剧油管柱的破坏。

(1)油管柱有限元计算模型及离散化处理

在进行油管柱有限元分析时引入下面假设：

①油管材料为各向同性的；

②在油管柱连接处，采用螺纹连接，不计螺纹螺旋升角的影响，油管柱在几何上可看成是轴对称的；

③假设接头中各接触面的摩擦系数为0.02；

④油管柱材料为理想弹塑性线性强化模型，材料应力应变曲线由管材的屈服极限和强度极限应力近似得出。

(2)有限元模型的建立

根据油管柱的特点，对整个油管柱进行分析，用4节点，轴对称单元单元离散整个油管柱。建立如图9.6所示有限元模型，从实际现场油管柱破坏形状分析，油管柱在两根油管连接区域附近断裂的情况比较多，因此，在对油管柱进行动力响应分析时，油管之间的连接区域的应力变化是本文研究的重点之一。

(3)约束条件

对油管柱进行动力响应分析时，考虑下面约束条件：

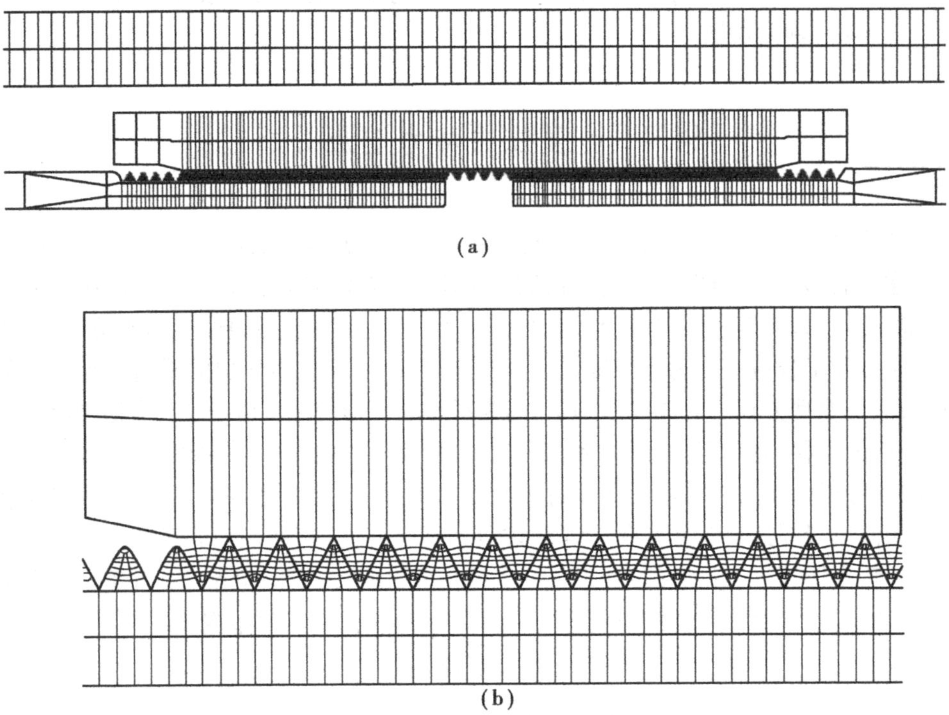

图 9.6　全井油管柱有限元分析模型简图

(a)油管柱连接处有限元分析模型图　(b)油管柱连接螺纹有限元分析模型放大图

①油管锥管挂对油管柱的约束,轴对称单元 x、y 两个方向的移动进行全约束。

②封隔器对油管柱的约束,在安装封隔器位置,油管柱轴对称单元在径向进行约束。

③在油管柱动力响应分析中,不考虑对油管和套管之间的接触。

④将油管柱看成一个整体,在油管柱动力响应计算中,油管之间的螺纹连接采用接触约束。

⑤不考虑油管柱本身的变形。

(4)外加载荷

在开采过程中,油管柱外加载荷有:天然气对管柱的工作压力(压力变化采用图 7.28、图 7.13所示的变化规律)、油管柱的自重(惯性力)。

对于油管柱,当内压发生变化时,各个部分应力、变形将发生变化。利用 MARC 软件的动力响应分析功能,计算其应力、变形及其分布规律。对不同外径的管柱,在不同压力波动情况下,分别进行计算。

9.3.2　油管柱动力响应求解步骤

对建立的油管柱有限元模型,计算过程如图 9.7、图 9.8 和图 9.9 所示。图 9.7 为Wilson-θ 法求解油管柱非线性动力响应的基本流程图,图 9.8 为油管柱结构固有动力特性的子结构分析流程图,图 9.9 为油管柱两根油管螺纹连接接触分析流程图。

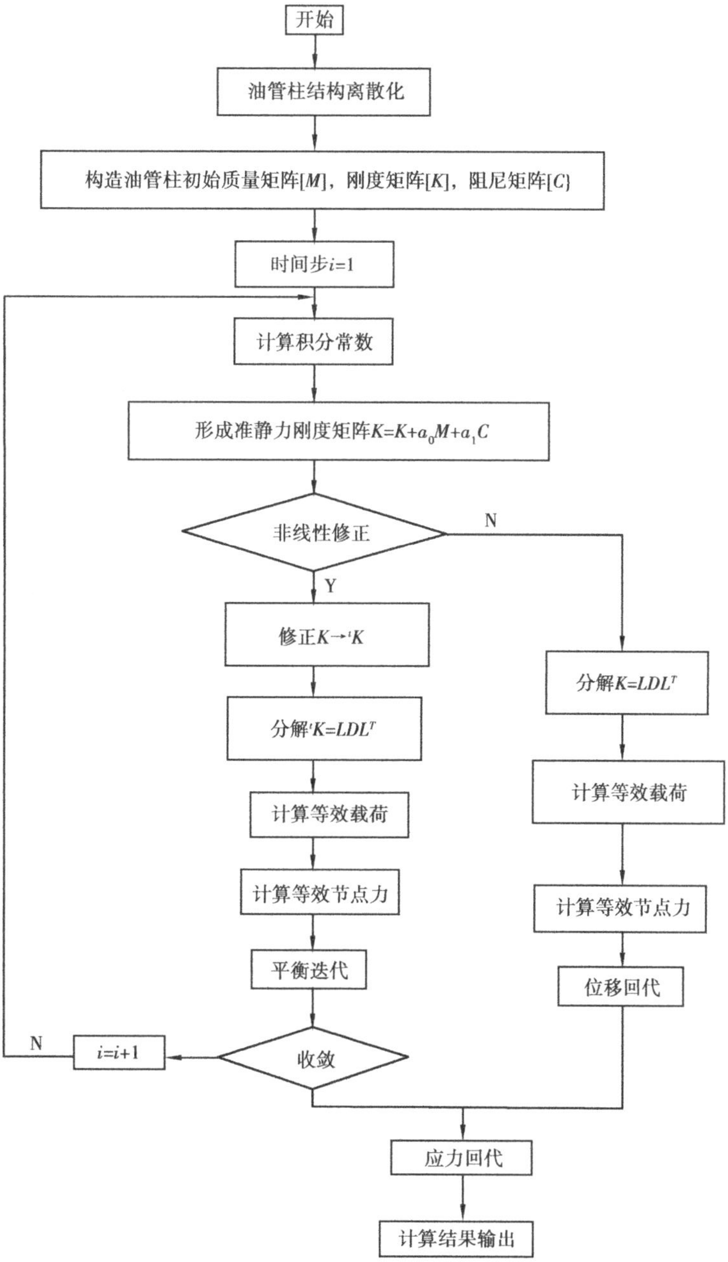

图 9.7　Wilson-θ 法求解油管非线性动力响应的基本流程图

9.3.3　油管柱动力响应结果分析

根据方程式(9.1)，在分析天然气流体对油管柱的响应分析时，载荷的变化决定了油管柱振动特性，其振动速度、加速度、综合应力等都与载荷有关。天然气对油管柱的激励载荷，则将

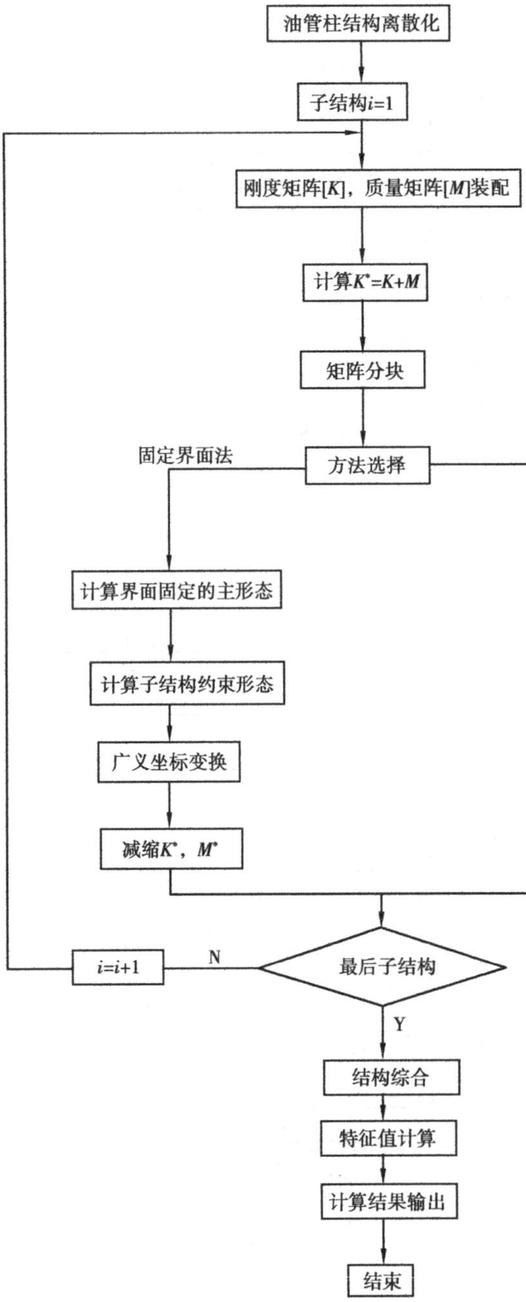

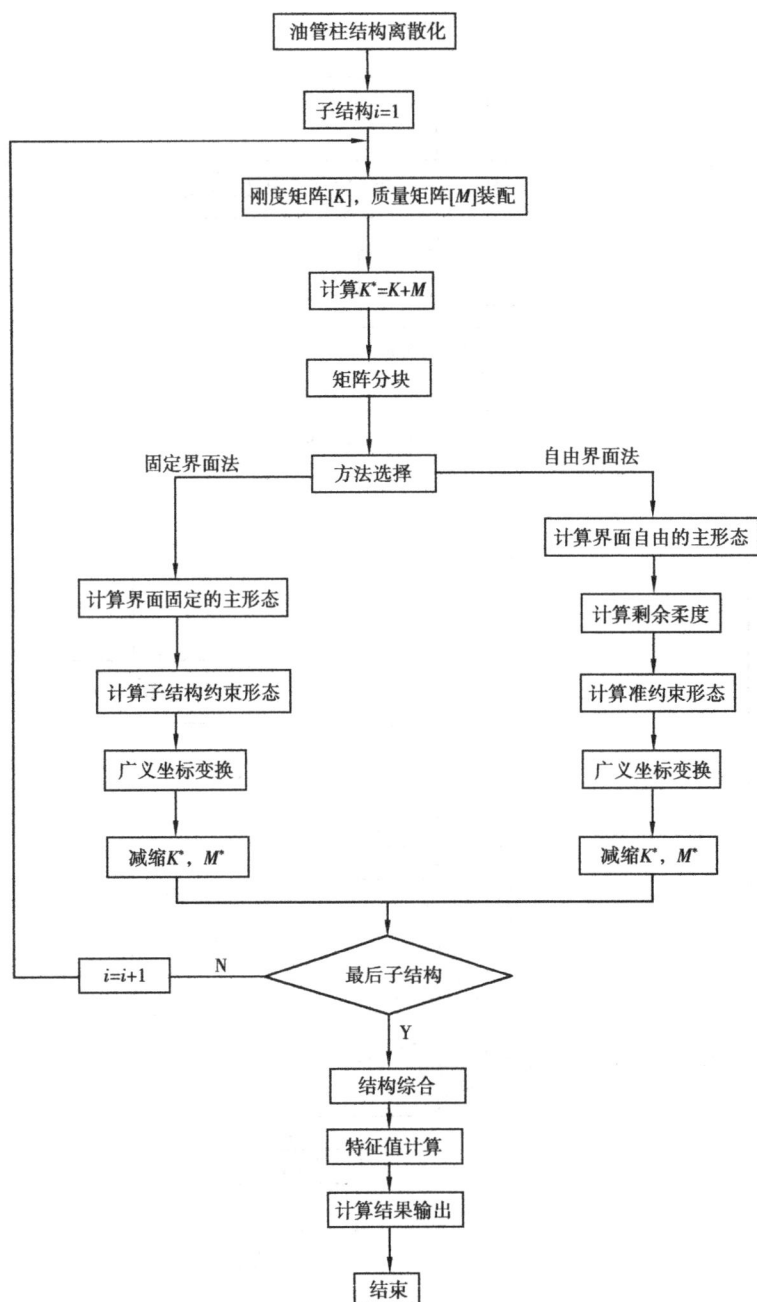

图 9.8　油管柱结构固有动力特性的子结构分析流程图

图 7.13，图 7.28 得到的天然气流体对油管柱的作用力变化规律，加载到油管柱上。按照框图步骤进行计算，得到下列计算结果。

下面的计算结果是外径分别为 73.02 mm、88.9 mm、101.6 mm，长度为 4 988 m 的油管柱

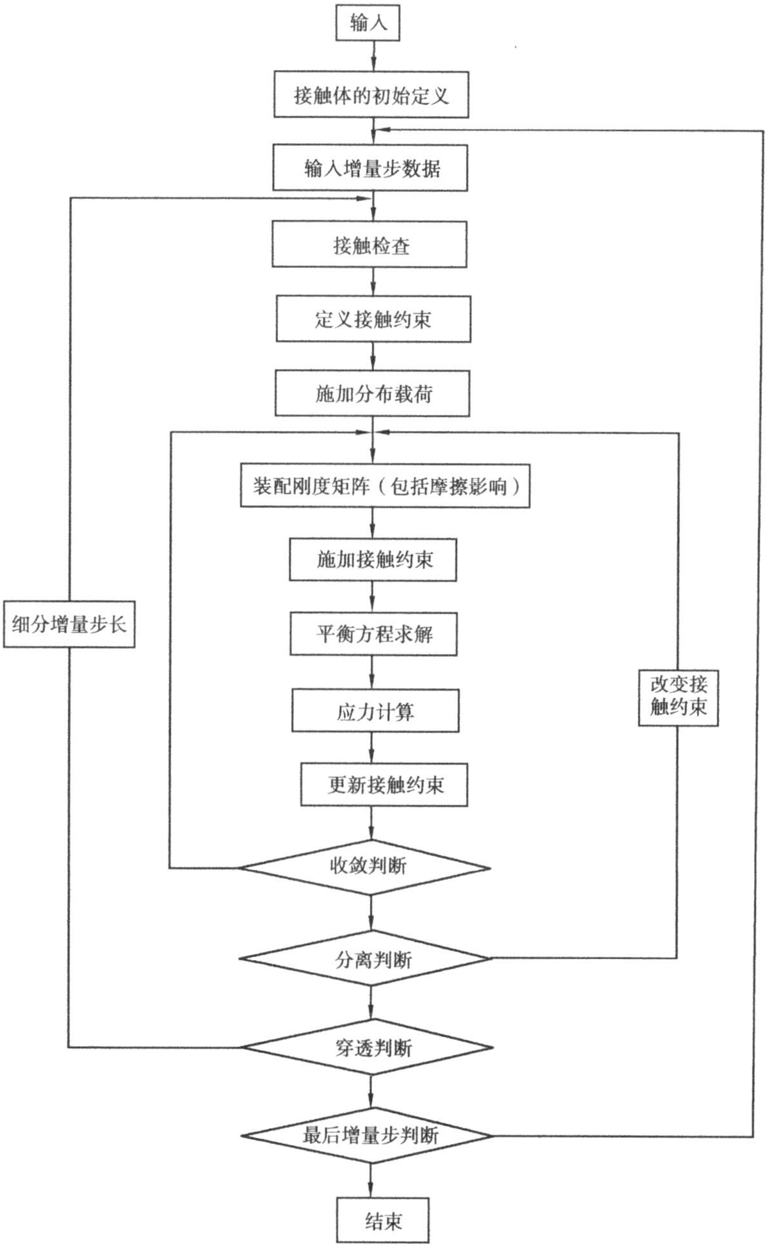

图9.9　油管柱两根油管之间的螺纹连接接触分析流程

在井深300 m、2 000 m和3 500 m处的油管柱截面上的动力响应。在计算结果图中，时间表示在一个周期内，油管柱上给定位置的速度(单位：mm/s，数值为读数×10)；加速度(单位：mm/s^2，数值为读数×100)；综合应力(单位：MPa，数值为读数×100)。在曲线上，序号1～144

为将时间段分为144等份，其物理意义为：压力变化曲线一个周期内，角向量 $\Delta\varphi$ 为 $\frac{360°}{144}=2.5°$ 时，对应的压力值作用在油管柱上，井深为 300 m、2 000 m 和 3 500 m 截面处，油管柱的外缘对应的振动速度、加速度和综合应力值。

如图 9.10—图 9.12 所示为直径为 73.02 mm 油管柱在天然气压力作用下，一个变化周期内（即天然气流体从井底流到井口时间段），在井深 300 m 处油管柱外缘的速度变化曲线、加速度变化曲线和综合应力变化曲线。

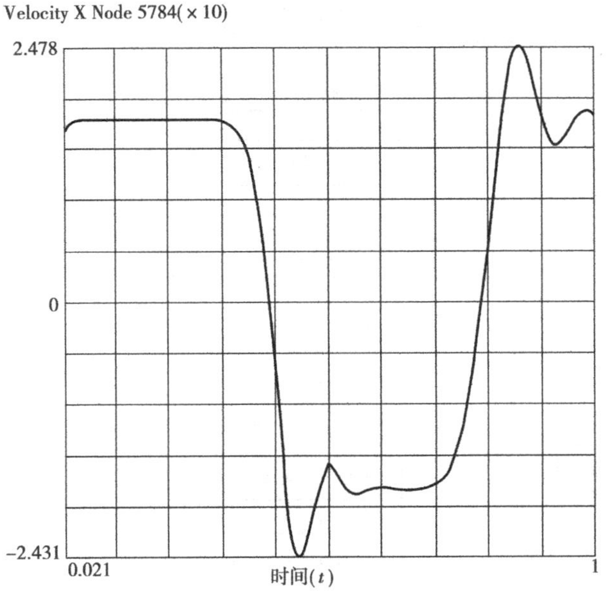

图 9.10　外径 73.02 mm 油管柱的振动速度变化曲线（井深 300 m 处）

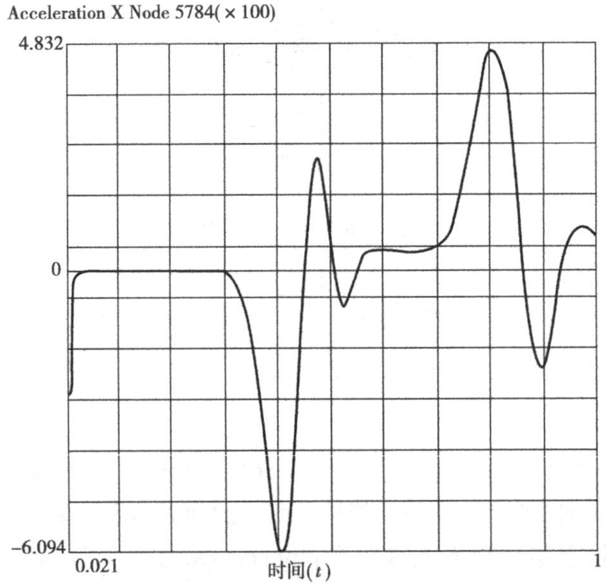

图 9.11　外径 73.02 mm 油管柱的振动加速度变化曲线（井深 300 m 处）

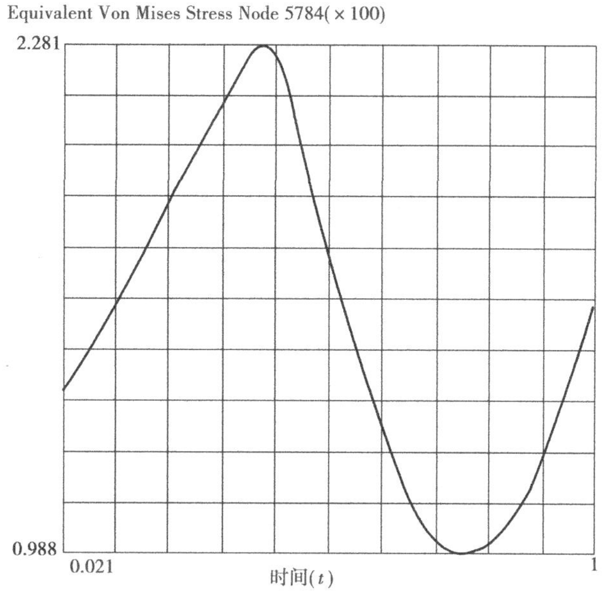

图9.12　外径73.02 mm油管柱的响应综合应力变化曲线(井深300 m处)

如图9.13—图9.15所示为外径为88.9 mm油管柱在压力作用下,一个变化周期内,在井深300 m处油管柱上某一点响应速度变化曲线、响应加速度变化曲线和响应综合应力变化曲线。

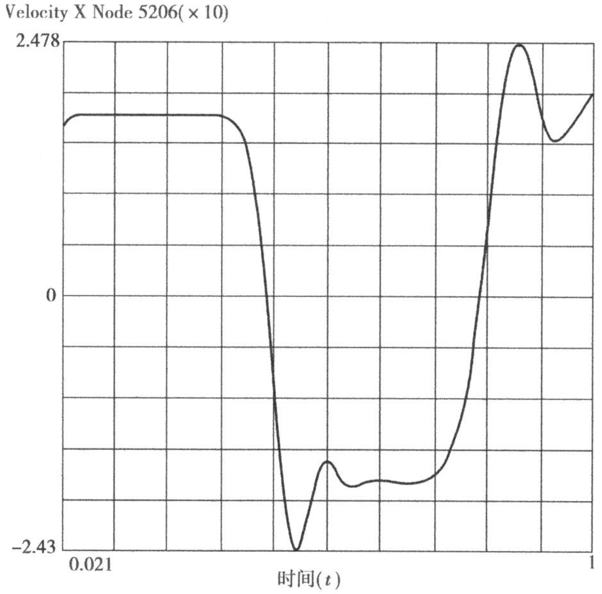

图9.13　外径88.9 mm油管柱的响应速度变化曲线(井深300 m处)

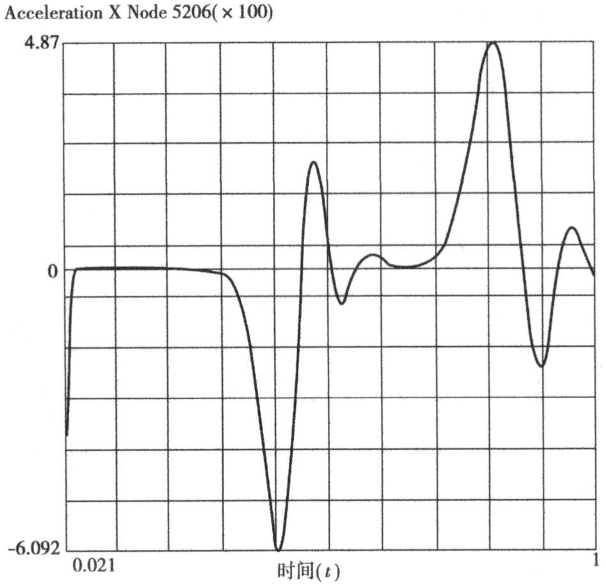

图 9. 14 外径 88. 9 mm 油管柱的响应加速度变化曲线(井深 300 m 处)

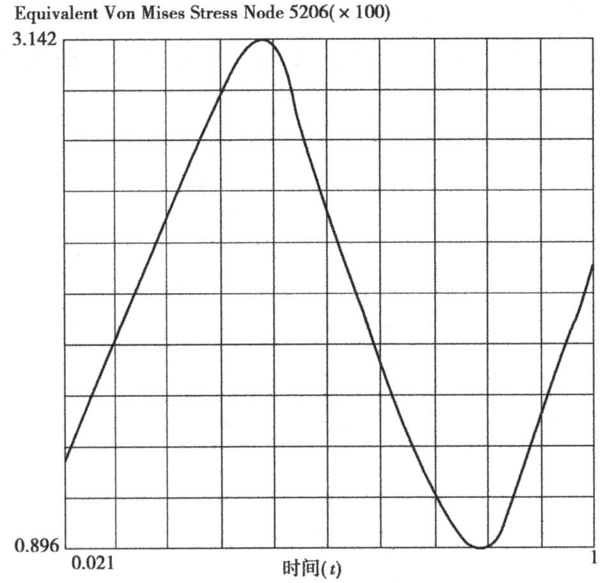

图 9. 15 外径 88. 9 mm 油管柱的响应综合应力变化曲线(井深 300 m 处)

如图 9. 16—图 9. 18 所示为外径为 101. 6 mm 油管柱在压力作用下,一个变化周期内,在井深 300 m 处油管柱上某一点速度响应变化曲线、加速度响应变化曲线和综合应力响应变化曲线。

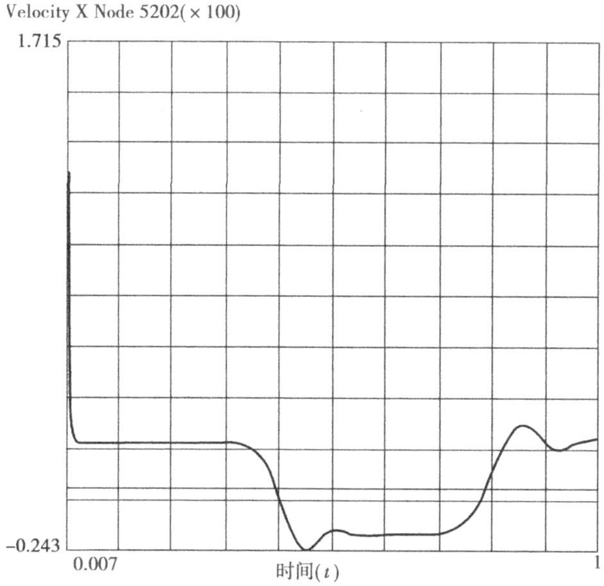

图9.16　外径101.6 mm油管柱的响应速度变化曲线(井深300 m处)

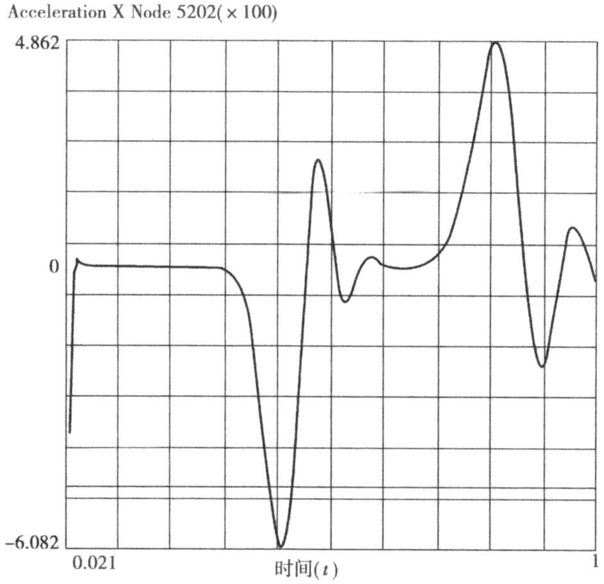

图9.17　外径101.6 mm油管柱的响应加速度变化曲线(井深300 m处)

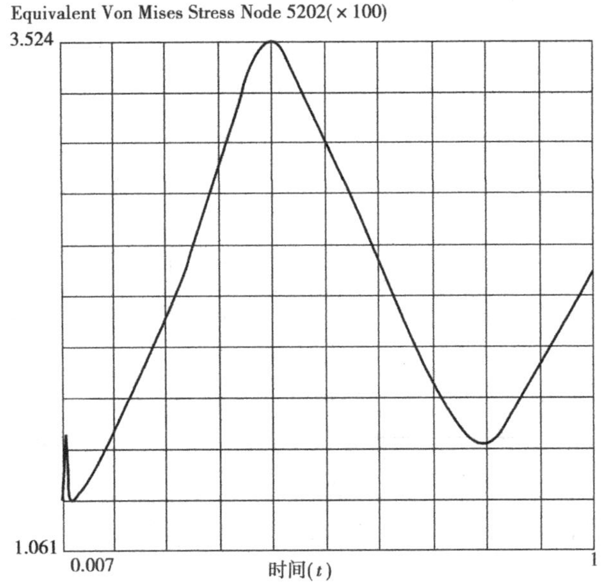

图 9.18　外径 101.6 mm 油管柱的响应综合应力变化曲线(井深 300 m 处)

如图 9.19—图 9.21 所示为外径为 88.9 mm 油管柱在 2 000 m 井深处,压力在一个变化周期内,油管柱截面外缘上速度响应变化曲线、加速度响应变化曲线和综合应力响应变化曲线。

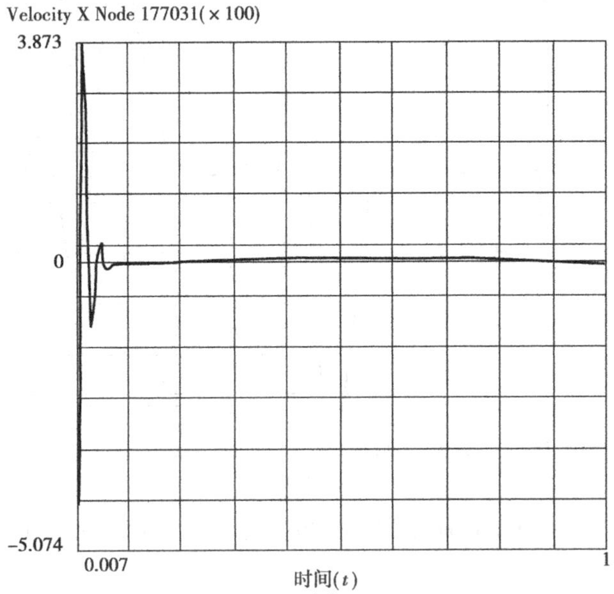

(a)

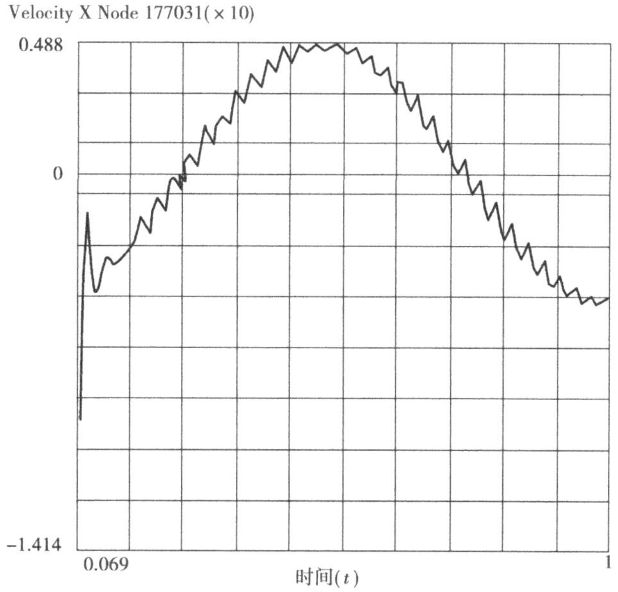

(b)

图9.19

(a)外径88.9 mm油管柱的响应速度变化曲线(井深2 000 m处)

(b)外径88.9 mm油管柱的响应速度变化曲线(在10～144时间段内放大图)(井深2 000 m处)

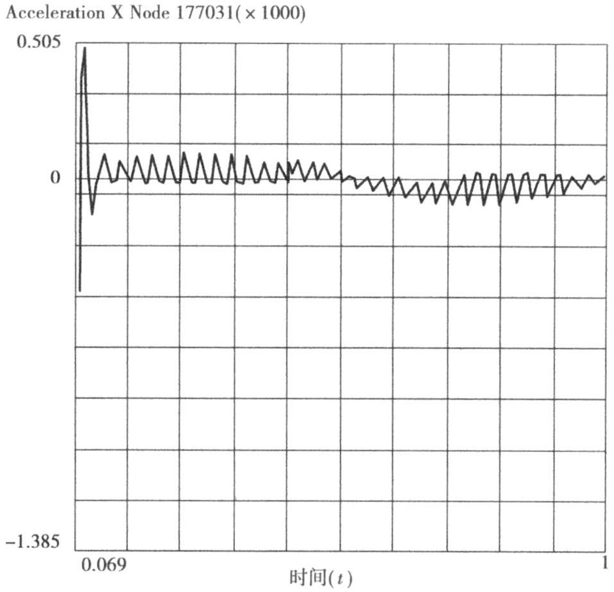

(a)

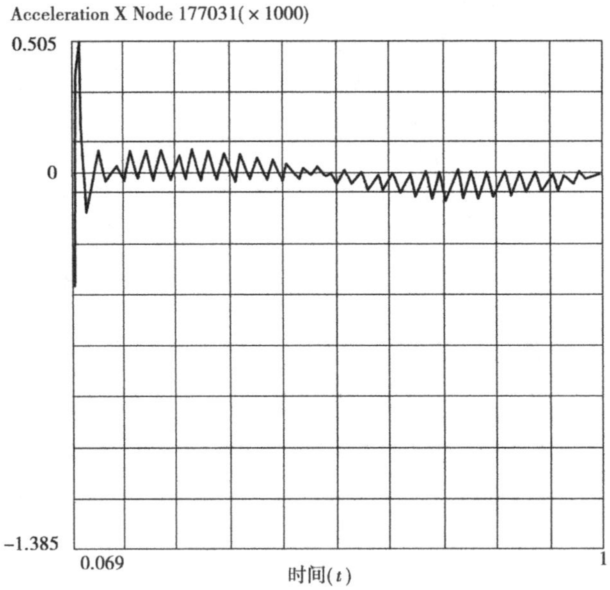

(b)

图 9.20

(a)外径 88.9 mm 油管柱的响应加速度变化曲线(井深 2 000 m 处)

(b)外径 88.9 mm 油管柱的响应速度变化曲线(在 10 ~ 144 时间段内放大图)(井深 2 000 m 处)

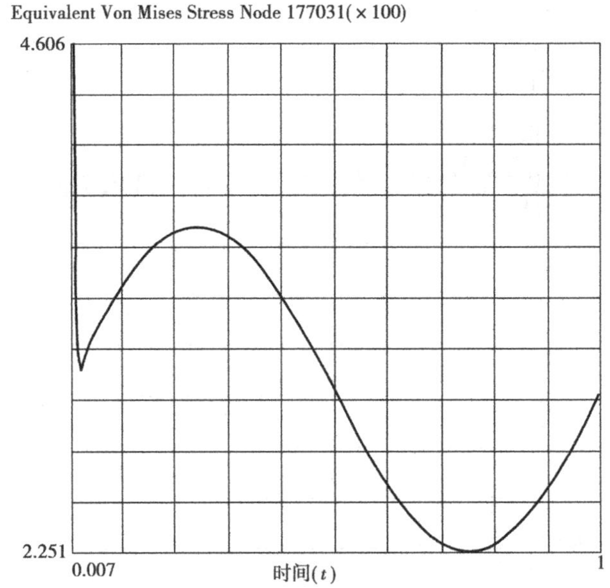

图 9.21　外径 88.9 mm 油管柱的响应综合应力变化曲线(井深 2 000 m 处)

如图 9.22—图 9.24 所示为外径为 88.9 mm 油管柱在井深 3 500 m 处天然气压力作用下，一个变化周期内，油管柱截面外缘上速度响应变化曲线、加速度响应变化曲线和综合应力响应变化曲线。

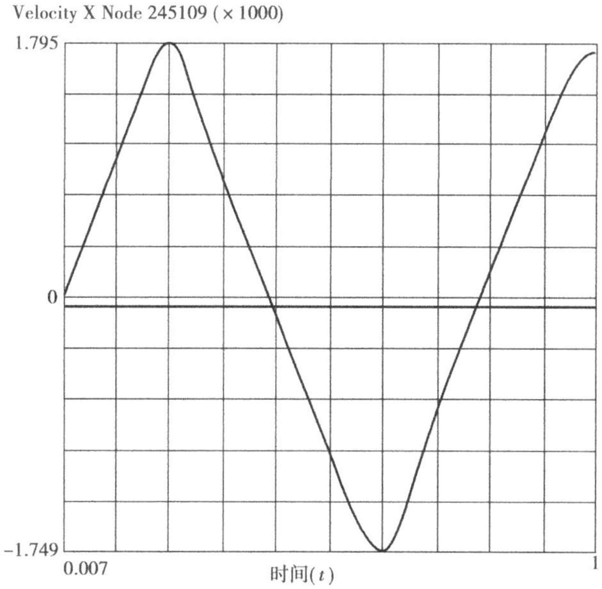

图9.22　外径88.9 mm油管柱的响应速度变化曲线(井深3 500 m处)

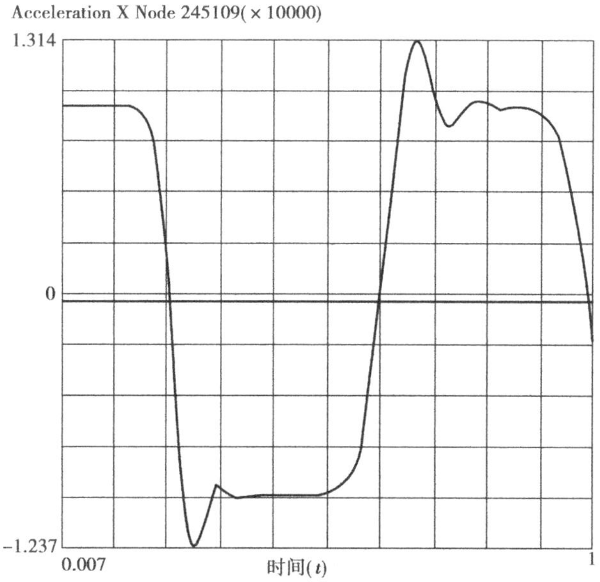

图9.23　外径88.9 mm油管柱的响应加速度变化曲线(井深3 500 m处)

分析图9.10—图9.24可知,在相同规律变化的压力作用下,同一井深位置油管柱截面上,对应节点位置,随油管柱直径增大,油管柱振动响应速度、加速度、综合应力减小。随井深增加,油管柱振动响应速度、加速度成数量级增加、综合应力随井深增加而减小。

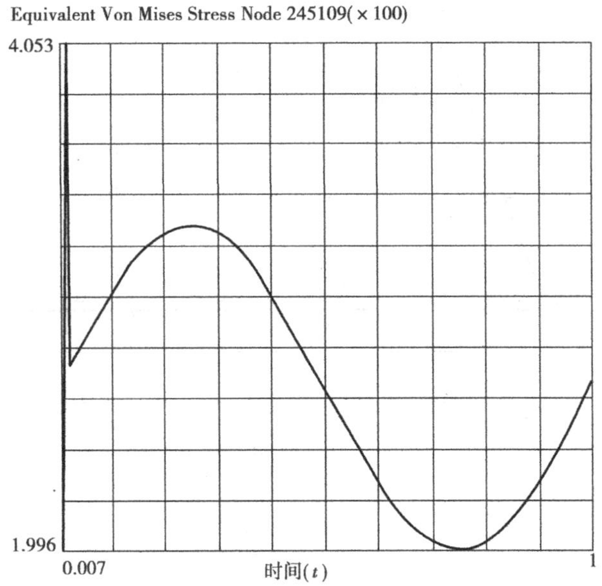

图 9.24　外径 88.9 mm 油管柱的响应综合应力变化曲线(井深 3 500 m 处)

表 9.2　油管柱动力响应随井深、管径的变化

井深/m	油管柱外径/mm								
	73.02			88.9			101.6		
	响应综合应力(最大值)/MPa	响应速度(最大值)/(m·s^{-1})	响应加速度(最大值)/(m·s^{-1})	响应综合应力(最大值)/MPa	响应速度(最大值)/(m·s^{-1})	响应加速度(最大值)/(m·s^{-1})	响应综合应力(最大值)/MPa	响应速度(最大值)/(m·s^{-1})	响应加速度(最大值)/(m·s^{-1})
300	359	2.478	5.872	343	2.105	5.868	332.5	1.751	5.862
2 000	300.8	2.485	5.89	275.4	2.484	5.88	246.4	2.483	5.865
3 500	289	3.396	16	255.6	2.828	15.4	217.1	2.457	15.826

表 9.2 是油管柱动力响应随井深、管径的变化规律。由该表可看出,随着管径的增大,响应综合应力的最大值、响应速度和响应加速度的最大值都减小;随着井深增大,响应综合应力的最大值减小,而响应速度和响应加速度的最大值增大。油管柱强度设计时应考虑振动综合应力的影响。

9.4　小　结

①根据管柱在小变形、线弹性状态下的运动方程,探讨分析了求解油管柱线性动力响应的各种方法(模态叠加法,直接积分法)。

②根据油管柱实际工作状态,提出了利用非线性动力响应分析法对油管柱进行动力响应计算,同时对计算非线性动力响应的各种方法及收敛准则进行了讨论。

③根据天然气对油管柱作用力变化规律（利用流场分析获得），利用非线性动态响应分析技术，计算油管柱在该压力脉动下，油管柱上任一位置的综合应力、响应加速度和速度。

④计算分析了 73.02 mm、88.9 mm、101.6 mm 3 种外径的油管，分别在 300 m、2 000 m、3 500 m井深处的响应综合应力、加速度与速度；计算表明随着管径的增大，响应综合应力的最大值、响应速度和响应加速度的最大值都减小；随着井深增大，响应综合应力的最大值减小，而响应速度和响应加速度的最大值增大。

⑤任意一口井，给定地层压力、产量，可按本书建立的模型及求解方法，求得油管柱振动响应特性（即综合应力、加速度与速度）。

参考文献

[1] 黄祯,李鹭光,胡桂川.天然气井管柱腐蚀破坏力学[M].重庆:重庆大学出版社,2010.

[2] 黄祯.油管柱振动机理研究与动力响应分析[D].西南石油大学,2005.

[3] 练章华,韩建增,董事尔.基于数值模拟的复杂地层套管破坏机理研究田[J].天然气工业,2002,22 (1):48-51.

[4] Tsuru E, Kohyama F, Ogasawara M, et al. Thermal stress and relaxation simulation of tubular connection in steam injection well [J]. American Society of Mechanical Engineers, Pressure Vessels and Piping Division (Publication),1989,172(6):81-86.

[5] 刘义坤,王立军,褚英鑫,等.萨中地区成片套损区合理注水井压力的计算[J].大庆石油学院学报,2000,24 (1):76-78,127.

[6] 杨平阁,付玉红.辽河油田热采井套损机理分析与治理措施田[J].石油钻采工艺,2003,25(增刊):72-74,95.

[7] 宋治.油层套管损坏原因分析及预防措施[J].石油学报,1987,8 (2):101-107.

[8] Strickler R D, Wadsworth Thomas M. Drilling with casing: Are you damaging your casing [J]. World Oil,2005,226 (3):51-54.

[9] 张先普,陈继明,张效羽,等.我国油田套管损坏的原因探讨[J].石油钻采工艺,1996,18(5):7-12,105.

[10] T B O'Brien. Why some casing failures happen (I) [J]. World Oil,1984,198(7):143-147.

[11] Yudovich A, Chin L Y, Morgan D R. Casing deformation in Ekofisk [J]. Journal of Petroleum Technology,1989,41(7):729-734.

[12] 崔孝秉,曹玲,张宏,等.注蒸汽热采井套管损坏机理研究[J].石油大学学报:自然科学版,1997,21 (3):57-64.

[13] Richardson J W, Le K M, Riggs K R. Production casing erosion through annular erosion (SPE 18056) [R]. Proceedings: 1988 SPE Annual Technical Conference and Exhibition, Proceedings: 1988 SPE Annual Technical Conference and Exhibition, Houston, 1988, Houston: Society of Petroleum Engineers Inc,1988:343-351.

[14] 许运新.油层套管损坏因素的分析及预防[J].钻采工艺,1992,15 (4):63-68.

[15] 王仲茂,卢万恒,胡江明.油田油水井套管损坏的机理及防止[M].北京:石油工业出版

社,1994:2-113.
[16] 李兴才,杨若义. 岩层滑动是扶余油田套管变形的一种可能机制[J]. 石油学报,1987,8(4): 102-108.
[17] 徐守余,魏建军,温红. 油井套管损坏动力学机制研究[J]. 试采技术,2003,25(3):67-70.
[18] 刘建中. 对扶余油田套管变形的几点看法[J]. 地震学报,1987,9 (1):65-73.
[19] 王仲茂,李文阳. 油田注水开发区套管变形机理及预防田[J]. 石油钻采工艺,1989,9(2):11-22.
[20] Brown,Steven J. Edtection of casing failures in steam injection wells at cold lake using pressure and rate data[J]. Journal of Canadian Petroleum Technology,1988,27 (1):43-48.
[21] 宋明,杨凤香,宋胜利,等. 固井水泥环对套管承载能力的影响规律[J]. 石油钻采工艺,2002,24 (4):7-9.
[22] 王永南,杨秀娟. 射孔套管剩余抗挤能力分析田[J]. 石油大学学报:自然科学版,2004,28 (1):77-80,84.
[23] 何世明,刘崇建,张玉隆,等. 套管柱强度设计计算[J]. 西南石油学院学报, 1997,19(1):53-59.
[24] 刘清友,王国荣,刘峰. 套管的计算机辅助设计软件研制[J]. 石油机械,2000,28(2):37-40.
[25] 董事尔,张文卫,张先普. 超高压地层组合套管的优化设计田[J]. 西南石油学院学报,1994,16 (3):55-64.
[26] 刘清友,陈浩,钟青,等. 套管可靠性研究进展[J]. 天然气工业,2000,20 (2):48-51.
[27] 张效羽,张先普,赵国珍,等. 油水井套管变形损坏的模糊评价[J]. 石油钻采工艺,1996,18 (3):9-14.
[28] 土国荣,刘清友,何霞. 套管可靠性寿命预测[J]. 天然气工业,2002,22 (5):53- 55.
[29] 俞庆,肖熙. 海洋平台结构风险评估[J]. 海洋工程,1997,15 (3):1-7.
[30] 郭章林. 油气管道系统安全风险分析方法研究[D]. 天津大学,2000.
[31] 中国石油天然气集团公司 HSE 指导委员会. 钻井作业 HSE 风险管理[M]. 北京:石油工业出版社,2001.
[32] 祝效华,童华,刘清友,等. 基于故障树的套管失效模糊综合评判分析模型[J]. 石油机械,2004,32 (2):17-19.
[33] 张海军,刘星普,王立新,等. 监测套管技术状况新技术[J]. 测井技术,2004,28(4):360-362.
[34] 向绪金,戴恩汉,范建玲,等. 井下套管状况监测方法综合应用田[J]. 江汉石油学院学报,2001,23 (2):38-39.
[35] 张涛,赵学杆. 石油套管射孔检测传感器的研制田[J]. 吉林大学学报:理学版, 2006,44 (5):790-793.
[36] Stephen Stragiotti Statoil,Terje Skeie,Christian Krujer. New applications for 2-1/8" well tractor inside 5" drill pipe (SPE 71373) [R]. Proceedings of the 2001 SPE Annual Technical Conference and Exhibition,Proceedings of the 2001 SPE Annual Technical Conference and Exhibition,New Orleans,2001,Houston:Society of Petroleum Engineers Inc,2001:521-527.

[37] Laws M S; Al Riyami A N S. World's first successful open hole logging job with the well tractor enables faster and cheaper field developments (SPE 68080) [R],Proceedings of the Middle East Oil Show,SPE Middle East Oil Show,Bahrain,2001,Houston:Society of Petroleum Engineers Inc,2001:131-136.
[38] Ostvang K; Haukvik J; Skeie T; et al. Wireline tractor operations successful in horizontal wells [J],World oil,1997,218 (4):125.
[39] Mcinally Gerald,Hallundbaek Jorgen. The application of new wireline well tractor technology to horizontal well logging and intervention:a review of field experience in the North Sea (SPE 38757) [R]. Proceedings of the 1997 SPE Annual Technical Conference and Exhibition,San Antonio,Proceedings of the 1997 SPE Annual Technical Conference and Exhibition,San Antonio,1997,Houston:Society of Petroleum Engineers Inc,1997:95-103.
[40] 中国石油天然气总公司. SY/T 6328—1997,石油天然气工业一套管、油管、钻杆和管线管性能计算[S]. 北京:机械工业出版社,1997,12.
[41] Lubinski A,Althouse W S, Logan J L. Helical Buckling of Tubing Sealed in Packers [A]. SPE Reprint Series No. 28 Hydraulic Fracturing-1 [C],Richardson:Soc of Petroleum Engineers of AlIVVIE,1990:221.
[42] 窦益华. 井下套管受力与变形若干专题的研究[D]. 西安:西北工业大学,2000.
[43] 崔孝秉,张宏,宋治. 套管柱稳定性问题研究田[J]. 石油学报,1998,19 (1):114-118.
[44] 署恒木,罗文莉,何云. 内外液压所用下套管柱屈曲载荷的级数解田[J]. 石油矿场机械,2002,31 (2):19-22.
[45] 杨龙,林凯,韩勇等. 深井、超深井套管特性分析[J]. 石油钻采工艺,2003,25(2):32-35.
[46] 史交齐,韩新利,赵克风. 超深井用偏梯形螺纹套管适用性研究[J]. 石油机械,1998,26 (11):24-28.
[47] 郝俊芳,龚伟安. 套管强度计算与设计[M]. 北京:石油工业出版社,1987:1-23,108-109,233.
[48] 韩建增,张先普. 非均匀载荷作用下套管抗挤强度初探田[J]. 钻采工艺,2001,24(3):48-50.
[49] 韩建增. 大管抗挤强度研究[D]. 西南石油学院,2001.
[50] 杨杰,彭建设. 水平井套管弯曲力学模型与计算分析[J]. 石油机械,1996,24(11):43-46.
[51] 中国国家石油和化学工业局. SY/T 6418—1999,内压和弯曲复合作用下套管的连接性能[S]. 北京:机械工业出版社,1999,05.
[52] 赵达壮,张允真,张红. 水平井井眼轨迹及套管初弯曲的计算田[J]. 石油钻采工艺,1994,16 (3):5-11.
[53] 郑俊德,张艳秋,王文军. 非均匀载荷下套管强度的计算[J]. 石油学报,1998,19(1):119-123.
[54] 李文魁,薛延平,李鹤林,等. 高温高压对井下套管强度研究田[J]. 石油钻采工艺,2005,27 (3):15-17.
[55] 王兆会,高宝奎,高德利. 注气井套管热应力计算方法对比分析[J]. 石油钻采工艺,2005,27 (3):15-17.

[56] 中国国家石油和化学工业局. SY/T 5322—2000,套管柱强度设计方法[S]. 北京:机械工业出版社,2000.
[57] 李显. 油水井套管损坏因素及机理分析[J]. 断块油气田,1996,3 (6):55-59.
[58] 赵俊平,崔海清. 套管水泥环组合抗挤强度模型及其弹性分析[J]. 岩石力学与工程学报,2004,23 (14):2467-2470.
[59] 林凯,杨龙,史交齐. 水泥环对套管强度影响的理论和试验研究田[J]. 石油机械,2004,32 (5):13-16.
[60] 李军,陈勉,张辉. 不同地应力条件下水泥环形状对套管应力的影响[J]. 天然气工业,2004,24 (8):50-52.
[61] 薛景宏,朱福祥,郝进锋. 埋地输液管道轴向地震激励下的动力响应田[J]. 大庆石油学院学报,2000,24 (3):93-99.
[62] 沈聚敏,周锡元,高小旺,等. 抗震工程学[M]. 北京:中国建筑工业出版社, 2000:97-105.
[63] 傅志方. 振动模态分析与参数辨识[M]. 北京:机械工业出版社,1990:40-47.
[64] 帅健,吕英民,蔡强康. 埋地管道的平稳随机振动[J]. 石油大学学报:自然科学版,1999,23 (4):65-70.
[65] 曾宪平. 油管柱的受力与变形[J]. 石油钻采工艺,1981,3(3):39-54.
[66] 张宁生. 常用流体压力对管柱的作用[J]. 石油钻采工艺,1982,4(5):73-84.
[67] 江汉采油工艺研究所. 封隔器理论及应用基础[M]. 北京:石油工业出版社,1983.
[68] 窦益华. 加权残值法分析钻柱的受力与变形[J]. 西南石油学院学报,1986,26(3):65-71.
[69] 龚伟安. 液压下的管柱弯曲问题[J]. 石油钻采工艺,1988,10(3).
[70] 金国梁,陈琳. 下部抽油杆柱的失稳弯曲及滚轮接箍扶正器的合理配置[J]. 石油学报,1990,11(2).
[71] 郑永刚. 管柱在井内弯曲失稳的研究[J]. 钻采工艺,1992(1).
[72] 冯建华,等. 双封隔器复合管柱受力分析方法及应用[J]. 石油钻采工艺,1993,15(2):54-62.
[73] 李子丰,马兴瑞,黄文虎. 水平管中受压扭细长圆杆(管)的几何非线性弯曲[J]. 力学与实践,1994,16(3):16-18.
[74] 彭勇,王启玮. 水平井段 BHA 稳定性分析[J]. 石油钻采工艺,1994,16(1):1-4.
[75] 李子丰,李敬元,马兴瑞,黄文虎. 油气井杆管柱动力学基本方程及应用[J]. 石油学报,1999,20(3):87-90.
[76] 高宝奎,高德利. 斜直井眼中钻柱屈曲的可能性[J]. 石油钻采工艺,1995,17(5):6-11.
[77] 高国华,等. 钻柱在水平井眼中的正弦屈曲[J]. 西南石油学院学报,1994,9(2):37-40.
[78] 高国华,等. 考虑摩擦时水平井钻柱的稳定性分析[J]. 西南石油学院学报,1995,10(3):31-34.
[79] 高国华,等. 杆柱在水平圆孔中的稳定性分析[J]. 力学与实践,1995,17(4):28-31.
[80] 高国华,等. 管柱在垂直井眼中的屈曲分析[J]. 西南石油学院学报,1996,11(1):33-35.
[81] 高国华,等. 弯曲井眼中受压管柱的屈曲分析[J]. 应用力学学报,1996,13(1):115-120.
[82] 高国华,等. 管柱在水平井眼中的螺旋屈曲分析[J]. 石油学报,1996,17(3):123-130.
[83] 高国华. 井下管柱的屈曲与分叉[M]. 北京: 石油工业出版社,1996.

[84] 黄桢. 用动力场分析法计算油管柱的负荷[J]. 钻采工艺,1997(2).
[85] 黄桢. 油管柱螺旋弯曲螺距的一种算法[J]. 钻采工艺,1997(3).
[85] 刘凤梧,徐秉业,高德利. 受横向约束的无重管柱在压扭组合作用下的屈曲分析[J]. 工程力学,1998,15(4).
[85] 刘凤梧,徐秉业,高德利. 水平圆管中受压扭作用管柱屈曲后的解析解[J]. 力学学报,1999,31(2):238-241.
[88] 蔡亚西,李黔,黄桢. 油管柱固液耦合振动分析[J] . 天然气工业,1998(2).
[89] Warburton G B. The Vibration of Rectangulor Plates[J]. Proceedings of the Institution of Mechanical Engineering,1954,168(12):371-384.
[90] 倪振华. 振动力学[M]. 西安:西安交通大学出版社,1986.
[91] 王勖成. 有限单元法[M]. 北京:清华大学出版社,2003.